中国轻工业"十四五"规划教材

省级一流本科课程配套教材

高等学校食品科学与工程类专业教材

食品微生物检验学

王夔　王丽　主编

中国轻工业出版社

图书在版编目（CIP）数据

食品微生物检验学 / 王夔，王丽主编. -- 北京：中国轻工业出版社，2025. 6. -- ISBN 978-7-5184-5258-3

Ⅰ. TS207.4

中国国家版本馆 CIP 数据核字第 2025GQ2265 号

责任编辑：巩孟悦

策划编辑：马　妍　　　责任终审：许春英　　　　封面设计：锋尚设计
版式设计：砚祥志远　　责任校对：刘小透　晋　洁　　责任监印：张　可

出版发行：中国轻工业出版社（北京鲁谷东街 5 号，邮编：100040）

印　　刷：北京君升印刷有限公司

经　　销：各地新华书店

版　　次：2025 年 6 月第 1 版第 1 次印刷

开　　本：787×1092　1/16　印张：18.75

字　　数：433 千字

书　　号：ISBN 978-7-5184-5258-3　定价：48.00 元

邮购电话：010-85119873

发行电话：010-85119832　010-85119912

网　　址：http://www.chlip.com.cn

Email：club@chlip.com.cn

版权所有　侵权必究

如发现图书残缺请与我社邮购联系调换

231027J1X101ZBW

本书编审人员

主　　编　王　龑　浙江工业大学
　　　　　　　王　丽　华南农业大学

副 主 编　邵　平　浙江工业大学
　　　　　　　杨其亚　江苏大学
　　　　　　　杨　倩　河北大学
　　　　　　　朱瑞瑜　浙江科技大学

参编人员（按姓氏笔画排序）
　　　　　　　叶永丽　江南大学
　　　　　　　刘兴训　南京财经大学
　　　　　　　杜　娟　郑州轻工业大学
　　　　　　　李　可　浙江省检验检疫科学技术研究院
　　　　　　　吴石金　浙江工业大学
　　　　　　　赵维薇　大理大学
　　　　　　　郭明璋　北京工商大学
　　　　　　　能　静　浙江工业大学
　　　　　　　颜　浩　浙江省疾病预防控制中心

主　　审　孙秀兰　江南大学

PREFACE | 前言

随着以新模式、新技术、新产业、新业态为特点的新经济蓬勃发展，我国食品行业进入了新的发展阶段。食品工业在满足消费者需求的同时，也可能产生一些食品安全隐患，制约着食品行业的健康发展。近年来，我国在食品安全方面的工作取得了重大成效，但是在微生物污染方面仍面临着挑战。

食品微生物检验是食品质量管理必不可少的组成部分，是衡量食品卫生质量的重要指标之一。通过食品微生物检验，可以判断食品加工环境及食品卫生情况，能够对食品被细菌污染的程度作出正确的评价，为各项卫生管理工作提供科学依据，为食源性疾病的防治提供依据。伴随着食品行业的快速发展，微生物技术已经应用于食品制作、食品储存、食品运输等各个环节，食品微生物检验对保障食品安全有重要意义。

本书以食品安全国家标准及其他相关标准作为依据，参考国内外食品微生物检验技术的研究进展进行编写。本书既可满足高等学校学生就业所需基础知识，又有利于学生实践操作能力的提升；既注重基本理论和基本知识的系统性，又注重实用性和创新性。全书内容包括绪论、食品微生物检验的基本程序和条件、食品微生物检验技术、食品卫生细菌学检验、食品中常见致病菌的检验、食品中霉菌与酵母的检验、食品微生物其他检验项目、食品微生物检验新技术等。本书适用性广，不仅适合高等学校食品科学与工程类专业的学生使用，也可作为相关研究院所和生产企业的科技人员及工程技术人员的参考书，同时，也可作为相关专业研究生的参考教材。

本书由王冀和王丽担任主编，邵平、杨其亚、杨倩和朱瑞瑜担任副主编，孙秀兰任主审。具体编写分工如下：第一章由王冀、邵平编写；第二章由叶永丽编写；第三章由杨其亚编写；第四章由杨倩、赵维薇编写；第五章由王冀、杨倩编写；第六章由王丽、杜娟、吴石金编写；第七章由王冀编写；第八章由李可、颜浩、刘兴训编写；第九章由朱瑞瑜、杜娟、郭明璋、能静编写。课程已上线清华大学的"学堂在线"和超星的"学银在线"，更多线上教学资源请前往线上课程学习。

在本书编写过程中，参考了其他相关图书和参考文献，现向相关作者表示诚挚的谢意。

由于编写任务繁重，加上时间和水平所限，书中难免存在遗漏和不妥之处，诚请读者批评指正。

编者

2025 年 1 月

CONTENTS | 目录

第一章 绪论 ········· 1
　第一节　食品微生物污染来源及其污染途径 ········· 1
　第二节　食品中有害微生物对人类和生产的影响 ········· 3
　第三节　食品微生物检验概述 ········· 6
　第四节　现代食品微生物检验技术的发展 ········· 9

第二章 食品微生物检验的基本程序 ········· 11
　第一节　食品检验样品采集前准备 ········· 11
　第二节　样品采集 ········· 13
　第三节　样品微生物检验 ········· 21

第三章 食品微生物检验条件 ········· 27
　第一节　实验室检验基本要素 ········· 27
　第二节　实验室基本标准 ········· 31
　第三节　实验室要求 ········· 38

第四章 食品微生物检验技术 ········· 45
　第一节　显微镜观察 ········· 45
　第二节　微生物的生理生化反应 ········· 62
　第三节　血清学试验 ········· 78
　第四节　动物实验 ········· 84

第五章 食品卫生细菌学检验 ········· 91
　第一节　菌落总数的测定 ········· 91
　第二节　大肠菌群的测定 ········· 97

第六章 食品中常见致病菌的检验 ········· 103
　第一节　食品中沙门氏菌的检验 ········· 103
　第二节　食品中志贺氏菌的检验 ········· 111
　第三节　食品中副溶血性弧菌的检验 ········· 116
　第四节　食品中金黄色葡萄球菌的检验 ········· 123

第五节　食品中溶血性链球菌的检验 131
第六节　食品中致泻大肠埃希氏菌的检验 134
第七节　食品中单核细胞增生李斯特菌的检验 142
第八节　食品中肉毒梭菌及肉毒毒素的检验 149
第九节　食品中蜡样芽孢杆菌的检验 156
第十节　食品中唐菖蒲伯克霍尔德氏菌的检验 164

第七章　食品中霉菌与酵母的检验 169
第一节　霉菌和酵母计数 169
第二节　常见产毒霉菌的鉴定 174

第八章　食品微生物其他检验项目 189
第一节　乳酸菌的检验 189
第二节　双歧杆菌的检验 195
第三节　诺如病毒的检验 199
第四节　禽流感的检验 205

第九章　食品微生物检验新技术 213
第一节　分子生物学检验方法 213
第二节　免疫学方法 225
第三节　其他新型检测技术 233

附　录 245
附录一　染色液的配制 245
附录二　常见培养基和试剂配制方法 246
附录三　食品中常见致病菌检验的培养基和试剂配制方法 248
附录四　常见沙门氏菌抗原表及副溶血性弧菌、金黄色葡萄球菌等最可能数（MPN）检索表 275
附录五　常见霉菌毒素测定的培养基和试剂配制方法 282
附录六　乳酸菌及双歧杆菌培养基和试剂配制方法 283

参考文献 286

本书数字资源索引

资源名称	二维码	章节	页码	资源名称	二维码	章节	页码
绪论		第一章	1	菌落总数检测		第五章第一节	92
食品样品检验的基本要素		第二章第一节	13	大肠菌群计数		第五章第二节	97
样品采样方案		第二章第二节	13	沙门氏菌的检测（上）		第六章第一节	104
样品采样、运送、处理、测试与报告		第二章第三节	25	沙门氏菌的检测（下）		第六章第一节	106
如何控制食品微生物检验的质量		第三章第一节	27	金黄色葡萄球菌检验——定性法		第六章第四节	124
食品微生物检验的质量控制		第三章第三节	43	金黄色葡萄球菌检验——平板计数法		第六章第四节	127
过程控制要求		第三章第三节	43	金黄色葡萄球菌检验——MPN计数法		第六章第四节	130
培养基的配制		第四章第一节	45	霉菌和酵母计数		第七章第一节	170
微生物分离技术		第四章第一节	49	现代食品微生物检测技术（上）		第九章	243
微生物接种技术		第四章第一节	49	现代食品微生物检测技术（下）		第九章	243

第一章

绪论

学习目标

1. 熟悉食品微生物污染的来源及其污染途径，了解食品中有害微生物对人类和生产的影响。
2. 掌握食品微生物检验的特点、范围和指标。
3. 了解现代食品微生物检验技术的发展。

绪论

民以食为天，食以安为先。食品安全在任何国家都是一个极其重要的公共卫生问题，由食品安全问题导致的食源性疾病一直是人类面临的一个严峻的现实挑战。食源性疾病是指通过摄食而进入人体的有毒有害物质（包括生物性病原体）等致病因子所造成的疾病。一般可分为感染性和中毒性，包括常见的食物中毒、肠道传染病、人畜共患传染病、寄生虫病以及化学性有毒有害物质引起的疾病。根据世界卫生组织（WHO）的估计，全球每年发生的食源性疾病约10亿人次，即使在一些经济发达地区发生食源性疾病的概率也相当高，平均每年有1/3的人群感染食源性疾病。在已知的致病因子引起的食源性疾病中，微生物性食物中毒仍是首要危害。食品微生物检验主要通过微生物的分离培养、生理生化反应等方法来对食品的微生物数量和种类进行检测，是食品安全性评价、控制、管理的重要技术和手段。

第一节　食品微生物污染来源及其污染途径

一、食品微生物污染来源

1. 土壤

土壤中含有丰富的碳源、氮源、无机元素等，为微生物的生长繁殖提供了充分保障，故土壤中微生物数量极其庞大，通常1g土壤中含有$10^7 \sim 10^9$个微生物，包括细菌、真菌、藻类和原生动物等，其中细菌占比最大，可达70%~80%。但是由于土壤pH、湿度、植被类型、气候条件等的不同，微生物的种类及分布也存在一定差异，例如，果园、菜园等酸性土壤中数量最多的微生物不是细菌，而是霉菌。

2. 水

水体是仅次于土壤的第二种微生物天然培养基。由于不同水体中的有机物和无机物种类及含量、温度、pH、含氧量等的差异，因而各种水体中的微生物种类和数量也有所区别。一般认为，水中微生物以革兰氏阴性菌为主，且水中有机物含量越高，微生物的数量也就越多。值得注意的是，水中的致病性微生物一般并非水体自然含有，而是主要受人和动物的粪便污染。水中主要的致病菌包括志贺氏菌、沙门氏菌、大肠埃希氏菌、耶尔森氏菌、霍乱弧菌、副溶血性弧菌等。定期检测水源中微生物的种类和数量，加强水资源保护和治理也是确保食品安全和人类健康的重要措施。

3. 空气

由于空气干燥、流动、受阳光直射且缺乏营养物质，故其中微生物的含量相对较少，主要包括霉菌、酵母菌、放线菌的孢子及细菌的芽孢等。受海拔、气候、人口密度等因素的影响，不同环境空气中微生物的种类和数量有很大差异，例如，通风不良的卫生间、牲畜的圈舍较森林、田野微生物的种类及数量明显增多。室内污染严重的空气中微生物的数量可达 10^6 个/m^3。而空气中出现的病原微生物一般直接来自人和动物的呼吸道及排泄物或间接来自土壤，如结核分枝杆菌、金黄色葡萄球菌、沙门氏菌和病毒等。

4. 人和动物体

人及各种动物的皮肤、毛发、口腔、消化道、呼吸道等均带有大量的微生物，当人或动物被某些病原微生物感染后，这些微生物可通过呼吸道和消化道向体外排出，可对食品造成直接或间接污染。

5. 食品用具

应用于食品的一切用具，如生产设备、运输工具、包装材料等，由于土壤、水、空气、人和动物等因素被各种微生物污染，特别是与含有病原微生物的物品接触后，就能作为媒介使其他食物受到污染。

二、食品微生物污染途径

食品从原料到生产加工、包装、运输、销售直至食用的整个过程都有可能受到微生物的污染。根据污染途径的不同，可将食品微生物污染分为内源性污染和外源性污染。

1. 内源性污染

由动植物本身携带的微生物造成的污染称作内源性污染，又称第一次污染。畜禽体表、被毛、呼吸道和消化道等总是有微生物的存在，若其感染了病原微生物，后续以其为原料生产的食品也就受到了污染。

2. 外源性污染

食品在生产加工、运输、销售和食用等过程中，不按卫生要求、违反操作规程而使食品被微生物污染称作外源性污染，又称二次污染。外源性污染占比相对更大，同时，其也会因食品种类、所处环境的不同导致污染程度不同。

第二节　食品中有害微生物对人类和生产的影响

一、微生物与食品安全

食品作为人类赖以生存的最基本物质，它为人类身体的生长发育、细胞更新、组织修复等提供了必需的营养物质和能量。食品安全问题关系到人民健康、社会稳定和国家经济的可持续发展。目前，我国食品安全问题形势依然严峻，食品微生物污染问题突出。2023 年，国家市场监督管理总局共发布"食品抽检不合格情况的通告"17 次，涉及不合格食品 199 批次，其中微生物污染占比高达 18.81%（图 1-1）。2020—2022 年微生物污染超标占抽检不合格样品总量分别为 23.03%、22.40% 和 20.73%，虽逐年递减但一直居于高位，安全风险不容忽视。

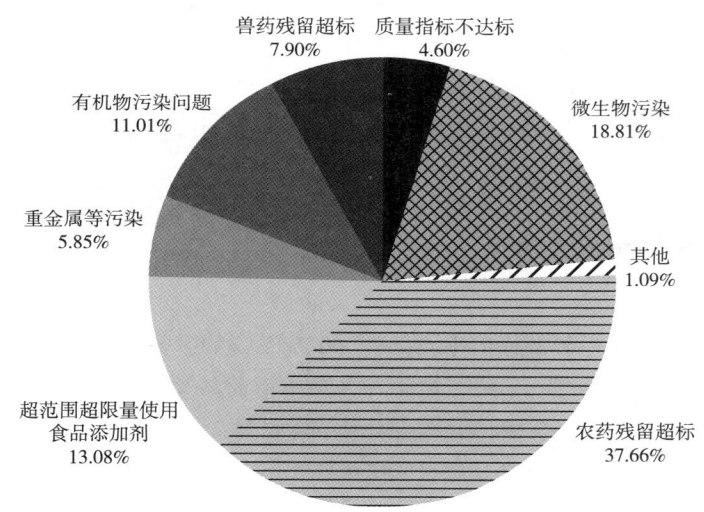

图 1-1　国家市场监督管理总局 2023 年抽检不合格食品原因构成比

监测数据显示，沙门氏菌中毒一直居我国微生物性食物中毒的首位，但近年副溶血性弧菌中毒感染病例在沿海地区和部分内陆地区呈上升的趋势，其次是葡萄球菌肠毒素、变形杆菌、蜡样芽孢杆菌和致病性大肠埃希氏菌等。

2020 年 10 月 5 日，黑龙江鸡东县发生一起因家庭聚餐食用酸汤子引发的食物中毒事件。9 人食用了酸汤子后陆续出现身体不适，并送往医院进行抢救，直至 19 日，9 名食用者全部离世。经当地警方调查，该"酸汤子"食材为家庭成员自制，且在冰箱中冷冻近一年时间，在此次聚餐食用之前，因为冰箱里无处存放，被放置了于家中阴凉处，该"酸汤子"已被椰毒假单胞菌污染，其能产生致命的米酵菌酸，高温煮沸不能破坏毒性，中毒后无特效救治药物，病死率达 50% 以上。2023 年 7 月 15 日，河南永城市两人因食用市场上购买的凉皮导致米酵菌酸中毒，一人死亡，一人重症。据不完全统计，2010—2023 年，全国已发生此类中毒 14 起，84 人中毒，37 人死亡。

在食品安全危害中，微生物危害是其中最主要的危害。由于微生物具有较强的生态适应性，食品原料在种植、收获、饲养、捕捞、加工、包装、运输、销售、保存以及食用等每一个环节都可能被微生物污染。同时，微生物具有变异性，未来可能不断会有新的病原微生物威胁食品安全和人类健康。食品微生物检验是食品安全性评价、控制、管理的重要技术和手段。食品微生物检验是给人类提供有益于健康、能确保食用安全的食品的保障措施之一，对食品安全控制起着非常关键的作用。食品微生物检验的广泛应用和不断改进，是制定和完善有关法律法规的基础和执行依据，是制定各级预防和监控系统的重要组成部分，是食品微生物污染溯源的有效手段，也是控制和降低由此引起重大损失的有效手段，具有较大的经济和社会意义。

二、食品腐败变质

食品腐败变质是指食品受到各种内外因素的影响，造成其原有化学性质或物理性质和感官性状发生改变，降低或失去其营养价值和商品价值的过程。其实质是食品中蛋白质、碳水化合物、脂肪等被微生物代谢分解或自身组织酶所发生的某些生物化学的变化过程。食品腐败变质不仅降低食品的营养价值，出现酸味、臭味，而且可产生各种有毒有害物质，引起食用者发生急性中毒或产生慢性毒害。食品腐败变质是各类食品中普遍存在的实际问题，因此，必须研究和掌握食品腐败变质的规律，有针对性地制定控制措施以防止食品发生腐败变质。

（一）食品腐败变质的原因

1. 微生物作用

微生物几乎存在于自然界的任何领域，通常情况下肉眼是看不见的，要利用显微镜放大后才能看清。食品生产、加工、运输、销售等过程中很容易受到微生物的污染和侵袭。引起食品腐败变质的微生物有细菌、霉菌和酵母菌等。在适宜的温度下，微生物会迅速生长繁殖，分解食品中的营养素，使食品变质和腐烂。微生物污染在食品腐败的诸多原因中起主导作用。

2. 酶作用

酶作用是指食品在酶类作用下使营养成分分解变质的一种现象。由于动物性食品和植物性食品本身都含有一定量的酶，在适宜的条件下，酶促使食品中的蛋白质、脂肪和糖类等营养物质分解成多种低级产物，产生硫化氢、氨等难闻气体和有毒物质，使食品变质而不能食用。肉、蛋、乳等蛋白质含量丰富的动物性食品，保存不当就会腐败变质。蔬菜和水果等植物性食品蛋白质含量较少，但在氧化酶的作用下促进自身的呼吸作用，消耗营养物质而发黄变味，植物的呼吸热还使食品温度升高，微生物的活动加剧，而加速食品的腐烂变质。

3. 非酶作用

非酶作用引起的食品变质包括氧化作用、呼吸作用、机械损伤等。食品因氧化作用而导致的变质如油脂的酸败是油脂与空气中的氧气接触而被氧化分解，生成一些低级的醛、酮、醇、酸等，使油脂黏度变大，产生特殊的刺激性气味和有毒物质，造成食品的丢弃与浪费。但有时油脂的适度氧化对油炸食品香气的形成是有益的。

（二）食品腐败变质的化学过程

1. 食品中蛋白质的分解

肉、蛋、乳等富含蛋白质的食品腐败变质以蛋白质的分解为主。蛋白质在微生物的蛋白酶、肽酶等的作用下，最终分解为氨基酸及其他含氮的低分子物质，再通过脱羧、脱氨、脱硫等作用，形成多种腐败产物，使食品质地发生改变并产生特殊臭味。

2. 食品中碳水化合物的分解

粮食、果蔬和糖类及其制品等含有较多的碳水化合物，这类食品腐败变质主要是碳水化合物在微生物或动植物组织中酶的作用下，经过一系列变化，最后分解成二氧化碳和水的过程。这个过程会使食品的酸度升高，并带有甜味、醇类气味等。

3. 食品中脂肪的酸败

食用油及含油脂高的食品容易发生脂肪的酸败。脂肪的酸败程度受脂肪酸的饱和程度、氧、水分、天然抗氧化物质、食品中微生物的解脂酶等多种因素的影响，如不饱和脂肪酸含量越高的食品越容易氧化。此外，铜、铁、镍等金属离子及油料中的动植物残渣均有促进油脂酸败的作用。油脂酸败的化学过程复杂，主要是经水解与氧化，产生一些低级的酮、醛、酸等，使酸败的油脂产生特殊的刺激性臭味。

（三）食品腐败变质的鉴定指标

1. 感官鉴定

食品感官鉴定是指通过视觉、嗅觉、触觉、味觉等人的感觉器官对食品的组织状态和外在的卫生质量进行鉴定。食品腐败初期产生腐败臭味，发生颜色的变化（包括褪色、变色、着色、失去光泽等），出现组织变软、变黏等现象，都可以通过感官分辨出来。

2. 物理鉴定

食品的物理鉴定主要是根据蛋白质、脂肪分解时低分子物质增多的变化，可测定食品浸出物量、浸出液电导率、折射率、冰点、黏度等指标。

3. 化学鉴定

微生物的代谢可引起食品化学组成的变化，并产生多种腐败性产物，直接测定这些腐败性产物就可作为判断食品质量的依据。如新鲜鱼、虾等水产品和肉中没有三甲胺，其是季铵类含氮物经微生物还原产生，故三甲胺可用于测定鱼、虾等水产品的新鲜程度。

4. 微生物检验

食品微生物学的常用检测指标为菌落总数和大肠菌群。对食品进行微生物数量测定是判定食品生产的一般卫生状况以及食品卫生质量的一项重要依据。一般认为，食品中的活菌数达 10^8 CFU/g 时，则可认为处于初期腐败阶段。

三、食物中毒

食物中毒是指摄入了含有生物性、化学性有毒有害物质的食品或有毒有害物质当作食品摄入后出现的非传染性的急性、亚急性疾病。根据病因不同可有不同的临床表现。

一般把食物中毒分为四类，即细菌性食物中毒、真菌毒素食物中毒、有毒动植物中毒和化学性食物中毒。其中细菌性食物中毒较为常见，而细菌性食物中毒，一般又可分为感染型、毒素型和混合型三类。

1. 感染型食物中毒

细菌污染食品并在该食品上大量繁殖，当人体摄入达到中毒数量的活菌后，肠黏膜受到侵犯，引起胃肠炎症状，称为感染型食物中毒。潜伏期一般为 8~24h。引起感染型食物中毒的细菌主要有沙门氏菌属、变形杆菌属、副溶血性弧菌、致病性大肠埃希氏菌属、韦氏梭状芽孢杆菌等。

2. 毒素型食物中毒

细菌生长繁殖，产生有毒的代谢产物，当人体食用含毒素的食物达到中毒量后，其经肠道吸收而引发病症，称为毒素型食物中毒。毒素可分为植物毒素、动物毒素和微生物毒素。金黄色葡萄球菌肠毒素中毒症状可能有恶心、呕吐、腹痛、腹泻；肉毒梭状芽孢杆菌产生的肉毒毒素中毒主要表现为视力障碍、咽喉不适，严重时会因呼吸困难或继发肺炎而导致死亡。椰毒假单胞菌、米酵菌酸中毒会引起恶心、呕吐，严重者呕血、出现黄疸，神志不清甚至休克死亡。

3. 混合型食物中毒

以上两种原因并行发生的情况，即混合型食物中毒。

第三节　食品微生物检验概述

一、食品微生物检验的目的、任务和意义

1. 食品微生物检验的目的

食品微生物检验是检测食品中是否存在有害微生物及其毒素并作出卫生评价，为生产安全、卫生、符合标准的食品提供科学依据，以保证获得符合卫生要求、适于人类消费的食品。

食品微生物检验对生产具有重要的指导意义。检验的目的，一是监测生产过程中是否有严重偏差（如半成品受到污染），以便及时纠正和召回产品；二是积累数据并定期分析，根据分析结果来监测生产过程、工艺以及产品质量等是否出现波动、偏差和漂移，以便纠正和调整（即回顾性验证）；三是保证食品的卫生质量安全，避免食物中毒的发生。如大肠菌群的检出，表明食品被粪便直接或间接污染，食品有可能被致病菌污染。金黄色葡萄球菌的检出，表明食品被人或动物接触过。就目前状况看，除肉类食品屠宰中被粪便污染造成沙门氏菌污染、蛋被粪便污染、乳源被乳房炎污染外，大多与人手接触有关。人手上有时就有大肠埃希氏菌、沙门氏菌和志贺氏菌。通过检验来发现食品微生物超标的问题，进而促进相关企业对食品安全性的重视。当然，食品质量的监管应重在生产环节而非检验环节。

2. 食品微生物检验的任务

食品微生物检验用以确定食品的可食程度，控制食品的有害微生物及代谢产物的污染，督促食品加工工艺改进，改善生产卫生状况，防止人畜共患病传播，保证人类身体健康。

微生物既可在食品制造中起有益作用，又可通过食品给人类带来危害。食品微生物检验可通过各种现代检测技术对各类食品中微生物种类、分布及其特性的研究，为食品微生物污染的预防及控制提供依据，对食品中微生物的致病性、中毒性、致腐性进行研究，探明微生

物与食品储存的关系，为各类食品中微生物的检验方法及标准的制定提供理论及数据支持。

3. 食品微生物检验的意义

食品中丰富的营养成分为微生物的生长、繁殖提供了充足的物质基础，同时，人体食用被微生物感染的食品后会出现各种中毒症状，甚至出现致癌、致突变等严重后果，且食品生产过程中原料采购、加工、包装、储存和运输等环节都可能被微生物污染，因此食品生产良好操作规范（GMP）、危害分析和关键控制点（HACCP）等食品企业的管理体系都十分重视微生物的控制。其重要意义有以下几点。

（1）通过食品微生物检验，可以了解食品或生产环节中存在的微生物种类、分布、危害及其与食品的关系，其是衡量食品卫生质量的重要手段，也是判定被检食品能否食用的科学依据。

（2）食品微生物检验的广泛应用和不断改进，有助于判断食品加工环境及食品卫生状况，能够对食品被细菌等微生物污染的程度作出正确的评价，是制定和完善有关法律法规的基础和执行的依据，是制定各级预防、监控和预警系统的重要组成部分。

（3）食品微生物检验贯彻"预防为主"的卫生方针，可以有效地防止或减少食物中毒以及人畜共患病的发生，保障人民的身体健康；同时，其在改进生产工艺、提高产品质量、避免经济损失、保证出口等方面也具有重要意义。

二、食品微生物检验的特点

1. 研究对象及研究范围广

食品来源和种类复杂繁多，不同食品的生产加工工艺、贮藏条件、运输和销售渠道也有所差异。同时，食品中的微生物种类和数量也十分庞大，有致病性的病原微生物，有能引起食品腐败变质的微生物，还有许多对人类生命活动有益的微生物，如发酵微生物、生产酶的微生物、食用菌等。

2. 采集样品较复杂、要求高

在食品微生物检验中，样品的采集极为重要。在采样时应在对食品的原料来源、加工方法、运输、贮藏条件及销售中的各个环节进行调查的基础上采集有代表性的样品，采样需在无菌操作下进行，按照不同的检验目的，样品采集的方法和数量也有所不同，且采样现场的温度、湿度及卫生状况等也应一并记录。同时，一般情况下受检细菌数量少，杂菌数量多，干扰性强，故样品采集较为复杂，具有一定难度。

3. 涉及学科多

食品微生物检验技术不仅与微生物学的相关学科有关，还涉及物理、化学、生物、生物化学等学科。

4. 应用性强

食品微生物检验可以判断食品加工环境及食品卫生状况，对食品污染的途径作出正确的评价，为各项卫生管理工作提供依据，为预防食物传染和食物中毒提供切实可行的防治措施。对提高产品质量、保障食品安全、保证出口、避免经济损失等具有重大意义。

5. 快速性和准确性

食品微生物检验用以判断食品及其加工环境的卫生状况，以及食品是否安全，因此，要求检验结果准确、可靠。同时，在食品安全执法等工作中，要求尽快出结果，快速又是微生物检验追求的另一个重要因素。

三、食品微生物检验的范围

1. 生产环境的检验

生产环境的检验包括对生产车间用水、空气、地面、墙壁、操作台等的检验。

2. 原辅料的检验

原辅料的检验包括对动植物食品原料、添加剂等原辅料的检验。

3. 食品加工、贮藏、销售等环节的检验

食品加工、贮藏、销售等环节的检验包括对从业人员的健康及卫生状况、生产加工设备、运输车辆、包装材料的检验等。

4. 食品的检验

食品的检验包括对出厂食品、可疑食品及食物中毒食品的检验。

四、食品微生物检验的指标

1. 菌落总数

菌落总数是指食品检样经过处理，在一定条件下培养后 1g、1mL 或 1cm^2 检样中所含细菌菌落的总数。通常采用平板计数法（SPC）进行菌落计数。它可以反映食品的新鲜度、被细菌污染的程度及食品生产的一般卫生状况等。因此菌落总数是判断食品卫生质量的重要指标之一。

2. 大肠菌群

大肠菌群是指一群在 37℃ 培养 24h 能发酵乳糖、产酸、产气，需氧和兼性厌氧的革兰氏阴性无芽孢杆菌。这些细菌常寄居在人及温血动物的肠道内，并会随着粪便排出体外。如果食品中检测出大肠菌群，则说明该食品已被粪便直接或间接地污染，且检出大肠菌群数越多，则食品受污染程度就越大。故以大肠菌群作为粪便污染食品的卫生指标来评价食品的卫生质量具有广泛的意义。

3. 致病菌

致病菌即能够引起人体发病的细菌。食品中不允许有致病菌存在，这是食品卫生质量指标中必不可少的标准之一。致病菌种类繁多，食品的加工、运输、贮藏等条件不同，被污染的情况也不同。如何检验食品中的致病菌，需要根据不同食品可能污染的情况来做针对性的检查。对不同的食品，应选择一定的参考菌进行检验。例如，海产品以副溶血性弧菌作为参考菌群，蛋及蛋制品以沙门氏菌、金黄色葡萄球菌、变形杆菌等作为参考菌群，米、面类食品以蜡样芽孢杆菌、变形杆菌、霉菌等作为参考菌群，罐头食品以耐热性芽孢杆菌作为参考菌群等。

4. 霉菌及其毒素

因很多霉菌都能够产生毒素，引起疾病，故应该对产毒素菌进行检验，如曲霉属的黄曲霉、寄生曲霉、韦氏曲霉等，青霉属的橘青霉、黄绿青霉、扩展青霉等，镰刀菌属的串珠镰刀菌、禾谷镰刀菌、三线镰刀菌等。

5. 其他指标

微生物指标还应包括病毒，如肝炎病毒、猪瘟病毒、鸡新城疫病毒、马立克病毒、口蹄疫病毒、猪水疱病毒、诺如病毒、禽流感病毒等与人类健康有直接关系的病毒微生物，在一定场合下也是食品微生物检验的指标。有时，寄生虫也被列为微生物检验的指标。

第四节　现代食品微生物检验技术的发展

食品微生物检验技术经历了从原始的农耕时代到如今发达的 21 世纪这样一个跨越数千年的漫长发展历程，检验水平也随着微生物学、免疫学、分子生物学等学科的发展而不断提高。

一、感官检验

人类自进入早期文明开始，在长期的生活实践中逐步摸索出一些预防食品安全问题的实践经验。早在 2500 多年前，孔子就提出了著名的"五不食"原则："食饐而餲，鱼馁而肉败，不食。色恶，不食。臭恶，不食。失饪，不食。不时，不食"，即食品出现腐败、变色、发臭、烹调不当、不应季、不新鲜等情况时不宜食用。尽管当时人们并不知道微生物的存在，但是他们通过观察、总结出来的经验确实对控制食品腐败、疾病传播起到了一定的作用。

即使到了今天，人们在日常生活中仍然可以通过视觉、嗅觉、触觉等对食品的颜色、气味、质地进行评判，以简单、快速地检验食品是否变质，从而减少了食物中毒现象的发生。

二、直接镜检

直接镜检是对送检样品在显微镜下直接进行观察及菌体计数测定。

虽然人类很早就开始利用微生物，如我国在 8000 年前就已经出现了曲蘖酿酒，但直到显微镜的出现，人们才逐渐对微生物有了认识。荷兰人列文虎克（Antonie van Leeuwenhoek，1632—1723 年）于 1676 年用自磨镜片制造了一台大约能放大 300 倍的显微镜，并从雨水、牙垢等标本中第一次观察和描述了各种形态的微生物，为微生物的存在提供了有力证据，并确定了细菌的三种基本形状，即球菌、杆菌和螺旋菌。列文虎克也因此被称为显微镜之父。从此以后，人们对微生物的形态、排列、大小等便有了初步的认识。法国科学家巴斯德（Louis Pasteur，1822—1895 年）在解决法国葡萄酒变酸问题时，通过显微镜观察及实验，证明了有机物质的发酵与腐败是微生物作用的结果，酒类变质就是因为受到了杂菌污染。由于直接镜检具有直观、简便、快速等优点，故其在许多领域中使用。

三、培养检验

根据不同食品的特点以及分析目的，应选择适当的培养方法以得到带菌量。在我国的食品安全国家标准 GB 4789 系列中，大部分采用的测定食品中微生物数量的方法，是在严格规定的培养方法和培养条件（样品处理、培养基种类、培养温度、pH、培养时间、计数方法等）下进行的，使得适应这些条件的每一个活菌细胞都能够生成一个肉眼可见的菌落，然后通过菌落计数、形态观察、生化试验、血清学分型、噬菌体分型、毒性试验、血清凝集等测得试验结果，或通过间接产生特定现象的试管数来换算，即 MPN 法。

这些传统微生物检验方法目前仍然是我国食品行业最权威的、使用最广泛的方法。

四、现代微生物学检验方法

传统微生物检验方法周期长，主观性强，存在一定局限性。但现今，随着分子生物学和微电子技术的飞速发展，快速、准确、特异性检验微生物的新技术、新方法不断涌现，微生物检验技术由培养水平向分子水平迈进，并向仪器化、自动化、标准化方向发展，提高了食品微生物检验工作的高效性、准确性和可靠性。

荧光抗体技术（fluorescent antibody technique）的建立使组织和细胞中抗原物质的定位成为可能。该技术具有将免疫学的特异性和敏感性及显微形态学的精确性相结合的特点，我国已成功应用免疫荧光显微技术从食品中快速检出沙门氏菌、金黄色葡萄球菌、溶血性链球菌等致病微生物。

聚合酶链反应（polymerase chain reaction，PCR）技术是一种DNA体外扩增技术。该技术在食品微生物检验方面展示了很好的应用潜力，如国家标准中对致泻性大肠埃希氏菌的检验采用PCR方法进行确证，诸如病毒检验也是采用实时荧光RT-PCR方法。PCR方法具有快速、简单、敏感、特异性强、结果分析简单等优点，在食品微生物检验中具有广阔的前景。

飞行质谱（flight mass spectrometry），全称为表面增强激光解吸离子化飞行时间质谱技术，是一种新兴的蛋白质指纹图谱分析平台。它将蛋白质芯片与质谱技术有机地结合在一起，可直接对血清、腹水、尿液及细胞裂解液等样品进行质谱分析，具有耗时短、准确度和灵敏度高等优点，但国内由于菌种数据库数据少、无国家标准支持，且仪器价格昂贵等原因，目前应用尚少。

基因芯片技术（gene chip technology）根据核酸的分子杂交技术衍生而来，它是将已知各种基因寡核苷酸点样于芯片表面，微生物样品DNA（如致病菌的毒力基因、抗生素耐受基因）经PCR扩增后制备荧光标记靶基因，然后根据碱基互补原则，再与芯片上寡核苷酸点杂交，最后用扫描仪定量和分析荧光分布模式来确定检测样品是否存在某些特异微生物。这种方法可以快速、准确地检测和鉴定食物中的病原菌。

随着现代检验技术的发展以及长期的实践与探索，很多国家形成了较完善的食品法律法规体系和食品鉴定体系，我国自2009年以来也相继颁布和出台了《中华人民共和国食品安全法》《中华人民共和国食品安全法实施条例》等法律法规，我国食品微生物检验检测体系框架基本形成。但近些年出现的一些食品安全事件也暴露出不少问题，我国食品微生物检验技术在快检产品和仪器设备的稳定性和精确度方面还有待提升。并且，某些国家地区制定的标准限量远低于我国（如欧盟乳制品中黄曲霉毒素M_1的最高限量为0.05μg/kg，远低于我国的最高限量0.5μg/kg；日本的黄曲霉毒素最高限量为10μg/kg，远低于我国的最高限量20μg/kg）。但是，我们相信随着我国相关法律法规的进一步完善以及各种新型微生物快速检验技术的发展，定能守护好人民"舌尖上的安全"。

思考题

1. 食物中毒的类型有哪些？为什么要进行食品微生物检验？
2. 食品微生物检验的目的、范围和任务是什么？
3. 展望食品微生物检验方法的发展趋势。

第二章 食品微生物检验的基本程序

学习目标

1. 掌握食品微生物检验前的基本准备要素。
2. 掌握食品微生物检验采样原则与方法。
3. 掌握食品微生物检验、记录与报告基本要求。

第一节 食品检验样品采集前准备

一、食品检验样品采集原则与目的

样品是指从某一总体中抽出的一部分。食品采样是指从较大批量食品中抽取能较好地代表其总体样品的方法。食品卫生监督部门或食品企业为了了解和判断食品的营养与卫生质量，或查明食品在生产过程中的卫生状况，可使用采样检验的方法。根据采样检验的结果，结合感官检查，可对食品的营养价值和卫生质量作出评价，或协助企业找出某些生产环节中存在的主要卫生问题。食品采样是食品检测结果准确与否的关键，也是食品专业人员必须掌握的一项基本技能。

食品采样的主要目的是鉴定食品的营养价值和卫生质量，包括食品中营养成分的种类、含量及营养价值；食品及其原料、添加剂、设备、容器、包装材料中是否存在有毒有害物质及其种类、性质、来源、含量、危害等。食品采样是进行营养指导、开发营养保健食品和新资源食品、强化食品的卫生监督管理、制定国家食品卫生质量标准以及进行营养与食品卫生学研究的基本手段和重要依据。

（一）样品采集原则

（1）样品的采集应遵循随机性、代表性的原则。
（2）根据检验目的、食品特点、批量、检验方法和微生物的危害程度等确定采样方案。
（3）采样过程遵循无菌操作程序，防止一切可能的外来污染。
（4）样品在保存和运输的过程中，应采取必要的措施防止样品中原有微生物的数量变化，保持样品的原有状态。

（5）采样标签信息应完整、清楚。

（二）样品采集目的意义

（1）便于食品卫生、质量的监督管理。
（2）鉴别食品中是否存在有毒有害物质。
（3）为新产品、新资源利用、新食品化工产品、新工艺投产前进行卫生鉴定。

（三）采样要求

（1）样品必须具有代表性。
（2）操作时要防止样品污染、变质、损坏、丢失，不得添加防腐剂和固定剂。
（3）至少两个人参与样品采集和现场确定。

二、样品采集前准备工作

（一）无菌采样的工具

合适的采集产品或加工过程中样品的无菌取样器械工具是顺利采样的关键，也是采集样品完整性的必要保障。对于同系列的食品样品或微生物检测对象，可形成一份无菌取样的分析清单来准备取样工具。如果可能，盛样品的容器在最初进入加工区之前应当被预先标识，如样品号、取样日期、取样人等信息，可使不同工厂条件下的样品取样更为方便。而附加样品号码一般需要在样品采集时才能被确定，因此无须预先标明。此外，采样人员的工具设施，如工作服、发网、手套或消毒处理过的洁净鞋靴必须有助于避免采样人员污染食物产品或样品。

（二）生产线样品

生产线样品一般是指原材料、原料生产用水、包装材料或其他任何使用在生产线的材料。生产线样品的采集一般用来确定细菌污染源是否来自原材料或加工程序中的某些环节。

（三）环境样品

环境样品用细菌拭子（细菌拭子样品不能给出或测出微生物的定时结果，因为样品非常小，显著微生物会经常丢失），拭子的取样部位一般来自食品接触面、地板喷溅物、墙壁、顶部管道和检验中考察的其他潜在污染源程序，并且记录可能的联系，在环境样品来源和食物产品的污染方面，可以使样品具有意义并且是提倡这样做的，举例如下。

地面喷溅水：工人从有污水的地面走过后又回到加工区域吗？
墙壁：墙壁上和制品上会有昆虫、害虫吗？
天花板：冷凝物或喷漆有无掉落到产品上或被发现与产品相接触？

（四）器材准备

（1）制冷剂　如果需要样品在贮运过程中保持冷却，适合的制冷剂类型是必需的。干冰、冰袋、冰砖、液氮等是常用的制冷剂。制冷剂准备时需明确其包装袋是否直接接触食品，如果有泄漏可能造成样品污染,应确保包装完整。干冰、液氮需在采样前获得,湿冰等可以由工厂提供。

(2) 盒子或制冷皿　采样人员需要贮藏、运输样品,如果样品不需冷冻,样品用盒子盛装即可。如果样品需要冷冻,则需要一个标准的制冷皿或保温箱。一般制冷皿需要随带一个塑料袋,样品可以放在袋子里,制冷剂如干冰等可以放置在袋外,尽可能避免样品被制冷剂污染。

(3) 灭菌容器　从塑料袋到灭菌的加仑桶,可以用于有锐利边面的产品如蟹、虾等样品的采集。

(4) 取样工具　工具的类型一般由取样产品来决定,一般有茶匙、角匙、尖嘴钳、不同规格的量筒和烧杯等。

(5) 灭菌手套　穿戴用手套大小应适合工作的需要,穿戴手套时应避免污染。灭菌手套在采样中并非必须使用。如果待采样品在采集过程中必须被接触,建议样品采集由工厂生产线中经过基本采样技能培训的工人进行,并将样品放入收集容器中。工人在生产过程中已处理接触产品,因此通常不认为他们对产品有附加的污染。

(6) 无菌棉拭子　一般用于采集仪器等设施和工厂环境区域的样品。使用棉拭子操作需规范:从试管头一边撕开外包装,取出棉拭子,注意不要沾染棉拭子的外端;擦拭完要取样的部位后小心地将拭子放入无菌的样品保存管中,沿拭子的折断点处折断将其全部堆入管内密封。

(7) 灭菌全包装袋　可直接购买灭菌的包装袋,使用时撕掉封头,张开袋子,将样品放入后将袋子顶端卷起,用线绳扎牢即可。底部应当折叠两次以防线绳穿透塑料袋而导致样品泄漏。

采样前应检查所有取样设施和容器的灭菌日期,灭菌时间应在仪器等设施的标签和包装上标明,在当地实验室灭菌的仪器设施一般可以保持至少两个月,过期后设施必须重新灭菌。

收集样品时,样品采集的条件如产品的温度、地点等,连同采样样品编号,一并记录在采样人员的注释说明中,采样的样品可以从样品号、采集日期附加样品号、最初调查人和其他鉴别信息等区分。当采集无菌样品时,避免样品污染是保证微生物检验结果准确性的关键。

食品样品检验的基本要素

第二节　样品采集

一、样品采集方案

微生物检验的特点是以小份样品的检验结果来说明一大批食品卫生质量。因此,在食品微生物检验中,取样及样品处理是极为重要的一个步骤。从检验结果的准确性来说,如果取样没有代表性或对样品的处理不当,获得的检验结果可能毫无意义。要保证样品的代表性首先要有一套科学的采样方案,其次使用正确的采样技术,并在样品的保存和运输过程中

样品采样方案

保持样品的原有状态。采用什么样的采样方案主要取决于检验的目的。例如，用一般的食品卫生学微生物检验去判定一批食品合格与否，查找导致人畜食物中毒的病原微生物，鉴定畜禽产品中是否含有人畜共患病病原体等。目的不同，采样方案和方法也有所不同。

目前，国内外使用的采样方案多种多样，例如，一批产品取若干个样后混合在一起检验、按百分比抽样、按食品的危害程度不同抽样、按数理统计的方法决定抽样个数等。不管采取何种方案，均要求抽样必须具有代表性。下面为几种比较常见的采样方案。

（一）食品卫生学微生物检验的采样

（1）ICMSF 的采样方案　国际食品微生物标准委员会（International Commission on Microbiological Specification for Foods，ICMSF）推荐的采样方案和随机采样方案是目前最为流行的采样方案。有时也可参照同一产品的品质检验数量进行采样，或按单位包装件数 N 的开平方值采样。无论选择何种方法采样，每批货物的采样数量不得少于 5 件。对于需要检验沙门氏菌的食品，采样数量应适当增加，最低不少于 8 件。

用于分析所采样品的数量、大小和性质会对结果产生很大影响。在某些情况下，用于分析的样品可能代表所采"一批"（lot）样品的真实情况，这适合于可充分混合的液体产品，如乳制品、饮料和水。在"多批"（lots 或 batches）食品的情况下不适合该采样方式，因为"一批"容易包含在微生物的质量上差异很大的多个单元。因此，在选择采样方案之前，必须考虑诸多因素，包括检验目的、产品及被采样品的性质、分析方法。

有些实验室在每批产品中，仅采用一个样品进行检验，该批产品是否合格，完全依据这个检样来决定。与此不同，ICMSF 方法是从统计学原理来考虑，对一批产品，检查多少检样，才能够有代表性，才能客观地反映出该产品的质量而设定的。ICMSF 根据以下两个因素设定采样方案并规定其不同采样数。

①各种微生物本身对人的危害程度各有不同。

②食品经不同条件处理后，其危害度变化情况：a. 降低危害度；b. 危害度未变；c. 增加危害度。

ICMSF 方法涉及以下几个代号：

n——同一批次产品应采集的样品件数；

c——最大可允许超出 m 值的样品数；

m——微生物指标可接受水平的限量值；

M——微生物指标的最高安全限量值，指附加条件后判定为合格的菌数限量，表示边缘的可接受数与边缘的不可接受数之间的界限。

为了强调采样与检样结果之间的关系，ICMSF 已经把严格的采样计划与食品危害程度相联系。ICMSF 的采样方案是依据事先对食品进行的危害程度划分来确定的，将所有食品分成三种危害度。Ⅰ类危害：老人和婴幼儿食品及在食用前可能会增加危害的食品。Ⅱ类危害：立即食用的食品在食用前危害基本不变。Ⅲ类危害：食用前经加热处理，危害减小的食品。另外，将检验指标对食品卫生的重要程度分为一般、中等和严重三档，根据以上危害度的分类，又将采样方案分成二级法和三级法。二级法只设有 n、c 及 m 值，三级法则有 n、c、m 及 M 值。

①二级法：二级法也称二级采样方案。自然界中材料的分布曲线一般是正态分布，以其

一点作为食品微生物的限量值,只设可接受水平限量值 m。按照二级采样方案设定的指标,在 n 个样品中,允许有 $\leq c$ 个样品的微生物指标检验值大于 m 值。当所有检样值均小于或等于 m 值,该批产品为合格;有超过 m 值的检样则为不合格品。以生食海产品鱼为例,其标准为 $n=5$,$c=0$,$m=10$,"$n=5$" 即抽样 5 个,"$c=0$" 即意味着在该批检样中未检测到有超过 m 值的检样,此批货物为合格品。

②三级法:三级法也称三级采样方案,其设有微生物标准 m 及 M 值两个限量。按照三级采样方案设定的指标,在 n 个样品中,允许全部样品中相应微生物指标检验值小于或等于 m 值,允许有 $\leq c$ 个样品其相应微生物指标检验值在 m 值和 M 值之间,不允许有样品相应微生物指标检验值大于 M 值。

表 2-1 是 ICMSF 按微生物的危害度及食品处理情况分类,表 2-2 是 ICMSF 虾的微生物标准。

表 2-1　　　　　　　　ICMSF 按微生物的危害度及食品处理情况分类

取样方案	危害程度	目标微生物	食品经不同处理后的危害度		
			减少（加热）	无变化（冷冻食品立刻进食）	增加（未加热吃到吃前还有一段时间）
三级法	1. 食品的保藏	细菌总数	例 1 $n=5$ $c=3$	例 2 $n=5$ $c=2$	例 3 $n=5$ $c=1$
	2. 轻度间接指标菌	大肠菌群 大肠埃希氏菌 金黄色葡萄球菌	例 4 $n=5$ $c=3$	例 5 $n=5$ $c=2$	例 6 $n=5$ $c=1$
	3. 中度程度局部传播	金黄色葡萄球菌、蜡样芽孢杆菌、产气荚膜梭菌	例 7 $n=7$ $c=2$	例 8 $n=5$ $c=1$	例 9 $n=10$ $c=1$
二级法	1. 中度程度广泛传播	沙门氏菌、副溶血性弧菌、致病性大肠埃希氏菌	例 10 $n=5$ $c=0$	例 11 $n=10$ $c=0$	例 12 $n=20$ $c=0$
	2. 严重程度	肉毒梭菌、霍乱弧菌、伤寒沙门氏菌、副伤寒沙门氏菌	例 13 $n=15$ $c=0$	例 14 $n=30$ $c=0$	例 15 $n=60$ $c=0$

注:"减少"是指食品经加热处理可杀死部分污染的细菌。"无变化"是指微生物数量没有增加或减少,如冷冻食品或干燥食品。"增加"是指食品保存在不良环境中使微生物易于繁殖和产毒。

表 2-2　　　　　　　　ICMSF 虾的微生物标准

虾的分类	检查项目	例	级别	n	c	菌数限量/(CFU/g)	
						m	M
冷冻生虾	细菌总数	1	3	5	3	10^6	10^7
	大肠菌群	4	3	5	3	4	400
	金黄色葡萄球菌	4	3	5	3	10^3	2×10^3
	副溶血性弧菌	10	2	5	0	10^2	—

续表

虾的分类	检查项目	例	级别	n	c	菌数限量/(CFU/g)	
						m	M
冷冻烹饪虾	细菌总数	3	3	5	1	10^6	10^7
	大肠菌群	6	3	5	1	4	400
	金黄色葡萄球菌	9	3	10	1	10^3	2×10^3
	副溶血性弧菌	12	2	20	0	10^2	—

从表 2-1 和表 2-2 可以看出，ICMSF 方法是在二级法、三级法和采样概念的基础上，进一步将微生物的知识加进来，进而可提出不同种类食品的微生物标准。依据对象微生物的危害程度不同，例 1~例 9 可用三级法，例 10~例 15 可用二级法来判定检样是否合格。结合经不同处理后食品的危害度变化情况，分别设定不同的采样数量或合格检样污染数。在三级采样方案例 1~例 3 中，对于细菌总数指标，随着危害度的增加，在采样数量（$n=5$）和合格限量值（$m=10^6$，$M=10^7$）相同的情况下，合格样品污染检样数分别设定为 3、2、1。该条件下不再依靠菌数限量，而是用合格率来判断检验是否合格。在二级采样方案例 10~例 12 中，合格检样污染数均为 0，即不得检出该致病菌，但采样数量随着危害度增加而增加，依次为 5、10、20。

对食品处理的危害度判断应酌情考虑，如冷冻生虾加热后食用可减少危害度，而冷冻烹饪虾不经加热处理直接进食，在解冻过程中有增加危害度的可能性。生肉火腿中的金黄色葡萄球菌增殖一定程度上可被腐败菌抑制，不易发生食物中毒，适用例 7 和例 8。烹调加工后的熟肉中腐败菌更易于增殖，发生食物中毒概率高，适用例 9。加热盐腌火腿的水分活度在 0.86 以下，金黄色葡萄球菌有增殖的可能性，适用例 9。

（2）FAO 的采样方案　1979 年版联合国粮农组织（FAO）食品与营养报告中的食品质量控制手册的微生物学分析中，具体列举了各种食品的微生物限量标准，按照 ICMSF 的采样方案来进行判定。

（3）美国 FDA 的采样方案　美国食品与药物管理局（Food and Drug Administration，FDA）的采样方案与 ICMSF 的采样方案基本一致。不同的是严重指标菌所取的 15、30、60 个样可以分别混合，混合的样品量最大不超过 375g。即所取的样品每个为 100g，从中取出 25g，然后将 15 个 25g 混合成一个 375g 样品，混匀后再取 25g 作为试样检验，剩余样品妥善保存备用。

（4）我国食品卫生微生物学检验采样方案　GB 4789.1—2016《食品安全国家标准　食品微生物学检验　总则》是我国食品安全微生物标准方法体系中现行有效的食品微生物检验的通用基础标准。标准中规定了采样方案分为二级和三级采样方案，即 ICMSF 方案。二级采样方案设有 n、c 和 m 值，三级采样方案设有 n、c、m 和 M 值。其中，n 表示同一批次产品应采集的样品件数；c 表示最大可允许超出 m 值的样品数；m 表示微生物指标可接受水平限量值（三级采样方案）或最高安全限量值（二级采样方案）；M 表示微生物指标的最高安全限量值。按照二级采样方案设定的指标，在 n 个样品中，允许有 $\leq c$ 个样品其相应微生物指标检验值大于 m 值。按照三级采样方案设定的指标，在 n 个样品中，允许全部样品中相应微生物指标检验值小于或等于 m 值；允许有 $\leq c$ 个样品其相应微生物指标检验值在 m 值和 M 值之间；不允许有样品相应微生物指标检验值大于 M 值。例如，从一批产品中采集5个样品（$n=5$），若5个样品的检验结果均小于或等于 m 值（$m=100 \text{CFU/g}$，即检验结果 $\leq 100 \text{CFU/g}$），则这种情况是允许的；若 ≤ 2 个样品的结果（x）位于 m 值和 M 值（$M=1000 \text{CFU/g}$）之间（$100 \text{CFU/g} \leq x \leq 1000 \text{CFU/g}$），这种情况也是允许的；但若有3个及以上的样品检验结果位于 m 值和 M 值之间，或者任一样品的检验结果大于 M 值（$>1000 \text{CFU/g}$），则这两种情况均是不允许的。

其他食品微生物学检验相关标准遵循 GB 4789.1 的采样方案。如 GB 4789.17—2024《食品安全国家标准　食品微生物学检验　肉与肉制品采样和检样处理》中，明确了采样原则和采样方法按 GB 4789.1 的规定执行，同时规定了采样件数 n 应根据相关食品安全标准要求执行，每件样品的采样量不小于5倍检验单位的样品或根据检验目的确定。此外，该标准还规定了一件食品样品的采样要求，如预包装肉与肉制品、散装肉与肉制品或现场制作肉制品。

同样地，2011年12月21日施行的 GB 19295—2011《食品安全国家标准　速冻面米制品》，参考国际食品微生物标准委员会采样方案和限量规定，修改了微生物指标规定，采用了微生物分级采样方案。同时，根据致病菌风险评估结果，调整了沙门氏菌、金黄色葡萄球菌的限量规定。此标准采用了三级采样方案，用多个样品定量检测结果进行综合判定，具体规定为：生制速冻预包装面米制品中金黄色葡萄球菌限量为 $n=5$，$c=1$，$m=10^3 \text{CFU/g}$，$M=10^4 \text{CFU/g}$；熟制速冻预包装面米制品中金黄色葡萄球菌限量为 $n=5$，$c=1$，$m=10^2 \text{CFU/g}$，$M=10^3 \text{CFU/g}$。即在同一批次采5个样品，允许全部样品检测值小于或等于 10^2CFU/g，允许1个样品检测值在 $10^2 \sim 10^3 \text{CFU/g}$；不允许有样品检测值大于 10^3CFU/g；不允2个及以上样品检测值大于 10^2CFU/g。该标准仅进行了生制品和熟制品两类食品分类。

2022年3月7日实施的 GB 19295—2021《食品安全国家标准　速冻面米与调制食品》不仅修改了被替代的 GB 19295—2011 标准名称，对标准适用范围、术语和定义、微生物限量等也进行了修改。在微生物限量方面，现行标准中对致病微生物限量从食品类别角度作出了更为具体的要求，要求符合 GB 29921—2021《食品安全国家标准　预包装食品中致病菌限量》中相应类属食品的规定。但在采样方案和样品处理方面，现行标准仍依照 GB 4789.1—2016《食品安全国家标准　食品微生物学检验　总则》执行，即三级采样方案。

（二）食物中毒微生物检验的采样

当怀疑人或畜禽发生食物中毒时，应及时收集可疑食品或餐具、粪便或血液等。

（三）人畜共患病病原微生物检验的采样

当怀疑某一动物产品可能带有人畜共患病病原体时，应结合相关知识，采取病原体最集中、最易检出的组织或体液送实验室检验。

（四）食品安全事故中食品样品的采样

根据《中华人民共和国食品安全法》，食品安全事故是指食源性疾病、食品污染等源于食品，对人体健康有危害或者可能有危害的事故。

（1）由批量生产加工的食品污染导致的食品安全事故，食品样品的采集和判定原则按食品卫生学微生物检验的取样方案和食品安全相关标准中的采样方案执行。重点采集同批次食品样品。

（2）由餐饮单位或家庭烹饪加工的食品导致的食品安全事故，重点采集现场剩余食品样品，以满足食品安全事故病因判定和病原确证的要求。

（五）选择性采样

样本选择可分为有针对性选择和随机选择。当不能选择到具有代表性的样品时，需要进行非概率采样即有针对性选择采样。有针对性选择采样是根据已掌握的情况，如怀疑某种食品可能是食物中毒的原因食品，或者感官上已初步判定该食品存在卫生质量问题而进行有针对性的选择采集样本。随机选择采样即概率采样。在随机选择采样中，采样人员须建立特定的程序和过程以保证总样品集中的每个样品有同等被选的概率。常见的随机采样方法有简单随机采样、分层随机采样、整群采样、系统采样、混合采样等。

（1）简单随机采样　这种方法要求集中的每一个样品都有相同的被抽选概率，首先需要定义样品集，然后再进行抽选，当样品简单、样品集比较大时，基于这种方法的评估存有一定的不确定性。虽然这种方法易于操作，是简化的数据分析方式，但是被抽选的样品可能不能完全代表样品集。随机采样表制表有助于现场随机采样，使用方法如下：

①先将一批产品的各单位产品（如箱、包、盒等）按顺序编号。如将一批600包的产品编为1、2、……、600。

②随意在表上点出一个数，查看该数字所在的行和列。如点在第48行、第10列的数字上。

③根据单位产品编号的最大位数（如①，最大为三位数），查出所在行的连续列数字（如②，所点数为第48行的第10、11和12列，其数字为245），则编号与该数相同的那一份单位产品，即为一件应抽取的样品。

④继续下一行的相同连续列数字（如按③，即第49行的第10、11和12列的数字，为608）。该数字所代表的单位产品为另一件应抽取的样品。

⑤依次按④所述方法查下去。当遇到所点数超过最大编号数量（如第50行的第10、11和12列的数字为931，大于600）则舍去此数，继续查下一行相同列数直到完成应抽样品件数为止。

（2）分层随机采样　在这种方法中，样品集首先被分为不重叠的子集，称为层。如果从层中的采样是随机的，则整个过程称为分层随机采样。这种方法通过分层降低了错误的概率，但当层与层之间很难清楚地定义时，可能需要复杂的数据分析。

（3）整群采样　简单随机采样和分层随机采样中，都是从样品集中选择单个样品。而整群采样是从样品集中一次抽选一组或一群样品。该方法可在样品集处于大量分散状态时降低时间和成本的消耗。这种方法不同于分层随机采样，局限是有可能不代表整个样品集。

（4）系统采样　首先在一个时间段内选取一个开始点，然后按有规律的间隔抽选样品。例如，从生产开始时采样，然后样品按一定间隔采集一次，如每十个采集一次。由于采样点更均匀地分布，这种方法比简单随机采样更精确，但是如果样品有一定周期性变化，则容易引起误导。

（5）混合采样　这种方法是从各个散包中抽取样品，然后将两个或更多的样品组合在一起，以减少样品间的差异。

二、样品采集方法

确定了采样方案和样品选择方式后，采样方法对采样方案的有效执行和保证样品的有效性、代表性至关重要。样品的采样要严格遵守样品采集的操作规程，必须保证整个样品的采取过程是无菌操作。采样工具如整套不锈钢勺子、镊子、剪刀等应当高压灭菌，防止一切可能的外来污染。容器必须清洁、干燥、防漏、广口、灭菌，大小适合盛放检样。采样全过程中，应采取必要的措施防止食品中固有微生物的数量和生长能力发生变化。确定检验批，应注意产品的均质性和来源，确保检样的代表性。

（一）常用的采样方法

（1）重量法　采取一定重量的食品作为一个样品。例如，采取屠宰后两腿内侧肌或背最长肌100g/只；对于蛋、蛋制品样品，每份不少于200g。

（2）拭子法　拭子法采样不损害肉等产品的完整性，操作简便。但是检出的活菌总数不高。

（3）灌洗法　对于全净膛光禽最好在洗涤后立即采样。活菌检出率比拭子采样法的检出率高。

（二）按包装方式分类的食品采样

（1）预包装食品　对于预包装食品应采集相同批次、独立包装、适量件数的食品样品，每件样品的采样量应满足微生物指标检验的要求。根据目前食品的包装规格，为了便于采样，同时保证样品用量和检验质量，GB 4789.1—2016《食品安全国家标准　食品微生物学检验总则》中将独立包装净含量划分标准从原标准的"500mL/500g"修改为"1000mL/1000g"。

独立包装≤1000g的固态食品或≤1000mL的液态食品，取相同批次的包装。独立包装>1000mL的液态食品应在采样前摇动或用无菌棒搅拌液体，使其达到均质后采集适量样品，放入同一个无菌采样容器内作为一件食品样品。独立包装>1000g的固态食品，应用无菌采样器从同一包装的不同部位分别采取适量样品，放入同一个无菌采样容器内作为一件食品样品。

（2）散装食品或现场制作食品　用无菌采样工具从n个不同部位现场采集样品，放入n个无菌采样容器内作为n件食品样品。每件样品的采样量应满足微生物指标检验单位的要求，划分检验批次，应注意同批产品质量的均一性。

（三）按物理状态分类的食品采样

按照上述采样方案，能采取最小包装的食品就尽可能地采取完整的小包装，按无菌操作进行。不同类型的食品应采用不同的工具和方法。

（1）桶装或大容器包装的液体食品　①盛放在大罐的液态样品，取样时，可连续或间歇搅拌；对于体积较小的容器，可在取样前将液体上下颠倒，尽量使其达到均质。②用无菌注射器抽取所需的样品，装入灭菌盛样容器的量不应超过其容量的3/4，以便于检验前将样品摇匀。③取完样品后，应用消毒的温度计插入液体内测量食品的温度并记录。尽可能不使用水银温度计测量，以防温度计破碎后水银污染食品。④如为非冷藏易腐食品，应迅速将所抽取样品冷却至0~4℃。

（2）桶装或大容器包装的固体食品　小块大包装食品应从不同部位切取样品，放入无菌容器。面粉或乳粉等易于混匀的食品，其成品质量均匀、稳定，可以抽取小样品检测（如100g）。但散装样品必须从多个点取样，且每个样品都要单独处理，在检测前彻底混匀，并从中取一份样品进行检测。大块整体食品应用无菌刀具和镊子从不同部位割取，割取时应兼顾表面与深部，注意样品的代表性。肉类、鱼类的食品既要在表皮取样又要在深层取样。深层取样时小心不要被表面污染。有些食品，如鲜肉或熟肉可用灭菌的解剖刀或钳子取样；冷冻食品可在未解冻的状态下用锯子、木钻或电钻（一般斜角钻入）等深层取样。全蛋粉等粉末状样品取样时，可用灭菌的取样器斜角插入箱底，样品填满取样器后提出箱外，再用灭菌小勺从上、中、下部位取样。

（3）冷冻食品　大包装小块冷冻食品按小块个体采取，大块冷冻食品可以用无菌刀从不同部位削取样品，或用无菌小手锯从冻块上锯取样品，也可以用无菌钻头钻取碎屑状样品，放入无菌盛样容器。在样品送达实验室前，要始终保持样品处于冷冻状态。样品一旦融化，不可使其再冻，保持冷却即可。

（四）生产工序过程的采样

若需检验食品生产过程污染情况时通常会进行生产工序监测采样。

（1）车间用水　自来水样从车间各水龙头上采取冷却水；汤料等从车间容器不同部位用100mL无菌注射器抽取。

（2）车间台面、用具及加工人员手部的卫生监测　用5cm无菌采样板及5支无菌棉签擦拭采集25cm区域（若所采集的表面干燥，则用无菌稀释液湿润棉签后擦拭；若表面有水，则用干棉签擦拭），擦拭后立即将棉签头用无菌剪刀剪入盛样容器。设计有折断点的棉签可将棉签头置于盛样容器内后，于折断点处折断并密封后送检。

（3）车间空气采样　空气的采样方法有直接沉降法和过滤法。在检验空气中细菌含量的各种沉降法中，平皿法是最早的方法之一。到目前为止，这种方法在判断空气中浮游微生物分次自沉现象方面仍具有一定的意义。其操作是将5个直径90mm的普通营养琼脂平板分别置于车间的周围四角和中部，打开平皿盖5min，然后盖盖送检。而过滤法是使定量的空气通过吸收剂，然后将吸收剂培养计算出菌落数。

（五）注意事项

（1）生产过程中的采样　①划分检验批次，应注意同批产品质量的均一性。②如用固定在贮液桶或流水作业线上的抽样龙头抽样时，应事先将龙头消毒。③当用自动抽样器取不需要冷却的粉状或固态食品时，必须履行相应的管理办法，保证产品的代表性不被人为地破坏。

（2）若检验食品污染情况，可取表层样品；若检验食品品质情况，应取深部样品。表面取样是通过惰性载体（清水、拭子、胶带等）将表面样品上的微生物转移到合适的培养基中进行微生物检验，这种惰性载体既不能引起微生物死亡，也不应使其增殖。取样后，要使微生物长期保存在载体上，既不死亡又不增殖十分困难，所以应尽早地将微生物转接到适当的培养基中。转移前耽误的时间越长，品质评价的可靠性就越差。表面取样技术只能直接转移菌体，不能做系列稀释，只有在菌体数量较多时才适用。其最大优点是检测时不破坏样品。

三、样品处理与送检

采样过程中应对所采集的样品进行及时、准时的标记。采样结束后，应由采样人员填写完整的采样报告。样品的运输、接收和保存要保持样品原样，应在接近原有贮存温度条件下贮存样品，或采取必要措施防止样品中微生物数量的变化，不得加入防腐剂、固定剂等。

（一）采集样品标记

应对采集的样品进行及时、准确的记录和标记，内容包括采样人、采样地点、采样时间、样品名称、来源、批号、数量、保存条件等信息。

（1）所有盛样容器必须具有与样品一致的标记。在标记上应明确产品标志与号码、样品顺序号以及其他需要说明的情况。标记应牢固，具有防水性，字体不会被擦掉或脱色。

（2）当样品需要托运或由非专职采样人员运送时，必须密封样品容器。

（二）采集样品送检

（1）采样结束后应尽快将样品送往实验室检验。如不能及时运送，冷冻样品应存放在 -20℃冰箱或冷冻库内，应防止反复冰融；冷却和易腐食品存放在 0~4℃冰箱或冷却库内，其他食品可存放在常温冷暗处。样品存放一般不超过 36h。

（2）运送冷冻和易腐食品应在包装容器内加适量的冷却剂或冷冻剂，保证途中样品不升温或不融化。必要时可于途中补加冷却剂或冷冻剂。

（3）盛样品的容器应消毒处理，但不得用消毒剂处理容器，不得在样品中加入任何防腐剂。

（4）样品采集后，最好由专人立即送检。如不能由专人携带送样时，也可托运。托运前必须将样品包装好，应能防破损、防冻结或防易腐和冷冻样品升温或融化。在包装上应注明"防碎""易腐""冷藏"等字样。

（5）做好样品运送记录，写明运送条件、日期、到达地点及其他需要说明的情况，并由运送人签字。

第三节　样品微生物检验

一、微生物检验前准备

微生物检验前需要准备所用到的设备、试剂、培养基等，做好实验环境的灭菌等工作。

（一）实验设备准备

准备好所需的各种仪器，如冰箱、恒温水浴箱、显微镜、恒温培养箱、超净工作台等。微生物实验室常用设备见表 2-3。实验设备应放置于适宜的环境条件下，便于维护、清洁、消毒与校准，并保持整洁与良好的工作状态。实验设备应定期进行检查和/或检定、加贴标识维护和保养，以确保工作性能和操作安全。实验设备应有日常维护记录或使用记录。

表 2-3　　　　　　　　　　　微生物实验室常用设备和检验用品

类别	用途	名称
设备	称量	天平等
	消毒灭菌	干烤/干燥设备，高压灭菌、过滤除菌、紫外线装置等
	培养基制备	pH 计等
	样品处理	均质器（剪切式或拍打式均质器）、离心机等
	稀释	移液器
	培养	恒温培养箱、恒温水浴等装置
	镜检计数	显微镜、放大镜、游标卡尺等
	冷藏冷冻	冰箱、冷冻柜等
	生物安全	生物安全柜等
检验用品	常规检验	接种环（针）、酒精灯、镊子、剪刀、药匙、消毒棉球、硅胶（棉）塞吸管、吸球、试管、平皿、锥形瓶、微孔板、广口瓶、量筒、玻璃棒及 L 形玻璃棒、pH 试纸、记号笔、均质袋等
	现场采样	无菌采样容器、棉签、涂抹棒、采样规格板、转运管等

（二）检验用品准备

检验用品应满足微生物检验工作的需求，微生物实验室常用检验用品见表 2-3。

使用的各种玻璃仪器，如吸管、平皿、广口瓶、试管等均需要刷洗干净，经高压蒸汽（121℃，20min）或干法（160~170℃，2h）灭菌，冷却后送无菌室备用。准备好检验所需的各种试剂、药品，灭菌后的普通琼脂培养基或其他选择性培养基，根据需要分装试管或灭菌后倾注平板，保存在 46℃ 的水浴中或保存在 4℃ 的冰箱中备用。

对于不能高压灭菌的仪器设备和检验用品，如移液器等，在使用前和使用后均应采用 75% 酒精擦拭后置于工作台中进行紫外灯照射灭菌。

（三）无菌室灭菌

实验场所一般采用紫外灯灭菌。紫外灯距离被照射物体以不超过 1.2m 为宜。紫外线对人体有伤害作用，可严重灼烧眼结膜、损伤视神经，对皮肤也有刺激作用，所以不能在紫外灯开着的室内工作。为了阻止微生物的光复活现象，也不宜在日光下或开着日光灯或钨丝灯的情况下进行紫外线灭菌。紫外线穿透能力差，只适用于空气及物体表面的灭菌。

紫外灯法灭菌时间不应少于 30min，关灯 30min 后方可进入工作；如使用超净工作台，需提前 30min 开紫外灯灭菌。

必要时进行无菌室的空气检验，关闭紫外灯后在不同的位置上各放一套已灭菌的肉膏蛋白胨琼脂平板和麦芽汁琼脂平板，打开皿盖 15min，然后盖上皿盖，分别倒置 37℃ 恒温培养箱中培养 24h 和 28℃ 恒温培养箱中培养 48h。若每个平板内菌落不超过 4 个，表明灭菌效果较好；若超过 4 个，则需延长照射时间或采用与化学消毒剂联合灭菌的方法，即先用喷雾器喷洒 30~50g/L 的石炭酸溶液，或用浸沾 2%~3% 来苏尔溶液的抹布擦洗接种室内墙壁、桌面及凳子后开紫外灯。

（四）检验人员穿戴用品灭菌

检验人员的工作衣、帽、鞋、口罩等在准备间经紫外灯灭菌后使用。鞋不更换时可以使用一次性鞋套。工作人员进入无菌室后，实验未完成前不得随便出入无菌室。

二、样品制备

样品制备是指对所采集的样品再进行分取、粉碎及混匀等的过程。接收样品后做好记录查对，予以登记，接收人员应签字确认。样品制备应在无菌室内进行，若是冷冻样品必须事先在原容器中解冻，温度为 2~5℃时，不超过 18h，或温度为 45℃时，不超过 15min。解冻过程要防止病原菌的死亡和因在生长温度下而使细菌数量增加。一般固体食品的样品制备方法有以下几种：①捣碎均质法；②剪碎振摇法；③研磨法；④整粒振摇法；⑤胃蠕动均质法。另外还有液体食品的样品制备和罐头食品的样品制备。

（一）稀释液的选择

（1）普通稀释液　浓度为 1g/L、pH 6.8~7.0 的无菌蛋白胨水（蛋白胨 1.0g、氯化钠 8.5g、水 1000mL）、磷酸盐缓冲溶液和 8.5g/L 氯化钠溶液等都是常用的稀释液。1g/L 的蛋白胨水要比其他稀释液保护效果更佳。

高浓度的干燥样品（如乳粉、婴儿食品）水分活度很低，在最低稀释度时应该选择蒸馏水作为稀释液。最合适的稀释液应通过一系列的试验得到，所选择的稀释液应该具有最高的复苏率。

（2）厌氧微生物的稀释液　对食品中的厌氧微生物进行定性或定量检测时，必须使氧化作用减至最低，应使用具有抗氧化作用的培养基作为稀释液。制备样品悬液时应尽量避免氧气进入其中，使用袋式拍打式均质器可达到这一要求。

检测对氧气极其敏感的厌氧菌时，除使用适当的稀释液外，还要具备一些特殊的样品防护措施，如使用厌氧操作台、厌氧工作站等。

（3）嗜渗菌和嗜盐菌的稀释液　200g/L 的无菌蔗糖溶液适用于嗜渗菌计数，研究嗜盐菌（如食盐样品）时，可使用 150g/L 无菌的氯化钠溶液作为稀释液。

（二）不同类型样品的制备

（1）粉末状和小颗粒固体样品　粉末状和小颗粒固体样品的初始稀释液较容易配制。无菌称取 10g 样品加入体积为 100mL 的无菌带刻度具塞玻璃瓶中，加入无菌稀释液至 100mL 刻度，配成质量体积比为 1∶10 的稀释液，并摇动混匀，必要时按常规方法进一步稀释。对高溶解度样品计数时必须小心，计数结果取决于样品在稀释液中的均匀性，而均匀性又与样品的初始状态有关（常表述为个/g）。要得到准确的检测结果，第一个稀释液的体积是否准确达到 100mL 非常重要。除体积因素外，pH 和水分活度的变化也必须加以考虑。另外，稀释液中样品的转接应在 30min 内完成。

（2）固体样品　检测表层下面样品中的细菌时，应将至少 10g 样品加入适量的无菌稀释液中并进行均质。常用的均质方法是使用拍击式均质器。将样品和稀释液一起放入无菌、耐用、薄而软的聚乙烯袋中。袋子放入拍击式均质器内，留出几厘米袋口在均质器外，均质时，关紧均质器门以密封袋子。启动均质器，两个大而平的不锈钢踏板交替拍击袋子，袋中内容物在踏板与均质器的平滑内表面之间挤压，即产生均质效果。对于大多数样品均质 30s 即可，而脂肪浓度高的样品则需要 90s。

样品均质的目的：

①使细菌从食品颗粒上脱离，使细菌在液体中分布均匀。

②食品中营养物质可以更多地释放到液体中，有利于细菌的生长。待检样的量至少需要 10g，一般在 25~50g；待检样与稀释剂或培养基的比例一般为 1∶9。

可采用拍击式均质器均质的其他样品：

①黏度不超过乳的非黏性食品。

②黏性液体食品。

③能与水混合的待检样，手摇或机器振荡不易混合的待检样可放在均质器中加入稀释液进行均质。

此外，固体样品还可采用剪碎混匀的方法。取其中 25g 放入带 225mL 稀释液的无菌均质杯中以 8000~10000r/min 均质；或取 25g 进一步剪碎，放入 225mL 稀释液和适量小玻璃珠的稀释瓶中，盖紧瓶盖用力快速振摇；或取 25g 放入加有无菌海砂的无菌研钵内充分研磨后，再转移至 225mL 无菌稀释液的稀释瓶中充分混匀，制成质量体积比 1∶10 混悬液进行检验。

（3）表面样品　表面样品取样后，先放到一定体积（如 10mL）的稀释液中，妥善保存，使样品保持原始状态。检测时，用适当的稀释液进行定量稀释（根据预测的污染程度稀释到所需稀释度）。检测后根据稀释的倍数进行换算。

（4）液体样品　制备液体样品稀释液时，用无菌移液管取 1mL 完全混匀的样品到带刻度的具塞无菌玻璃瓶中，加入稀释液至 100mL 配成体积比为 1∶10 的稀释液。也可以选择质量体积比，取 10g 完全混匀的样品加入玻璃瓶中，用无菌稀释液配制成 100mL，制成质量体积比为 1∶10 的稀释液。实际操作中，等效于 1∶10 的质量比。按常规方法做进一步的稀释，整个样品稀释过程应在 30min 内完成。

三、样品检验

菌落总数和大肠菌群在即食食品的微生物检测中是必检项。此外，不同食品样品的强制性微生物检验种类不同。GB 29921—2021《食品安全国家标准　预包装食品中致病菌限量》中对不同食品类别中的致病菌指标和对应的限量值作了明确规定。每种微生物指标都有 1 种或几种检验方法，应根据不同的食品、不同的检验目的选择恰当的检验方法。常规致病菌检验，如金黄色葡萄球菌、沙门氏菌、副溶血性弧菌、单核细胞增生李斯特菌、致泻大肠埃希氏菌等，均有相应的国家标准方法（GB 4789 系列）。检验方法除了国家标准外，还有地方标准、行业标准（如 SN/T 0330—2012《出口食品微生物检验通则》）、国际标准（如 FAO 标准、WHO 标准等）和每个食品进口国或地区的标准（如美国 FDA 标准、日本厚生劳动省标准、欧盟标准等）。总之，应根据食品的消费去向选择相应的检验方法。

检验具体要求如下。

①按照标准操作规程进行检验操作，边操作边做好原始记录。

②检验结束后连同结果一起交同条线技术人员复核。复核过程发现错误，复核人员应通知检测人员更正，然后重新复核。

③检测人员和复核人员在原始记录上签名，并编写"检测报告底稿"。

④所有检测项目完成后，检测人员需将原始记录、样品卡、报告书底稿交检验室负责人作全面校核。

四、记录与报告

（一）记录

检验过程中应即时、客观地记录观察到的现象、结果和数据等信息。

（二）报告

实验室应按照检验方法中规定的要求，准确、客观地报告检验结果。

五、检验后样品的处理

（1）检验结果报告发出后，被检阴性样品方能处理。

（2）一般阳性样品发出报告后 3d（特殊情况可适当延长）方能处理样品；进口食品的阳性样品，需保存 6 个月才能处理。

（3）检出致病菌的样品要经过无害化处理。

（4）检验结果报告发出后，剩余样品和同批产品不进行微生物项目的复检。

样品采样、运送、处理、测试与报告

思考题

1. 食品检验样品采集原则是什么？
2. 灭菌在微生物学实验操作中的意义是什么？
3. 样品采集主要有哪些方案？ICMSF 采样方案中二级法和三级法判定样品合格的指标是什么？

第三章

食品微生物检验条件

03

> **学习目标**
> 1. 了解微生物检验室的基本条件，了解并遵守微生物检验室实验守则。
> 2. 掌握实验室生物安全防护水平分级内涵。
> 3. 了解各实验室生物安全防护水平的实验室设施和设备要求。

第一节　实验室检验基本要素

一、微生物检验室基本条件

微生物检验室必须具备保证显微镜工作、微生物分离培养工作及基本化学实验工作顺利进行的基本条件。微生物检验室的基本条件包括以下几方面。

如何控制食品
微生物检验的质量

1. 实验室空间

微生物检验室的整体布局需要遵循"单向工作流程，避免交叉污染"的原则。根据使用功能划分区域，一般包括准备室、洗涤室、灭菌室、无菌室、恒温培养室和普通实验室等。

（1）准备室　用于配制培养基和样品处理等。室内设有试剂柜、存放器具或材料的专柜、实验台、电炉、冰箱和上下水道、电源等。

（2）洗涤室　用于洗涮器皿。使用过的器皿已被微生物污染，有时还会残留一些病原微生物，需要进行洗涤。洗涤室内应备有加热器、蒸锅、洗涮器用的盆、桶等，还应有各种瓶刷、去污粉、肥皂和洗衣粉等。

（3）灭菌室　用于培养基的灭菌和各种器具的灭菌，灭菌室内应备有高压蒸汽灭菌器、烘箱等灭菌设备及设施。

（4）无菌室　也称接种室或洁净室，是系统接种、纯化菌种等无菌操作的专用实验室。

（5）恒温培养室　培养室应设有内、外两室，内室为培养室，外室为缓冲室。房间容积不宜大，以利于空气灭菌。内、外室都应在室中央安装紫外灯，以供灭菌用。

（6）普通实验室　进行微生物的观察、计数和生理生化测定工作的场所。配有实验台、显微镜、柜子及凳子。其中实验台要求平整、光滑，最好是耐酸碱、防腐蚀的黑胶板；实验柜能容纳日常使用的用具及药品。

（7）实验室其他要求　水电气等的容量、布设、性能均应满足实验室工作的需要。表3-1详细归纳了食品微生物检验室（二级生物安全实验室和洁净室）的基本参数。

表3-1　食品微生物检验室的基本参数

参数名称	参数要求
洁净度级别	7
温度/℃	18~27
相对湿度/%	30~65
换气次数/(次/h)	8~10
与室外方向上相邻相通房间的最小负压差/Pa	-10~-5

2. 实验室环境

（1）光线明亮，但避免阳光直射室内。

（2）洁净无菌，地面与四壁平滑，便于清洁和消毒。

（3）空气清新，应具备良好的通风系统和排气设施，以确保空气质量和实验人员的安全。

3. 温度和湿度控制

微生物检验室通常需要保持恒定的温度和湿度条件，以提供适宜的环境供微生物生长和繁殖。通常，微生物实验室的温度控制在18~27℃，相对湿度控制在30%~65%。

4. 洁净度要求

微生物检验室需要保持高度洁净，以防止外部微生物的污染。实验室内的工作台、仪器设备和培养器具等需要经常进行消毒和清洁。应定期对实验室进行空气检测和表面微生物检测，对实验室环境的卫生状况进行评估，针对检测结果异常区域应立即采取消毒和清洁措施，以防止微生物扩散。

5. 生物安全措施

实验室的生物安全应符合GB 19489—2008《实验室　生物安全通用要求》的规定。微生物检验室需要采取一系列生物安全措施，以防止微生物的泄漏和传播，包括实验室内的生物安全柜、个人防护装备和废弃物处理等。生物安全柜是微生物检验室中至关重要的设备，用于保护实验人员免受微生物感染。不同级别的生物安全柜提供不同程度的防护，应根据实验的风险级别选择合适的生物安全柜。

6. 实验设备和试剂

微生物检验室需要配备必要的实验设备和试剂，包括培养箱、显微镜、离心机、自动培养基制备仪、高压灭菌锅、超净工作台、电热鼓风干燥箱等。同时，需要准备各种培养基、试剂和标准菌株等。

二、微生物检验室实验守则

在进行微生物检验时要时刻记住：实验对象大多是病原微生物，如果不慎发生意外，不仅自身招致感染，而且可能造成病原微生物的传播。因此必须遵守以下要求。

1. 检验室基本原则

（1）所有实验人员必须通过相应的实验室安全培训和安全考试，并向上级相关部门提交申请，经批准之后，才能获得进入实验室的权限。

（2）进入实验室时，必须穿白大褂、戴帽子和口罩、长发束起，填写实验室出入登记、药品领用使用登记及设备使用登记。

（3）禁止在实验室饮食、储存食品等个人生活物品。

（4）实验室内要保持安静、有秩序，不要高声谈笑、打闹追逐，影响实验。

（5）禁止在整个实验室区域吸烟（包括室内、走廊、电梯间等）。

（6）禁止用嘴湿润铅笔、标签、吸管等。

（7）禁止将实验室物品携带出实验室。

（8）未经允许禁止非实验人员进入实验室。

（9）熟悉紧急情况下的逃离路线和紧急应对措施，清楚急救箱、灭火器材、紧急洗眼装置和冲淋器的位置。牢记急救电话119、120、110。

（10）实验工作中碰到疑问应及时请教该实验室或仪器设备责任人，不得盲目操作。

（11）做实验期间严禁长时间离开实验现场。

（12）晚上、节假日做某些危险实验时，室内必须有两人以上，以确保实验安全。

（13）实验结束后离开实验室前确认未完成实验样品及仪器的安全性，检查水电和门窗是否关闭。

2. 检验室的清洁

（1）对于架上的试剂瓶经常擦拭以保持干净无灰尘。

（2）所有培养物、被污染的玻璃器皿及阳性的检验标本，应放入消毒水中浸泡消毒，再用高压灭菌锅或用水煮沸后清理。

（3）缓冲间、无菌操作间的门不能同时打开，以免空气对流，造成污染。

（4）室内应保持整洁，实验结束后实验用具、器皿等及时洗净、烘干入柜，室内和台面均无大量物品堆积，每天至少清理一次实验台。要丢弃的培养物经高压灭菌后再处理，污染的玻璃仪器经高压灭菌后再洗刷干净。

（5）吸过菌液的吸管，要投入盛有 30g/L 来苏水或 50g/L 石炭酸溶液的玻璃筒中，不得放在桌子上；菌液洒在桌面时，立即用抹布浸沾 30g/L 来苏水或 50g/L 石炭酸溶液覆盖在污染部位，0.5h 后方可抹去。若手上沾有活菌，也应在上述消毒液中浸泡 10~20min，再用肥皂及水洗刷。

（6）培养基的灭菌一般采用湿热灭菌技术，灭菌程序应经过验证。关注灭菌后培养基的 pH，若超出允许范围，应使用灭菌或除菌后的试液进行调整。灭菌后的培养基若非现配现用，其储存方式和储存期限也应经过验证。

3. 操作前的准备工作

（1）样品检验前应登记生产日期、批号，详细记录样品检验序号、检验日期、检验程序和结果。

（2）无菌室应定期用紫外灯进行杀菌，室内每天用紫外灯灭菌 20~30min，地面应保持清洁，无卫生死角。

（3）无菌操作必须在超净工作台里进行，在使用超净工作台前先开紫外灯照射 30min，然后关掉紫外灯，待 30min 后开照明灯及无菌风。

（4）进入无菌室前，先做好个人卫生工作，换上工作服，戴工作帽。无菌室工作服、帽、口罩和准备室工作服、帽、口罩不得混用，不得穿离无菌室，并定期进行洗换，每次使用前进行紫外线消毒灭菌。

（5）无菌操作前，双手及在操作台内手臂部分用 75% 酒精擦拭。

（6）无菌室内应备有专用开瓶器、金属勺、镊子、剪刀、接种针、接种环，每次使用后应在酒精灯火焰上烧灼灭菌。

（7）无菌室内应备有盛放 30g/L 来苏水或 50g/L 石炭酸溶液的玻璃缸，内浸纱布数块；备有 75% 酒精棉球，用于样品表面消毒及意外污染消毒。

4. 仪器使用及实验操作注意事项

（1）烘箱、电炉、高压锅、水浴锅等不用时应立即关掉，无人看守时也必须关掉。

（2）仪器用具分类摆放，用过的仪器用具及时清洗干净，自然晾干（或烘干），置于指定位置存放，以备后用（注意尽量不要用前匆匆忙忙清洗仪器用具）。

（3）使用酒精灯时，一手执点燃的火柴靠近灯口，一手打开酒精灯盖子。火焰大小和火力强弱应根据实验的需要来调节。用火时，应做到火着人在，人走火灭。

（4）使用电器设备（如烘箱、恒温水浴、离心机、电炉等）时，严防触电；绝不可用湿手或在眼睛旁视时开关电闸和电器开关。应该用试电笔检查电器设备是否漏电，凡是漏电的仪器，一律不能使用。

（5）使用浓酸、浓碱，必须极为小心地操作，防止溅出。用移液管量取这些试剂时，必须使用橡皮球，绝对不能用口吸取。若不慎溅在实验台或地面上，必须及时用湿抹布擦洗干净。如果触及皮肤应立即治疗。

（6）使用可燃物，特别是易燃物（如乙醚、丙酮、乙醇、苯、金属钠等）时，应特别小心。不要大量放在桌上，更不要靠近火焰。只有在远离火源或将火焰熄灭后，才可大量倾倒易燃液体。低沸点的有机溶剂不准在明火上直接加热，只能在水浴上利用回流冷凝管加热或蒸馏。

（7）用油浴操作时，应小心加热，不断用温度计测量，不要使温度超过油的燃烧温度。

（8）微生物实验室应定期对高压灭菌锅的安全附件、安全保护装置、测量调控装置及有关附属仪器仪表进行校验、检修，对灭菌器性能进行验证，并做好使用记录登记。

5. 玻璃器皿清理注意事项

（1）一般玻璃器皿　一般玻璃器皿（如培养皿、试管、三角瓶等）可用毛刷及洗涤剂除去灰尘、油垢及无机盐等物质，然后用自来水冲洗干净。以水在内壁均匀分成一薄层而不出现水珠时为油垢除尽的标准，洗刷干净的玻璃器皿晾干后备用。

（2）污染过的玻璃器皿　污染过的玻璃器皿用水冲洗后放在 50g/L 的碱液里煮沸数分钟，再用自来水冲洗干净，晾干备用。

（3）不易洗刷干净的玻璃器皿　不易洗刷干净的玻璃器皿先用水初步冲洗后，浸泡在洗液里过夜，控净洗液后自来水冲洗数次，再用蒸馏水冲洗后晾干备用。

（4）新购的玻璃器皿　新购的玻璃器皿先用 2% 盐酸浸泡，再用自来水洗净。以水在内壁均匀分成一薄层而不出现水珠时为油垢除尽的标准，洗刷干净的玻璃器皿晾干后备用。

6. 几种意外情况的处理

（1）皮肤破伤　先除尽异物，用蒸馏水或生理盐水洗净后，伤口处涂抹 20g/L 碘酒。

（2）灼烧伤　被烧伤的地方涂凡士林油、50g/L 的鞣酸或 20g/L 的苦味酸。

（3）化学药品腐蚀伤

①强酸腐蚀：先用大量清水冲洗后，再用 50g/L 碳酸氢钠或氢氧化铵溶液洗涤。

②强碱腐蚀：先用大量清水冲洗后，再用 5%乙酸或 50g/L 硼酸溶液洗涤。

（4）火险　立即关闭电门、煤气门。如果酒精、乙醚、汽油着火，用沙土等灭火。

7. 废弃物的处理

（1）对于普通的固液废弃物，用纸箱或废液桶分类存储，贴上相应的废弃物标签，并注明主要成分后送至指定地点进行统一处理。

（2）对于微生物实验操作过程中用到的培养皿、离心管及试管等可重复使用的耗材，要求进行高温高压灭菌处理后再进行清理存放。

（3）实验后的微生物培养基，实验过程中用过的盖/载玻片、枪头等实验耗材或损坏的玻璃器皿等要进行高温高压灭菌后才能倒入废液桶内或放入纸箱中，并贴上相应的废弃物标签后送至指定地点进行统一处理。

第二节　实验室基本标准

一、实验室生物安全防护水平分级

根据对所操作生物因子采取的防护措施，将实验室生物安全防护水平分为一级、二级、三级和四级，一级防护水平最低，四级防护水平最高。

（1）生物安全防护水平为一级的实验室适用于操作在通常情况下不会引起人类或者动物疾病的微生物。

（2）生物安全防护水平为二级的实验室适用于操作能够引起人类或者动物疾病，但一般情况下对人、动物或者环境不构成严重危害，传播风险有限，实验室感染后很少引起严重疾病，并且具备有效治疗和预防措施的微生物。

（3）生物安全防护水平为三级的实验室适用于操作能够引起人类或者动物严重疾病，比较容易直接或者间接在人与人、动物与人、动物与动物间传播的微生物。

（4）生物安全防护水平为四级的实验室适用于操作能够引起人类或者动物非常严重疾病的微生物，以及我国尚未发现或者已经宣布消灭的微生物。

以 BSL（bio-safety level）-1、BSL-2、BSL-3、BSL-4 表示仅从事体外操作的实验室的相应生物安全防护水平。

根据实验活动的差异、采用的个体防护装备和基础隔离设施的不同，实验室分以下情况。

（1）操作通常认为非经空气传播致病性生物因子的实验室。

（2）可有效利用安全隔离装置（如生物安全柜）操作常规量经空气传播致病性生物因子的实验室。

（3）不能有效利用安全隔离装置操作常规量经空气传播致病性生物因子的实验室。

（4）利用具有生命支持系统的正压服操作常规量经空气传播致病性生物因子的实验室。

应依据国家相关主管部门发布的病原微生物分类名录，在风险评估的基础上，确定实验室的生物安全防护水平。

二、实验室设施和设备要求

（一）BSL-1 实验室

（1）实验室的门应有可视窗并可锁闭，门锁及门的开启方向应不妨碍室内人员逃生。

（2）应设洗手池，宜设置在靠近实验室的出口处。

（3）在实验室门口处应设存衣或挂衣装置，可将个人服装与实验室工作服分开放置。

（4）实验室的墙壁、天花板和地面应易清洁、不渗水、耐化学品和消毒灭菌剂的腐蚀。地面应平整、防滑，不应铺设地毯。

（5）实验室台柜和座椅等应稳固，边角应圆滑。

（6）实验室台柜等的摆放应便于清洁，实验台面应防水、耐腐蚀、耐热和坚固。

（7）实验室应有足够的空间和台柜等摆放实验室设备和物品。

（8）应根据工作性质和流程合理摆放实验室设备、台柜、物品等，避免相互干扰、交叉污染，并应不妨碍逃生和急救。

（9）实验室可以利用自然通风。如果采用机械通风，应避免交叉污染。

（10）如果有可开启的窗户，应安装可防蚊虫的纱窗。

（11）实验室内应避免不必要的反光和强光。

（12）若操作刺激或腐蚀性物质，应在 30m 内设洗眼装置，必要时应设紧急喷淋装置。

（13）若操作有毒、刺激性、放射性挥发物质，应在风险评估的基础上，配备适当的负压排风柜。

（14）若使用高毒性、放射性等物质，应配备相应的安全设施、设备和个体防护装备，应符合国家、地方的相关规定和要求。

（15）若使用高压气体和可燃气体，应有安全措施，应符合国家、地方的相关规定和要求。

（16）应设应急照明装置。

（17）应有足够的电力供应。

（18）应有足够的固定电源插座，避免多台设备使用共同的电源插座。应有可靠的接地系统，应在关键节点安装漏电保护装置或监测报警装置。

（19）供水和排水管道系统应不渗漏，下水应有防回流设计。

（20）应配备适用的应急器材，如消防器材、意外事故处理器材、急救器材等。

（21）应配备适用的通信设备。

（22）必要时，应配备适当的消毒灭菌设备。

（二）BSL-2 实验室

（1）适用时，应符合 BSL-1 实验室的要求。

（2）实验室主入口的门、放置生物安全柜实验间的门应可自动关闭；实验室主入口的门应有进入控制措施。

（3）实验室工作区域外应有存放备用物品的条件。

（4）应在实验室工作区配备洗眼装置。

（5）应在实验室或其所在的建筑内配备高压蒸汽灭菌器或其他适当的消毒灭菌设备，所配备的消毒灭菌设备应以风险评估为依据。

（6）应在操作病原微生物样本的实验间内配备生物安全柜。

（7）应按产品的设计要求安装和使用生物安全柜。如果生物安全柜的排风在室内循环，室内应具备通风换气的条件；如果使用需要管道排风的生物安全柜，应通过独立于建筑物其他公共通风系统的管道排出。

（8）应有可靠的电力供应。必要时，重要设备（如培养箱、生物安全柜、冰箱等）应配置备用电源。

（三） BSL-3 实验室

1. 平面布局

（1）实验室应明确区分辅助工作区和防护区，应在建筑物中自成隔离区或为独立建筑物，应有出入控制。

（2）防护区中直接从事高风险操作的工作间为核心工作间，人员应通过缓冲间进入核心工作间。

（3）适用于"操作通常认为非经空气传播致病性生物因子的实验室"的实验室辅助工作区应至少包括监控室和清洁衣物更换间；防护区应至少包括缓冲间（可兼作脱防护服间）及核心工作间。

（4）适用于"可有效利用安全隔离装置（如生物安全柜）操作常规量经空气传播致病性生物因子的实验室"的实验室辅助工作区应至少包括监控室、清洁衣物更换间和淋浴间；防护区应至少包括防护服更换间、缓冲间及核心工作间。

（5）适用于"可有效利用安全隔离装置（如生物安全柜）操作常规量经空气传播致病性生物因子的实验室"的实验室核心工作间不宜直接与其他公共区域相邻。

（6）如果安装传递窗，其结构承压力及密闭性应符合所在区域的要求，并具备对传递窗内物品进行消毒灭菌的条件。必要时，应设置具备送排风或自净化功能的传递窗，排风应经高效空气过滤器（HEPA 过滤器）过滤后排出。

2. 围护结构

（1）围护结构（包括墙体）应符合国家对该类建筑的抗震要求和防火要求。

（2）天花板、地板、墙间的交角应易清洁和消毒灭菌。

（3）实验室防护区内围护结构的所有缝隙和贯穿处的接缝都应可靠密封。

（4）实验室防护区内围护结构的内表面应光滑、耐腐蚀、防水，以易于清洁和消毒灭菌。

（5）实验室防护区内的地面应防渗漏、完整、光洁、防滑、耐腐蚀、不起尘。

（6）实验室内所有的门应可自动关闭，需要时，应设观察窗；门的开启方向不应妨碍逃生。

（7）实验室内所有窗户应为密闭窗，玻璃应耐撞击、防破碎。

（8）实验室及设备间的高度应满足设备的安装要求，应有维修和清洁空间。

（9）在通风空调系统正常运行状态下，采用烟雾测试等目视方法检查实验室防护区内围护结构的严密性时，所有缝隙应无可见泄漏。

3. 通风空调系统

（1）应安装独立的实验室送排风系统，应确保在实验室运行时气流由低风险区向高风险区流动，同时确保实验室空气只能通过 HEPA 过滤器过滤后经专用的排风管道排出。

（2）实验室防护区房间内送风口和排风口的布置应符合定向气流的原则，利于减少房间内的涡流和气流死角；送排风应不影响其他设备（如 Ⅱ 级生物安全柜）的正常功能。

（3）不得循环使用实验室防护区排出的空气。

（4）应按产品的设计要求安装生物安全柜和其排风管道，可以将生物安全柜排出的空气排入实验室的排风管道系统。

（5）实验室的送风应经过 HEPA 过滤器过滤，宜同时安装初效和中效过滤器。

（6）实验室的外部排风口应设置在主导风的下风向（相对于送风口），与送风口的直线距离应>12m，应至少高出本实验室所在建筑的顶部 2m，应有防风、防雨、防鼠、防虫设计，但不应影响气体向上空排放。

（7）HEPA 过滤器的安装位置应尽可能靠近送风管道在实验室内的送风口端和排风管道在实验室内的排风口端。

（8）应可以在原位对排风 HEPA 过滤器进行消毒灭菌和检漏。

（9）如在实验室防护区外使用高效过滤器单元，其结构应牢固，应能承受 2500Pa 的压力；高效过滤器单元的整体密封性应达到在关闭所有通路并维持腔室内的温度在设计范围上限的条件下，若使空气压力维持在 1000Pa 时，腔室内每分钟泄漏的空气量应不超过腔室净容积的 0.1%。

（10）应在实验室防护区送风和排风管道的关键节点安装生物型密闭阀，必要时，可完全关闭。应在实验室送风和排风总管道的关键节点安装生物型密闭阀，必要时，可完全关闭。

（11）生物型密闭阀与实验室防护区相通的送风管道和排风管道应牢固、易消毒灭菌、耐腐蚀、抗老化，宜使用不锈钢管道；管道的密封性应达到在关闭所有通路并维持管道内的温度在设计范围上限的条件下，若使空气压力维持在 500Pa 时，管道内每分钟泄漏的空气量应不超过管道内净容积的 0.2%。

（12）应有备用排风机。应尽可能减少排风机后排风管道正压段的长度，该段管道不应穿过其他房间。

（13）不应在实验室防护区内安装分体空调。

4. 供水与供气系统

（1）应在实验室防护区内的实验间的靠近出口处设置非手动洗手设施；如果实验室不具备供水条件，则应设非手动消毒灭菌装置。

（2）应在实验室的给水与市政给水系统之间设防回流装置。

（3）进出实验室的液体和气体管道系统应牢固、不渗漏、防锈、耐压、耐温（冷或热）、耐腐蚀。应有足够的空间清洁、维护和维修实验室内暴露的管道，应在关键节点安装截止阀、防回流装置或 HEPA 过滤器等。

（4）如果有供气（液）罐等，应放在实验室防护区外易更换和维护的位置，安装牢固，不应将不相容的气体或液体放在一起。

（5）如果有真空装置，应有防止真空装置内部被污染的措施；不应将真空装置安装在实验场所之外。

5. 污水处理及消毒灭菌系统

（1）应在实验室防护区内设置生物安全型高压蒸汽灭菌器。宜安装专用的双扉高压灭菌器，其主体应安装在易维护的位置，与围护结构的连接之处应可靠密封。

（2）对实验室防护区内不能高压灭菌的物品应有其他消毒灭菌措施。

（3）高压蒸汽灭菌器的安装位置不应影响生物安全柜等安全隔离装置的气流。

（4）如果设置传递物品的渡槽，应使用强度符合要求的耐腐蚀性材料，并方便更换消毒灭菌液。

（5）淋浴间或缓冲间的地面液体收集系统应有防液体回流的装置。

（6）实验室防护区内如果有下水系统，应与建筑物的下水系统完全隔离；下水应直接通向本实验室专用的消毒灭菌系统。

（7）所有下水管道应有足够的倾斜度和排量，确保管道内不存水；管道的关键节点应按需要安装防回流装置、存水弯（深度应适用于空气压差的变化）或密闭阀门等；下水系统应符合相应的耐压、耐热、耐化学腐蚀的要求，安装牢固，无泄漏，便于维护、清洁和检查。

（8）应使用可靠的方式处置污水（包括污物），并应对消毒灭菌效果进行监测，以确保达到排放要求。

（9）应在风险评估的基础上，适当处理实验室辅助区的污水，并应监测，以确保排放到市政管网之前达到排放要求。

（10）可以在实验室内安装紫外线消毒灯或其他适用的消毒灭菌装置。

（11）应具备对实验室防护区及与其直接相通的管道进行消毒灭菌的条件。

（12）应具备对实验室设备和安全隔离装置（包括与其直接相通的管道）进行消毒灭菌的条件。

（13）应在实验室防护区内的关键部位配备便携的局部消毒灭菌装置（如消毒喷雾器等），并备有足够的适用消毒灭菌剂。

6. 电力供应系统

（1）电力供应应满足实验室的所有用电要求，并应有冗余。

（2）生物安全柜、送风机和排风机、照明、自控系统、监视和报警系统等应配备不间断备用电源，电力供应应至少维持 30min。

（3）应在安全的位置设置专用配电箱。

7. 照明系统

（1）实验室核心工作间的照度应不低于 350lx，其他区域的照度应不低于 200lx，宜采用吸顶式防水洁净照明灯。

（2）应避免过强的光线和光反射。

（3）应设不少于 30min 的应急照明系统。

8. 自控、监视与报警系统

（1）进入实验室的门应有门禁系统，应保证只有获得授权的人员才能进入实验室。

（2）需要时，应可立即解除实验室门的互锁；应在互锁门的附近设置紧急手动解除互锁开关。

（3）核心工作间的缓冲间的入口处应有指示核心工作间工作状态的装置（如文字显示或指示灯），必要时，应同时设置限制进入核心工作间的连锁机制。

（4）启动实验室通风系统时，应先启动实验室排风，后启动实验室送风；关停时，应先关闭生物安全柜等安全隔离装置和排风支管密闭阀，再关闭实验室送风及密闭阀，最后关闭实验室排风及密闭阀。

（5）当排风系统出现故障时，应有机制避免实验室出现正压和影响定向气流。

（6）当送风系统出现故障时，应有机制避免实验室内的负压影响实验室人员的安全、影响生物安全柜等安全隔离装置的正常功能和围护结构的完整性。

（7）应通过对可能造成实验室压力波动的设备和装置实行连锁控制等措施，确保生物安全柜、负压排风柜（罩）等局部排风设备与实验室送排风系统之间的压力关系和必要的稳定性，并应在启动、运行和关停过程中保持有序的压力梯度。

（8）应设装置连续监测送排风系统 HEPA 过滤器的阻力，需要时，及时更换 HEPA 过滤器。

（9）应在有负压控制要求的房间入口的显著位置，安装显示房间负压状况的压力显示装置和控制区间提示。

（10）中央控制系统应可以实时监控、记录和存储实验室防护区内有控制要求的参数、关键设施设备的运行状态；应能监控、记录和存储故障的现象、发生时间和持续时间；应可以随时查看历史记录。

（11）中央控制系统的信号采集间隔时间应不超过 1min，各参数应易于区分和识别。

（12）中央控制系统应能对所有故障和控制指标进行报警，报警应区分一般报警和紧急报警。

（13）紧急报警应为声光同时报警，应可以向实验室内外人员同时发出紧急警报；应在实验室核心工作间内设置紧急报警按钮。

（14）应在实验室的关键部位设置监视器，需要时，可实时监视并录制实验室活动情况和实验室周围情况。监视设备应有足够的分辨率，影像存储介质应有足够的数据存储容量。

9. 实验室通信系统

（1）实验室防护区内应设置向外部传输资料和数据的传真机或其他电子设备。

（2）监控室和实验室内应安装语音通信系统。如果安装对讲系统，宜采用向内通话受控、向外通话非受控的选择性通话方式。

（3）通信系统的复杂性应与实验室的规模和复杂程度相适应。

10. 参数要求

（1）实验室的围护结构应能承受送风机或排风机异常时导致的空气压力载荷。

（2）适用于"操作通常认为非经空气传播致病性生物因子的实验室"的实验室核心工作间的气压（负压）与室外大气压的压差值应不小于 30Pa，与相邻区域的压差（负压）应不小于 10Pa；适用于"可有效利用安全隔离装置（如生物安全柜）操作常规量经空气传播致病性生物因子的实验室"的实验室的核心工作间的气压（负压）与室外大气压的压差值应不小于 40Pa，与相邻区域的压差（负压）应不小于 15Pa。

(3) 实验室防护区各房间的最小换气次数应不小于 12 次/h。

(4) 实验室的温度宜控制在 18~26℃。

(5) 正常情况下,实验室的相对湿度宜控制在 30%~70%;消毒状态下,实验室的相对湿度应能满足消毒灭菌的技术要求。

(6) 在安全柜开启情况下,核心工作间的噪声应不大于 68dB(A)。

(7) 实验室防护区的静态洁净度应不低于 8 级水平。

(四) BSL-4 实验室

(1) 适用时,应符合 BSL-3 实验室的要求。

(2) 实验室应建造在独立的建筑物内或建筑物中独立的隔离区域内。应有严格限制进入实验室的门禁措施,应记录进入人员的个人资料、进出时间、授权活动区域等信息;对与实验室运行相关的关键区域也应有严格和可靠的安保措施,避免非授权进入。

(3) 实验室的辅助工作区应至少包括监控室和清洁衣物更换间。适用于"可有效利用安全隔离装置(如生物安全柜)操作常规量经空气传播致病性生物因子的实验室"的实验室防护区应至少包括防护走廊、内防护服更换间、淋浴间、外防护服更换间和核心工作间,外防护服更换间应为气锁。

(4) 适用于"利用具有生命支持系统的正压服操作常规量经空气传播致病性生物因子的实验室"的实验室的防护区应包括防护走廊、内防护服更换间、淋浴间、外防护服更换间、化学淋浴间和核心工作间。化学淋浴间应为气锁,具备对专用防护服或传递物品的表面进行清洁和消毒灭菌的条件,具备使用生命支持供气系统的条件。

(5) 实验室防护区的围护结构应尽量远离建筑外墙;实验室的核心工作间应尽可能设置在防护区的中部。

(6) 应在实验室的核心工作间内配备生物安全型高压灭菌器;如果配备双扉高压灭菌器,其主体所在房间的室内气压应为负压,并应设在实验室防护区内易更换和维护的位置。

(7) 如果安装传递窗,其结构承压力及密闭性应符合所在区域的要求;需要时,应配备符合气锁要求的并具备消毒灭菌条件的传递窗。

(8) 实验室防护区围护结构的气密性应达到在关闭受测房间所有通路并维持房间内的温度在设计范围上限的条件下,当房间内的空气压力上升到 500Pa 后,20min 内自然衰减的气压<250Pa。

(9) 符合"利用具有生命支持系统的正压服操作常规量经空气传播致病性生物因子的实验室"要求的实验室应同时配备紧急支援气罐,紧急支援气罐的供气时间应不少于 60min/人。

(10) 生命支持供气系统应有自动启动的不间断备用电源供应,供电时间应不少于 60min。

(11) 供呼吸使用的气体的压力、流量、含氧量、温度、湿度、有害物质的含量等应符合职业安全的要求。

(12) 生命支持系统应具备必要的报警装置。

(13) 实验室防护区内所有区域的室内气压应为负压,实验室核心工作间的气压(负压)与室外大气压的压差值应不小于 60Pa,与相邻区域的压差(负压)应不小于 25Pa。

（14）适用于"可有效利用安全隔离装置（如生物安全柜）操作常规量经空气传播致病性生物因子的实验室"的实验室，应在Ⅲ级生物安全柜或相当的安全隔离装置内操作致病性生物因子；同时应具备与安全隔离装置配套的物品传递设备以及生物安全型高压蒸汽灭菌器。

（15）实验室的排风应经过两级 HEPA 过滤器处理后排放。

（16）应可以在原位对送风 HEPA 过滤器进行消毒灭菌和检漏。

（17）实验室防护区内所有需要运出实验室的物品或其包装的表面应经过可靠消毒灭菌。

（18）化学淋浴消毒灭菌装置应在无电力供应的情况下仍可以使用，消毒灭菌剂储存器的容量应满足所有情况下对消毒灭菌剂使用量的需求。

第三节　实验室要求

一、检验人员

微生物检验应由具有相应的微生物专业教育或培训经历，掌握包括常规微生物检测、无菌操作、消毒知识、生物防护等相关的知识和专业技能，并具备相应检验资质的人员实施。具体要求如下。

（1）应具有相应的微生物专业教育或培训经历，具备相应的资质，能够理解并正确实施检验。

（2）应掌握实验室生物安全操作和消毒知识。

（3）应在检验过程中保持个人整洁与卫生，防止人为污染样品。

（4）应在检验过程中遵守相关安全措施的规定，确保自身安全。

（5）有颜色视觉障碍的人员不能从事涉及辨色的实验。

二、环境与设施

食品微生物检验应在洁净区域进行。洁净区域的级别应按照 GB 50687—2011《食品工业洁净用房建筑技术规范》中"附录 A 食品生产良好卫生生产环境"中规定的"Ⅱ级背景下的Ⅰ级"，即传统意义上 10000 级背景下的 100 级。病原微生物的分离鉴定工作应在二级或以上生物安全实验室进行，生物安全实验室应按照 GB 50346—2011《生物安全实验室建设技术规范》设计和施建，并符合《中华人民共和国生物安全法》、GB 19489—2008《实验室生物安全通用要求》等要求，以保证人员与环境的生物安全。具体要求如下。

（1）实验室环境不应影响检验结果的准确性。

（2）实验区域应与办公区域明显分开。

（3）实验室工作面积和总体布局应能满足从事检验工作的需要，实验室布局宜采用单方向工作流程，避免交叉污染。

（4）实验室内环境的温度、湿度、洁净度、照度及噪声等应符合工作要求。

（5）食品样品检验应在洁净区域进行，洁净区域应有明显标示。

（6）病原微生物分离鉴定工作应在二级或以上生物安全实验室进行。

三、实验设备

实验室应配备满足检测工作要求的仪器设备，如天平、培养箱、水浴锅、冰箱、均质器、显微镜、生物安全柜等。其中培养箱的配置应考虑到用途、控温范围、控制精度和数量的要求。对结果有重要影响的仪器的关键量或值，如培养箱温度及其均匀性和稳定性等指标要求，应纳入设备的校准/检定计划，并保证校准/检定设备的修正因子/误差得到及时更新和正确使用。

（1）实验设备应满足检验工作的需要。

（2）实验设备应放置于适宜的环境条件下，便于维护、清洁、消毒与校准，并保持整洁与良好的工作状态。

（3）实验设备应定期进行检查和/或检定（加贴标识）、维护和保养，以便确保工作性能和操作安全。

（4）实验设备应有日常监控记录或使用记录。

四、检验用品

无菌采样容器、试管、平皿、锥形瓶等在使用前应保持清洁和/或无菌。无菌工器具和器皿应有明显标识以与非无菌工器具和器皿加以区别。

（1）检验用品应满足微生物检验工作的需求。

（2）检验用品在使用前应保持清洁和/或无菌。

（3）需要灭菌的检验用品应放置在特定容器内或用合适的材料（如专业包装纸、铝箔纸等）包裹或加塞，应保证灭菌效果。

（4）检验用品的储存环境应保持干燥和清洁，已灭菌与未灭菌的用品应分开存放并明确标识。

（5）灭菌检验用品应记录灭菌的温度与持续时间及有效使用期限。

五、培养基和试剂

培养基和试剂的质量要求按照 GB 4789.28—2024《食品安全国家标准 食品微生物学检验 培养基和试剂的质量要求》的规定执行。

（一）制备要求

正确制备培养基和试剂是微生物检验的基础步骤之一，使用脱水培养基和其他成分，尤其是含有有毒物质（如胆盐或其他选择剂）的成分时，应遵守良好实验室规范和生产厂商提供的使用说明。培养基的不正确制备会导致培养基出现质量问题（表3-2）。

表3-2　　　　　　　　　　常见质量问题与解答

异常现象	可能原因
培养基不能凝固	制备过程中过度加热 低 pH 造成培养基酸解 称量不正确 琼脂未完全溶解 培养基成分未充分混匀

续表

异常现象	可能原因
pH 不正确	制备过程中过度加热 水质不佳 外部化学物质污染 测定 pH 时温度不正确 pH 计未正确校准 脱水培养基质量差
颜色异常	制备过程中过度加热 水质不佳 pH 不正确 外来污染 脱水培养基质量差
产生沉淀	制备过程中过度加热 水质不佳 脱水培养基质量差 pH 未正确控制 原料中的杂质
目标培养物出现抑制/低生长率	制备过程中过度加热 脱水培养基质量差 水质不佳 使用成分不正确，如成分称量不准，添加剂浓度不正确 制备容器或水中的有毒残留物
选择性差	制备过程中过度加热 脱水培养基质量差 配方使用不对 添加成分不正确，如加入添加成分时培养基过热或添加浓度错误 添加剂污染
污染	不适当灭菌 无菌操作技术存在问题 添加剂污染

使用商品化脱水合成培养基制备培养基时，应严格按照厂商提供的使用说明配制。如重量（体积）、pH、制备日期、灭菌条件和操作步骤等。

实验室使用各种基础成分制备培养基时，应按照配方准确配制，并记录相关信息，如培养基名称和类型及试剂级别、每个成分物质含量、制造商、批号、pH、培养基体积（分装体积）、无菌措施（包括实施的方式、温度及时间）、配制日期、人员等，以便溯源。

在制备培养基时，应掌握以下原则和要求。

（1）培养基必须含有细菌生长繁殖所需要的营养物质，所用的化学药品必须纯净。

（2）培养基的酸碱度应符合细菌生长要求，按各种培养基要求准确测定调节 pH。多数细菌生长的适宜 pH 为 7.2~7.6，呈弱碱性。

（3）培养基的灭菌时间和温度，应按照各种培养基的规定进行，以保证灭菌效果及不损失培养基的必需营养成分，培养基经灭菌后，必须置 37℃ 恒温箱中培养 24h，无菌生长者方可应用。

（4）所用器皿须洁净，忌用铁或钢质器皿，要求没有抑制细菌生长的物质存在。

（5）制成的培养基应是透明的，以便观察细菌生长性状及其他代谢活动所产生的变化。

培养基和试剂一般使用湿热灭菌和过滤除菌。某些培养基不能或不需要高压灭菌，可采用煮沸灭菌，如 SC 肉汤等特定的培养基中含有对光和热敏感的物质，煮沸后应迅速冷却，避光保存；有些试剂则不需灭菌，可直接使用（参见相关标准或供应商使用说明）。

（1）湿热灭菌　湿热灭菌在高压锅或培养基制备器中进行，高压灭菌一般采用 (121 ± 3)℃灭菌 15min，具体培养基按食品微生物学检验标准中的规定进行灭菌。培养基体积不应超过 1000mL，否则灭菌时可能会造成过度加热。所有的操作应按照标准或使用说明的规定进行。

灭菌效果的控制是关键问题。加热后采用适当的方式冷却，以防加热过度。这对于大容量和敏感培养基十分重要，如含有煌绿的培养基。

（2）过滤除菌　过滤除菌可在真空或加压的条件下进行。使用孔径为 0.2μm 的无菌设备和滤膜。消毒过滤设备的各个部分或使用预先消毒的设备。一些滤膜上附着有蛋白质或其他物质（如抗生素），为了达到有效过滤，应事先将滤膜用无菌水润湿。

（3）检查　应对经湿热灭菌或过滤除菌的培养基进行检查，尤其要对 pH、色泽、灭菌效果和均匀度等指标进行检查。

（二）质量要求

1. 基本要求

（1）培养基和试剂　培养基和试剂的质量由基础成分的质量、制备过程的控制、微生物污染的消除及包装和储存条件等因素所决定。

供应商或制备者应确保培养基和试剂的理化特性满足相关标准的要求，以下特性的质量评估结果应符合相关的规定：

①分装的量和（或）厚度。
②外观、色泽和均一性。
③琼脂凝胶的硬度。
④水分含量。
⑤20~25℃ 的 pH。
⑥缓冲能力。
⑦微生物污染。

培养基和试剂的各种成分、添加剂或选择剂应进行适当的质量评价。

（2）基础成分　国家标准中提到的培养基通常可以直接使用。但因其中一些培养基成分如蛋白胨、浸膏、琼脂、卵黄乳液、脱脂乳粉及酸水解酪蛋白等质量不稳定，可允许对其用量进行适当的调整，如：

①根据营养需要改变蛋白胨、牛肉浸出物、酵母浸出物的用量。

②根据所需凝胶作用的效果改变琼脂的用量。

③根据缓冲要求决定缓冲物质用量。

④根据选择性要求决定胆盐、胆汁抽提物和脱氧胆酸盐、抗菌染料的用量。

⑤根据抗生素的效价决定其用量。

2. 微生物学要求

（1）概论　培养基和试剂应达到 GB 4789.28—2024《食品安全国家标准　食品微生物学检验　培养基和试剂的质量要求》附录 F 质量控制标准的要求。实验室使用商品化培养基和试剂时，应保留生产商提供的资料，并制定验收程序，并应达到附录 F 质量控制标准的要求。

（2）生长特征

①一般要求。可选择下列方法对每批成品培养基或试剂进行评价：定量方法，半定量方法和定性方法。采用定量方法时，应使用参考培养基进行对照；采用半定量和定性方法时，使用参考培养基或能得到"阳性"结果的培养基进行对照有助于结果的解释。参考培养基应选择近期批次中质量良好的培养基或来自其他供应商的具有长期稳定性的批次培养基或即用型培养基。

②测试菌株。测试菌株是具有其代表种的稳定特性并能有效证明实验室特定培养基最佳性能的一套菌株。测试菌株主要购置于标准菌种保藏中心，也可以是实验室自己分离的具有良好特性的菌株。实验室应检测和记录标准储备菌株的特性；或选择具有典型特性的新菌株，最好使用从食品或水中分离的菌株。对不含指示剂或选择剂的培养基，只需采用一株阳性菌株进行测试；对含有指示剂或选择剂的培养基或试剂，应使用能证明其指示或选择作用的菌株进行试验；复合培养基（如需要加入添加成分的培养基）需要以下列菌株进行验证：

a. 具有典型反应特性的生长良好的阳性菌株；

b. 弱阳性菌株（对培养基中选择剂等试剂敏感性强的菌株）；

c. 不具有该特性的阴性菌株；

d. 部分或完全受抑制的菌株。

③生长率。按规定用适当方法将适量测试菌株的工作培养物接种至固体、半固体和液体培养基中。每种培养基上菌株的生长率应达到所规定的最低限值。

④选择性。为定量评估培养基的选择性，应按照规定以适当方法将适量测试菌株的工作培养物接种至选择性培养基和参考培养基中，培养基的选择性应达到规定值。

⑤生理生化特性（特异性）。确定培养基的菌落形态学、鉴别特性和选择性，或试剂的鉴别特性，以获得培养基或试剂的基本特性。

⑥性能评价和结果解释。若按照规定的所有测试菌株的性能测试达到标准，则该批培养基或试剂的性能测试结果符合规定。若基本要求和微生物学要求均符合规定，则该批培养基或试剂可被接受。

六、质控菌株

实验室必须保存有满足试验需要的标准菌种/菌株，除检测方法中规定的菌种外，还应包括应用于培养基（试剂）验收/质量控制、方法确认/证实、阳性对照、阴性对照、人员培训考核和结果质量的保证等所需的菌株。标准菌株应可溯源至微生物菌种保藏专门机构或专业权威机构。质控菌株是确保检验结果准确性和可靠性的关键因素，其要点如下：

（1）实验室应保存能满足实验需要的标准菌株。
（2）应使用微生物菌种保藏专门机构或专业权威机构保存的、可溯源的标准菌株。
（3）标准菌株的保存、传代按照 GB 4789.28—2024 规定执行。
（4）对实验室分离菌株（野生菌株），经鉴定后，可作为实验室内部质量控制的菌株。

食品微生物检验的质量控制

过程控制要求

思考题

1. 对食品进行微生物检验有何意义？
2. 生物安全柜的常见类型及选用原则是什么？
3. 何谓生物安全实验室？其分级标准是什么？
4. 简要描述 BSL-1、BSL-2、BSL-3、BSL-4 对应的实验室设施与设备要求。

第四章

食品微生物检验技术

学习目标

1. 掌握细菌简单染色、革兰氏染色的操作方法及要点。
2. 掌握放线菌、酵母菌和霉菌的显微镜观察操作方法。
3. 了解微生物检验中常用的生理生化试验反应原理,掌握测定生理生化反应的技术和方法。
4. 了解抗原、抗体和补体的概念,掌握凝集反应、沉淀反应和补体结合反应的原理。
5. 了解实验动物的选择及注意事项,掌握动物实验的方法。

第一节　显微镜观察

一、培养基的配制

(一)培养基概述

1. 培养基的作用

微生物的生长和繁殖需要一定的营养物质,根据微生物对营养物质的需要,经过人工配制成适合于不同微生物生长繁殖或积累代谢产物的营养基质,称作培养基。其作用主要是提供微生物生长繁殖所需的营养物质和环境,加速微生物生长速度;微生物检测或鉴定及判断微生物的生长特性;研究和分析微生物的形态构造、生长和生理功能;生产微生物制品等。

培养基的配制

2. 培养基的基本要求

(1) 营养成分　微生物所需的营养成分包括碳源、氮源、无机盐、生长因子及水等。不同微生物对营养成分要求不同,制备培养基时必须根据微生物的需要进行调配。

(2) pH(酸碱度)　微生物对pH具有高敏感度,过高或过低都会影响微生物的生长和繁殖,因此,制备培养基时需要将pH调整到适宜范围内。

(3) 渗透压　在不同渗透压下,微生物具有不同的生长特性。一般来说,等渗或稍高于等渗是大多数微生物适宜的生长渗透压范围,制备培养基时要将渗透压调整到适宜的范围内。

3. 培养基的类型

(1) 按营养成分分类

①天然培养基：使用生物组织、器官以及它们的抽提物或制品制成的培养基，称为天然培养基。具有易于配制、营养丰富、价格低廉等优点，适合于各类异养微生物生长和大规模培养微生物。缺点是成分复杂，产品成分不稳定，不适于自养型微生物生长。

②半合成培养基：采用天然有机物质作为氮源和生长因子，并适当补充已知成分的化学药品作为碳源和无机盐来源的培养基，称为半合成培养基。此类培养基用途最广，大多数微生物都能在此类培养基上生长。

③合成培养基：由已知化学成分的营养物质组成的培养基，称为合成培养基。具有成分精确、重复性较强等优点，一般将其用于营养代谢、分类鉴定和菌种选育等工作，缺点是配料复杂、生长缓慢、成本较高，不适宜用于大规模的生产。

(2) 按物理状态分类

①液体培养基：把各种营养物质溶于水中，不加任何凝固剂（常用的凝固剂有琼脂、明胶、硅酸钠等，其中以琼脂最为常用），混合成水溶液，并以适当pH，制成液体状的培养基质。常用于微生物快速增殖培养、微生物的生长特性观察以及对微生物的某些生理生化特性进行研究。

②固体培养基：在液体培养基中添加凝固剂，如琼脂（15~20g/L）、明胶等煮沸冷却后，使其凝成固体状态，即制成固体培养基。此类培养基大都用于微生物的分离、纯化、药敏试验及菌苗制造。

③半固体培养基：在液体培养基中加入少量的凝固剂（2~5g/L的琼脂），制成质地柔软的半固体培养基。此类培养基可用来观察微生物的运动性、分类鉴定以及细菌对糖类的发酵能力等。

(3) 按用途分类

①基础培养基：含有一般微生物所需的营养成分，是适用于微生物培养的基础培养基。牛肉膏蛋白胨琼脂、马铃薯葡萄糖琼脂和麦芽汁琼脂培养基等都属于基础培养基。其中，牛肉膏蛋白胨琼脂培养基是最常用的基础培养基。

②加富培养基：在培养基中加入有利于某种或某类营养要求苛刻微生物生长繁殖所需的营养物质，使这类微生物增殖速度比其他微生物快，从而在混有多种微生物的情况下占优势地位的培养基。

③选择培养基：根据某种或某一类微生物的特殊营养需求或对某种化合物的敏感性不同，在培养基中加入某些物质或除去某些营养物质，从而达到有利于某种或某一类微生物生长的一类培养基。

④鉴别培养基：利用微生物分解糖类和蛋白质的能力及代谢产物不同，在普通培养基内加入某种试剂或化学药品。代谢产物可以与培养基中的特定试剂或化学药品起反应，产生某种明显的特征性变化，以此来鉴别和区分不同的微生物。

4. 培养基的灭菌

灭菌是指杀灭一切营养体、芽孢和孢子。在实验中，为了保证微生物的纯净，需要对培养基进行灭菌，培养基灭菌的方法有很多，以下主要介绍高压蒸汽灭菌和过滤除菌两种方法。

①高压蒸汽灭菌法：是湿热灭菌中最常用、效果最好的方法。此法是将待灭菌物品放在

高压蒸汽灭菌锅内连续加热，加热过程中蒸汽不断增加，使灭菌器内的压力逐渐增大，同时也使容器内的温度随压力而升高，由此产生高温达到杀灭杂菌的目的。此法采用的温度及时间必须根据培养基的种类、容器的大小及数量等具体情况而有所改变。

②过滤除菌法：利用细菌不能通过致密具孔滤材的原理除去液体或气体中细菌的方法。滤器和滤板根据需要决定。对热敏感的试剂，通常采用孔径为 0.22μm 的微孔滤膜过滤除菌。此法的最大优点是除菌的同时不破坏溶液中各种物质的化学成分，缺点是过滤量有限，一般只适用于小量溶液的过滤除菌（图 4-1）。

（1）无菌试管

（2）抽滤瓶

图 4-1 过滤除菌装置

（二）培养基配制操作步骤

计算→称量→溶解定容→调节 pH、加琼脂并溶解→过滤→分装→加塞→包扎→灭菌→摆斜面→倒平板→无菌检查→保存。

1. 计算

一般培养基配方用百分比或加入各种物质的质量或体积表示，配制前应先估计工作中需要培养基的数量，然后按比例计算各种物质的用量。

2. 称量

按培养基配方比例依次准确地用天平进行称取。用量很小、不便称量的药品，可先配制成较浓的溶液，然后按比例换算，再从中取出所需要的量，加入培养基中。比较黏稠、不是粉状的原料，可先对玻璃棒和烧杯称重，再连同玻璃棒和烧杯一起称量原料，或者在称量纸上称量后，连同称量纸一起投入水中，待原料溶解后将称量纸取出。称药品时严防药品混杂，一把牛角匙只用于一种药品，或称取一种药品后，洗净，擦干，再称取另一种药品，瓶盖也不要盖错。

3. 溶解定容

在烧杯中先加入少于所需要的水量，用玻璃棒搅匀，然后，在石棉网上加热使其溶解，或在磁力搅拌器上加热溶解。待药品完全溶解后，补加水约到所需总体积。配制固体培养基时，将称好的琼脂放入已溶的药品中，再加热溶化，最后补足所损失的水分。营养物质加入顺序应为先加缓冲化合物，然后是主要元素，再加入微量元素，最后加入维生素、生长因子等。

4. 调节 pH

先用精密 pH 试纸测定培养基原始 pH。如果偏酸，用滴管向培养基中逐滴加入 1mol/L NaOH，边加边搅拌，并随时用 pH 试纸测其 pH，直到 pH 达到 7.0±0.2。反之，用 1mol/L HCl 进行调节，直至符合要求为止。在调节过程中，尽量不要调得过酸或过碱，以免某些营养成分可能被破坏，并防止因反复调整而影响培养基的容量。

5. 溶解琼脂

配制固体培养基时，需加入凝固剂琼脂，琼脂在水中溶化较慢且易沉淀于容器底部而烧焦。所以最好用夹层锅溶解琼脂。

6. 过滤

趁热用滤纸或多层纱布过滤，以利于某些实验结果的观察。

7. 分装

将配制的培养基分装入试管内或三角瓶内（图4-2）。液体分装的高度以试管高度的1/4左右为宜。分装三角瓶的量则根据需要而定，一般不超过三角瓶容积的一半为宜。固体分装的分装试管装量不超过管高的1/5，灭菌后制成斜面。半固体分装一般以试管高度的1/3为宜，灭菌后垂直待凝。分装过程中，应注意勿使培养基粘到管口或瓶口上，以免沾污棉塞而导致杂菌污染。

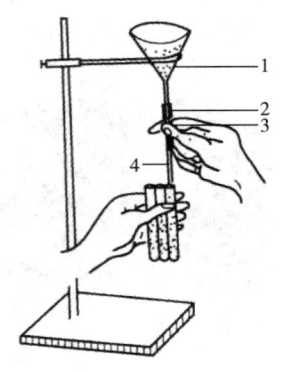

图4-2 培养基分装装置
1—漏斗；2—乳胶管；3—弹簧夹；4—玻璃管

8. 加塞

培养基分装完毕后，在试管口或三角瓶口上塞上棉塞（或塑料塞、试管帽），以阻止外界微生物进入培养基内而造成污染。棉塞松紧应适宜，不能过松或过紧，以保证有良好的通气性能。

9. 包扎

加塞后，将全部试管用棉绳捆好，再在棉塞外包一层牛皮纸，防止接种前培养基水分散失或污染杂菌。然后用线绳捆扎并注明培养基名称、配制日期及组别。有条件的实验室，可用市售的铝箔代替牛皮纸，省去用绳扎，而且效果好。

10. 灭菌

按其配方规定的条件立即灭菌。如当天不能进行灭菌应放入冰箱内保存。

11. 摆斜面

灭菌后，固体培养基如需制成斜面，应趁热将试管上部垫于1根玻璃棒或木条上，搁置的长度以不超过试管总长的1/2为宜（图4-3）。

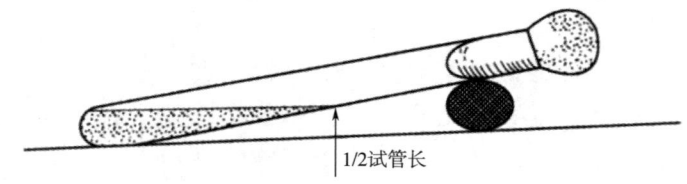

图4-3 固体培养基制成斜面示意图

12. 倒平板

使培养基冷却（55℃左右），右手持装有培养基的三角瓶，左手将瓶塞取出，瓶口对着火焰，左手持培养皿将皿盖在火焰旁打开一缝，迅速倒入培养基约15mL，加盖，轻轻晃动培养皿，使培养基均匀分布在培养皿底部，然后平置于桌面上，冷凝后即为平板（图4-4）。

（1）手持法　　　　　（2）皿架法

图 4-4　倒平板示意图

13. 无菌检查

将灭过菌的培养基放入 37℃ 恒温箱内培养。检查灭菌是否彻底，以无菌生长为合格培养基。

14. 保存

暂不使用的无菌生长为合格的培养基，可在冰箱内或冷暗处保存，但不宜保存时间过久。

二、微生物的分离纯化

（一）分离纯化的基本概念

微生物学中，在人为规定的条件下培养、繁殖得到的微生物群体称为培养物，如果一个菌落中所有细胞均来自一个亲代细胞，那么这个菌落称为纯培养。得到纯培养的过程称为分离纯化，可采用多种方法。在进行菌种鉴定时，所用的微生物一般要求为纯的培养物。

微生物分离技术

（二）固体培养基分离纯培养

1. 平板划线法

用接种环以无菌操作蘸取少许待分离的材料，在无菌平板表面进行划线，常见的比较容易出现单个菌落的划线方法有斜线法、曲线法、方格法、放射法、四格法等（图 4-5）。划线适宜，微生物能——分散，经培养后，可在平板表面得到单菌落。平板划线法是最简单且常用的分离微生物方法。

微生物接种技术

（1）斜线法　　　　　（2）曲线法

图 4-5　平板划线法示例

2. 稀释倾注平板法

首先把微生物悬液通过无菌水作一系列的稀释，之后取稀释液少许，与已熔化并冷却至50℃左右的琼脂培养基混合，摇匀后倾入灭过菌的培养皿中，待琼脂凝固后，制成可能含菌的琼脂平板，保温培养一定时间即可出现菌落。单一细胞经过多次增殖后形成一个菌落，取单个菌落制成悬液，重复上述步骤数次，便可得到纯培养物（图4-6）。

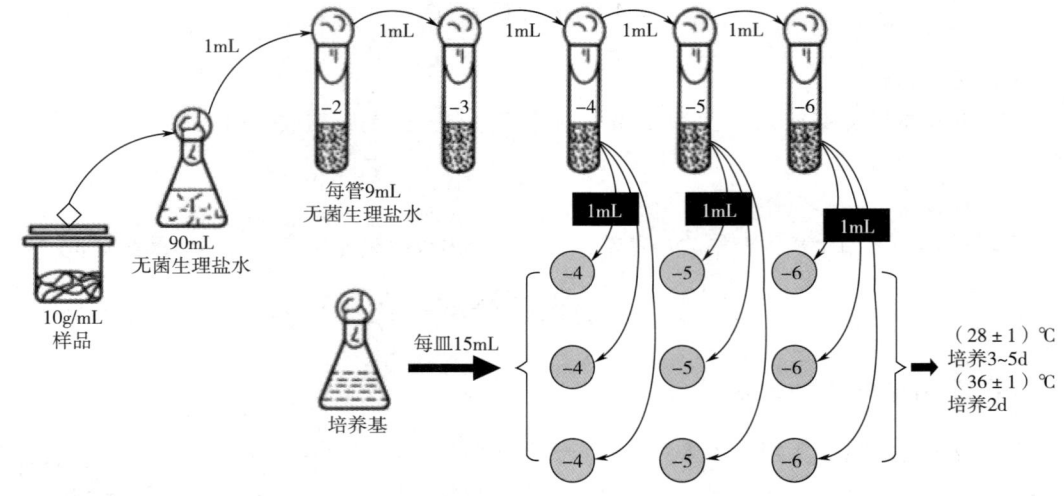

图4-6 稀释倾注平板法示意图

3. 稀释涂布平板法

先将已熔化的培养基倒入无菌平皿，制成无菌平板，冷却凝固后，取一定量的稀释液放在无菌已经凝固的平板上，再用无菌玻璃涂棒将菌液均匀分散至整个平板表面，经恒温培养，便可以得到单个菌落。

4. 稀释摇管法（严格厌氧菌）

该法是由稀释倾注平板法变换而来，适用于对氧气更为敏感的厌氧性微生物。将盛有无菌琼脂培养基的试管加热，熔化琼脂后冷却并保持在50℃左右，将待分离的材料用这些试管进行梯度稀释，迅速摇匀试管，待冷凝后，在琼脂柱表面倾倒一层灭菌液体石蜡和固体石蜡的混合物，将培养基和空气隔开。培养后，在琼脂柱的中间形成菌落。进行单菌落挑取和移植时，先用灭菌针将石蜡盖取出，再用毛细管将琼脂柱吸出，最后用无菌刀将琼脂柱切成薄片进行观察和菌落的移植。

（三）液体培养基分离纯培养

一些细胞大的细菌、许多原生动物和藻类等，需要用液体培养基培养，因此也要利用液体培养基分离纯化来获得纯培养，通常采用稀释法。将接种物在液体培养基中进行梯度稀释，以达到高度稀释的效果，使一支试管中分配不到一个微生物。如果到达某一个稀释度后，平行培养的大多数试管中没有微生物生长，那么有微生物生长的试管得到的培养物可能就是纯培养物。相反，这一稀释度下如果大多数试管中都有微生物生长，那么得到纯培养物的概率就很低。因此，采用稀释法进行液体培养物的分离，必须在同一个稀释度的许多平行试管中，大多数（一般应超过95%）表现为不生长。

（四）选择培养分离

微生物对培养基的要求不同，故在某一种培养基上接种多种微生物，只有能生长的才生长，其他被抑制。如果某种微生物的生长需要是已知的，也可以设计一套特定环境使之特别适合这种微生物的生长，因而能够从自然界混杂的微生物群体中把这种微生物选择培养出来，尽管在混杂的微生物群体中这种微生物可能只占少数。这种通过选择培养进行微生物纯培养分离的技术称为选择培养分离，这种方法对于从自然界中分离、寻找有用的微生物尤为重要。要分离一种微生物，可以根据该微生物的特点，包括营养、生理、生长条件等，采用选择培养分离的方法，抑制使其他大多数微生物不能生长，并造成有利于该菌生长的环境，经过一定时间培养后使该菌在群落中的数量上升，再通过平板稀释等方法对它进行纯培养分离。

1. 利用选择平板进行直接分离

主要根据待分离微生物的特点选择不同的培养条件，有多种方法可以采用。例如，在从土壤中筛选蛋白酶产生菌时，可以在培养基中添加牛奶或酪素制备培养基平板，微生物生长时若产生蛋白酶则会水解牛奶或酪素，在平板上形成透明的蛋白质水解圈。通过菌株培养时产生的蛋白质水解圈对产酶菌株进行筛选，可以减少工作量，将那些大量的非产蛋白酶菌株淘汰；再如，要分离高温菌，可在高温条件进行培养；要分离某种抗生素抗性菌株，可在加有抗生素的平板上进行分离；有些微生物如螺旋体、黏细菌、蓝细菌等能在琼脂平板表面或里面滑行，可以利用它们的滑动特点进行分离纯化，因为滑行能使它们自己和其他不能移动的微生物分开。可将微生物群落点种到平板上，让微生物滑行，从滑行前沿挑取接种物接种，反复进行，得到纯培养物。

2. 富集培养

主要是指利用不同微生物间生命活动特点的不同，制定特定的环境条件，使仅适应于该条件的微生物旺盛生长，从而使其在群落中的数量大大增加。我们可以创造一些条件只让所需的微生物生长，在这些条件下，所需要的微生物能有效地与其他微生物竞争，在生长能力方面远远超过其他微生物。所创造的条件包括选择最适的碳源、能源、温度、光、pH、渗透压和氢受体等。在相同的培养基和培养条件下，经过多次重复移种，最后富集的菌株很容易在固体培养基上长出单菌落。如果要分离一些专性寄生菌，就必须把样品接种到相应敏感宿主细胞群体中，使其大量生长。通过多次重复移种便可以得到纯的寄生菌。富集培养是微生物学家最强有力的技术手段之一。营养和生理条件的几乎无穷尽的组合形式可应用于从自然界选择出特定微生物的需要。

三、染色与细胞形态观察

细菌个体微小，且含有大量水分，对光线的吸收和反射与水溶液的差别不大，与周围背景没有明显的明暗差。因此，需借助染料使其着色，与背景形成明显的色差，再经显微镜观察，才能更清楚地识别其形态和结构。

（一）细菌染色的基本原理

细菌染色的基本原理，是借助物理因素和化学因素的作用而进行的。物理因素，如细胞及细胞物质对染料的毛细现象、渗透、吸附作用等。化学因素则是根据细胞物质和染料的不同性质而发生的各种化学反应。酸性物质对于碱性染料较易吸附，且吸附作用稳固；同样，碱性物质对于酸性染料较易吸附。如酸性物质细胞核对于碱性染料就有化学亲和力，易于吸附。

（二）细菌染色常用染料

细菌染色常用染料可以分为天然染料和人工染料两种。天然染料是从植物、动物中提取得到，有苏木素、洋红（胭脂红）、地衣素等。目前使用较多的是人工染料，多从煤焦油中提取得到。

按照染料电离后离子所带电荷的性质，可以分为碱性染料、酸性染料、中性染料。碱性染料的离子带正电荷，能和带负电荷的物质结合。因细菌蛋白质等电点较低，当它们处于中性、碱性或弱酸性的溶液中时常带负电荷，所以通常采用碱性染料（如亚甲蓝、结晶紫、碱性复红、番红或孔雀绿等）使其着色。酸性染料的离子带负电荷，能与带正电荷的物质结合。当细菌分解糖类产酸使培养基 pH 下降时，细菌所带正电荷增加，因此易被伊红、酸性复红或刚果红等酸性染料着色。中性染料是前二者的结合物，又称复合染料，如曙红亚甲蓝、伊红天青等。

（三）细菌染色的方法

细菌的染色方法常可分为简单染色法、革兰氏染色法、细菌特殊结构染色法和抗酸染色法。

1. 简单染色法

简单染色法是利用单一染料对细菌进行染色的一种方法。此法操作简便，适用于菌体一般形状和细菌排列的观察。常用碱性染料进行简单染色，经染色后的细菌细胞与背景形成鲜明的对比，在显微镜下更易于识别。常用作简单染色的染料有亚甲蓝、结晶紫、碱性复红等。简单染色不能辨别细菌细胞的构造。

简单染色法的一般步骤包括涂片、干燥、固定、染色、水洗、干燥、镜检。

（1）涂片　用接种环从试管斜面挑取少许细菌培养物，于载玻片的水滴中，调匀并涂成薄膜。注意滴加生理盐水时不宜过多；涂片必须均匀，不宜过厚。

（2）干燥　于室温下自然干燥，也可在酒精灯上方略微加温，使之迅速干燥。

（3）固定　涂片面向上，于火焰上通过2~3次，使细胞质凝固，以固定细菌的形态，并使其不易脱落。热固定温度不宜过高，通常要求玻片温度不超过60℃，否则会改变甚至破坏细胞形态，以玻片背面触及手背皮肤不觉过烫为宜，放置待冷后染色。

（4）染色　将标本水平放置，滴加染色液于涂片薄膜上（染色液刚好覆盖涂片薄膜为宜）。染色时间长短随不同染色液而定，通常吕氏碱性亚甲蓝染色液染 1~2min，石炭酸复红染色液（或草酸铵结晶紫）约染色 1min。

（5）水洗　染色时间到后，斜置玻片，用细小的缓水流自标本的上端流下，洗去多余的染料，直至冲下之水无色时为止。注意冲洗水流不宜过急、过大，水由玻片上端流下，避免直接冲在涂片处。

（6）干燥　将标本晾干或用吹风机吹干，也可用吸水纸吸干。

(7) 镜检　按照由低倍镜到高倍镜的顺序进行镜检，或于油镜下观察。

染色的结果依染料不同而不同，如使用石炭酸复红染色液，菌体呈红色；使用亚甲蓝染色液，菌体呈蓝色；使用草酸铵结晶紫染色液，菌体呈紫色。

2. 革兰氏染色法

(1) 基本原理　革兰氏染色法是细菌学中广泛使用的一种鉴别染色法，这种染色法是由一位丹麦医生汉斯·克里斯蒂安·革兰（Hans Christian Gram）于1884年发明的，此后一些学者在此基础上做了改进。革兰氏染色法不仅能观察到细菌的形态，而且还可将所有细菌区分为两大类：染色反应呈蓝紫色的称为革兰氏阳性细菌，用 G^+ 表示；染色反应呈红色（复染颜色）的称为革兰氏阴性细菌，用 G^- 表示。

细菌对于革兰氏染色的不同反应，是由于细胞壁成分和结构的不同而造成的。当用结晶紫初染后，两类细菌都被染成蓝紫色。碘作为媒染剂，它能与结晶紫结合成结晶紫-碘的复合物，从而增强染料与细菌的结合力。当用脱色剂处理时，两类细菌的脱色效果不同。革兰氏阳性细菌的细胞壁主要由肽聚糖形成的网状结构组成，壁厚，类脂质含量低，用乙醇（或丙酮）脱色时细胞壁脱水，使肽聚糖层的网状结构孔径缩小，透性降低，从而使结晶紫-碘的复合物不易被洗脱而保留在细胞内，经脱色和复染后仍保留初染剂的蓝紫色。革兰氏阴性菌则不同，其细胞壁肽聚糖层较薄，类脂含量高，所以当脱色处理时，类脂质被乙醇（或丙酮）溶解，细胞壁透性增大，使结晶紫-碘的复合物比较容易被洗脱出来，用复染剂番红复染后，细胞被染成红色。

(2) 常用试剂和器材

常用试剂：结晶紫或龙胆紫染液（碱性染料初染液）、鲁氏碘液（媒染剂）、95%乙醇（脱色剂）、番红（复染液）。

器材：显微镜、酒精灯、载玻片、接种环、双层瓶（上下层分别为香柏油和二甲苯）、擦镜纸、镊子、载玻片夹子、载玻片支架、滤纸、滴管和无菌生理盐水等。

(3) 操作步骤　涂片→干燥→固定→染色（初染→媒染→脱色→复染）→镜检，涂片、干燥、固定三个制片操作与简单染色一致，此处不再赘述。

①初染：待玻片冷却后加草酸铵结晶紫1~2滴（以刚好将菌膜覆盖为宜），染色1~2min后倾去染液，水洗至流出水无色。

②媒染：加碘液媒染1min，水洗。

③脱色：用滤纸吸去玻片上的残水，手持载玻片一端，斜置，用滴管将95%乙醇一滴一滴地加于涂片的上部，直到流下乙醇不显紫色时，立即用水冲洗。

④复染：在涂片薄膜上滴加番红染液1~2滴，染色2~3min，在染色的过程中，不可使染液干涸，水洗，然后用吸水纸吸干。

⑤镜检：干燥后，先用显微镜在低倍镜下观察，发现目标物后在玻片上滴加松柏油，转换为油镜观察。蓝紫色的是革兰氏阳性菌，红色的是革兰氏阴性菌。

⑥实验结束后处理：先用擦镜纸擦去镜头上的油，然后再用擦镜纸蘸取少许二甲苯擦去镜头上的残留油迹，最后用擦镜纸擦去残留的二甲苯。

(4) 注意事项

①掌握脱色的时间十分重要，若脱色过度，革兰氏阳性菌可被脱色染成阴性菌；若脱色时间过短，革兰氏阴性菌也可能被染成阳性菌。脱色时间的长短还受涂片厚薄及乙醇用量多

少等因素的影响，难以严格规定。

②细菌的培养时间影响革兰氏染色结果的判断。若菌龄太老，由于菌体死亡或自溶，常使革兰氏阳性菌呈现阴性反应。一般革兰氏阳性菌培养 12~16h，革兰氏阴性菌培养约 24h。

③染色过程中勿使染色液干涸，另外玻片用水冲洗后，应吸去玻片上的残水，以免染色液被稀释而影响染色效果。

3. 细菌特殊结构染色法

芽孢、荚膜和鞭毛是细菌的特殊结构，是细菌分类鉴定的重要指标。

(1) 芽孢染色法

①原理：利用细菌的芽孢和菌体对染料的亲和力不同的原理，用不同染料进行着色，使芽孢和菌体呈现不同的颜色而加以区别。芽孢壁厚、透性低，着色、脱色均较困难，因此，当先用弱碱性染料，如孔雀绿或碱性品红在加热条件下进行染色时，染料不仅可以进入菌体，而且也可以进入芽孢，进入菌体的染料可经水洗脱色，而进入芽孢的染料则难以透出，若再用复染液（如番红液）或衬托溶液（如黑色素溶液）处理，则菌体和芽孢易于区分。

②操作步骤：以 Schaeffer Fulton 染色法为例。

a. 制片。涂片、干燥、固定与简单染色法一致。

b. 染色。滴加几滴孔雀绿染液于涂片上，用木夹子夹住载玻片一端，在微火上加热至染液冒蒸汽（不可沸腾），维持约 5min，随时补充染液防止干涸。待玻片冷却后，用缓流的水冲洗，直到流出的水无色为止。

c. 复染。用番红染液复染 1~2min，用缓流的水冲洗。

d. 镜检。涂片完全干燥后镜检。芽孢被染成绿色，营养体呈红色。

③注意事项

a. 选用菌种应掌握菌龄，取菌数量不宜太少。

b. 加热染色过程中要及时补充染液，避免干涸。也可以采用改良的 Schaeffer Fulton 染色法，即将孔雀绿染液与菌液在小试管中混合后，在沸水浴中加热染色，再进行涂片固定、水洗脱色、复染等步骤。

(2) 荚膜染色法

①原理：由于荚膜是某些细菌细胞壁外存在的一层胶状黏液性物质，与染料间的亲和力弱，不易着色，因此通常采用负染色法染色，即设法使菌体和背景着色而荚膜不着色，从而使荚膜在菌体周围呈一透明圈。由于荚膜的含水量在 90% 以上，故染色时一般不加热固定，以免荚膜皱缩变形。

②操作步骤：荚膜染色法包括干墨水负染色法、湿墨水负染色法、石炭酸复红液染色法、Hiss 染色法等。干墨水负染色法操作步骤如下。

a. 制片。加一滴 60g/L 葡萄糖水溶液于载玻片一端，挑少量细菌与其充分混合，再加一滴黑墨汁充分混匀。用推片法制片，将菌液铺成薄层，自然干燥。

b. 固定。用甲醇浸没涂片，固定 1min，倾去甲醇后在酒精灯上方微火干燥。

c. 染色。滴加结晶紫，染色 2min，用水轻轻冲洗，自然干燥。

d. 镜检。菌体呈紫色，背景灰黑色，荚膜不着色呈无色透明圈。

③注意事项

a. 荚膜染色涂片时一般不加热固定，以免荚膜皱缩变形。

b. 玻片必须洁净无油，以免涂片时混合液不能均匀散开。

(3) 鞭毛染色法

①原理：鞭毛极细，直径一般为 10~20nm，只有用电子显微镜才能观察到。但是，如采用特殊的染色法，则在普通光学显微镜下也能看到它。鞭毛染色方法很多，但其基本原理相同，即在染色前先用媒染剂处理，让它沉积在鞭毛上，使鞭毛直径加粗，然后再进行染色。常用的媒染剂由单宁酸和氯化铁或钾明矾等配制而成。

②操作步骤：鞭毛染色可以采用银盐染色法、改良 Leifson 法、改良 Ryn 法等。银盐染色法操作步骤如下。

a. 载玻片的清洗。选择光滑无划痕的载玻片，将玻片置洗液中煮沸 10~20min，取出稍冷后用蒸馏水冲洗，晾干，或将水沥干后，放入 95% 乙醇中脱水。取出玻片，在火焰上烧去乙醇，即可使用。

b. 菌液的制备及涂片。菌龄较老的细菌鞭毛容易脱落，所以在染色前应将待染细菌在新配制的营养琼脂培养基斜面上（培养基表面湿润，斜面基部含有冷凝水）连续移接 3~5 代，以增强细菌的运动力。最后一代菌种放恒温箱中培养 12~16h。然后，用接种环挑取斜面与冷凝水交接处的菌液数环，移至盛有 1~2mL 无菌水的试管中，使菌液呈轻度浑浊。将该试管放在 37℃恒温箱中静置 10min（放置时间不宜太长，否则鞭毛会脱落），让幼龄菌的鞭毛松展开。然后，吸取少量菌液滴在载玻片的一端，立即将玻片倾斜，使菌液缓慢地流向另一端，用吸水纸吸去多余的菌液，置空气中自然干燥。

c. 染色。滴加硝酸银染色甲液，染色 5~8min，用蒸馏水轻轻地冲洗甲液。

d. 再加硝酸银染色乙液于载玻片上，在微火上加热至冒蒸汽，维持 0.5~1min（加热时应随时补充染料，不可使载玻片出现干涸）。再用蒸馏水冲洗，自然干燥。

e. 镜检。菌体呈深褐色，鞭毛为褐色，观察鞭毛形态。

③注意事项

a. 细菌的培养时间非常重要，由于老龄细菌的鞭毛容易脱落，因此不宜用培养时间过长的细菌作为鞭毛染色的材料。

b. 玻片要洁净无油。

c. 硝酸银染色法中，染色液配制应准确，应充分洗去甲液再加乙液，乙液的染色时间是鞭毛染色成败的关键。

4. 抗酸染色法

分枝杆菌属中的细菌细胞壁脂质含量多，主要是分枝菌酸，它包围在肽聚糖的外面，一般染色法不易着色，要经过加热和延长染色时间来促使其着色。分枝杆菌中的分枝菌酸与染料结合后，很难被酸性脱色剂脱色，故称抗酸染色法。抗酸染色法能将细菌分为两大类，即抗酸性细菌和非抗酸性细菌。但抗酸性细菌种类较少，大多数细菌均为非抗酸性细菌，故一般仅在怀疑抗酸性细菌时用，而不作为常规检查。对于食品中可能存在的结核分枝杆菌等目前常用分子生物学方法、免疫学方法等进行检测，如荧光定量 PCR 法、胶体金试纸条检测法。

四、放线菌、酵母菌和霉菌的形态观察

(一)放线菌的形态观察

放线菌因在固体培养基上的菌落呈放射状生长而得名,是一类革兰氏染色阳性的原核生物。放线菌的菌体为丝状体,伸入培养基内的为基内菌丝,也称营养菌丝,生长在培养基表面的为气生菌丝。气生菌丝的上面可分化形成孢子丝,形成各种形状,如直立、波浪、螺旋状等。孢子丝可进一步分化形成孢子,孢子的形状大小也不相同,是分类的重要依据。放线菌的菌落早期和细菌菌落相似,后期形成孢子菌落呈粉状、干燥,有各种颜色,呈同心圆放射状。图4-7为链霉菌形态结构模式图。

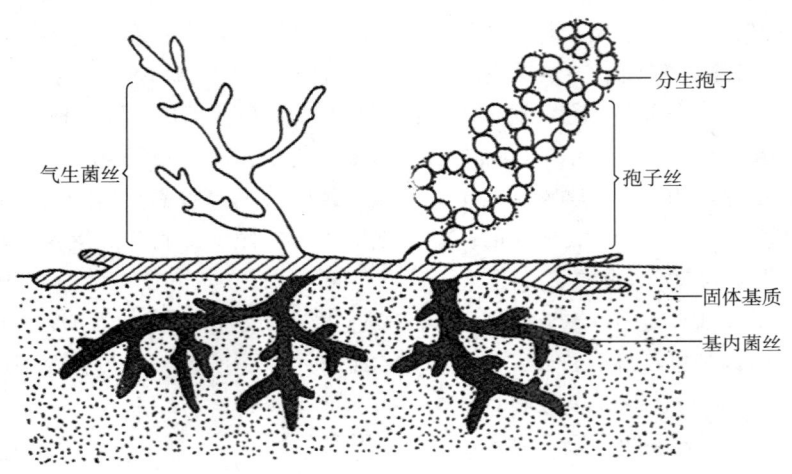

图4-7 链霉菌形态结构模式图

放线菌的形态观察常用扦片法(插片法)、玻璃纸法、印片法。

1. 实验材料

(1) 菌种 5406放线菌或青色链霉菌;弗氏链霉菌。

(2) 培养基 灭菌的高氏1号培养基。

(3) 仪器及其他工具 石炭酸复红染液、1g/L亚甲蓝染色液、载玻片、显微镜等;经灭菌的玻璃纸、盖玻片、玻璃涂布棒、接种铲、接种环、小刀、镊子等。

2. 操作步骤

(1) 扦片法 扦片法如图4-8所示,具体步骤如下。

①倒平板:将灭菌后的高氏1号培养基倒入培养皿,每皿倒15mL左右,凝固后备用。

②接种:取0.5mL左右放线菌悬液于平板上,用无菌玻璃刮铲涂抹均匀。

③扦片:用经火焰灭菌的镊子将灭菌的盖玻片以大约45°角扦插入培养基内,扦片数量依需求而定。

④培养:将扦片平板倒置,于28℃培养,直至菌长好(3~5d),备用。

⑤镜检:可以直接镜检,也可以进行染色后再镜检。

a. 直接镜检。用镊子小心拔出盖玻片,擦去背面培养物,将有菌的一面朝上放在载玻片

上，直接镜检。观察时，可以用略暗的光线。

b. 染色镜检。制作水浸片，滴一滴 1g/L 亚甲蓝染色液置于载玻片中央，取扦片法培养的盖玻片，将有菌一面翻转以 45°角浸于载玻片的染色液中（避免有气泡），用高倍镜观察其单个分生孢子及其菌丝。

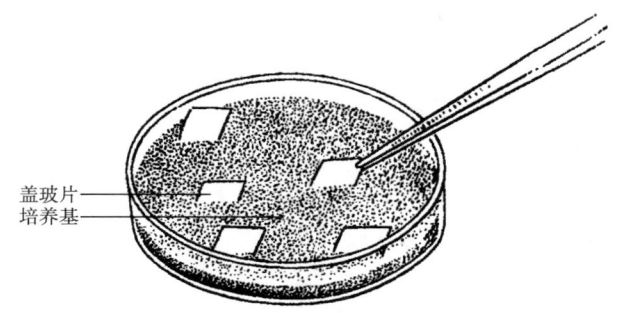

图 4-8　扦片法

（2）玻璃纸法
①倒平板：将灭菌后的高氏 1 号培养基倒入培养皿，每皿倒 15mL 左右，凝固后备用。
②铺玻璃纸：用经火焰灭菌的镊子将已灭菌玻璃纸平铺在平皿培养基上，如果培养基和玻璃纸之间有气泡，可以用灭过菌的玻璃棒将气泡除去。
③接种：将 3~5mL 无菌水倒入弗氏链霉菌的斜面培养物里，制成菌悬液，再适当稀释。用无菌吸管取 0.1mL 的孢子悬液稀释液，接种在玻璃纸上，并用无菌玻璃棒涂匀。
④培养：将培养皿倒置于 28℃培养，直至菌长好（3~5d），备用。
⑤镜检：在洁净的载玻片上滴一小滴水，稍涂布。取出培养皿，打开皿盖，用镊子将玻璃纸与培养基分开，再用剪刀剪取一小片长有菌的玻璃纸，菌面朝上放在载玻片的水面上，使纸平贴载玻片。将载玻片置于显微镜下观察。

（3）印片法
①倒平板、接种、培养同扦片法、玻璃纸法。
②印片：用接种铲或解剖刀将平板上的菌苔切下一小块，菌面朝上放在一载玻片上，另取一洁净载玻片置于火焰上微热后，盖在菌苔上，使菌丝黏附（"印"）在后一块载玻片的中央，有印迹的一面向上，通过火焰 2~3 次固定。
注意：铲下菌苔时尽量不要取到琼脂，印片时不要用力过大，也不要挪动，以免改变放线菌的自然形态。
③染色：用石炭酸复红染液覆盖印迹，染色约 1min 后，水洗（建议滴洗）。
④镜检：晾干后，用油镜观察。

（二）酵母菌的形态观察

酵母菌是一类以出芽繁殖为主的单细胞真核微生物，细胞呈圆形、卵圆形或假丝状等形态，菌体比细菌大几倍甚至十几倍。酵母菌的繁殖方式也比较复杂，分为无性繁殖和有性繁殖。无性繁殖主要是出芽生殖，有些酵母菌在特殊的条件下芽殖后能形成假菌丝，裂殖酵母属以分裂方式繁殖。有性繁殖是通过接合产生子囊孢子。子囊孢子的形状、数量及产孢子的能力等，是酵母菌分类的重要依据。

1. 实验材料

（1）酵母菌　菌种酿酒酵母（Saccharomyces cerevisiae）、红酵母菌（Rhodotorula）、啤酒酵母（Saccharomyces cerevisiae）、假丝酵母菌（Candida albicans）等。

（2）培养基　豆芽汁斜面、乙酸钠斜面、麦芽糖培养基、玉米粉琼脂培养基。

（3）试剂　吕氏亚甲蓝染液、石炭酸复红染液。

（4）仪器及器皿　显微镜、培养皿、载玻片、盖玻片等。

2. 操作步骤

（1）菌落特征的观察　取少量酵母菌培养物，划线接种在麦芽糖平板上，28~30℃培养3~5d。肉眼观察菌落特征，包括菌落表面湿润或干燥、有无光泽、隆起形状、边缘形状、大小、颜色等。

（2）酵母菌细胞形态及芽殖方式观察、死活细胞鉴别　水浸片和亚甲蓝浸片可以用于酵母菌细胞形态及出芽生殖方式的观察。

亚甲蓝是一种无毒性染料，它的氧化型是蓝色的，而还原型是无色的，通过用亚甲蓝染色液制成水浸片可以对酵母菌进行死活细胞染色鉴别。由于活的酵母细胞体内不断进行新陈代谢的作用，使细胞内具有较强的还原能力，而在酵母细胞内能使亚甲蓝从蓝色的氧化型变为无色的还原型，所以染色后酵母的活细胞无色，而对于死细胞或新陈代谢缓慢的老细胞，则因它们无此还原能力或还原能力极弱，而被亚甲蓝染成蓝色或淡蓝色。因此用亚甲蓝浸片法可观察酵母的个体形态，同时还可以对其死活细胞进行鉴别。

①在洁净载玻片上滴加一滴无菌水或1g/L亚甲蓝染液1滴，用接种环取菌苔少许与无菌水或亚甲蓝染液混匀，盖上盖玻片，避免产生气泡，并用滤纸吸干多余水分，即成为水浸片。用高倍镜观察酵母细胞形态及出芽情况，其中呈现蓝色的为死细胞。

②假菌丝的观察：将新培养的假丝酵母以划线法在玉米粉琼脂平板上接种2条线，然后在其上面盖以无菌盖玻片，25~28℃培养4~5d后，观察在划线两侧是否形成假菌丝。

（3）子囊孢子的观察　将酿酒酵母接种于豆芽汁或麦芽汁液体培养基中，28~30℃培养24h，如此连续传代3~4次，使其生长良好。然后转接到乙酸钠斜面培养基上，25~28℃培养4~5d。用水浸片或涂片后再用芽孢染色法染色，观察子囊孢子形状及每个子囊内的子囊孢子数目。水浸片中酵母菌的子囊为圆形大细胞，内有2~4个圆形的小细胞即为子囊孢子。

（三）霉菌的形态观察

霉菌是一些小型丝状真菌的统称，并不是分类学名词。霉菌菌体由分枝或不分枝的菌丝构成，许多菌丝交织在一起，称为菌丝体。菌丝直径2~10μm，是放线菌菌丝的几倍到几十倍，菌丝生长比较松散，生长速度比放线菌快。根据菌丝有无隔膜可分成无隔膜菌丝和有隔膜菌丝两类。无隔膜菌丝是长管状的单细胞，细胞内含多个核；有隔膜菌丝是由隔膜分隔成许多细胞，细胞内含有1个或多个细胞核。根据菌丝的分化程度又可分为两类：营养菌丝和气生菌丝。根据霉菌菌丝有无横隔膜，其营养菌丝有无假根、足细胞等特殊形态的分化，其繁殖菌丝形成的孢子着生的部位和排列情况，以及是否形成有性孢子等，可以对霉菌进行鉴别。

1. 实验材料

(1) 霉菌　根霉（*Rhizopus* spp.）、毛霉（*Mucor* spp.）、青霉（*Penicillium* spp.）及曲霉（*Aspergillus* spp.）。

(2) 培养基　马铃薯葡萄糖琼脂培养基、察氏培养基。

(3) 试剂　乳酸石炭酸棉蓝染液、20%甘油、50%乙醇。

(4) 仪器及器皿　显微镜、培养皿、载玻片、盖玻片、U形玻璃棒、解剖刀、玻璃纸、镊子等。

2. 操作步骤

(1) 菌落特征的观察　将霉菌接种于马铃薯葡萄糖琼脂培养基上，置于28~30℃下培养5~7d，形成菌落。观察并描述根霉、毛霉、青霉、曲霉的菌落形态，菌落大小，局限生长或蔓延生长，菌落表面和反面颜色，基质的颜色变化，菌落的组织状态，棉絮状、网状或毡状，疏松或紧密，有无同心环纹或放射状皱褶。

(2) 直接制片观察法　取洁净的载玻片，于中央滴一滴乳酸石炭酸棉蓝染液。用接种钩或解剖针从试管或培养皿的菌落边缘交界处挑取少量霉菌培养物，浸入载玻片上的乳酸石炭酸棉蓝染液液滴内。用两根解剖针小心地将菌丝团分散开，使其不缠结成团，并将其全部浸入液体中，盖上盖玻片并轻轻按压，尽量避免产生气泡，如有气泡可慢慢加热除掉。用显微镜观察。

(3) 载玻片培养观察法　载玻片培养观察法示意图如图4-9所示。

①培养小室灭菌：先在培养皿底部铺一张直径略小于培养皿的圆形滤纸，在滤纸上放一根U形玻璃棒，其上方搁置一片洁净载玻片，然后将两个盖玻片分别放在载玻片的两端，盖上皿盖后按常规包扎灭菌，备用。

②接种、培养：将无菌马铃薯葡萄糖琼脂培养基（或察氏培养基）在水浴中熔化，待冷却至50℃左右加入待观察的霉菌孢子，摇匀后迅速用无菌滴管吸取少许孢子琼脂混合液，滴加在湿室内载玻片上。培养基滴加量宜少，外形应圆而薄（直径约5mm）。取原放在皿内的盖玻片盖在培养基上，用镊子轻压，以使盖玻片与载玻片间的距离非常接近（不超过1/4mm）。

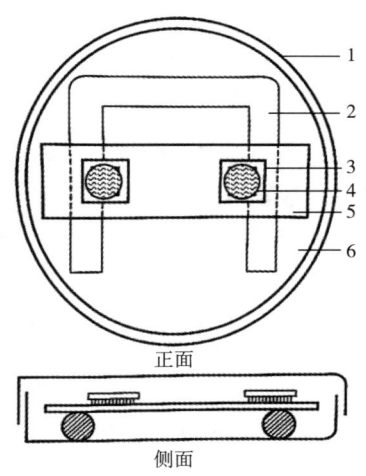

图4-9　载玻片培养观察法示意图
1—培养皿；2—U形玻璃棒；3—盖玻片；
4—培养物；5—载玻片；6—保湿用滤纸

③在底层滤纸上加注3mL 20%无菌甘油，以保证湿室内的适宜湿度。盖上培养皿盖，置于28℃恒温箱中培养2~3d。

④镜检：将培养好的载玻片取出，将背面擦干，直接置于显微镜下进行观察。观察时，开始不得压盖玻片，以防菌丝形态失去完整性和自然性，待整体观察完毕，可轻轻压盖玻片后观察内部结构。

(4) 插片培养观察法　将无菌盖玻片以45°角斜插在已经接种的平板中，培养3~5d后观察。向载玻片中央滴一滴乳酸石炭酸棉蓝染液，用镊子从已培养好的霉菌平板中轻轻地取一片带菌的盖玻片，浸入载玻片上的乳酸石炭酸棉蓝染液中，然后轻轻按压，尽量避免产生气泡。用显微镜观察。观察青霉、曲霉的顶囊时，可用50%乙醇反复冲洗，去掉覆盖的大量孢子使顶囊显露出来。

（5）玻璃纸培养观察法　先制备马铃薯葡萄糖琼脂平板，无菌操作在平板上铺一张直径与培养皿内径相同的无菌玻璃纸。向霉菌斜面培养物中加入无菌水，洗下孢子，制成孢子悬液。无菌吸管吸取0.1mL孢子悬液于上述玻璃纸平板上，并用无菌玻璃涂布棒涂布均匀。在28℃恒温箱倒置培养48h左右。取出培养皿，用镊子将玻璃纸与培养基分开，再用剪刀剪取小片玻璃纸置于载玻片上，在显微镜下观察。

五、微生物菌种保藏

（一）菌种保藏的基本原理

为了保证微生物研究和应用的顺利进行，需要让分离纯化得到的纯培养物在一定的时间内不死亡，不被其他微生物污染，不会因发生变异等丢失重要的生物学性状，这就需要采用不同的技术进行菌种保藏。菌种保藏要挑选微生物的优良纯种，最好是它们的休眠体（芽孢或孢子），使其处于人为创造的低温、干燥、缺氧、缺乏营养等环境中，以使微生物的生长受到抑制，新陈代谢活动限制到最低范围，生命活动基本处于休眠状态，从而在一定时间内得到保存，有的可保藏几十年或更长时间。同时在需要时可以再通过提供适宜的生长条件使保藏物恢复活力。

微生物菌种是一种极其重要和珍贵的生物资源，菌种保藏是一项十分重要的基础性工作。我国已经建立了多个菌种保藏机构，比如，中国典型培养物保藏管理中心（CCTCC）、中国普通微生物菌种保藏管理中心（CGMCC）；还有按不同应用领域进行菌种保藏的专门机构，比如，中国农业微生物菌种保藏管理中心（ACCC）、中国医学微生物菌种保藏管理中心（CMCC）、中国药用微生物菌种保藏管理中心（CPCC）、中国工业微生物菌种保藏管理中心（CICC）、中国林业微生物菌种保藏管理中心（CFCC）、中国海洋微生物菌种保藏管理中心（MCCC）等。国外著名的菌种保藏机构有美国典型菌种保藏中心（ATCC）等。

（二）微生物菌种保藏法

1. 斜面传代保藏法

将待保藏的菌种用接种环以无菌操作法移接至适宜的斜面培养基上，细菌于37℃恒温培养18~24h，酵母菌于28~30℃培养36~60h，放线菌于28℃培养4~7d，待菌种充分生长好后，将斜面的棉塞部分用牛皮纸包扎好，放于4~6℃的冰箱中保存。放线菌、酵母菌、霉菌于4~6℃保存，放线菌每3个月移接1次，酵母菌每4~6个月移接1次，霉菌每6个月移接1次。此法适于实验室中各类微生物保藏，简单易行，且不要求任何特殊设备。缺点是容易变异，污染杂菌的机会较多。

2. 液体石蜡保藏法

（1）菌种培养　将待保存的菌种移接到适宜的斜面培养基上培养，以得到健壮的菌体或孢子。

（2）石蜡油灭菌　在250mL锥形瓶中装入100mL液体石蜡，塞上棉塞，并用牛皮纸包扎。用高压蒸汽灭菌法于121℃灭菌30min，取出后置40℃恒温箱中蒸发水分。灭菌和水分蒸发都进行3次，确保其完全无菌。

（3）注入石蜡油　以无菌操作，吸取石蜡油加入待保存的菌种试管内，加入的量以超过斜面1cm高为宜。

（4）保存　管口棉塞外包牛皮纸，将试管直立放置于4℃冰箱中保存。

（5）菌种使用　用接种环直接穿过油层取菌出来移植到新鲜斜面上培养好再转接。在这个过程中由于菌体表面沾有液体石蜡，生长缓慢且有黏性，故一般需转接两次才能获得良好菌种。

3. 沙土管保藏法

（1）沙土处理　用40目筛过筛所取的河沙，除去大颗粒，加10% HCl浸泡2~4h（或煮沸30min）以除去有机杂质，去酸水，用自来水泡洗至中性，烘干后晒干。取非耕作层的瘦黄土，浸泡洗涤，晒干磨碎，用100目筛过筛，除去颗粒后备用。

（2）装管灭菌　将沙与土按1份土加4份沙的比例混合均匀装入试管中，塞好棉塞，并外包牛皮纸，于121℃高压蒸汽灭菌（30min），然后烘干。以无菌操作取管内少量沙土放入牛肉膏蛋白胨或麦芽汁培养液中，在最适宜的温度下培养2~4d，检验是否无菌生长，如有菌生长则须再次灭菌，直至检查无菌生长为止。

（3）接种入管　有干法接种和湿法接种两种，干接种法以无菌操作用接种环将孢子或芽孢菌体拌入沙土中，湿接种法将孢子悬液滴入沙土管中拌匀，再将沙土管放入干燥器（内放五氧化二磷或无水氯化钙作干燥剂）中吸湿，进行干燥。

（4）保藏　沙土管可以保存于干燥器中；用石蜡封口后放入冰箱保存；或将沙土管装入含有干燥剂的大试管中，塞上橡胶塞或木塞，再用蜡封口，放入冰箱中或室温下保存。

（5）恢复培养　使用时挑少量混有孢子的沙土，接种于斜面培养基上或液体培养基内培养即可，原沙土管仍可继续保藏。

沙土管保藏法适用于保藏能产生芽孢的细菌及形成孢子的霉菌和放线菌，可保存2年左右，但不能用于保藏营养细胞。

4. 冷冻干燥法

（1）准备安瓿管　取8mm×100mm大小的中性硬质玻璃试管，用2% HCl浸泡8~10h后，再用自来水多次冲洗，最后用去离子水洗1~2次并烘干。将印有菌名和接种日期的标签放入安瓿管内，有字的一面朝向管壁，管口加棉塞，121℃灭菌30min，备用。

（2）制备脱脂牛奶　将牛奶煮沸，除去一层脂肪，再用脱脂棉过滤，在离心机上离心。除尽脂肪后，121℃灭菌30min，并作无菌试验。也可用脱脂奶粉直接配制成20%的乳液。

（3）制备菌悬液及分装　选用无污染的纯菌种，培养时间一般细菌为24~48h，酵母菌为3d，放线菌与丝状真菌为7~10d。将无菌脱脂牛奶直接加入斜面菌种管中，用灭菌接种环轻轻将菌种刮下，摇匀，制成菌悬液。用无菌长滴管将菌悬液分装入安瓿管底部，每管装0.2mL。

（4）预冻　将分装有菌悬液的安瓿管浸入装有−50~−40℃的干冰和95%乙醇的预冷槽中。1h后，菌悬液即可冻结成固体。

（5）真空干燥　完成预冻后，采用无制冷设备的冻干装置，开启真空泵后，在5~15min

内使真空度达 66.7Pa 以上，使悬液开始升华，当真空度达到 26.7~13.3Pa 时，冻结样品逐渐干燥成白色片状，此时使安瓿管脱离冰浴，在室温下（25~30℃）继续干燥。样品干燥判断：目视冻干的样品呈酥丸状或松散的片状；真空度接近达到无样品时的最高真空度，温度计所反映的样品温度与管外温度接近。

（6）封管　在安瓿管棉塞的稍下部位用酒精喷灯灼烧，拉成细颈并熔封。之后用高频电火花器检查安瓿管是否为真空，如果管内呈现灰蓝色光，证明保持着真空。合格者置 4℃ 冰箱内保藏。

（7）恢复培养　先用 75% 乙醇对安瓿管外壁消毒，然后在火焰上烧热安瓿管上部，将无菌水滴于烧热处，使管壁破裂。再用接种针将松散的干燥样品接种于斜面上，或将无菌液体培养基加入安瓿管中，再用无菌吸管取出转移到合适培养基中，在最适宜温度下培养。

冷冻干燥保藏法综合了低温、干燥、缺氧等多种有利于菌种保藏的因素，是目前最有效的菌种保藏方法之一，保存时间可长达 10 年以上。

第二节　微生物的生理生化反应

各种微生物均含有各自独特的酶系统，用于进行合成代谢及分解代谢。在代谢过程中产生的分解产物及合成产物有各自的特点，可借以区分和鉴定微生物的种类。通过利用生物化学的方法来测定微生物的代谢产物、代谢方式和条件等，从而鉴别细菌的类别、属种的试验称为生化试验或生化反应。

食品中致病菌的检验，首先通过观察菌落的特征和革兰氏染色形态学观察进行初步鉴定。对分离出的未知致病菌要鉴定其属或种，主要通过生理生化试验和血清学反应来完成。因此，生理生化试验是建立在菌落特征和形态染色反应基础上的。未知致病菌的鉴定最后还要依赖血清学试验。

生理生化试验是将已分离细菌菌落的一部分，接种到一系列含有特殊物质和指示剂的培养基中，观察该菌在这些培养基内的 pH 改变，和是否产生某种特殊的代谢产物。生理生化试验的项目很多，应根据检验目的适当选择。现将一些常用的方法介绍如下。

一、糖（醇、苷）类代谢试验

（一）糖（醇、苷）类发酵试验

1. 原理

不同的细菌含有发酵不同糖（醇、苷）类的酶，所以分解糖（醇、苷）类的能力各不相同，即使能分解同一种糖（醇、苷）类，其代谢产物也可能因不同的细菌而不同，有的细菌分解糖类只产酸不产气，有的细菌既产酸又产气，因此可以利用糖（醇、苷）类发酵试验对细菌进行鉴别。细菌分解糖（醇、苷）类以后所生成的酸，可以降低培养基的 pH，使酸碱指示剂变色，所以可以通过观察培养基颜色的变化判定是否分解糖（醇、苷）类；如果细菌分解糖（醇、苷）类除了产酸外，还产生大量的气体，可在液体培养基试管中放置一个小倒管（发酵管或杜氏小管），以便观察，也可以利用半固体培养基观察气体。

可以供糖（醇、苷）类发酵试验的碳水化合物有单糖（葡萄糖、果糖、甘露糖、半乳糖、阿拉伯糖、木糖、鼠李糖、核糖）、双糖（麦芽糖、乳糖、蔗糖、蕈糖、纤维二糖、木蜜糖）、三糖（棉子糖、落叶松糖）、多糖（菊糖、淀粉、肝糖、糊精）、醇类（甘油、赤丝藻醇、侧金盏花醇、阿拉伯糖醇、木糖醇、甘露醇、卫矛醇、肌醇和山梨醇）和糖苷类（水杨苷、七叶苷、松柏苷、熊果苷、苦杏仁苷，α-甲基葡萄糖苷）。一般糖（醇、苷）类在培养基中的含量为 0.5%~1%。

糖（醇、苷）类发酵培养基中常用的指示剂有溴麝香草酚蓝、溴甲酚紫、酸性复红、酚红等，其中以溴麝香草酚蓝的反应较为敏感，因此最为常用。

2. 培养基

液体糖发酵管最常用，也可以采用半固体糖发酵管或固体斜面培养基做糖（醇、苷）类发酵试验。

3. 试验方法

将分离得到的待试菌纯种培养物接种到糖（醇、苷）类发酵培养基（液体、半固体或固体斜面）中，于（36±1）℃培养，一般 2~3d 观察结果，迟缓反应需培养 14~30d。用微量发酵管或需要长时间培养时，注意保持一定的湿度，防止培养基干燥。

4. 结果判断

如果接种的细菌可发酵某种糖或醇，则可产酸，使培养基由紫色变成黄色；如果不发酵，则仍保持紫色；如果发酵的同时又产生气体，则在微量发酵管顶部积有气泡。

5. 应用

糖（醇、苷）类发酵试验是鉴定细菌的生化反应中最常用的重要方法，特别是肠杆菌科细菌的鉴定。如大肠埃希氏菌能分解乳糖和葡萄糖，而沙门氏菌只能分解葡萄糖，不能分解乳糖。大肠埃希氏菌有甲酸解氢酶，能将分解糖生成的甲酸进一步分解成二氧化碳和氢气，故产酸又产气，而沙门氏菌无甲酸解氢酶，分解葡萄糖仅产酸而不产气。在进行大肠菌群测定时，就是根据这一原理而采用乳糖发酵试验。

（二）葡萄糖代谢类型鉴别试验［氧化/发酵试验（O/F 试验），Hugh-Leifson（HL）试验］

1. 原理

某些细菌在分解葡萄糖的过程中，必须有分子氧参加的为氧化型，氧化型的细菌在无氧的环境中不能分解葡萄糖；某些细菌在分解葡萄糖的过程中，可以进行无氧降解，称为发酵型，发酵型的细菌不论在有氧或无氧的环境中都可以分解葡萄糖；不分解葡萄糖的细菌，称为产碱型。

2. 培养基

Hugh-Leifson（HL）培养基。

3. 试验方法

挑取待试菌纯种培养物分别穿刺接种到两支 HL 培养基中，其中一支接种后滴加熔化的 10g/L 琼脂液于培养基表面，也可加灭菌液体石蜡或凡士林，高度约 1cm，于（36±1）℃培养，一般培养 48h 以上，观察结果。

4. 结果判断

结果见表4-1。

表4-1　　　　　　　　　　葡萄糖代谢类型鉴别试验结果

反应类型	封口的培养基	开口的培养基
氧化型	不变	产酸（变黄）
发酵型	产酸（变黄）	产酸（变黄）
产碱型	不变	不变

5. 应用

主要用于鉴别葡萄球菌（发酵型）和微球菌（氧化型）。更重要的是对革兰氏阴性杆菌的鉴别，肠杆菌科的细菌全是发酵型，而绝大多数非发酵菌则为氧化型或产碱型细菌。

（三）甲基红（Methyl red，MR）试验

1. 原理

某些微生物如大肠埃希氏菌、志贺氏菌等，在糖代谢过程中能够分解葡萄糖产生丙酮酸，丙酮酸进一步分解而生成甲酸、乙酸、乳酸、琥珀酸等，酸类增多而使培养基的酸度增高，培养基的pH降至4.5以下，甲基红指示剂（10mg甲基红溶于30mL 95%乙醇中，然后加20mL蒸馏水）呈红色（即阳性反应）。若细菌分解葡萄糖产酸量少，或产生的酸进一步转化为其他物质（如醇、醛、气体和水），则培养基pH高于4.5，呈黄色（即阴性反应）。

2. 培养基

葡萄糖缓冲蛋白胨水。

3. 试验方法

将分离得到的待试菌纯种培养物接种到葡萄糖缓冲蛋白胨水中，于（36±1）℃培养2~5d，观察时滴加甲基红试剂，一般每1mL培养基加试剂1滴，立即观察结果。

4. 结果判断

鲜红色为阳性，橘红色为弱阳性，黄色为阴性。

5. 应用

主要用于大肠埃希氏菌和产气肠杆菌的鉴别，前者为阳性，后者为阴性。肠杆菌科中的肠杆菌属、哈夫尼亚菌属为阴性，而沙门氏菌属、志贺氏菌属、柠檬酸杆菌属、变形杆菌属等为阳性。

（四）乙酰甲基甲醇（V-P）试验

1. 原理

某些微生物如产气杆菌等能在分解葡萄糖产生丙酮酸后，再使丙酮酸脱羧成为中性的乙酰甲基甲醇，乙酰甲基甲醇在碱性环境下被空气中的氧所氧化，生成二乙酰（丁二酮），二乙酰与培养基中的精氨酸等所含的胍基结合，生成红色化合物，即为V-P试验阳性（图4-10）。如果培养基中胍基太少，可在培养基中加入肌酸、肌酐等，可加速反应。

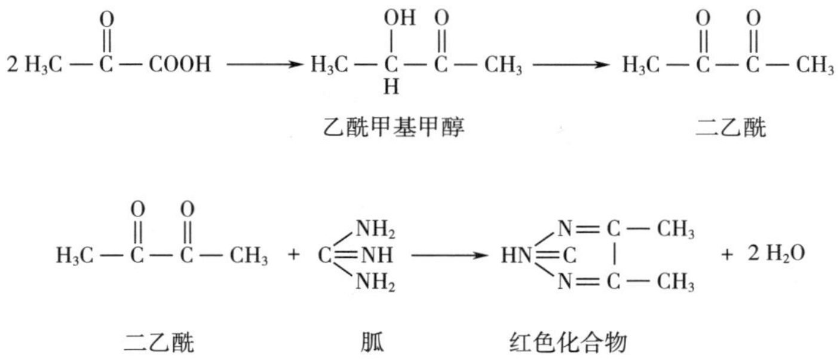

$$2H_3C-\overset{O}{\underset{}{C}}-COOH \longrightarrow H_3C-\overset{OH}{\underset{H}{C}}-\overset{O}{\underset{}{C}}-CH_3 \longrightarrow H_3C-\overset{O}{\underset{}{C}}-\overset{O}{\underset{}{C}}-CH_3$$

乙酰甲基甲醇　　　　　　二乙酰

$$H_3C-\overset{O}{\underset{}{C}}-\overset{O}{\underset{}{C}}-CH_3 + \overset{NH_2}{\underset{NH_2}{C=NH}} \longrightarrow HN\overset{N=C-CH_3}{\underset{N=C-CH_3}{C}} + 2H_2O$$

二乙酰　　　　　胍　　　　红色化合物

图 4-10　V-P 试验原理

2. 培养基

葡萄糖缓冲蛋白胨水。

3. 试验方法

将分离得到的待试菌纯种培养物接种到葡萄糖缓冲蛋白胨水中，于 (36±1)℃ 培养 2~5d，每 1mL 培养基中，加入 60g/L α-萘酚-乙醇溶液 0.5mL 和 400g/L 氢氧化钾 0.2mL，充分振摇试管，观察结果。本试验可采用产气肠杆菌作为阳性对照菌，采用大肠埃希氏菌作为阴性对照菌。

4. 结果判断

阳性反应立刻或于数分钟内出现红色，如为阴性，应放在 (36±1)℃ 下培养 4h 再进行观察。

5. 应用

本试验常与 MR 试验一起使用，一般情况下，前者为阳性的细菌，后者为阴性，反之亦然。但肠杆菌科的细菌并不一定都遵循此规律，如蜂房哈夫尼亚菌属和奇异变形杆菌的 V-P 试验和 MR 试验常同为阳性。

（五）β-半乳糖苷酶试验

1. 原理

肠杆菌科的细菌发酵乳糖时，需要依靠两种不同系统的酶作用，一种为半乳糖渗透酶，可将乳糖透过细胞壁，送到细菌细胞内；另一种为 β-半乳糖苷酶，可将乳糖分解成葡萄糖和半乳糖。具有上述两种酶的细菌，能迅速分解乳糖。当细菌只有 β-半乳糖苷酶，而缺乏半乳糖苷渗透酶，或是其活性较弱时，不能很快将乳糖运送到细菌细胞内，所以需要几天时间的培养才能迟缓分解乳糖。

邻硝基酚-β-半乳糖苷（ONPG）是乳糖的类似物，且相对分子质量小，不需要半乳糖渗透酶就可进入到细菌细胞中，由细菌细胞内的 β-半乳糖苷酶分解为邻硝基酚和半乳糖，后者为黄色而使培养基呈现黄色（图 4-11）。

2. 培养基

ONPG 培养基。

3. 试验方法

挑取待试菌纯种培养物 1 满环接种于 ONPG 培养基中，于 (36±1)℃ 培养 1~3h 或 24h 观

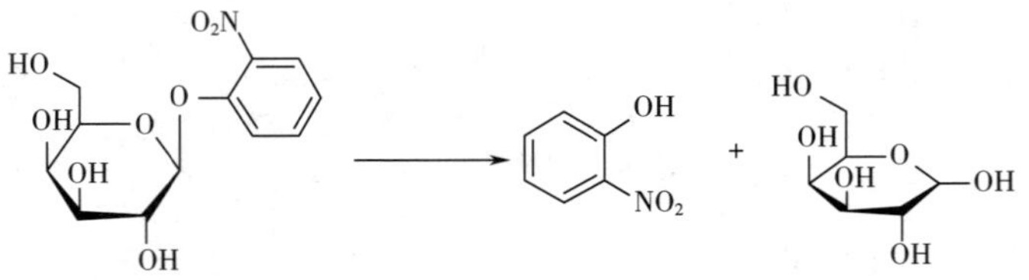

图 4-11　β-半乳糖苷酶试验原理

察结果。此反应可采用柠檬酸杆菌或亚利桑那菌属作为阳性对照菌，可采用沙门氏菌作为阴性对照菌。

4. 结果判断

培养基呈现黄色为阳性结果，一般可在 1~3h 内显色；24h 不呈现黄色为阴性结果。

5. 应用

本试验对于迅速及迟缓发酵乳糖的细菌均可在短时间内呈现阳性，因此可用于迟缓发酵乳糖细菌的快速鉴定。埃希氏菌属、柠檬酸杆菌属、克雷伯氏菌属、肠杆菌属、哈夫尼亚菌属和沙雷氏菌属等为阳性反应，沙门氏菌、变形杆菌和普罗菲登斯菌属等为阴性反应。

（六）淀粉水解试验

1. 原理

某些细菌可以产生淀粉酶，将培养基中的淀粉水解为糖类，在培养基上滴加试剂后，可与培养基中未转化的淀粉作用呈深蓝色反应，而菌落周围的淀粉由于被淀粉酶水解，与碘不发生反应而呈现透明圈。

2. 培养基

淀粉血清琼脂平板。

3. 试验方法

挑取待试菌纯种培养物划线接种于淀粉血清琼脂平板，于（36±1）℃培养 24h，在菌落上滴加鲁氏碘液，观察结果。

4. 结果判断

培养基呈深蓝色，菌落周围有透明圈者为阳性，菌落周围没有透明圈者为阴性。

5. 应用

重型白喉棒状杆菌产生淀粉酶，能分解淀粉，可用于鉴定。

二、蛋白质及氨基酸代谢试验

（一）靛基质（吲哚）试验

1. 原理

某些细菌具有色氨酸酶，能分解培养基中的色氨酸，产生靛基质，与对二甲氨基苯甲醛作用时，形成玫瑰吲哚而呈红色。

2. 培养基

蛋白胨水或厌氧菌蛋白胨水。

3. 试剂

以下两种试剂选其一即可。

（1）柯凡克试剂　将 5g 对二甲氨基苯甲醛溶解于 75mL 戊醇中，然后缓慢加入浓盐酸 25mL。

（2）欧-波试剂　将 1g 对二甲氨基苯甲醛溶解于 95mL 95%乙醇中，然后缓慢加入浓盐酸 25mL。

4. 试验方法

挑取分离得到的待试菌纯种培养物少量接种蛋白胨水中，(36±1)℃培养 1~2d，必要时可培养 4~5d。观察结果时可加柯凡克试剂 0.5mL，轻摇试管；或者加欧-波试剂 0.5mL，沿管壁流下，覆盖培养基表面。

5. 结果判断

阳性结果者加入柯凡克试剂后，试剂层为红色，或者加入欧-波试剂后，液面接触处呈玫瑰红色；不变色的为阴性结果。

6. 应用

主要用于肠杆菌科细菌的鉴定。

（二）硫化氢试验

1. 原理

某些细菌（如沙门氏菌、变形杆菌等）能分解培养基中的含硫氨基酸（如胱氨酸、半胱氨酸等）产生硫化氢，硫化氢遇到铅盐或铁盐，发生反应而生成黑色的硫化铅或硫化铁。

2. 培养基

多用硫酸亚铁琼脂，也可采用乙酸铅试纸培养基或厌氧菌乙酸铅培养基。

3. 试验方法

挑取待试菌纯种固体琼脂培养物，沿硫酸亚铁琼脂管壁穿刺，如采用乙酸铅试纸培养基，穿刺后还要悬挂乙酸铅纸条。于 (36±1)℃培养 1~2d，观察结果。

4. 结果判断

试纸或培养基变成黑色为阳性结果，阴性则培养基和试纸均不变色。

5. 应用

肠杆菌科中的沙门氏菌属、柠檬酸杆菌属、爱德华氏菌属和变形杆菌属多为阳性，其他菌属为阴性。沙门氏菌属中的甲型副伤寒沙门氏菌、仙台沙门氏菌和猪霍乱沙门氏菌等为阴性，部分伤寒沙门氏菌菌株也为硫化氢阴性。

（三）尿素酶试验

1. 原理

某些细菌能产生尿素酶，可以分解培养基中的尿素而产生大量的氨（图 4-12），使培养基变成碱性，酚红指示剂变为红色。

2. 培养基

尿素琼脂或尿素液体培养基。

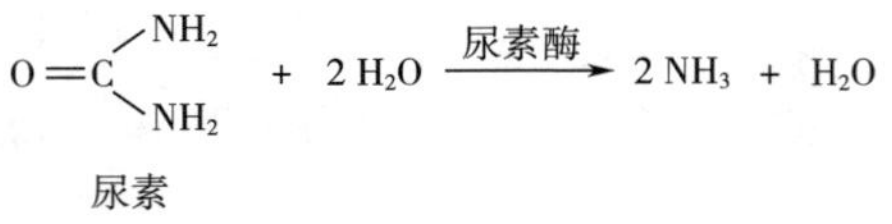

$$O=C\begin{matrix}NH_2\\NH_2\end{matrix} + 2H_2O \xrightarrow{\text{尿素酶}} 2NH_3 + H_2O$$

尿素

图 4-12　尿素酶试验原理

3. 试验方法

挑取待试菌纯种培养物在尿素琼脂斜面划线接种，也可挑取少量接种到尿素液体培养基中，(36±1)℃培养 4~6h 或 24h，观察结果。

4. 结果判断

阳性者由于产生碱性物质使培养基变成红色，不变色者为阴性结果。

5. 应用

主要用于肠杆菌科中变形杆菌族的鉴定。奇异变形杆菌和普通变形杆菌尿素酶阳性，雷极氏普罗菲登斯菌和摩根氏菌阳性，斯氏和产碱普罗菲登斯菌阴性。

（四）氨基酸脱羧酶试验

1. 原理

某些细菌有氨基酸脱羧酶，可使氨基酸脱羧，产生胺类和二氧化碳（图 4-13）。胺类的生成使培养基变碱性，使酸碱指示剂溴甲酚紫变色呈深紫色。常用于脱羧酶试验的氨基酸有鸟氨酸、赖氨酸和精氨酸。

赖氨酸 $\xrightarrow{\text{氨基酸脱羧酶}}$ 尸胺

图 4-13　氨基酸脱羧酶试验原理

2. 培养基

氨基酸脱羧酶试验培养基。

3. 试验方法

从琼脂斜面上挑取待试菌纯种培养物接种氨基酸脱羧酶试验培养基和对照培养基，于 (36±1)℃培养 18~24h，每天观察结果。本试验可设对照菌株，赖氨酸脱羧酶试验采用产气肠杆菌作为阳性指示菌，阴沟肠杆菌作为阴性指示菌；鸟氨酸脱羧酶试验可采用阴沟肠杆菌作为阳性指示菌，克雷伯氏菌作为阴性指示菌；精氨酸脱羧酶试验可采用阴沟肠杆菌作为阳性指示菌，产气肠杆菌作为阴性指示菌。

4. 结果判断

氨基酸脱羧酶阳性者由于产生碱性物质，培养基呈紫色；阴性者无碱性产物，但因葡萄糖产酸而使培养基变为黄色，对照管应为黄色。

5. 应用

赖氨酸和鸟氨酸脱羧酶试验对沙门氏菌均为阳性，但伤寒沙门氏菌和鸡沙门氏菌鸟氨酸脱羧酶试验为阴性，甲型副伤寒沙门氏菌赖氨酸脱羧酶试验为阴性；柠檬酸杆菌属和志贺氏菌均为阴性，但宋内氏志贺氏菌为鸟氨酸脱羧酶试验阳性，柠檬酸杆菌中少数为鸟氨酸脱羧酶试验阳性；埃希氏菌属结果不定。

（五）苯丙氨酸脱氨酶试验

1. 原理

某些细菌具有氨基酸脱氨酶，可使多种氨基酸发生氧化脱氨基作用，生成 α-酮酸，进而与加入的三氯化铁试剂发生反应，呈现不同的颜色变化，例如，异亮氨酸和缬氨酸为橙色反应，甲硫氨酸为紫色反应，亮氨酸为灰紫色反应，组氨酸为绿色反应。

如果产生苯丙氨酸脱氨酶，能将苯丙氨酸氧化脱氨，形成苯丙酮酸（图 4-14）。苯丙酮酸遇到三氯化铁时，即呈蓝绿色。延长反应时间，其产生的绿色会较快褪色。

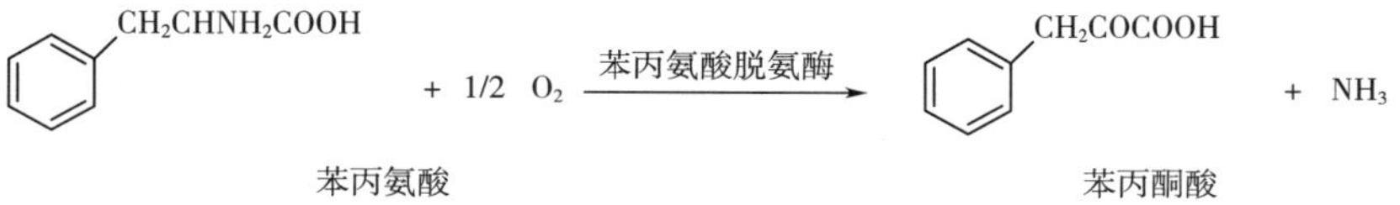

图 4-14 苯丙氨酸脱氨酶试验原理

2. 培养基

苯丙氨酸培养基。

3. 试验方法

自琼脂斜面上挑取大量待试菌纯种培养物，划线接种于苯丙氨酸琼脂，在（36±1）℃培养 18~24h。滴加 100g/L 三氯化铁溶液 2~3 滴，自斜面培养物上流下，观察结果。本试验可以采用普通变形杆菌作为阳性对照菌，以产气肠杆菌为阴性对照菌。

4. 结果判断

斜面呈现绿色为阳性结果；斜面不变色为阴性结果。

5. 应用

主要用于肠杆菌科中细菌的鉴定。变形杆菌属、摩根氏菌属和普罗菲登斯菌属细菌均为阳性，肠杆菌科中其他细菌均为阴性。

（六）精氨酸双水解酶试验

1. 原理

精氨酸双水解酶是一种细菌酶，能够将精氨酸分解为瓜氨酸和氨，进一步将瓜氨酸分解为鸟氨酸、二氧化碳和氨（图 4-15）。

反应中产生的氨会使培养基变碱性，pH 升高，可通过 pH 指示剂（如酚红）显示颜色变化。

2. 培养基

使用莫勒氏精氨酸脱羧酶培养基。

3. 试验方法

用幼龄菌种穿刺接种，并用灭菌凡士林油封管，适温培养 3d、7d、14d 观察。

4. 结果判断
以不含 L-精氨酸的培养基做对照，变红色者为阳性。

5. 应用
通过检测细菌是否分解精氨酸产生碱性物质来区分细菌。

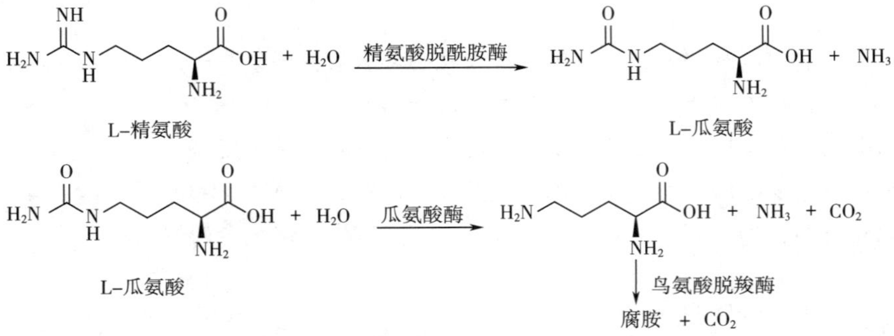

图 4-15 精氨酸双水解酶试验原理

（七）明胶液化试验

1. 原理
某些细菌可分泌胞外蛋白酶（明胶酶），能分解明胶，从而使明胶失去凝固能力而液化。

2. 培养基
明胶培养基。

3. 试验方法
自琼脂斜面上挑取待试菌纯种培养物，穿刺接种于明胶培养基，在 22~25℃ 培养，每天观察结果，记录液化时间，若采用（36±1）℃ 培养，因为明胶在此温度下自溶，故在观察结果前，先放在冰箱中 30min，然后取出观察结果，不再重新凝固时为阳性。

4. 结果判断
在规定时间内培养基液化为阳性结果，没有液化的为阴性结果。

5. 应用
普通变形杆菌、奇异变形杆菌、沙雷氏菌和阴沟肠杆菌等能液化明胶，肠杆菌科中的其他细菌很少液化明胶。有些厌氧菌如产气荚膜梭菌、脆弱类杆菌也能液化明胶。另外，许多假单胞菌也能产生明胶酶而使明胶液化。

三、呼吸酶类试验

（一）氧化酶试验

1. 原理
氧化酶即细胞色素氧化酶，是细胞色素呼吸酶系统的终端呼吸酶。做氧化酶试验时，此酶并不直接与氧化酶试剂发生反应，而是首先使细胞色素 C 氧化，然后氧化型的细胞色素 C 再使对苯二胺氧化，产生颜色反应，如果和 α-萘酚结合，会生成吲哚酚蓝（靛酚蓝），呈蓝色反应。此试验与氧气及细胞色素 C 的存在有关。

2. 试剂

（1）10g/L 盐酸四甲基对苯二胺溶液或 10g/L 盐酸二甲基对苯二胺溶液，注意试剂配制好后盛于棕色磨口玻璃瓶内，置冰箱中可避光保存两周。

（2）10g/L α-萘酚-乙醇溶液。

3. 试验方法

氧化酶试验有下述两种方法。

（1）滤纸法　取白色洁净滤纸条，蘸取菌落少许，加试剂 1 滴，阳性者立即呈现粉红色，5~10s 内呈深紫色。再加 α-萘酚 1 滴，阳性者于 0.5min 内呈现鲜蓝色，阴性者于 2min 内不变色。

（2）菌落法　用毛细滴管取试剂，直接滴加于菌落上，其显色反应同滤纸法。

本试验应避免接触含铁物质，否则易出现假阳性。可以采用铜绿色假单胞菌作为阳性对照菌，采用大肠埃希氏菌作为阴性对照菌。

4. 结果判断

（1）滤纸法　加试剂 1 滴，阳性者立即呈现粉红色，5~10s 内呈深紫色。再加 α-萘酚 1 滴，阳性者于 0.5min 内呈现鲜蓝色，阴性者于 2min 内不变色。

（2）菌落法　其显色反应同滤纸法。

5. 应用

可用于区别假单胞菌与氧化酶阴性肠杆菌科的细菌，肠杆菌科阴性，假单胞菌属通常阳性。奈瑟氏菌属细菌和莫拉氏菌属细菌均为阳性。

（二）细胞色素氧化酶试验

1. 原理

此试验同氧化酶试验实际上为同一试验。待检菌如果有细胞色素氧化酶，在分子氧存在的情况下，首先使细胞色素 C 氧化，然后氧化型的细胞色素 C 再使对苯二胺氧化，并和 α-萘酚结合，生成吲哚酚蓝（靛酚蓝），呈蓝色反应。因此，此试验离不开氧气和细胞色素 C。

2. 试剂

（1）10g/L 盐酸二甲基对苯二胺溶液。

（2）10g/L α-萘酚-乙醇溶液。

3. 试验方法

取 37℃（或低于 37℃）培养 20h 的待试菌纯种斜面培养物一支，将两种试剂各 2~3 滴，从斜面上端滴下并将斜面略加倾斜，使试剂混合液流经斜面上的培养物，如是平板培养物，则可直接用试剂混合液滴在菌落上。

本试验应避免接触含铁物质，否则易出现假阳性。可以采用铜绿色假单胞菌作为阳性对照菌，采用大肠埃希氏菌作为阴性对照菌。

4. 结果判断

阳性者 30s 内产生蓝色反应，阴性反应观察至 2min。要注意超过 2min，由于试剂在空气中会被氧化而出现假阳性反应。

5. 应用

同氧化酶试验。

（三）过氧化氢酶（触酶）试验

1. 原理

大多好氧或兼性厌氧微生物能产生过氧化氢酶，将过氧化氢分解成水和分子态的氧而释放出氧气（图4-16）。一般厌氧微生物则不产生此酶。

$$2H_2O_2 \xrightarrow{\text{过氧化氢酶}} 2H_2O+O_2$$

图4-16　过氧化氢酶（触酶）试验原理

2. 试剂

3% H_2O_2。

3. 试验方法

挑取待试菌纯种培养物一接种环，置于洁净试管内，滴加3% H_2O_2 2mL，观察结果。本试验可以采用金黄色葡萄球菌作为阳性对照菌，采用链球菌作为阴性对照菌。注意3% H_2O_2 要现用现配，此外，为了避免出现假阳性结果，试验菌不能用血平板上的培养物。

4. 结果判断

阳性者30s内产生大量气泡，阴性者不产生气泡。

5. 应用

绝大多数含细胞色素的需氧和兼性厌氧菌均产生过氧化氢酶，但链球菌属为阴性。此外，金氏菌属的细菌也为阴性。分枝杆菌的属间鉴别则用耐热触酶试验。

（四）过氧化物酶试验

1. 原理

有些细菌可产生过氧化物酶，可以将过氧化氢中的氧转移给可氧化的物质。试验原理如图4-17所示。

$$RH_2+H_2O_2 \xrightarrow{\text{过氧化物酶}} R+2H_2O$$

图4-17　过氧化物酶试验原理

2. 试剂

（1）20g/L儿茶酚溶液。

（2）3% H_2O_2。

3. 试验方法

挑取固体培养基上待试菌纯种培养物一接种环，置于洁净试管内，滴加20g/L儿茶酚溶液1mL及3% H_2O_2 1mL，静置于室温中30~60min。

4. 结果判断

细菌变为黑褐色的为阳性结果，阴性结果不变色。

5. 应用

革兰氏阳性菌中，葡萄球菌属（如金黄色葡萄球菌）和李斯特菌属通常为过氧化物酶阳性，而链球菌属和肠球菌属则为阴性；革兰氏阴性菌中，大肠埃希氏菌、沙门氏菌属和志贺氏菌属多为阳性，而假单胞菌属和嗜血杆菌属则为阴性。此外，厌氧菌中的梭菌属通常为阳性，拟杆菌属为阴性。

（五）硝酸盐还原试验

1. 原理

硝酸盐还原反应包括两个过程。一是在合成过程中，硝酸盐还原为亚硝酸盐和氨，再由氨转化为氨基酸和细胞内其他含氮化合物；二是在分解代谢过程中，硝酸盐或亚硝酸盐代替氧作为呼吸酶系统中的终末受氢体，能使硝酸盐还原的细菌从硝酸盐中获得氧而形成亚硝酸盐和其他还原性产物。但硝酸盐还原的过程因细菌不同而异，有的细菌仅使硝酸盐还原为亚硝酸盐，如大肠埃希氏菌和产气荚膜梭菌；有的细菌则可使其还原为亚硝酸盐和离子态的铵；有的细菌能使硝酸盐或亚硝酸盐还原为氮，如沙雷氏菌和假单胞菌等。有些细菌还可以将其还原产物在合成代谢中完全利用。硝酸盐或亚硝酸盐如果被还原生成气体的终端产物如氮或氧化氨，就称为脱硝化作用。

硝酸盐还原试验是测定还原过程中所产生的亚硝酸，在酸性环境下，亚硝酸盐能与对氨基苯磺酸作用，生成对重氮苯磺酸。当对重氮苯磺酸与 N-萘胺相遇时，结合成为紫红色的偶氮化合物 N-萘胺偶氮苯磺酸。

2. 培养基

硝酸盐培养基。

3. 试验方法

将挑取分离得到的待试菌纯种培养物接种到硝酸盐培养基，在（36±1）℃培养 1~4d，加入甲液（对氨基苯磺酸 0.8g 溶解于 100mL 浓度为 2.5mo/L 乙酸溶液）和乙液（将甲萘胺 0.5g 溶解于 100mL 浓度为 2.5mol/L 乙酸溶液）各一滴，观察结果。若要检查是否有氮气产生，可在培养基管内加一小倒管，如有气泡产生，表示有氮气生成。此试验可以采用大肠埃希氏菌作为阳性对照菌，采用乙酸钙不动杆菌作为阴性对照菌。

4. 结果判断

立刻或 10min 内出现红色为阳性。若加入试剂后无颜色反应，其原因可能有三个：①硝酸盐没有被还原，试验阴性；②硝酸盐被还原为氨和氮等其他产物而导致假阴性结果，这时应在试管内加入少许锌粉，如出现红色则表明试验确实为阴性。若仍不产生红色表示试验为假阴性；③培养基不适合细菌生长。

5. 应用

本试验在细菌鉴定中广泛应用。肠杆菌科细菌均能还原硝酸盐为亚硝酸盐；铜绿假单胞菌、嗜麦芽单胞菌、斯氏假单胞菌等假单胞菌可产生氮气，鼻疽假单胞菌能还原硝酸盐为亚硝酸盐；有些厌氧菌如韦荣球菌等试验也为阳性。

四、有机酸盐和铵盐利用试验

（一）柠檬酸盐（枸橼酸盐）利用试验

1. 原理

某些细菌能利用铵盐作为唯一的氮源，同时利用柠檬酸盐作为唯一的碳源。它们可在柠檬酸盐培养基上生长，并分解柠檬酸钠生成碳酸钠，分解铵盐生成氨，使培养基变碱性，此时，培养基中的指示剂——溴麝香草酚蓝就由原来的草绿色变成蓝色。本试验可以用产气肠杆菌作为阳性对照菌，用大肠埃希氏菌作为阴性对照菌。

2. 培养基

西蒙氏柠檬酸盐培养基。

3. 试验方法

将分离得到的待试菌纯种培养物挑取少量，划线接种到西蒙氏柠檬酸盐培养基中，也可将待试菌纯种培养物做成生理盐水菌悬液后，挑取一环划线接种于西蒙氏柠檬酸盐培养基中，(36±1)℃培养 1~4d，每天观察结果。本试验可以用产气肠杆菌作为阳性对照菌，用大肠埃希氏菌作为阴性对照菌。

4. 结果判断

阳性者斜面上有菌落生长，同时培养基变成蓝色；阴性者斜面上无细菌生长，培养基仍然保持原色（绿色）。

5. 应用

此试验常作为肠杆菌科中各菌属间的鉴别试验，埃希氏菌属、变形杆菌属、志贺氏菌属、爱德华氏菌属、摩根氏菌属等为阴性，其他菌属通常为阳性。

（二）丙二酸盐利用试验

1. 原理

琥珀酸脱氢是三羧酸循环的一个重要环节。在丙二酸浓度较高的情况下，丙二酸与琥珀酸会竞争琥珀酸脱氢酶，琥珀酸脱氢酶则不能被释放出来催化琥珀酸脱氢反应，故抑制了三羧酸循环，因而微生物的生长也受到了抑制。而有些微生物可以利用丙二酸钠作为唯一的碳源，在丙二酸钠培养基上生长，分解丙二酸钠产生碳酸钠，使培养基变碱性，指示剂溴百里酚蓝也从草绿色变为蓝色。所用的丙二酸钠培养基中，除含有丙二酸钠外，还含有硫酸铵作为氮源，铵盐被分解产生氨导致碱性增强。本试验可以用大肠埃希氏菌作为阳性对照菌，用普通变形杆菌作为阴性对照菌。

2. 培养基

丙二酸钠培养基。

3. 试验方法

将新鲜培养的待试菌纯种培养物挑取少量接种到丙二酸钠培养基中，于(36±1)℃培养48h，观察结果。

4. 结果判断

培养基变成蓝色者为阳性，培养基仍然保持原色（绿色）者为阴性。

5. 应用

肠杆菌科中，亚利桑那菌属和克雷伯氏菌属为阳性，柠檬酸杆菌属、肠杆菌属和哈夫尼亚菌属有不同的生物型，其他各菌属均为阴性。

(三) 铵盐利用试验

1. 原理

有些细菌可利用铵盐作为唯一氮源，且不需要烟酸和某些氨基酸作为生长因子时，可以在葡萄糖铵培养基上生长，并分解葡萄糖产酸，酸碱指示剂溴麝香草酚蓝变色，培养基变成黄色。

2. 培养基

葡萄糖铵培养基。

3. 试验方法

用接种针轻轻触及培养物的表面，在盐水管内做成极稀的悬液，肉眼不见浑浊，以每一接种环内含菌数在 20~100 个为宜。将接种环灭菌后挑取菌液接种，同时再以同法接种普通斜面一支作为对照。于（36±1）℃培养 24h，观察结果。本试验要求比较严格，要防止烟酸的污染，注意试验容器使用前用清洁液浸泡，并用新棉花做成棉塞，否则易造成假阳性的结果。

4. 结果判断

阳性者在对照培养基上生长良好，同时在葡萄糖铵培养基上变成黄色，且斜面上形成正常菌落；阴性者只在对照培养基上生长良好，葡萄糖铵培养基无菌落生长，仍保留原来颜色（绿色）。如在葡萄糖铵斜面上生长极微小的菌落可视为阴性结果。

5. 应用

肠杆菌科中埃希氏菌属铵盐利用试验为阳性，志贺氏菌属虽然也可以利用铵盐为唯一氮源，但其生长需要烟酸等生长因子，因此铵盐利用试验为阴性；变形杆菌属和摩根氏菌属不能利用铵盐为唯一氮源，因此铵盐利用试验为阴性。

五、毒性酶类试验

(一) 卵磷脂酶试验

1. 原理

有些细菌能产生卵磷脂酶，即 α-毒素，在有钙离子存在时，能迅速分解卵磷脂生成甘油酯和水溶性磷酸胆碱。当这些微生物在卵黄琼脂培养基上生长时，菌落周围会形成浑浊带，在卵黄胰胨培养液中生长时，可出现白色沉淀。

2. 培养基

100g/L 卵黄琼脂平板。

3. 试验方法

将分离得到的待试菌纯种培养物划线接种于卵黄琼脂平板上，也可将其点种在培养基上。置（36±1）℃培养 3~6h，观察结果。

4. 结果判断

卵磷脂阳性的菌株，在（36±1）℃培养 3h，可在菌落周围形成乳白色浑浊环，6h 后可扩展至 5~6mm。

5. 应用

此试验主要用于厌氧菌的鉴定。产气荚膜梭菌、诺维氏梭菌为卵磷脂酶试验阳性，其他梭菌不产生卵磷脂酶。蜡样芽孢杆菌也产生卵磷脂酶。

（二）血浆凝固酶试验

1. 原理

致病性葡萄球菌能产生两种凝固酶，一种和细胞壁结合，它直接作用于血浆中的纤维蛋白原，使之成为不溶解性纤维蛋白，附于细菌表面，生成凝块，因而有对抗吞噬作用，玻片法的阳性结果是由此酶产生的；另一种凝固酶由菌体生成后释放于培养基中，称作游离凝固酶，它能使凝血酶原变成血浆凝固酶，从而使抗凝的血浆发生凝固，试管法的阳性结果是由此酶产生的。

2. 试验方法

（1）玻片法　取未稀释的血浆及生理盐水各 1 滴，分别放于洁净玻片上，分离得到的待试菌纯种培养物，分别与生理盐水及血浆混合，立即观察结果。

（2）试管法　取新鲜配制兔血浆 0.5mL，放入小试管中，再加入待试菌 BHI 肉汤 24h 培养物 0.2~0.3mL，振荡摇匀，置（36±1）℃培养箱或水浴锅内，每 0.5h 观察一次，观察 6h。同时，以血浆凝固酶试验阳性和阴性葡萄球菌菌株的肉汤培养物作为对照。也可用商品化的试剂按说明书操作，进行血浆凝固酶试验。

玻片法和试管法两者所出现的阳性反应，可以得出不同结果。除应注意血浆中可能会含有特异凝集素，而使玻片法出现假阳性外，还需注意如果玻片法结果阴性时，仍应用试管法做最后确定。

3. 结果判断

玻片法中的血浆中有明显颗粒出现，而盐水中无自凝者为阳性结果；试管法中的小试管在 6h 内呈现凝固（即将试管倾斜或倒置时，呈现凝块），或凝固体积大于原体积的一半被判定为阳性结果。

4. 应用

在检验葡萄球菌属时，常以它们能否凝固抗凝的人或兔血浆作为区别是否有致病性的依据。

（三）链激酶试验

1. 原理

A 型溶血性链球菌能产生链激酶（即溶纤维蛋白酶），该酶能激活人体血液中的血浆蛋白酶原，使其成为血浆蛋白酶，而后溶解纤维蛋白。产生链激酶的链球菌主要有 A、C 及 G 等群。

2. 草酸钾人血浆配制

草酸钾 0.01g 放入灭菌小试管中，再加入 5mL 健康人血，混匀，离心沉淀，吸取上清液即为草酸钾人血浆。

3. 试验方法

取草酸钾人血浆 0.2mL 加入无菌生理盐水 0.8mL，再加入试验菌 18~24h 肉汤培养物 0.5mL，混合后，再加入 2.5g/L 氯化钙水溶液 0.25mL（如氯化钙已潮解，可将浓度适当调整到 3.0~3.5g/L），振荡摇匀，置于（36±1）℃水浴锅中 10min，血浆混合物自行凝固（凝固程度至试管倒置，内容物不流动），然后观察凝固块重新完全溶解的时间。

4. 结果判断

在24h内凝固块完全溶解为阳性，24h后不溶解即为阴性。

5. 应用

在检验溶血性链球菌时，常以它们能否融化凝固的人血浆来判断是否为A型溶血性链球菌，融化时间越短，表示该菌产生的链激酶越多，反应强烈的可在15min内完全融化凝固的血浆。

六、抑菌试验

（一）氰化钾试验

1. 原理

氰化钾可以抑制某些细菌的呼吸酶系统。细胞色素、细胞色素氧化酶、过氧化氢酶和过氧化物酶以铁卟啉作为辅基，氰化钾能和铁卟啉结合，使这些酶失去活性，进而细菌的生长受到抑制。有的细菌在含有氰化钾的培养基中因呼吸链末端受到抑制而阻断了生物氧化，故不能生长；有的微生物则对氰化钾具有抗性，在含有氰化钾的培养基中仍能生长。

2. 培养基

氰化钾培养基。

3. 试验方法

将分离得到的待试菌纯种培养物接种于蛋白胨水中成为稀释菌液，挑取一环接种于氰化钾培养基，并另挑取一环接种于对照培养基。在（36±1）℃培养1~2d，观察结果。本试验可采用产气肠杆菌作为阳性对照菌，大肠埃希氏菌作为阴性对照菌。试验时注意氰化钾为剧毒药物。此试验失败的主要原因是封口不严，氰化钾逸出，造成假阳性结果。

4. 结果判断

如培养基对照管均生长，试验管也生长者为阳性结果，表示不受氰化钾抑制；试验管无细菌生长为阴性，表示该菌受氰化钾抑制。

5. 应用

本试验常用于肠杆菌科各属的鉴别。沙门氏菌属、志贺氏菌属和埃希氏菌属的细菌可受氰化钾抑制，而肠杆菌科中的其他各菌不受抑制。

（二）杆菌肽敏感试验

1. 原理

A群链球菌对杆菌肽几乎是100%敏感，而其他群链球菌对杆菌肽通常耐药。故此试验可对链球菌进行鉴别。

2. 培养基

血琼脂培养基。

3. 试验方法

用灭菌的棉拭子或涂布器取待检菌的肉汤培养物，均匀涂布于血平板上，用灭菌镊子夹取每片含有0.04单位的杆菌肽纸片置于上述平板上，（36±1）℃培养18~24h，观察结果。用已知的阳性菌株做对照。

4. 结果判断

如有抑菌圈出现即为阳性。临床上判断结果的依据为抑菌环>10mm 者对杆菌肽敏感，抑菌环<10mm 者对杆菌肽有耐药性。

5. 应用

主要用于 A 群与非 A 群链球菌的鉴别。从临床分离的菌种中有5%～15%非 A 群链球菌也对杆菌肽敏感。

七、三糖铁试验

1. 原理

本培养基适合于肠杆菌科的鉴定。用于观察细菌对糖的利用和硫化氢（变黑）的产生。该培养基含有乳糖、蔗糖和葡萄糖的比例为 10∶10∶1。只能利用葡萄糖的细菌，葡萄糖被分解产酸可使斜面先变黄，但因量少，生成的少量酸因接触空气而氧化，加之细菌利用培养基中含氮物质，生成碱性产物，故使斜面后来又变红，底部由于是在厌氧状态下，酸类不被氧化，所以仍保持黄色。而发酵乳糖或蔗糖的细菌，则产生大量的酸，使斜面变黄，底层也呈现黄色。如果细菌能分解含硫氨基酸，生成硫化氢，与培养基中的铁盐反应，生成黑色的硫化亚铁沉淀，接种培养后，产生黑色沉淀。

2. 培养基

三糖铁培养基。

3. 试验方法

以接种针挑取待试菌可疑菌落或纯培养物，穿刺接种并涂布于斜面，置（36±1）℃培养 18～24h，观察结果。

4. 结果判断

（1）糖发酵情况　如果斜面碱性（红色）/底层碱性（红色），则表明试验菌不发酵葡萄糖、乳糖和蔗糖；如果斜面碱性（红色）/底层酸性（黄色），则表明试验菌只发酵葡萄糖，不发酵乳糖和蔗糖；如果斜面酸性（黄色）/底层酸性（黄色），则表明试验菌至少分解乳糖或蔗糖中的一种。

（2）分解糖类产气情况　如果培养基中有气泡，或者培养基呈裂开现象，或者琼脂被气体推挤上去，表明试验菌分解葡萄糖、乳糖或者蔗糖，既产酸又产气。

（3）硫化氢产生情况　如果培养基底部形成黑色，表明试验菌可分解含硫氨基酸，生成硫化氢。

5. 应用

可有效区分肠杆菌科中的多种细菌，如沙门氏菌（产 H_2S）、志贺氏菌（不产 H_2S）、大肠埃希氏菌（发酵乳糖）、变形杆菌（产 H_2S）等。

第三节　血清学试验

血清学试验是根据抗原与相应的抗体在适宜的条件下，能在体外发生特异性结合的原理，用已知抗体或抗原来检测未知抗原或抗体。抗体主要存在于血清中，抗原或抗体检测时一般都要采用血清。因此，体外的抗原抗体反应也称为血清学试验或血清学反应。血清学试验基本类型包括凝集反应、沉淀反应和补体结合反应等。

一、抗原

凡是能刺激有机体产生抗体，并能与相应抗体发生特异性结合的物质，称为抗原。这一概念包括两个基本内容，一是刺激机体形成特异抗体或致敏淋巴细胞，通常称为抗原性或免疫原性；另一是能与由它刺激所产生的相应抗体发生特异性结合，称为反应原性。

（一）抗原的基本性质

1. 异源性

抗原必须是非自身物质，而且生物种系差异越大，抗原性越好。机体对它本身的物质，一般不产生抗体，而各种微生物以及某些代谢产物（如外毒素等）对动物机体来说是异种物质，具有很好的抗原性。

2. 大相对分子质量

凡是有抗原性的物质，相对分子质量都在1万以上。相对分子质量越大，抗原性越强。在天然抗原中，蛋白质的抗原性最强，其相对分子质量多在7万以上。一般的多糖和类脂物质因相对分子质量不够，只有与蛋白质结合后才能有抗原性。

3. 特异性

抗原刺激机体后只能产生相应的抗体并能与之结合。这种特异性是由抗原表面的抗原决定簇决定的。抗原决定簇是抗原物质表面的一些具有化学活性的基团。

（二）抗原的种类

抗原物质的种类很多，关于它们的分类，至今尚无统一意见。按来源可分为天然抗原和人工抗原；按抗原性完整与否及其在机体内刺激抗体产生的特点，可分为完全抗原和不完全抗原。

1. 完全抗原和不完全抗原

（1）完全抗原　能在机体内引起抗体形成，在体外（试管内）可与抗体发生特异性结合，并在一定条件下出现可见反应的物质，称为完全抗原（complete antigen）。如细菌、病毒等微生物蛋白质及外毒素等。

（2）不完全抗原　不能单独刺激机体产生抗体（若与蛋白质或胶体颗粒结合后，则可刺激机体产生抗体），但在体外（试管内）可与相应抗体发生特异性结合，并在一定条件下出现可见反应的物质，称为不完全抗原（incomplete antigen），或称半抗原（hapten）。如肺炎双球菌的多糖、炭疽杆菌的荚膜多肽等，这一类半抗原又称复杂半抗原。还有一些半抗原在体外（试管内）虽与相应抗体发生了结合，但不出现可见反应，却能阻止抗体再与相应抗原的结合，这一类抗原又称为简单半抗原。

2. 细菌抗原

细菌的结构虽然简单，但其蛋白质以及与蛋白质结合的多糖和类脂等，都具有不同强弱的抗原性。细菌抗原主要属于天然抗原，并且大多数情况下是完全抗原。但在某些特定情况下，细菌的某些成分可能表现为不完全抗原。主要的细菌抗原有以下几种。

（1）菌体抗原　是细菌的主要抗原，存在细胞壁上，其主要成分为脂多糖。一般称菌体抗原为 O 抗原。细菌的 O 抗原往往由数种抗原成分所组成，近缘菌之间的 O 抗原可能部分或全部相同，因此对某些细菌可根据 O 抗原的组成不同进行分群。如沙门氏菌属，按 O 抗原的不同分成 42 个群。O 抗原耐热，121℃、2h 不被破坏。

（2）鞭毛抗原　存在于鞭毛中，又称 H 抗原，由蛋白质组成，具有不同的种和型特异性，故通过对 H 抗原构造的分析，可作菌型鉴别。H 抗原不耐热，56~80℃，30~40min 即遭破坏。在制取 O 抗原时，常据此用煮沸法消除 H 抗原。

（3）表面抗原　包围在细菌细胞壁最外面的抗原，故称为表面抗原。随菌种和结构的不同可有不同的名称，如肺炎双球菌的表面抗原称为荚膜抗原，大肠埃希氏菌、痢疾杆菌的表面抗原称为包膜抗原或 K 抗原，沙门氏菌属的表面抗原称为 Vi 抗原等。

（4）菌毛抗原　存在于菌毛中的抗原，也具有特异的抗原性。

（5）外毒素和类毒素　细菌外毒素有很强的抗原性，能刺激机体产生抗毒素抗体。外毒素经 0.3%~0.4% 甲醛溶液处理后使其失去毒性但仍保持抗原性，即成为类毒素，如白喉类毒素及破伤风类毒素等。白喉外毒素经 0.3%~0.4% 甲醛溶液处理后可使外毒素的电荷发生改变，封闭其自由氨基，产生甲烯化合物。其他基团（如吲哚异吡唑环）与侧链的关系也可变成为类毒素。抗原决定簇与毒性基团二者是不同的，但在空间排列上是相互靠近的基团。因此当抗毒素与相应抗原决定簇结合时，可能掩盖了毒性基团，不呈现出毒素的毒性作用。

二、抗体

抗体是机体受抗原刺激后，在体液中出现的一种能与相应抗原发生反应的球蛋白，又称免疫球蛋白（immunoglobulin，Ig）。含有免疫球蛋白的血清，通常被称为免疫血清或抗血清。

（一）抗体的基本性质

（1）抗体是一些具有免疫活性的球蛋白，具有和一般球蛋白相似的特性，不耐热，加热至 60~70℃ 即被破坏。抗体可被中性盐沉淀，生产上常用硫酸盐从免疫血清中沉淀免疫球蛋白，以提纯抗体。

（2）抗体在试管内能与相应抗原发生特异性结合，在机体内能在其他防御机能协同作用下，杀灭病原微生物。但某些抗体在机体内与相应抗原相遇时，能引起变态反应，如青霉素过敏等。

（3）抗体的相对分子质量都很高，试验证明，抗体主要由丙种球蛋白组成，但不是所有的丙种球蛋白都是抗体。

（二）抗体的种类

抗体的分类也很不一致，目前提得较多的分类方法有以下几种。

1. 根据抗体获得方式分类

（1）免疫抗体　是指动物患传染病后或经人工注射疫苗后产生的抗体。

（2）天然抗体　是指动物先天就有的抗体，而且可以遗传给后代。

（3）自身抗体　是指机体对自身组织成分产生的抗体。这种抗体是引起自身免疫病的原因之一。

2. 根据抗体作用对象分类

（1）抗菌性抗体　是指细菌或内毒素刺激机体所产生的抗体，如凝集素等。此抗体作用于细菌后，可凝集细菌。

（2）抗毒性抗体　是细菌外毒素刺激机体所产生的抗体，又称抗毒素。具有中和毒素的能力。

（3）抗病毒性抗体　是病毒刺激机体所产生的抗体，具有阻止病毒侵害细胞的作用。

（4）过敏性抗体　是异种动物血清进入机体所产生的使动物发生过敏反应的一种抗体。

3. 根据与抗原在试管内是否出现可见反应分类

（1）完全抗体　能与相应抗原结合，在一定条件下出现可见的抗体抗原反应。

（2）不完全抗体　该种抗体能与相应的抗原结合，但不出现可见的抗体抗原反应。不完全抗体与抗原结合后，抗原表面具有抗体球蛋白分子的特性，如与抗球蛋白抗体作用则出现可见的反应。

三、血清学试验的特点、影响因素及类型

抗原与相应抗体无论在体外或体内均能发生特异性结合，并根据抗原的性质，反应条件及其他参与反应的因素，表现为各种反应，统称为免疫反应。抗原抗体在体外发生的特异性结合反应，称之为血清学试验。

（一）血清学反应的特点

1. 特异性和交叉性

血清学反应具有高度的特异性，即抗原只能与相应抗体结合，而不能与其他抗体相结合。但两种不同抗原分子上如有相同的抗原决定簇，则与抗体结合时可出现交叉反应，如肠炎沙门氏菌血清能凝集鼠伤寒沙门氏菌，反之亦然。

2. 反应的二阶段性

抗原与抗体进行结合，可分为两个阶段：第一阶段为抗原与抗体的特异性结合阶段，反应快，几秒钟至几分钟即完成，但无可见反应；第二阶段为抗原与抗体的反应可见阶段，表现为凝集、沉淀、补体结合等，反应进行较慢，需几分钟或更久。第二阶段受电解质、温度、归值等影响。两个阶段在反应进行中无严格界限。

3. 敏感性

抗原抗体的结合还具有高度敏感性的特点，不仅可定性检测还可以定量检测微量、极微量抗原或抗体。

4. 最适比例与带现象

抗原与抗体结合，其比例适当时才可出现肉眼可见反应。抗体除 IgM 是 5 价，SIgA 是 4 价外，一般抗体都含有两个结合位点（2价）；抗原则根据分子大小，有 10~50 个结合点。当抗原抗体比例适当时，二者结合后，尚有未饱和的结合点，可以继续与游离的抗体、抗原或与抗原抗体结合物的未饱和点相联结，逐渐形成越来越大的复合物，出现了肉眼可见反应。比例最适时，出现反应最快，反应产物越多。如果抗原或抗体过多，抗体和抗原结合点的聚合开始时即达到饱和，形成小的复合物则不能继续与相邻抗原、抗体结合，不出现可见反

应，称为带现象（图4-18）。

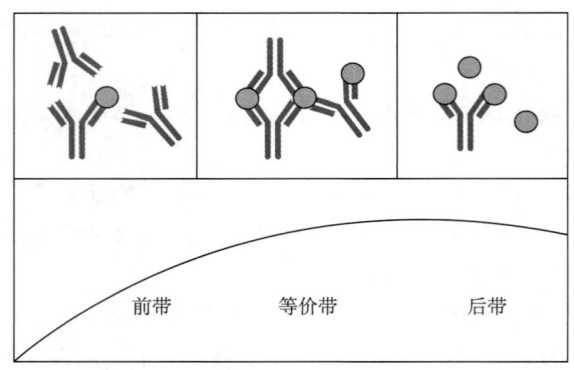

图4-18 抗原抗体反应比例性示意图

5. 可逆性

抗原与抗体的结合是分子表面的结合，这种结合是可逆的，结合条件为0~40℃、pH 4~9。如温度超过60℃或pH降到3以下，或加入解离剂时，则抗原抗体复合物又可重新解离，并且分离后抗原或抗体的性质仍不改变（图4-19）。

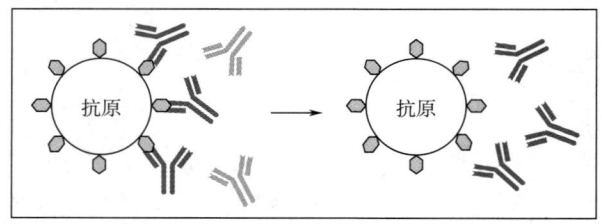

图4-19 抗原抗体反应可逆性示意图

6. 用已知测未知

所有的血清学试验都是用已知抗原测定未知抗体，或用已知抗体测定未知抗原。

（二）影响因素

1. 电解质

特异性抗原与抗体表面均带有许多极性基团，它们相互结合而失去亲水性，变成疏水系统。此时易受电解质作用失去电荷而互相凝集，发生凝集或沉淀反应。因此，血清学反应须在适当浓度的电解质参与下，才出现可见反应。在凝集、沉淀反应操作时，一般用生理盐水或80~100g/L高渗盐水作稀释，才出现较强反应（图4-20、图4-21、图4-22）。

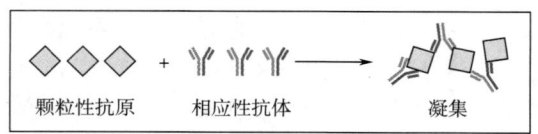

图4-20 直接凝集反应

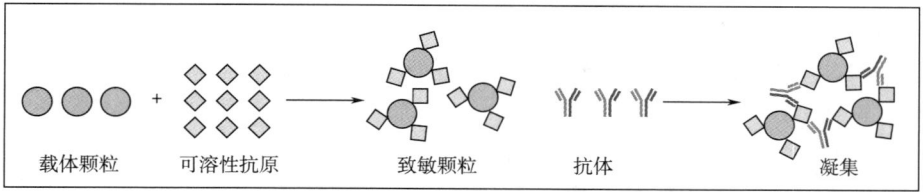

图 4-21　间接凝集反应

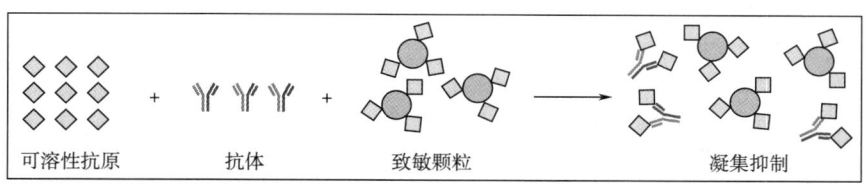

图 4-22　凝集抑制试验

2. 温度

温度升高，可增加抗原与抗体分子运动而碰撞接触，加速反应的出现，故通常将抗原抗体混合后，放置 37℃ 恒温箱或水浴箱中，保持一定时间，促进反应。温度高，加速反应；温度低，反应时间延长，但反应结合充分，故在补体结合反应、免疫吸附试验中，采用低温放置过夜。

3. 酸碱度

血清学反应通常用 pH 6~8，pH 过高或过低可直接影响抗原抗体的理化性质，pH 在等电点时，可引起非特异性凝集，造成假象，将严重影响血清学反应的可靠性。过酸或过碱都可使复合物解离。

4. 杂质异物

反应中如存在与反应无关的蛋白质、类脂、多糖等非特异性物质时，往往会抑制反应的进行，或引起非特异性反应。

（三）血清学反应的类型

1. 凝集反应

细菌、细胞等颗粒性抗原悬液加入相应抗体，在适量电解质存在的条件下，抗原抗体发生特异性结合，且进一步凝集成肉眼可见的小块，称为凝集反应。其参与反应的颗粒性抗原称为凝集原，参与反应的抗体称为凝集素。该类反应可分为直接凝集反应和间接凝集反应。直接凝集反应是抗原与抗体直接结合而发生的凝集。如细菌、红细胞等表面的结构抗原与相应抗体结合时所出现的凝集。直接凝集反应又分为玻片法和试管法，其中在食品微生物检验中最常用的是玻片法。玻片法通常为定性试验，用已知抗体检测未知抗原。鉴定分离菌种时，可取已知抗体滴加在玻片上，直接从培养基上刮取活菌混匀于抗体中，数分钟后，如出现细菌凝集成块现象，即为阳性反应。该法简便快速，除鉴定菌种外，还可用于菌种分型，测定人类红细胞的 ABO 血型等。

2. 沉淀反应

可溶性抗原（如血清蛋白、细菌培养滤液、细菌浸出液、组织浸出液等）与相应抗体发生特异性结合，在有适量电解质存在的条件下，形成肉眼可见的沉淀物，称为沉淀反应。参加反应的可溶性抗原称为沉淀原，参加反应的抗体称为沉淀素。沉淀原可以是多糖、蛋白质或它们的结合物等。同凝集原相比，沉淀原的分子小，单位体积内所含的抗原量多，与抗体结合的总面积大。沉淀反应的试验方法有环状法、絮状法和琼脂扩散法三种基本类型。在作定量试验时，为了不使抗原过剩而生成不可见的可溶性抗原抗体复合物，应稀释抗原，并以抗原的稀释度作为沉淀反应的效价。

3. 补体结合反应

补体是存在于动物血清中的非特异性球蛋白，能与抗原抗体复合物结合，但不与单独的抗原或抗体结合。补体结合反应是一种有补体参与并以溶血现象为指示的抗原抗体反应。该反应包括检验系统和指示系统，检验系统包括已知抗原（或抗体）、待检抗体（或抗原）和补体；指示系统包括绵羊红细胞、溶血素和补体。当抗原抗体发生特异性结合时，补体被固定，指示系统不发生溶血；若抗原抗体不对应，无特异性结合反应，这时补体呈游离状态而与后加入的指示系统结合，发生溶血反应。因此，将检验系统中的待检抗原或待检抗体进行倍比稀释，根据溶血情况可达到定性和定量的目的。补体结合反应可用已知抗原检测未知抗体，也可用已知抗体检测未知抗原。抗原抗体反应不能用沉淀反应或凝集反应观察时也可以利用此法。

第四节 动物实验

一、概述

在食品微生物学检验中，动物实验是重要的手段之一。经常用于病原微生物的分离与鉴定、病原微生物的致病性测定、微生物毒素的毒力测定以及免疫血清的制备等。

（一）实验动物及其特点

在生物学相关学科的许多科学实验中都涉及以动物作为实验材料或研究对象，但不是所有动物都是实验动物。实验动物应该是根据科学研究的要求，在特定的环境条件下，经过人工定向驯化培育而成的，具备明确的生物学特性和清楚的遗传背景，作为科学实验的对象或材料的动物。

一般认为，实验动物应具有以下特点。

1. 实验动物应是遗传限定动物

即必须是经人工培育，遗传背景明确，来源清楚的动物。未经人工培育（如野生动物）或不同遗传背景的实验动物其遗传物质有较大差异，表现出不同的生物学特性，因而对实验处理的反应也不尽相同，这样可能会影响实验结果的准确性和可靠性。

2. 实验动物携带的微生物、寄生虫受人工控制

自然状态下，动物受到不同病原体的感染，健康状况也不相同，因而会直接影响到实验

结果的可靠性。所以，无论是在实验动物生产繁育过程中还是在动物实验过程中，必须对实验动物携带的微生物和寄生虫实行控制，不仅可以保证实验结果的正确、可靠，还可以起到预防人畜共患病的目的。

3. 实验动物的环境受人工控制

为保证实验动物携带的微生物、寄生虫受人工控制，实验动物必须饲养于达到一定要求的环境中，即要对实验动物的环境实行控制。实验动物生产繁育设施以及动物实验设施环境的优劣，直接影响实验动物质量和动物实验结果。不同等级的实验动物必须饲养于与之相适应的环境设施中。

4. 实验动物主要应用于科学实验

实验动物是用于科学研究、教学、生产、检定以及其他科学实验的动物，其应用领域广泛，包括医学、药学、产品质量检验、生物制品、轻工业、食品工业、农业、畜牧兽医、环保、国防、航空航天乃至实验动物科学本身等。在生命科学实验中，实验动物是研究的材料或对象，但它起的作用却是人类的替身，这一作用是最精密的仪器也无法替代的。因此，实验动物是人类的"替身"和"活的精密仪器"。

（二）实验动物的分类

根据实验目的不同，对实验动物要求也不同，因此对实验动物作如下分类。

1. 遗传学控制分类

（1）近交系动物 近交系动物一般又称为纯系动物。此类动物是指采用兄妹交配（或亲子交配）繁殖20代以上的纯品系动物。任一纯系动物内所有个体都可以追溯到起源于第20代或以后代数的一对共同祖先。

（2）突变系动物 突变系动物是指具有特殊突变基因，并伴有各种遗传缺陷的品系动物。

（3）杂交群动物 杂交群动物是指两个近交品系动物间有计划进行交配获得的第一代的动物，也称杂交一代，简称 F_1 代动物。F_1 代动物具有基因型相同，个体相同，表现型变异低，适应性强，对照敏感及分布广等特点，并具有双亲共有的遗传特性。

（4）封闭群动物 封闭群动物是指一个动物种群，在5年以上未从外部引进其他任何新血缘品系，是由同一血缘品系进行随机交配，并在固定场所保存繁殖的动物群。

2. 微生物学控制方法分类

（1）无菌动物 这种动物无论体表或肠道中均无微生物存在，并且体内不含任何抗体。这种动物在自然界中是没有的，是经人工剖腹产手术取出胎儿后，在无菌环境下饲育获得的。

（2）悉生动物 悉生动物是指实验动物体内携带的微生物是经人工有计划投给的已知菌或动物生存必需菌。也就是给无菌动物引入已知5~7种正常肠道菌丛培育而成的动物。

（3）无特定病原体动物 无特定病原体动物又称屏障系统动物，是指实验动物体内不存在特定病原微生物和寄生虫的特殊动物，实际上是无传染病的动物。

（4）清洁动物或最低限度疾病动物 清洁动物或最低限度疾病动物是指来源于剖腹净化，饲育在半屏障环境设施系统中，动物体内不携带人畜共患的病原体或动物传染病体的实验动物。

（5）常规动物 常规动物指一般在自然环境中饲养的带菌动物。饲育在开放环境设施中，饲料、垫料和饮水一般不消毒，允许存在一定种类的微生物。

二、实验动物的选择

（一）实验动物的选择要点

实验动物种类很多，生理性状也不同，为保证动物实验的准确性，必须选择适宜的实验动物做实验。常用的有小鼠、大鼠、豚鼠、家兔及绵羊等。通常按实验目的、要求选择实验动物，选择时应注意如下几点。

（1）动物对病原菌的敏感性　在分离、鉴定病原菌时应选用最敏感的动物作为实验对象。如小鼠对肺炎链球菌、破伤风外毒素敏感，豚鼠对结核分枝杆菌、白喉棒状杆菌等易感，测定金黄色葡萄球菌肠毒素以幼猫最敏感等。

（2）动物的数量必须符合统计学上预计数字的需要。

（3）实验的性质与要求　应根据实验的性质选择不同种类和品系的动物。如果要求就动物实验结果具有更好的规律性、重复性和可比性，宜选用纯系动物、无菌动物或无特殊病原体动物；如实验目的是测定动物对病原体的感染性，最好选用无菌动物或悉生动物；如果仅仅是微生物学检验的一般动物实验，采用敏感的普通动物即可；制备抗体常选用家兔；研究过敏反应宜采用豚鼠等。

（4）实验动物的生理指标及个体差异　由于同一种实验动物存在着个体差异，还应注意个体的选择。

①年龄：一般均选用成年动物进行实验。动物年龄常按其体重来估计，选用的动物体重大体上小鼠 20~30g、豚鼠 500g 左右、家兔 2kg 左右。

②性别：在实验研究中，动物如无特殊需要，一般宜选用雌雄各半。

③生理状态：实验动物应证明确实健康，雌性动物若处于怀孕、授乳期不宜采用。

④生理指标：应了解所用动物的各项生理指标正常值，一般根据实验需要观察各项生理指标的变化情况，尤其是体重及体温的变化。

（二）常用的实验动物

1. 小鼠

小鼠（mouse，*Mus musculus*）生物学分类上属哺乳纲（Mammalia）、啮齿目（Order Rodentia）、鼠科（Family Muridae）、小鼠属（*Mus*），是野生鼷鼠的变种。自 17 世纪开始用于比较解剖学研究及动物实验后，经长期人工饲养选择培育，已育成 500 多个独立的远交群和近交系，分布遍及世界各地，是当今世界上研究最详细的哺乳类实验动物，成为生物医学研究中最广泛使用的实验动物。

因小鼠对多种病原体敏感、易感染，而成为人类传染性疾病的模型。常用于研究沙门氏菌病、淋巴细胞性脉络丛脑膜炎、脊髓灰质炎和钩端螺旋体病等共患病的病原体致病性、宿主抗病机制、病理过程和治疗学。

单克隆抗体的制备通过将 BALB/e、AKR、$C_{57}BL$ 等小鼠免疫后的小鼠脾细胞与骨髓瘤细胞融合培育而得，广泛应用于疾病诊断、治疗和分子生物学研究。

实验小鼠的培育方法多样，形成不同遗传特性的品系和品种，主要分为封闭群和近交系。

封闭群小鼠如昆明小鼠、NIH 小鼠、ICR 小鼠和 LACA 小鼠；近交系小鼠品系众多，应用广泛，历史悠久，其品系、亚系及衍生品系总数超过 1000 个。

2. 豚鼠

豚鼠（*Cavia porcellus*）在生物学分类上属哺乳纲（Mammalia）、啮齿目（Order Rodentia）、豚鼠科（Caviidae）、豚鼠属（*Cavia*），在分类学上与灰鼠、豪猪较为接近。原产于南美西部，实验豚鼠是用野生豚鼠驯化而来，豚鼠又称荷兰猪、天竺猪、土拨鼠等，是较早用于生物医学研究的动物，常用的品系有短毛系、Dunkan-Hartley 系、2 系和 13 系。

豚鼠对结核分枝杆菌、白喉杆菌、鼠疫杆菌、钩端螺旋体、布氏杆菌以及沙门氏菌都比较敏感，尤其对结核分枝杆菌有高度敏感性，感染后的病变酷似人类的病变，是结核分枝杆菌分离、鉴别、疾病诊断以及病理研究的最佳动物。幼龄豚鼠用于研究肺支原体感染的病理和细胞免疫。

豚鼠是实验动物血清中补体含量最多的一种动物，免疫学实验中所使用的补体多来源于豚鼠血清。豚鼠易过敏，注射马血清即可复制过敏性休克的动物模型。迟发超敏反应性与人类相似，最适合进行这方面的研究。目前，豚鼠有远交群 30 个，近交品系 15 个，我国目前使用的大多是随机杂交，来源于英国种。

3. 大鼠

大鼠（rat, *Rattus norvegicus*）在生物学分类上属哺乳纲（Mammalia）、啮齿目（Order Rodentia）、鼠科（Family Muridae）、大鼠属（*Rattus Genus*）、褐家鼠（*R. norvegicus*）的变种。18 世纪初开始人工饲养，19 世纪中期用于动物实验。大鼠遗传学和寿龄较为一致，实验结果也较为一致，广泛应用于生物医学研究中的各个领域。大鼠体型大小适中，易饲养，繁殖力强，采样方便，给药容易，是生物医学科学研究中常用的实验动物之一。

多数病原体可使大鼠生出与人相似的疾病，所以在传染病的研究领域常使用大鼠。例如，细菌性感染可诱发大鼠急性化脓性疾病，出生 5d 的大鼠接种流行性感冒杆菌用以研究细菌性软脑膜炎，鼠伤寒菌可引起大鼠感染性腹泻，用以研究人类感染性腹泻的病理和治疗，给 1 岁大鼠静脉内接种大肠埃希氏菌可产生肾炎病的动物模型。另外，病毒性肝炎、疱疹病毒感染等病毒性疾病，旋毛虫、血吸虫、钩虫和锥虫等寄生虫病也可使大鼠诱发相应的动物模型。

4. 家兔

兔（*Oryctolagus cuniculus*）在生物学分类上属哺乳纲（Mammalia）、兔形目（Lagomorpha）、兔科（Leporidae）。兔科中有真兔属（*Oryctolagus*）、野兔属（*Lepus*）和白尾棕色兔属（*Sylvilagus*）。作为实验动物的兔主要是真兔属，也有野兔属和白尾棕色兔属。

家兔对多种微生物都非常敏感，因此可建立天花、脑炎、狂犬病、细菌性心内膜炎、淋球菌感染、血吸虫、弓形虫等病的动物模型，用于研究与人类相应的疾病。家兔的淋巴结明显，适合注射，被用于研制各类抗血清和诊断血清，如针对细菌、病毒的免疫血清，免疫人球蛋白免疫血清、兔抗羊球蛋白免疫血清，兔抗豚鼠球蛋白免疫血清，兔抗大鼠肝组织免疫血清、兔抗大鼠肝铁蛋白免疫血清等。此外，家兔还用于制备畜用疫苗，如猪瘟兔化组织疫苗。

实验兔经过长期选择和培育，形成了不同用途的品种和品系，具有体型、毛色、生产性能、生理生化和免疫功能等方面的差异。全球范围内使用的实验兔包括新西兰兔、弗莱密希兔等，用于采血和特殊实验。小型兔如波兰兔和荷兰兔也用于肿瘤模型和其他实验。中国常用的实验兔品种为日本大耳白兔,各地兔群因来源、饲育地域、引进时间不同而存在差异,形成了不同的类群,如长春大耳白兔。1989 年,中国科学院上海实验动物中心引进新西兰白兔,已在国内广泛应用。新西兰白兔和日本大耳白兔被确定为全国卫生系统通用的实验家兔品种。部分地区和单位还使用青紫蓝兔和中国白兔。

三、动物实验方法

(一)实验前准备

1. 选择动物与标记

按实验目的和要求,选择体重适当、健康状况良好、易感的动物。分别编号、标志(小鼠、大鼠可用饱和苦味酸、品红或结晶紫等染料,涂于动物背部加以标志,家兔等较大的动物可用有号码的金属薄片嵌在动物耳朵上)、测体重、体温等,并详细记录。如同时使用较多的动物进行分组实验,则应按动物体重、雌雄等条件搭配一致,并按随机抽样的原则进行分组,尽可能减少实验误差。

2. 接种材料的处理

接种材料如为细菌纯培养物、病人血液、胸(腹)水等,可直接接种;病人的粪、尿、痰等含杂菌较多的标本,通常应作适当处理后再行接种,以防止非目的菌造成的病变与死亡,影响实验结果。

3. 接种部位消毒

常用消毒剂为碘酊与 75% 乙醇。如接种部位需除毛时,可采用剪毛、拔毛、剃毛或脱毛剂(硫酸钡与等量淀粉加成糊状)涂于皮毛上,经 3~4min 后,用温水洗净擦干,毛即脱落。

4. 其他准备工作

如应认真检查注射器与针头是否吻合严密,否则容易引起意外事故;注射器吸取接种物后,应将注射器针头向上,针头尖端置于挤干的酒精棉球,然后缓慢排出空气,取下酒精棉球焚烧或投入消毒缸内。

(二)接种途径和方法

1. 皮内接种

通常以背部皮肤为宜,并以白毛处为佳。去毛消毒皮肤后,将局部皮肤绷紧,针孔向上平刺入真皮层内,若针孔隐约可见,针已处在真皮内,随机缓慢注入接种物,至注射部位出现隆起小皮丘。若无此现象可能已刺入皮下。注射量为 0.1~0.2mL。

2. 皮下接种

接种部位可选用腹壁、背部或腹股沟等处。除毛消毒后,轻轻捏起皮肤,针头刺入皮褶,将接种物缓缓注入。注射量为 0.2~1.0mL。注射部位初显隆起,不久即渐消退。

3. 肌肉接种

一般选用臀部和大腿部肌肉,若为禽类则以胸部肌肉为宜。局部除毛消毒后将注射针头直接刺入肌内注射。接种量为 0.2~1.0mL。

4. 静脉接种

家兔以耳静脉外缘为宜。注射应从耳尖部血管开始,逐次下移,以防止血管因多次注射发生栓塞。注射时，用手轻捏或弹动耳缘，使静脉充血，必要时可用酒精摩擦，使血管扩张。针头以平行方向穿破皮肤，刺入血管，注入接种物。此时，可见静脉血色变成接种物颜色，稍停注射，静脉血色又复现。如接种部位局部隆起，表示未刺入静脉，应重行穿刺。注射量一般为 0.1~1.0mL。小鼠和大鼠可注射尾静脉；豚鼠可注射后腿静脉；鸡可注射翅下静脉。

5. 腹腔接种

常用于小鼠。将小鼠固定于左手掌心，使其头部向下垂，可使肠管聚向横隔，右手持注射器将针头由下腹部刺入，可避免刺破肠管，接种量为 0.2~2.0mL。

6. 脑内接种

常用于小鼠。用微量注射器在眼角与耳根连接线的中点处，垂直刺入颅腔硬脑膜下，深度为 3~6mm。注射量小鼠为 0.01~0.03mL；家兔或豚鼠为 0.1~0.2mL。家兔、豚鼠由于颅骨较硬，需用钢锥先打孔后注射。注射后 24h 死亡者，多系外伤所致。

7. 脚掌（垫）接种

先将动物脚掌（垫）皮肤消毒，将装有小号针头的结核分枝杆菌素注射器的针头刺入脚掌（垫）的皮下，接种量为 0.1~0.5mL。

（三）接种后的观察与解剖

根据实验目的与要求，一般每天或每周观察一次。观察动物的食欲、精神状态及接种部位的变化，局部有无异常反应，周围淋巴结有无肿大等。必要时，测其体温、体重及血液学指标，并将观察测定的结果记录在实验动物登记卡上。如发病或处于濒死状态，根据实验目的，进行人工处死解剖，给予必要的检查。

（四）动物采血方法

由于实验目的的不同，血液的处理方法各异。如需动物的全血或血细胞时，在容器中加入玻璃珠，灭菌后盛入动物血液，不断摇动以除去血液中的纤维蛋白，以防血液凝固。欲制备血浆，血液采集后应注入加抗凝剂的试管内，以防凝血。如用动物血清，血液应放入干燥的无菌离心管中，置 37℃ 恒温箱或室温，凝后剥离血块，分离血清。为保证血清质量，防止浑浊，应在早晨喂食前采血。常用动物采血法如下。

1. 心脏采血法

心脏采血法常用于豚鼠及家兔的采血。一般可将动物固定在解剖台上，也可由助手握住前后股进行采血即可。局部去毛后，用碘酒和酒精消毒，用手触摸探明心脏搏动最强部位（胸部左第 3、4 肋间），通常在胸骨左缘的正中，选心跳最明显的部位作穿刺，刺入心脏后血液随即进入针管，则缓慢抽至所需量时，拔出针头。针头宜稍细长些，以免发生手术后穿刺孔出血。注意事项有：①动作宜迅速，以缩短在心脏内的留针时间和防止血液凝固；②如针头已进入心脏但抽不出血时，应将针头稍微后退一点；③在胸腔内针头不应左右摆动，以防止伤及心、肺。家兔一次可取血 20~25mL；而豚鼠身体较小，成年豚鼠每周采血以不超过 10mL 为宜。

2. 耳静脉采血法

耳静脉采血法为最常用的取血法之一，常作多次反复取血用，因此，保护耳缘静脉，防止发生栓塞特别重要。此法常用于家兔，将兔放入仅露出头部及两耳的固定盒中，或由助手以手扶住。选耳静脉清晰的耳朵，将耳静脉部位的毛拔去，用75%乙醇局部消毒，待干。用手指轻轻摩擦兔耳，使静脉扩张，用连有5（1/2）号针头的注射器在耳缘静脉末端刺破血管，待血液漏出取血或将针头逆血流方向刺入耳缘静脉取血，取血完毕用棉球压迫止血，此种采血法一次最多可采血5~10mL。

3. 颈动脉放血（采全血）法

颈动脉放血法可获得大量血液，常用于家兔。将家兔置于兔固定筒内，或者固定于解剖台上，使头部后仰，整个颈部伸直露出。除去颈部毛，并消毒，沿颈部中线切开皮肤约10cm，分离皮下组织，直至暴露出气管两侧的胸锁乳突肌，分离胸锁乳突肌与气管间的颈三角区疏松组织，暴露出颈总动脉后使之游离；于动脉下套入两根黑丝线，分别置于远心端及近心端。结扎远心端的丝线；近心端的动脉用血管夹夹住，用尖头小剪刀在两根丝线间的动脉壁上剪一小口，插入塑料放血管。再将近心端的丝线结扎固定于放血管上，以防放血管滑脱；松开血管夹，使血液流入灭菌三角瓶中。一般一只家兔可放血80~100mL。

思考题

1. 细菌革兰氏染色有哪些注意事项？
2. 三糖铁试验中应观察和记录哪些现象？这些现象产生的原因是什么？
3. 实验动物的选择原则是什么？

第五章
食品卫生细菌学检验

学习目标

1. 了解菌落总数检验的意义，掌握食品中菌落总数检验的程序和方法。
2. 了解大肠菌群检验的意义，掌握食品中大肠菌群检验的程序和方法。

在食品生产加工、储藏运输以及消费的整个环节中，微生物的污染是不可避免的。由于自然界中微生物种类繁多，且微生物所要求的培养条件各不相同，在对食品进行微生物检验时，想确定食品中微生物污染的种类无疑是相当困难的。为了快速反映食品的卫生情况，就必须确定一些检验指标和检验标准。

目前，食品卫生标准中有关细菌的检测指标一般分成菌落总数、大肠菌群和致病菌等。根据我国食品卫生标准和国际惯例，食品微生物检验以单位（g 或者 mL）食品中所含微生物的数量以及食品是否直接或间接被人与温血动物粪便污染及污染的情况来表示食品的安全程度，因此食品微生物检验最重要的两个检验指标是菌落总数和大肠菌群。

通常，绝大多数食品都需要进行菌落总数和大肠菌群这两个指标检验，因此把菌落总数和大肠菌群的检验称为食品微生物检验的常规检验。

第一节　菌落总数的测定

一、菌落总数的定义

菌落总数（aerobic plate count）是指食品检样经过处理，在一定条件下（如培养基、培养温度和培养时间等）培养后，所得每 g（mL）检样中形成的微生物菌落总数。

二、菌落总数检验的意义

根据定义，菌落总数是食品样品中微生物经过培养生长出来的肉眼可见的菌落计数的结果，计数其长出的所有菌落就可以得到食品样品中所含微生物的数量，从而判定食品被细菌污染的程度及卫生质量，它反映食品在生产过程中是否符合卫生要求，以便对被检样品做出适当的卫生学评价，菌落总数的多少在一定程度上标志着食品卫生质量的优劣。

通常越干净的食品，单位样品菌落总数越低，反之，菌落总数就越高。但菌落总数的多少与食品安全性不一定直接相关。因为在含菌数量不多的食品中，也可能有致病菌存在，无法保证食品安全性。相反，有的食品检出菌落总数很高，却不含致病菌，不存在安全问题。因此在这种情况下，就不能单凭菌落总数来判定食品卫生程度，需要进一步的研究分析。

三、菌落总数的检验程序

菌落总数的检验程序如图 5-1 所示。

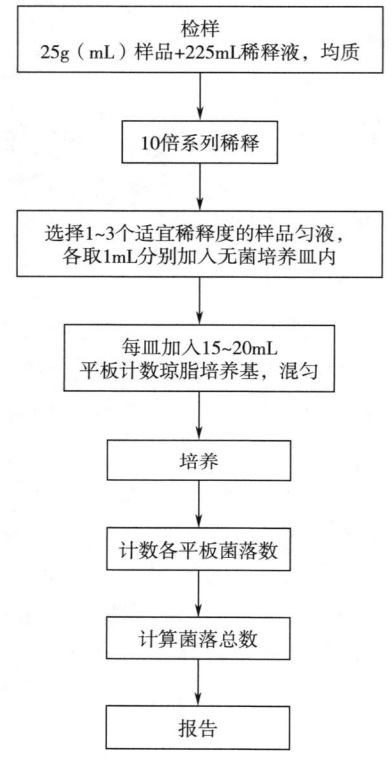

图 5-1　菌落总数的检验程序

四、菌落总数的检验方法

GB 4789 系列标准，是通用型的食品微生物学检验的方法标准，其中菌落总数使用的方法标准是 GB 4789.2—2022《食品安全国家标准　食品微生物学检验　菌落总数测定》，所代替标准的历次版本发布情况有：GB/T 4789.2—1984、GB/T 4789.2—1994、GB/T 4789.2—2003、GB/T 4789.2—2008、GB 4789.2—2010、GB 4789.2—2016。下面参照 GB 4789.2—2022《食品安全国家标准　食品微生物学检验　菌落总数测定》介绍食品中菌落总数检验技术。

菌落总数检测

（一）准备工作

除微生物实验室常规灭菌及培养设备外，其他设备和材料如下。

1. 仪器和材料

恒温培养箱［（36±1）℃、（30±1）℃］、冰箱（2~5℃）、恒温水浴箱［（46±1）℃］、天平（感量为0.1g）、均质器、振荡器、无菌吸管［1mL（具0.01mL刻度）、10mL（具0.1mL刻度）］或微量移液器及吸头、无菌锥形瓶（容量250mL、500mL）、无菌培养皿（直径90mm）、pH计或pH比色管或精密pH试纸、放大镜和（或）菌落计数器。

2. 培养基和试剂

平板计数琼脂培养基、菌落总数测试片、无菌磷酸盐缓冲液、无菌生理盐水。

（二）操作步骤

1. 样品的稀释

（1）固体和半固体样品　称取25g样品置于盛有225mL无菌磷酸盐缓冲液或无菌生理盐水的无菌均质杯内，8000~10000r/min均质1~2min，或放入盛有225mL稀释液的无菌均质袋中，用拍击式均质器拍打1~2min，制成1:10的样品匀液。

（2）液体样品　以无菌吸管吸取25mL样品置于盛有225mL无菌磷酸盐缓冲液或无菌生理盐水的无菌锥形瓶（瓶内可预置适当数量的无菌玻璃珠）中，充分混匀，或放入盛有225mL稀释液的无菌均质袋中，用拍击式均质器拍打1~2min，制成1:10的样品匀液。

（3）用1mL无菌吸管或微量移液器吸取1:10样品匀液1mL，沿管壁缓慢注于盛有9mL稀释液的无菌试管中（注意吸管或吸头尖端不要触及稀释液面），在振荡器上振荡混匀，制成1:100的样品匀液。

（4）按上述（3）操作，制备10倍系列稀释样品匀液。每递增稀释一次，换用1次1mL无菌吸管或吸头。

（5）根据对样品污染状况的估计，选择1~3个适宜稀释度的样品匀液（液体样品可包括原液），吸取1mL样品匀液于无菌培养皿内，每个稀释度做两个培养皿。同时，分别吸取1mL空白稀释液加入两个无菌培养皿内作空白对照。

（6）及时将15~20mL冷却至46~50℃的平板计数琼脂培养基［可放置于（48±2）℃恒温装置中保温］倾注培养皿，并转动培养皿使其混合均匀。

2. 培养

（1）水平放置待琼脂凝固后，将平板翻转，（36±1）℃培养（48±2）h。水产品（30±1）℃培养（72±3）h。如果样品中可能含有在琼脂培养基表面蔓延生长的菌落，可在凝固后的琼脂培养基表面覆盖一薄层平板计数琼脂培养基（约4mL），凝固后翻转平板，进行培养。

（2）如使用菌落总数测试片，应按照测试片所提供的相关技术规程操作（具体介绍见第八章）。

3. 菌落计数

（1）可用肉眼观察，必要时用放大镜或菌落计数器，记录稀释倍数和相应的菌落数量。菌落计数以菌落形成单位（colony forming unit，CFU）表示。

（2）选取菌落数在30~300CFU，无蔓延菌落生长的平板计数菌落总数。<30CFU的平板

记录具体菌落数，>300CFU 的可记录为多不可计。

（3）其中一个平板有较大片状菌落生长时，则不宜采用，而应以无较大片状菌落生长的平板作为该稀释度的菌落数；若片状菌落不到平板的一半，而其余一半中菌落分布又很均匀，可计算半个平板后乘以2，代表一个平板菌落数。

（4）当平板上出现菌落间无明显界线的链状生长时，则将每条单链作为一个菌落计数。

（三）结果与报告

1. 菌落总数的计算

（1）若只有一个稀释度平板上的菌落数在适宜计数范围内，计算两个平板菌落数的平均值，再将平均值乘以相应稀释倍数，作为每g（mL）样品中菌落总数结果（表5-1中例次1）。

（2）若有两个连续稀释度的平板菌落数在适宜计数范围内时，按式（5-1）进行计算：

$$N = \frac{\sum C}{(n_1 + 0.1 n_2)d} \tag{5-1}$$

式中　N——样品中菌落数；
　　　C——平板（含适宜范围菌落数的平板）菌落数之和；
　　　n_1——第一稀释度（低稀释倍数）平板个数；
　　　n_2——第二稀释度（高稀释倍数）平板个数；
　　　d——稀释因子（第一稀释度）。

示例：

稀释度	1：100（第一稀释度）	1：1000（第二稀释度）
菌落数/CFU	232，244	33，35

$$N = \frac{\sum C}{(n_1 + 0.1 n_2)d} = \frac{232 + 244 + 33 + 35}{[2 + (0.1 \times 2)] \times 10^{-2}} = \frac{544}{0.022} = 24727$$

上述数据按下一步中计数报告规则修改后，表示为25000或2.5×10^4。

（3）若所有稀释度的平板上菌落数均>300CFU，则对稀释度最高的平板进行计数，其他平板可记录为多不可计，结果按平均菌落数乘以最高稀释倍数计算（表5-1中例次2）。

（4）若所有稀释度的平板菌落数均<30CFU，则应按稀释度最低的平均菌落数乘以稀释倍数计算（表5-1中例次3）。

（5）若所有稀释度（包括液体样品原液）平板均无菌落生长，则以小于1乘以最低稀释倍数计算（表5-1中例次4）。

（6）若所有稀释度的平板菌落数均不在30~300CFU，其中一部分<30CFU或>300CFU时，则以最接近30CFU或300CFU的平均菌落数乘以稀释倍数计算（表5-1中例次5）。

2. 菌落总数的报告

（1）菌落总数<100CFU时，按"四舍五入"原则修约，以整数报告。

（2）菌落总数≥100CFU时，第三位数字采用"四舍五入"原则修约后，采用两位有效数字，后面用0代替位数；也可用10的指数形式来表示，按"四舍五入"原则修约后，采用两位有效数字。

（3）若空白对照上有菌落生长，则此次检验结果无效。

（4）称重取样以 CFU/g 为单位报告，体积取样以 CFU/mL 为单位报告。

五、稀释度选择方法

菌落总数稀释度选择及菌落数报告方式如表 5-1 所示。

表 5-1　　　　　　　　　　稀释度选择及菌落数报告方式

例次	稀释度及菌落数			计算结果	报告 [CFU/g（mL）]
	10^{-1}	10^{-2}	10^{-3}		
1	多不可计，多不可计 平均：多不可计	124，138 平均：131	11，14 平均：13	13100	13000 或 1.3×10^4
2	多不可计，多不可计 平均：多不可计	多不可计，多不可计 平均：多不可计	442，420 平均：431	431000	430000 或 4.3×10^5
3	14，15 平均：15	1，0 平均：1	0，0 平均：0	145	150 或 1.5×10^2
4	0，0 平均：0	0，0 平均：0	0，0 平均：0	0	<10
5	312，306 平均：309	14，19 平均：17	2，4 平均：3	3090	3100 或 3.1×10^3

表 5-2 描述了 38 类（种）食品规定的菌落总数限量要求，不适用于添加活性菌种（需氧和兼性厌氧）的产品。其中，36 类（种）食品采用三级采样方案，其他 2 种采用二级采样方案。

表 5-2　　　　　　　　　　各食品规定的菌落总数限量要求

食品类别（名称）	采样方案及限量（CFU/g 或 CFU/mL）				国家标准
	n	c	m	M	
熟肉制品（发酵肉制品类除外）	5	2	10^4	10^5	GB 2726—2016
液蛋制品、干蛋制品、冰蛋制品（再制蛋）	5	2	5×10^4（10^4）	10^6（10^5）	GB 2749—2015
饮料（固体饮料，且奶茶、豆乳粉、可可固体饮料的 $m = 10^4$ CFU/g）	5	2	10^2（10^4）	10^4（5×10^4）	GB 7101—2022
糕点、面包类	5	2	10^4	10^5	GB 7099—2015
冲调谷物制品	5	2	10^4	10^5	GB 19640—2016
饼干	5	2	10^4	10^5	GB 7100—2015
膨化食品	5	2	10^4	10^5	GB 17401—2014
水产调味品	5	2	10^4	10^5	GB 10133—2014
动物性水产制品	5	2	5×10^4	10^5	GB 10136—2015

续表

食品类别（名称）	采样方案及限量（CFU/g 或 CFU/mL）				国家标准
	n	c	m	M	
即食藻类制品	5	2	3×10^4	10^5	GB 19643—2016
冷冻饮料和制作料（食用冰）	5	2 (0)	2.5×10^4 (10^2)	10^5 (—)	GB 2759—2015
巴氏杀菌乳	5	2	5×10^4	10^5	GB 19645—2010
调制乳	5	2	5×10^4	10^5	GB 25191—2010
浓缩乳制品	5	2	10^4	10^5	GB 13102—2022
乳粉和调制乳粉	5	2	5×10^4	2×10^5	GB 19644—2024
稀奶油、奶油和无水奶油（不适用于发酵稀奶油）	5	2	10^4	10^5	GB 19646—2010
再制干酪和干酪制品	5	2	10^3	10^4	GB 25192—2022
酪蛋白	5	2	5×10^4	2×10^5	GB 31638—2016
食品加工用植物蛋白	5	2	3×10^4	10^5	GB 20371—2016
胶原蛋白肽	5	2	10^4	10^5	GB 31645—2018
速冻面米与调制食品	5	1	10^4	10^5	GB 19295—2021
方便面（仅使用于面饼和调料的混合检验）	5	2	10^4	10^5	GB 17400—2015
淀粉制品	5	2	10^5	10^6	GB 2713—2015
食用淀粉	5	2	10^4	10^5	GB 31637—2016
糖果	5	2	10^4	10^5	GB 17399—2016
蜜饯	5	2	10^3	10^4	GB 14884—2016
花粉	5	2	10^3	10^4	GB 31636—2016
果冻（含乳型果冻）	5	2	10^2 (10^3)	10^3 (10^4)	GB 19299—2015
酱油	5	2	5×10^3	5×10^4	GB 2717—2018
食醋	5	2	10^3	10^4	GB 2719—2018
婴儿配方食品	5	2	10^3	10^4	GB 10765—2021
幼儿配方食品	5	2	10^3	10^4	GB 10767—2021
婴幼儿谷类辅助食品	5	2	10^3	10^4	GB 10769—2010
辅食营养补充品	5	2	10^3	10^4	GB 22570—2014
粉状特殊医学用途婴儿配方食品	5	2	10^3	10^4	GB 25596—2010
固态特殊医学用途配方食品	5	2	10^3	10^4	GB 29922—2013

续表

食品类别（名称）	采样方案及限量（CFU/g 或 CFU/mL）				国家标准
	n	c	m	M	
生乳			$\leqslant 2\times 10^6$		GB 19301—2010
蜂蜜			$\leqslant 50$		GB 14963—2011

注：n 为同一批次产品应采集的样品件数；c 为最大可允许超出 m 值的样品数；m 为微生物指标可接受水平限量值（三级采样方案）或最高安全限量值（二级采样方案）；M 为微生物指标的最高安全限量值。

例如，要检验蜜饯食品的菌落总数，依据表 5-2，$n=5$，$c=2$，$m=1000$CFU/g，$M=10000$CFU/g。含义是从一批蜜饯产品中采集 5 个样品，若 5 个样品的检验结果均小于或等于 1000CFU/g，则这批产品合格；若小于或者等于 2 个样品的结果位于 1000CFU/g 和 10000CFU/g 之间，则这批产品也合格；若有 3 个及以上样品的检验结果位于 1000CFU/g 和 10000CFU/g 之间，则这批产品不合格；若有任一样品的检验结果大于 10000CFU/g，则这批产品也不合格。

第二节　大肠菌群的测定

一、大肠菌群的定义

大肠菌群不是细菌学分类命名，而是根据卫生学方面的要求，提出来的一组与粪便污染有关的细菌，这些细菌在生化及血清学方面并非完全一致。GB 4789.3—2016《食品安全国家标准　食品微生物学检验　大肠菌群计数》对于大肠菌群作出明确规定，其定义为：在一定培养条件下能发酵乳糖、产酸产气的需氧和兼性厌氧革兰氏阴性无芽孢杆菌。一般认为，该菌群可包括大肠埃希氏菌、柠檬酸杆菌属、克雷伯氏菌属和阴沟肠杆菌属的细菌。大肠菌群成员中以埃希氏菌属为主，称为典型大肠杆菌，其他三属习惯上称为非典型大肠杆菌。

大肠菌群计数

二、大肠菌群测定的卫生学意义

一般认为，作为食品被粪便污染的理想指示菌应具备以下特征。
①仅来自人或动物的肠道，并在肠道中占有极高的数量。
②在肠道以外的环境中，具有与肠道病原菌相同的对外界不良因素的抵抗能力，可以在肠道以外的环境中存活一段时间，且存活时间不低于肠道致病菌的存活时间。
③作为指示菌，应易于培养、分离及鉴定。
④作为指示菌，繁殖速度应与病原菌大致相同，并且处于食品贮藏条件下时，指示菌繁殖速度不应过快，否则不利于推测食品实际污染病原菌和粪便污染的程度。

经研究发现，大肠菌群比较符合以上要求，所以常作为粪便污染指示菌。

大肠菌群的食品卫生学意义之一便是作为食品被粪便污染的指示菌。大肠菌群是评价食品卫生质量非常重要的指标之一，最初作为肠道致病菌而被用于水质检测，现已作为指示菌广泛应用于食品卫生质量检测。大肠菌群数量的多少，反映了食品加工过程中食品粪便污染的程度，也表明对人体健康危害性的大小。

大肠菌群的另一个重要的食品卫生学意义是作为肠道病原菌污染食品的指示菌。粪便内除一般正常细菌外，肠道患者或者带菌者的粪便也会有一些肠道致病菌存在，如志贺氏菌、沙门氏菌、肠道病毒等。大肠菌群都是直接或间接来自人与温血动物的粪便，从食品中检出大肠菌群即表明食品曾受到人或动物粪便的污染。食品中有粪便污染，就可以推测该食品有可能存在肠道致病菌污染，进而引起食物中毒或者流行病。然而，食品中致病菌数量较少，且不易检测，对食品进行逐一检测又存在较大困难，而大肠菌群与肠道致病菌来源相同，肠道外环境下生存时间也几乎相同，因此，将大肠菌群作为肠道病原菌污染食品的指示菌，可以有效避免直接检测致病菌造成的人力、物力和时间的浪费。大肠菌群的检出标志着粪便的近期和远期污染，具有广泛的卫生学意义。在食品中检出大肠菌群数量越多，表明存在肠道致病菌的可能性越大。

三、大肠菌群 MPN 计数法

最可能数（most probable number，MPN）是基于泊松分布的一种间接计数方式。MPN 法是统计学和微生物学结合的一种定量检测法。待测样品经系统稀释并培养后，根据其生长的最低稀释度与生长的最高稀释度，应用统计学概率论推算出待测样品中大肠菌群的最大可能数。由于细菌在样本内的分布是随机的，所以检测细菌时可按概率理论计算菌数，适用于大肠菌群含量较低的食品中大肠菌群的计数。

本法参照 GB 4789.3—2016《食品安全国家标准 食品微生物学检验 大肠菌群计数》中的第一法。

（一）检验程序

大肠菌群 MPN 计数法检验程序如图 5-2 所示。

（二）检验原理

大肠菌群是在一定条件下能发酵乳糖、产酸产气的需氧和兼性厌氧革兰氏阴性无芽孢杆菌。为使符合条件的待检菌进行生长，而其他杂菌生长受到抑制，检验分初发酵和复发酵两步进行。初发酵使用月桂基硫酸盐胰蛋白胨（lauryl sulfate tryptose，LST）肉汤，该培养基中含有月桂基硫酸钠，可以抑制革兰氏阳性菌生长，又因其含有乳糖，大肠菌群发酵乳糖会产气，其他革兰氏阴性菌会利用样品中其他糖类，但是有的芽孢杆菌也会利用乳糖产气，故需要进行复发酵试验。复发酵使用的是煌绿乳糖胆盐（brilliant green lactose bile，BGLB）肉汤培养基，该培养基中不含糖，但加入了煌绿，因此可以抑制芽孢杆菌的生长，发酵乳糖产酸产气的无芽孢革兰氏阴性菌即大肠菌群可以在该培养基上进行生长。

（三）操作步骤

1. 样品的稀释

（1）固体和半固体样品　称取 25g 样品，放入盛有 225mL 磷酸盐缓冲液或生理盐水的无

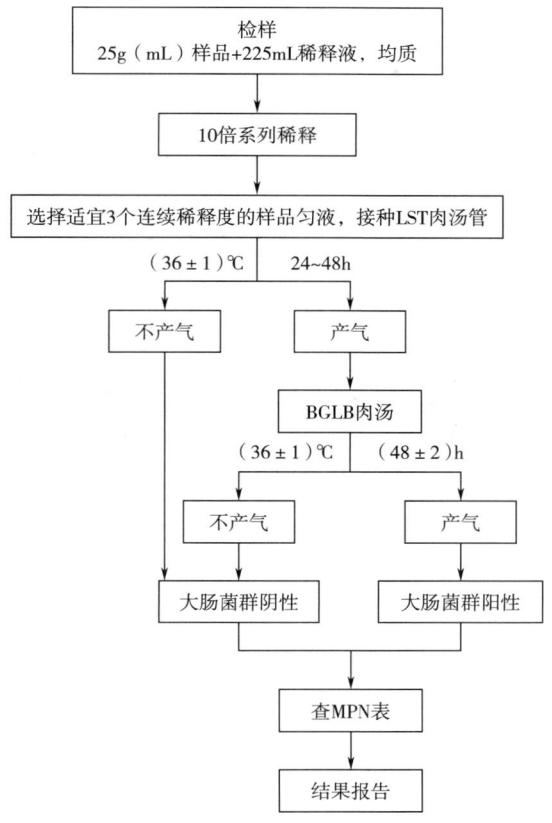

图 5-2 大肠菌群 MPN 计数法检验程序

菌均质杯内，8000~10000r/min 均质 1~2min，或放入盛有 225mL 磷酸盐缓冲液或生理盐水的无菌均质袋中，用拍击式均质器拍打 1~2min，制成 1∶10 的样品匀液。

（2）液体样品　以无菌吸管吸取 25mL 样品置于盛有 225mL 磷酸盐缓冲液或生理盐水的无菌锥形瓶（瓶内预置适当数量的无菌玻璃珠）或其他无菌容器中充分振摇，或置于机械振荡器中振摇，充分混匀，制成 1∶10 的样品匀液。

（3）样品匀液的 pH 应在 6.5~7.5，必要时分别用 1mol/L NaOH 或 1mol/L HCl 调节。

（4）用 1mL 无菌吸管或微量移液器吸取 1∶10 样品匀液 1mL，沿管壁缓缓注入 9mL 磷酸盐缓冲液或生理盐水的无菌试管中（注意吸管或吸头尖端不要触及稀释液面），振摇试管或换用 1 支 1mL 无菌吸管反复吹打，使其混合均匀，制成 1∶100 的样品匀液。

（5）根据对样品污染状况的估计，按上述操作，依次制成 10 倍递增系列稀释样品匀液。每递增稀释 1 次，换用 1 支 1mL 无菌吸管或吸头。从制备样品匀液至样品接种完毕，全过程不得超过 15min。

2. 初发酵试验

每个样品，选择 3 个适宜的连续稀释度的样品匀液（液体样品可以选择原液），每个稀释度接种 3 管 LST 肉汤，每管接种 1mL（如接种量超过 1mL，则用双料 LST 肉汤），（36±1）℃ 培养（24±2）h，观察倒管内是否有气泡产生，（24±2）h 产气者进行复发酵试验（证实试验），如未产气则继续培养至（48±2）h，产气者进行复发酵试验。未产气者为大肠菌群阴性。

3. 复发酵试验（证实试验）

用接种环从产气的 LST 肉汤管中分别取培养物 1 环，移种于 BGLB 管中，（36±1）℃培养（48±2）h，观察产气情况。产气者，计为大肠菌群阳性管。

4. 大肠菌群最可能数（MPN）的报告

按复发酵试验（证实试验）确证的大肠菌群 BGLB 阳性管数，检索 MPN 表（表 5-3），报告每 g（mL）样品中大肠菌群的 MPN 值。

表 5-3　　　　　　　　大肠菌群最可能数（MPN）检索表　　　　　单位：MPN/g（mL）

阳性管数			MPN	95%可信限		阳性管数			MPN	95%可信限	
0.10	0.01	0.001		下限	上限	0.10	0.01	0.001		下限	上限
0	0	0	<3.0	—	9.5	2	2	0	21	4.5	42
0	0	1	3.0	0.15	9.6	2	2	1	28	8.7	94
0	1	0	3.0	0.15	11	2	2	2	35	8.7	94
0	1	1	6.1	1.2	18	2	3	0	29	8.7	94
0	2	0	6.2	1.2	18	2	3	1	36	8.7	94
0	3	0	9.4	3.6	38	3	0	0	23	4.6	94
1	0	0	3.6	0.17	18	3	0	1	38	8.7	110
1	0	1	7.2	1.3	18	3	0	2	64	17	180
1	0	2	11	3.6	38	3	1	0	43	9	180
1	1	0	7.4	1.3	20	3	1	1	75	17	200
1	1	1	11	3.6	38	3	1	2	120	37	420
1	2	0	11	3.6	42	3	1	3	160	40	420
1	2	1	15	4.5	42	3	2	0	93	18	420
1	3	0	16	4.5	42	3	2	1	150	37	420
2	0	0	9.2	1.4	38	3	2	2	210	40	430
2	0	1	14	3.6	42	3	2	3	290	90	1000
2	0	2	20	4.5	42	3	3	0	240	42	1000
2	1	0	15	3.7	42	3	3	1	460	90	2000
2	1	1	20	4.5	42	3	3	2	1100	180	4100
2	1	2	27	8.7	94	3	3	3	>1100	420	—

注：1. 本表采用 3 个稀释度 [0.1g（mL）、0.01g（mL）、0.001g（mL）]，每个稀释度接种 3 管。

2. 表内所列检样量如改用 1g（mL）、0.1g（mL）和 0.01g（mL）时，表内数字应相应降低 10 倍；如 0.01g（mL）、0.001g（mL）和 0.0001g（mL）时，则表内数字应相应增高 10 倍，其余类推。

四、大肠菌群平板计数法

本法参照 GB 4789.3—2016《食品安全国家标准　食品微生物学检验　大肠菌群计数》

中的第二法。

（一）检验程序

大肠菌群平板计数法检验程序如图 5-3 所示。

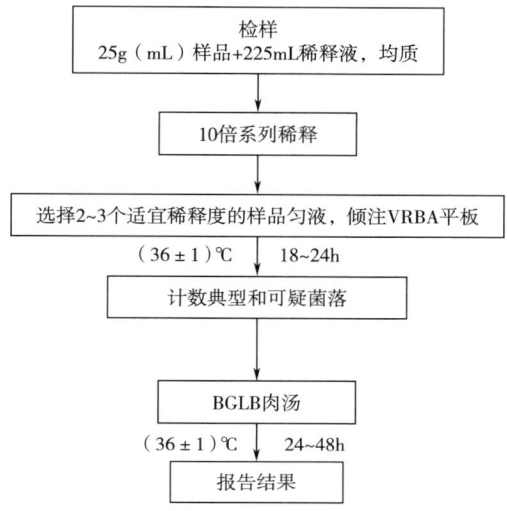

图 5-3　大肠菌群平板计数法检验程序

（二）检验原理

检样经结晶紫中性红胆盐琼脂（violet red bile agar，VRBA）平板筛选后，因其中含有胆盐和结晶紫，可以很好地抑制革兰氏阳性菌的生长，乳糖可以产酸，在中性红存在时，产生典型的紫红色周围有红色胆盐沉淀的菌落。由于其他阴性肠杆菌可以分解其他糖类产生红色菌落，因此需接种 BGLB 培养基来证实。

（三）操作步骤

1. 样品的稀释

按 MPN 法中样品稀释方法进行稀释。

2. 平板计数

（1）选取 2~3 个适宜的连续稀释度，每个稀释度接种 2 个无菌平皿，每皿 1mL。同时取 1mL 生理盐水加入无菌平皿作空白对照。

（2）及时将 15~20mL 融化并恒温至 46℃ 的结晶紫中性红胆盐琼脂（VRBA）倾注于每个平皿中。小心旋转平皿，将培养基与样液充分混匀，待琼脂凝固后，再加 3~4mL VRBA 覆盖平板表层。翻转平板，置于（36±1）℃ 培养 18~24h。

3. 平板菌落数的选择

选取菌落数在 15~150CFU 的平板，分别计数平板上出现的典型和可疑大肠菌群菌落（如菌落直径较典型菌落小）。典型菌落为紫红色，菌落周围有红色的胆盐沉淀环，菌落直径为 0.5mm 或更大，最低稀释度平板<15CFU 的记录具体菌落数。

4. 证实试验

从 VRBA 平板上挑取 10 个不同类型的典型和可疑菌落，少于 10 个菌落的挑取全部典型和可疑菌落。分别移种于 BGLB 肉汤管内，(36±1)℃ 培养 24~48h，观察产气情况。凡 BGLB 肉汤管产气，即可报告为大肠菌群阳性。

5. 大肠菌群平板计数的报告

经最后证实为大肠菌群阳性的试管比例乘以计数平板上出现的典型和可疑大肠菌群菌落数，再乘以稀释倍数，即为每 g (mL) 样品中大肠菌群数。例如，10^{-4} 样品稀释液 1mL，在 VRBA 平板上有 100 个典型和可疑菌落，挑取其中 10 个接种 BGLB 肉汤管，证实有 6 个阳性管，则该样品的大肠菌群数为：$100 \times 6/10 \times 10^4 \text{CFU/g (mL)} = 6.0 \times 10^5 \text{CFU/g (mL)}$。若所有稀释度（包括液体样品原液）平板均无菌落生长，则以小于 1 乘以最低稀释倍数计算。

五、稀释度选择方法

（一）MPN 法中稀释度的选择方法

目前，GB 4789.3—2016 中陈述的方法，术语简短，不能将整个过程的稀释度选择进行详细说明，个人理解不同，做法也有一定差异。

GB 4789.3—2016 中，初发酵试验规定"选择 3 个适宜的连续稀释度的样品匀液，每个稀释度接种 3 管 LST 肉汤，每管接种 1mL（如超过 1mL，则用双料 LST）"。这里所说的接种量 1mL 并非 1mL 样品接种量（即 MPN 检索表中的 1mL 样品接种量），而是接种的稀释液的体积 $V=1\text{mL}$（为了区分，本文中用 V 表示），那么实际的接种量 m（为了区分，本文中用 m 来表示）为 $m \times p$（p 为稀释液浓度）。那么括号中的接种量超过 1mL 就是要 $V>1\text{mL}$，而 MPN 检索表中的实际接种量都为 10^{-n} 系列数，所以 V 也只可能是 10mL（100mL 在实际中操作取样不容易实现），也就是说接种体积 $V=1\text{mL}$，用单料；$V=10\text{mL}$，用双料。

例如：25mL 样品+225mL 缓冲液相当于 10^{-1} 稀释液；

1mL 10^{-1} 稀释液+9mL 缓冲液相当于 10^{-2} 稀释液。

若 10^{-1} 稀释液接种 10mL 至双料 LST，接种量为：$10\text{mL} \times 10^{-1} = 1\text{mL}$；

10^{-1} 稀释液接种 1mL 至单料 LST，接种量为：$1\text{mL} \times 10^{-1} = 0.1\text{mL}$。

（二）平板计数法中稀释度的选择方法

GB 4789.3—2016 中要求选择 2~3 个适宜的连续稀释度。什么样的稀释度是合适的呢？这要根据计数来决定。计数环节要求选择菌落数在 15~150CFU 的平板进行计数，因此培养后菌落数在这个范围内的稀释度就是适宜的稀释度。

思考题

1. 菌落总数的卫生学意义是什么？概述菌落总数的检验程序和具体步骤。
2. 何为大肠菌群？简述大肠菌群测定的卫生学意义。
3. 大肠菌群的计数方法有哪些？概述相应的检验程序和具体步骤。

第六章
食品中常见致病菌的检验

> **学习目标**
> 1. 掌握食品中常见致病菌的检测步骤、操作方法和结果判定。
> 2. 熟悉食品中常见致病菌的生物学特性,包括形态特征、生理生化特征和致病性等,并可根据这些特性对不同致病菌进行鉴别。
> 3. 了解每种致病菌检验中主要操作步骤及方法的原理。

第一节 食品中沙门氏菌的检验

一、概述

沙门氏菌(*Salmonella*)是一种常见的肠杆菌科的革兰氏阴性致病菌,菌体呈杆状,大小为 (0.7~1.5)μm×(2.0~5.0)μm。该菌一般不具有芽孢和荚膜,除鸡白痢和鸡伤寒沙门氏菌外,均具有周身鞭毛。

沙门氏菌是一种需氧或兼性厌氧菌,其对营养和环境的要求不高,生长温度范围在 10~42℃,最适生长温度为 37℃。沙门氏菌对环境的耐受力较强,在普通水体中能存活 2~3 周,在冰箱中可生存 3~4 个月,在盐浓度为 12%~19% 的肉制品中仍可存活约 75d,且一旦放置于 20℃ 以上的环境即可大量繁殖。因此沙门氏菌能够引起食源性疾病的广泛传播。

沙门氏菌具有多种抗原结构,主要的抗原为菌体抗原(O 抗原)、鞭毛抗原(H 抗原)和壁抗原(Vi 抗原)。抗原组合间的差异形成了不同的血清型,目前已经发现 2600 多种血清型。不同的血清型菌株的致病力、免疫应答和侵染对象均不同,同时也会在流行病学中表现出差异。其中引起人类食物中毒的多种沙门氏菌中,以鼠伤寒沙门氏菌、猪霍乱沙门氏菌和肠炎沙门氏菌为主。

沙门氏菌还具有强大的定植和繁殖能力,不仅可以感染人类,还可以感染家畜,因此极易引起人类的食物中毒。统计显示沙门氏菌常被列为食物中毒病原体的首要威胁,沙门氏菌通过人(或动物)带菌直接污染食品或者通过外源途径污染食品,主要以肉、蛋、乳制品等食品为主。人体摄入致病力强的沙门氏菌达到 $2×10^5$CFU/g(mL)即可引起感染型食物中毒,主要中毒症状表现为急性肠胃炎。

二、沙门氏菌检验及血清型鉴定

GB 4789.4—2024《食品安全国家标准 食品微生物学检验 沙门氏菌检验》中规定沙门氏菌检验是指食品检样经过处理，在一定条件下培养后，观察，报告 25g 或 25mL 检样中检出的沙门氏菌及其血清学分型或未检出沙门氏菌。

（一）设备和材料

除微生物实验室常规灭菌及培养设备外，其他设备和材料如下。

冰箱（2~8℃）、恒温培养箱[(36±1)℃]、均质器、振荡器、电子天平（感量 0.1g）。

无菌锥形瓶（容量 250mL、500mL）、无菌量筒（容量 50mL）、无菌均质杯、无菌均质袋、无菌广口瓶（容量 500mL）、无菌吸管 1mL（具有 0.01mL 刻度）、无菌吸管 10mL（具 0.1mL 刻度）、微量移液器及枪头（1.0mL）、无菌培养皿（直径 60mm、90mm）、无菌试管（10mm×75mm、15mm×150mm、18mm×180mm 或其他适合规格）、pH 比色管或精密 pH 试纸或 pH 计、微生物生化鉴定系统、生物安全柜。

（二）培养基和试剂

培养基：缓冲蛋白胨水（BPW）、四硫磺酸钠煌绿增菌液（TTB）、氯化镁孔雀绿大豆胨（RVS）增菌液、亚硫酸铋（BS）琼脂、HE 琼脂、木糖赖氨酸脱氧胆盐（XLD）琼脂、沙门氏菌显色培养基、三糖铁（TSI）琼脂、营养琼脂（NA）、尿素琼脂（pH 7.2）、氰化钾（KCN）培养基、赖氨酸脱羧酶试验培养基、糖发酵培养基、邻硝基酚-β-半乳糖苷（ONPG）培养基、半固体琼脂、丙二酸钠培养基。

试剂：蛋白胨水、靛基质试剂、沙门氏菌 O、H 和 Vi 诊断血清、生化鉴定试剂盒。

培养基和试剂配制方法见附录三。

（三）检验程序

沙门氏菌检验程序如图 6-1 所示。

（四）操作步骤

1. 预增菌

无菌操作取 25g（mL）样品，置于盛有 225mL BPW 的无菌均质杯中，以 8000~10000r/min 均质 1~2min，或置于盛有 225mL BPW 的无菌均质袋内，用拍击式均质器拍打 1~2min。对于液态样品，也可置于盛有 225mL BPW 的无菌锥形瓶或其他合适容器中振荡混匀。如需调节 pH 时，用 1mol/L NaOH 或 HCl 调 pH 至 6.8±0.2。无菌操作将样品转至 500mL 锥形瓶或其他合适容器内（如均质杯本身具有无孔盖或使用均质袋时，可不转移样品），置于（36±1）℃培养 8~18h。

对于乳粉，无菌操作称取 25g 样品，缓缓倾倒在广口瓶或均质袋内 225mL BPW 的液体表面，勿调节 pH，也暂不混匀，室温静置（60±5）min 后再混匀，置于（36±1）℃培养

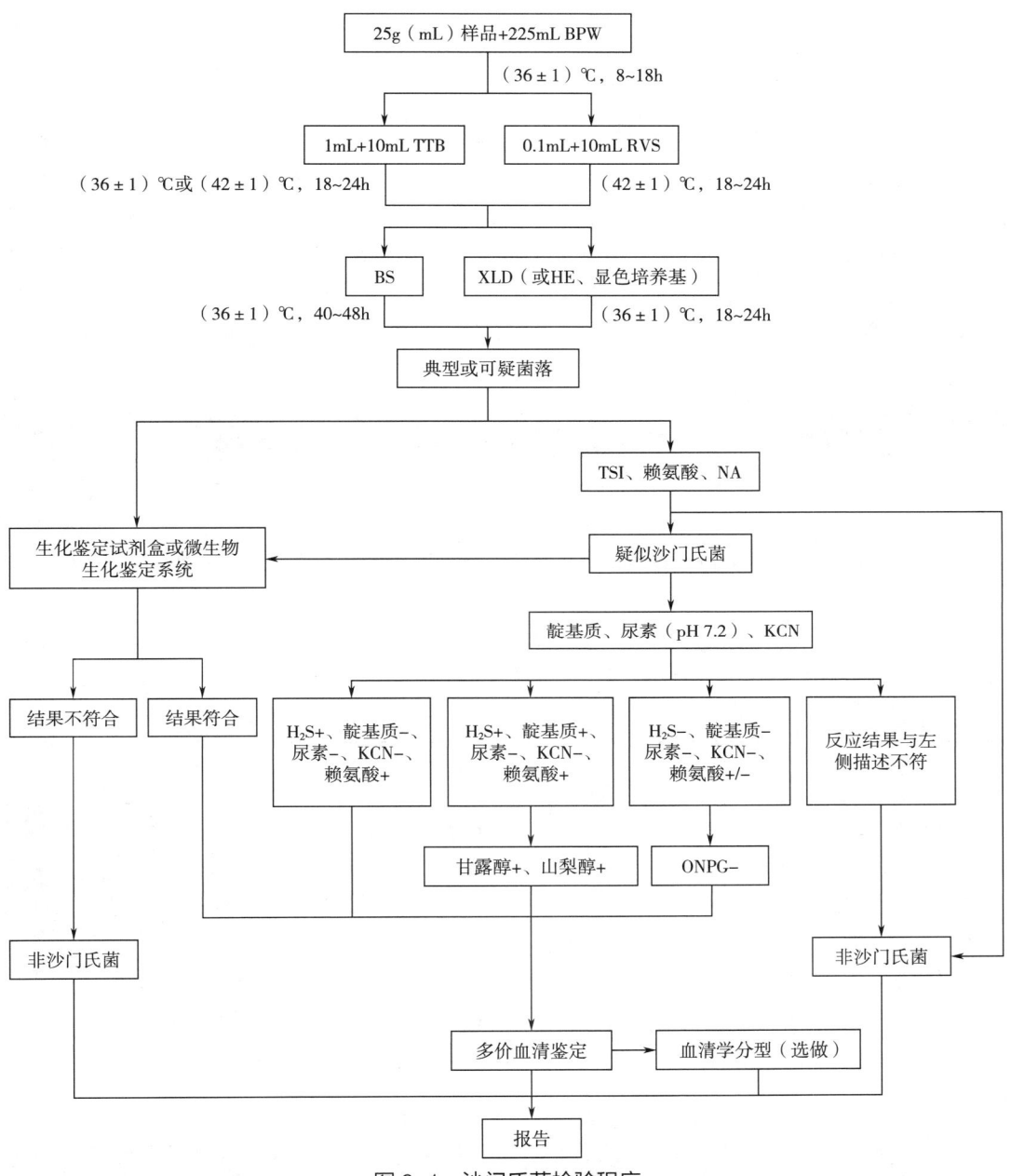

图6-1 沙门氏菌检验程序

16~18h。

冷冻样品如需解冻,取样前在40~45℃的水浴中解冻不超过15min,或在2~8℃冰箱缓慢化冻不超过18h。

2. 选择性增菌

轻轻摇动预增菌的培养物,移取0.1mL转种于10mL RVS中,混匀后于(42±1)℃培养18~24h。同时,另取1mL转种于10mL TTB中后混匀,低背景菌的样品(如深加工的预包装食品等)置于(36±1)℃培养18~24h,高背景菌的样品(如生鲜禽肉等)置于(42±1)℃培养 18~24h。

如有需要，可将预增菌的培养物在 2~8℃冰箱中保存不超过 72h，再进行选择性增菌。

3. 分离

振荡混匀选择性增菌的培养物后，用直径 3mm 的接种环取每种选择性增菌的培养物各一环，分别划线接种于一个 BS 琼脂平板和一个 XLD 琼脂平板（也可使用 HE 琼脂平板、沙门氏菌显色培养基平板或其他合适的分离琼脂平板），于（36±1）℃分别培养 40~48h（BS 琼脂平板）或 18~24h（XLD 琼脂平板、HE 琼脂平板、沙门氏菌显色培养基平板），观察各个平板上生长的菌落，是否符合表 6-1 的菌落特征。

如有需要，可将选择性增菌的培养物在 2~8℃冰箱中保存不超过 72h，再进行分离。

表 6-1　　　　　　　　不同分离琼脂平板上沙门氏菌的菌落特征

琼脂平板	菌落特征
BS 琼脂	菌落为黑色有金属光泽、棕褐色或灰色，菌落周围培养基可呈黑色或棕色；有些菌株形成灰绿色的菌落，周围培养基不变色
HE 琼脂	蓝绿色或蓝色，多数菌落中心黑色或几乎全黑色；有些菌株为黄色，中心黑色或几乎全黑色
XLD 琼脂	菌落呈粉红色，带或不带黑色中心，有些菌株可呈现大的带光泽的黑色中心，或呈现全部黑色的菌落；有些菌株为黄色菌落，带或不带黑色中心
沙门氏菌显色培养基	符合相应产品说明书的描述

4. 生化试验

（1）挑取 4 个以上典型或可疑菌落进行生化试验，这些菌落宜分别来自不同选择性增菌液的不同分离琼脂；也可先选其中一个典型或可疑菌落进行试验，若鉴定为非沙门氏菌，再取余下菌落进行鉴定。将典型或可疑菌落接种三糖铁琼脂，先在斜面划线，再于底层穿刺；同时接种赖氨酸脱羧酶试验培养基和营养琼脂（或其他合适的非选择性固体培养基）平板，于（36±1）℃培养 18~24h。三糖铁和赖氨酸脱羧酶试验的结果及初步判断见表 6-2。将已挑菌落的分离琼脂平板于 2~8℃保存，以备必要时复查。

沙门氏菌的检测（下）

表 6-2　　　　　三糖铁和赖氨酸脱羧酶试验的结果及初步判断

三糖铁				赖氨酸脱羧酶	初步判断
培养基斜面	培养基底层	产气情况	产硫化氢情况		
K	A	+（-）	+（-）	+	疑似沙门氏菌
K	A	+（-）	+（-）	-	疑似沙门氏菌
A	A	+（-）	+（-）	+	疑似沙门氏菌
A	A	+/-	+/-	-	非沙门氏菌
K	K	+/-	+/-	+/-	非沙门氏菌

注：K 表示产碱；A 表示产酸；+表示阳性；-表示阴性；+（-）表示多数阳性，少数阴性；+/-表示阳性或阴性。

（2）初步判断为非沙门氏菌者，直接报告结果。对疑似沙门氏菌者，从营养琼脂平板上挑取其纯培养物接种蛋白胨水（供做靛基质试验）、尿素琼脂（pH 7.2）、氰化钾（KCN）培养基，也可在接种三糖铁琼脂和赖氨酸脱羧酶试验培养基的同时，接种以上3种生化试验培养基，于（36±1）℃培养18~24h，按表6-3判定结果。

表6-3　　　　　　　　　　　沙门氏菌生化反应鉴定表（一）

序号	硫化氢	蛋白胨水	尿素（pH 7.2）	氰化钾	赖氨酸脱羧酶
1	+	—	—	—	+
2	+	+	—	—	+
3	—	—	—	—	+/−

注：+表示阳性，−表示阴性；+/−表示阳性或阴性。

①当鉴定结果符合表6-3序号1时，判断为沙门氏菌属。尿素、氰化钾和赖氨酸脱羧酶中如有1项不符合序号1，按表6-4进行结果判断；尿素、氰化钾和赖氨酸脱羧酶中如有2项不符合序号1，判断为非沙门氏菌并报告结果。

②当鉴定结果符合表6-3中序号2时，补做甘露醇和山梨醇试验，两项结果均为阳性时需进一步进行后续血清学鉴定试验。

③当鉴定结果符合表6-3中序号3时，补做ONPG试验，该结果为阴性（不变色）时即可判定为沙门氏菌；此外，若赖氨酸脱羧酶鉴定结果为阳性，可进一步判断为甲型副伤寒沙门氏菌。

④必要时，按表6-5进行沙门氏菌种和亚种的生化鉴定。

（3）如选择生化鉴定试剂盒或微生物生化鉴定系统，用分离平板上典型或可疑菌落的纯培养物，或者根据表6-2初步判断为疑似沙门氏菌的纯培养物，按生化鉴定试剂盒或微生物生化鉴定系统的操作说明进行鉴定。

表6-4　　　　　　　　　　　沙门氏菌生化反应鉴定表（二）

尿素（pH 7.2）	氰化钾（KCN）	赖氨酸脱羧酶	判定结果	后续试验
—	—	—	甲型副伤寒沙门氏菌	血清学鉴定
—	+	+	沙门氏菌Ⅳ或Ⅴ	本群生化特性判断
+	—	+	沙门氏菌个别变体	血清学鉴定

注：+表示阳性；−表示阴性。

表6-5　　　　　　　　　　　沙门氏菌种和亚种的生化鉴定

种	肠道沙门氏菌						邦戈尔沙门菌
亚种	肠道亚种	萨拉姆亚种	亚利桑那亚种	双相亚利桑那亚种	豪顿亚种	印度亚种	
项目	Ⅰ	Ⅱ	Ⅲa	Ⅲb	Ⅳ	Ⅵ	Ⅴ
卫矛醇	+	+	−	−	−	d	+

续表

种	肠道沙门氏菌						邦戈尔沙门菌
亚种	肠道亚种	萨拉姆亚种	亚利桑那亚种	双相亚利桑那亚种	豪顿亚种	印度亚种	
项目	I	II	IIIa	IIIb	IV	VI	V
ONPG（2h）	-	-	+	+	-	d	+
丙二酸盐	-	+	+	+	-	-	-
明胶酶	-	+	+	+	+	+	-
山梨醇	+	+	+	+	+	-	+
氰化钾	-	-	-	-	+	-	+
L（+）-酒石酸盐	+	-	-	-	-	-	-
半乳糖醛酸	-	+	-	+	+	+	+
γ-谷氨酰转肽酶	+	+	-	+	+	+	+
β-葡糖醛酸苷酶	d	d	-	+	-	d	-
黏液酸	+	+	+	-（70%）	-	+	-
水杨苷	-	-	-	-	+	-	-
乳糖	-	-	-（75%）	+（75%）	-	d	-
O1噬菌体裂解	+	+	-	+	-	+	d

注：+表示阳性；-表示阴性；d 表示不定。

5. 血清学鉴定

（1）培养物自凝性验证　一般采用琼脂含量为1.2%~1.5%的纯培养物进行玻片凝集试验。首先进行自凝性检查，在洁净的玻片上滴加一滴生理盐水，取适量待测菌培养物与之混合，成为均一性的浑浊悬液，将玻片轻轻摇动30~60s，在黑色背景下观察反应（必要时用放大镜观察），若出现可见的菌体凝集，即认为有自凝性，反之无自凝性。对无自凝的培养物参照下面方法进行血清学鉴定。

（2）多价菌体抗原（O）鉴定　在玻片上划出两个约1cm×2cm的区域，挑取待测菌培养物，各放约一环于玻片上的每一区域上部，在其中一个区域下部加一滴多价菌体（O）血清，在另一区域下部加入一滴生理盐水，作为对照。再用无菌的接种环或针将两个区域内的待测菌培养物，分别与血清和生理盐水研成乳状液。将玻片倾斜摇动混合1min，并对着黑暗背景进行观察，与对照相比，出现可见的菌体凝集者为阳性反应。O血清不凝集时，将菌株接种在琼脂含量较高（如2%~3%）的培养基上培养后再鉴定，如果是由于Vi抗原的存在而阻止了O血清的凝集反应时，可挑取待测菌培养物在1mL生理盐水中制成浓菌液，在沸水中水浴20~30min，冷却后再进行鉴定。

（3）多价鞭毛抗原（H）鉴定　将多价菌体（O）血清换成多价鞭毛（H）血清，进行多价鞭毛抗原（H）鉴定。H抗原发育不良时，将菌株接种在半固体琼脂平板的中央，待菌落蔓延生长时，在其边缘部分取菌鉴定；或将菌株接种在装有半固体琼脂的小玻管培养1~2

代，自远端取菌再进行鉴定。

6. 血清学分型（选做项目）

（1）O 抗原的鉴定　该部分鉴定方法与血清学鉴定法相同，区别在于血清的差异，下述方式用于 O 抗原的鉴定。

用 A~F 多价 O 抗原血清做玻片凝集试验，同时用生理盐水做对照。若在生理盐水中发生凝集则为粗糙型菌株，不可进一步分型。若被 A~F 多价 O 抗原血清凝集，则需依次使用 O4；O3、O10；O7；O8；O9；O2 和 O11 因子血清进行凝集试验，并根据结果判定 O 群。其中，若菌株被 O3、O10 血清同时凝集，则需进一步使用 O10、O15、O34、O19 单因子血清做凝集试验，以判定 E1、E4 各亚群。若无对应的单因子血清凝集，则用两个 O 复合因子血清进行核对。

当 A~F 多价 O 抗原血清不发生凝集，则用表 6-6 所示的 9 种多价 O 血清（O 多价 1~9）进行玻片凝集试验，若出现凝集现象，则用 O 群血清逐一检查以确定 O 群。

表 6-6　　　　　　　　　　多种多价 O 血清对应的 O 群血清

多价 O 血清种类	所包含的 O 群血清	多价 O 血清种类	所包含的 O 群血清
O 多价 1	A, B, C, D, E, F 群（包括 6, 14 群）	O 多价 6	50, 51, 52, 53 群
O 多价 2	13, 16, 17, 18, 21 群	O 多价 7	55, 56, 57, 58 群
O 多价 3	28, 30, 35, 38, 39 群	O 多价 8	59, 60, 61, 62 群
O 多价 4	40, 41, 42, 43 群	O 多价 9	63, 65, 66, 67 群
O 多价 5	44, 45, 47, 48 群		

（2）H 抗原的鉴定　该部分鉴定方法与血清学鉴定法相同，区别在于血清的差异，下述方式用于 H 抗原的鉴定。

上述 O 抗原鉴定中属于 A~F 的菌型，需要依次用表 6-7 所示的 H 因子血清做玻片凝集试验检查第 1 相和第 2 相的 H 抗原。

表 6-7　　　　　　　　　　与 O 抗原所对应的 H 抗原

对应 O 抗原	H 抗原第 1 相	H 抗原第 2 相
A	a	无
B	g, f, s	无
B	i, b, d	2
C1	k, v, r, c	5, z_{15}
C2	b, d, r	2, 5
D（不产气）	d	无
D（产气）	g, m, p, q	无
E1	h, v	6, w, x
E4	g, s, t	无
E4	i	—

对不属于 A~F 各 O 群的不常见菌型，需要用表 6-8 所示的 8 种多价 H 因子血清（H 多价 1~8）进行玻片凝集试验，若出现凝集现象，则用各种 H 因子血清逐一检查以确定 H 抗原第 1 相和第 2 相。

表 6-8　　　　　　　　　　多种多价 H 因子血清对应抗原

多价 H 因子血清	第 1 相 H 抗原或第 2 相 H 抗原
H 多价 1	a, b, c, d, i
H 多价 2	eh, enx, enz_{15}, fg, gms, gpu, gp, gq, mt, gz_{51}
H 多价 3	k, r, y, z, z_{10}, lv, lw, lz_{13}, lz_{28}, lz_{40}
H 多价 4	1, 2; 1, 5; 1, 6; 1, 7; z_6
H 多价 5	z_4z_{23}, z_4z_{24}, z_4z_{32}, z_{29}, z_{35}, z_{36}, z_{38}
H 多价 6	z_{39}, z_{41}, z_{42}, z_{44}
H 多价 7	z_{52}, z_{53}, z_{55}
H 多价 8	z_{56}, z_{57}, z_{60}, z_{61}, z_{62}

上述抗原鉴定中，通常第 1 相 H 抗原为特异性抗原，以 a、b、c 等字母表示；第 2 相 H 抗原为共同抗原，以 1、2、3 等数字表示。若鉴定结果仅符合其中一相，则需在琼脂斜面上接种传代 1~2 代后再进行检测。若传代后的二次检测结果仍仅符合其中一相，则需用位相变异的方法检查另外一相。单相菌（如第二相无）无需进行位相变异检查。

（3）H 抗原位相变异试验　该部分试验用于检测沙门氏菌的未知相，常用方法有以下三种。

①简易平板法：将半固体琼脂平板烘干表面水分，挑取已知相的 H 因子血清 1 环，滴在半固体平板表面，正置平板片刻待血清吸收，在滴加血清部位的中央点种待测菌株，翻转平板置于（36±1）℃培养后，在形成蔓延生长的菌苔边缘取菌鉴定。

②小玻管法：将 1~2mL 半固体琼脂熔化后冷却至 48℃左右，加入已知相的 H 因子血清 0.05~0.1mL，混匀后装入 3mm×50mm 两端开口的小玻管内。待琼脂凝固后，用接种针挑取待测菌，接种于小玻管一端的琼脂内。将小玻管平放在平皿内，置于（36±1）℃培养，并采取保湿措施以防琼脂中水分蒸发而干缩。每天观察结果，待另一相细菌解离后，从小玻管另一端挑取细菌进行鉴定。培养基内血清的浓度应有适当的比例，过高时细菌不能生长，过低时同一相细菌的动力不能抑制。一般按原血清 1:（200~800）的量加入。

③小套管法：在装有大约 10mL 半固体琼脂培养基的试管中，插入 3mm×50mm 两端开口的小玻管（下端开口要留一个缺口，不要平齐），小玻管的上端应高出于培养基的表面，121℃高压灭菌 15min 后备用。临用时加热熔化，并冷却至 48℃左右，挑取已知相的 H 因子血清 1 环，加入小玻管中的培养基内，略加搅动使其混匀。待琼脂凝固后，在小玻管中的半固体表层内接种待测菌，于（36±1）℃培养，每天观察结果，待另一相细菌解离后，从小玻管外的半固体表面取菌鉴定，或将所取的菌转种 1%琼脂斜面，于（36±1）℃培养后再进行鉴定。

（4）Vi 抗原的鉴定　利用 Vi 因子血清进行检查。已知具有 Vi 抗原的菌型有伤寒沙门氏菌、丙型副伤寒沙门氏菌、都柏林沙门氏菌。

（5）血清型的判定　根据血清学分型鉴定的结果，查阅附录四或有关沙门氏菌抗原表判定血清型。

（五）结果与报告

综合上述生化试验和血清学鉴定的结果，报告 25g（mL）样品中检出或未检出沙门氏菌。

第二节　食品中志贺氏菌的检验

一、概述

志贺氏菌属（*Shigella*）即痢疾杆菌，属于肠杆菌科的革兰氏阴性菌，菌体呈杆状，大小为（2~3）μm×（0.5~0.7）μm。该菌无芽孢，无荚膜，无鞭毛，多数有菌毛但不运动。

志贺氏菌需氧或兼性厌氧，对营养要求不高，在普通琼脂培养基上 37℃培养 18~24h 后，菌落呈圆形、微凸、无色、半透明。该菌对理化因素的抵抗力较弱，对多种消毒剂敏感，阳光照射 30min 即可将其杀死，56~60℃加热 10min 也可使其死亡。志贺氏菌在环境中的存活能力较强，该菌在 10~37℃的水中可存活 20d，在牛奶、水果、蔬菜中可生存 10d，在粪便内（15~25℃）可生存 11d。

志贺氏菌主要具有两种抗原结构，包括菌体抗原（O）和表面抗原（K），根据 O 抗原可将志贺氏菌分为 4 个血清群：A 群为痢疾志贺氏菌；B 群为福氏志贺氏菌；C 群为鲍氏志贺氏菌；D 群为宋内氏志贺氏菌。由于 4 个血清群中的 A 群（痢疾志贺氏菌）和 B 群（福氏志贺氏菌）在体外的生存力相对更强，因此我国志贺氏菌食物中毒主要由这两种血清群引起。

志贺氏菌还具有较强的致病力，主要是由其侵袭力、菌体内毒素和个别菌株产生的外毒素引起。其主要传播途径是通过水源和食品等，相关研究表明，摄入 10~200CFU 志贺氏菌即可引发食源性疾病，志贺氏菌感染会破坏黏膜组织，形成炎症、溃疡，引起肠壁功能紊乱，肠痉挛和蠕动共济失调。

二、志贺氏菌检验及血清型鉴定

GB 4789.5—2012《食品安全国家标准　食品微生物学检验　志贺氏菌检验》中规定，检验志贺氏菌需要经过检样增菌、分离和生化试验。

（一）设备和材料

恒温培养箱[（36±1）℃]、冰箱（2~5℃）、膜过滤系统、厌氧培养装置[（41.5±1）℃]、电子天平（感量 0.1g）、显微镜（10×~100×）、均质器、振荡器、无菌吸管（1mL 具 0.01mL 刻度、10mL 具 0.1mL 刻度）或微量移液器及吸头、无菌均质杯或无菌均质袋（容量 500mL）、无菌培养皿（直径 90mm）、pH 计或 pH 比色管或精密 pH 试纸、全自动微生物生化鉴定系统。

（二）培养基和试剂

培养基：志贺氏菌增菌肉汤-新生霉素、麦康凯（MAC）琼脂、木糖赖氨酸脱氧胆酸盐（XLD）琼脂、志贺氏菌显色培养基、三糖铁（TSI）琼脂、营养琼脂斜面、半固体琼脂、葡萄糖铵培养基、尿素琼脂、β-半乳糖苷酶培养基、氨基酸脱羧酶试验培养基、糖发酵管、西蒙氏柠檬酸盐培养基、黏液酸盐培养基。

试剂：蛋白胨水、靛基质试剂、志贺氏菌属诊断血清、生化鉴定试剂盒。

培养基和试剂配制方法见附录三。

（三）检验程序

志贺氏菌检验程序如图6-2所示。

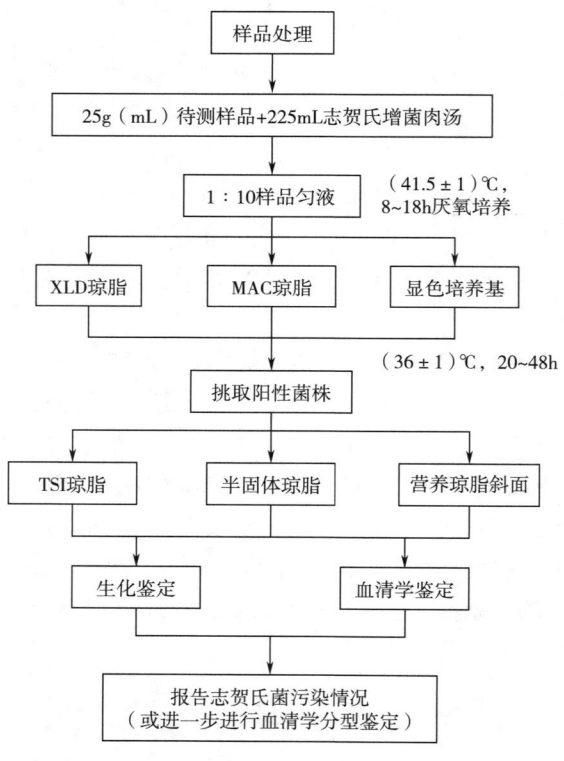

图6-2 志贺氏菌检验程序

（四）操作步骤

1. 前增菌

无菌操作取样品25g（mL），加入225mL的志贺氏菌增菌肉汤中，使用旋转刀片式均质器8000r/min均质1min，或者拍击式均质器拍击2min，制备成1:10的样品匀液。如无均质器，则将样品放入无菌乳钵中，加入25g（mL）样品和225mL志贺氏菌增菌肉汤共同进行研磨，样品磨碎后放入500mL无菌锥形瓶充分振荡，制备1:10的样品匀液。

若为液体样品则无需均质，直接振荡混匀即可。

2. 增菌

将样品前增菌制备的1:10样品匀液于（41.5±1）℃条件下，厌氧培养16~20h。

3. 分离

取增菌后的志贺氏增菌液分别划线接种于XLD琼脂平板和MAC琼脂平板或志贺氏菌显色培养基平板上，于（36±1）℃培养20~24h，观察各个平板上生长的菌落形态。宋内氏志贺氏菌的单个菌落直径大于其他志贺氏菌。若出现的菌落不典型或菌落较小不易观察，则继续培养48h再进行观察。志贺氏菌在不同选择性琼脂平板上的菌落特征见表6-9。

表6-9　　　　　　　　志贺氏菌在不同选择性琼脂平板上的菌落特征

选择性琼脂平板	志贺氏菌的菌落特征
MAC琼脂	无色至浅粉红色，半透明、光滑、湿润、圆形、边缘整齐或不齐
XLD琼脂	粉红色至无色，半透明、光滑、湿润、圆形、边缘整齐或不齐
志贺氏菌显色培养基	按照显色培养基的说明进行判定

4. 初步生化试验

自选择性琼脂平板上分别挑取2个以上典型或可疑菌落，分别接种TSI、半固体和营养琼脂斜面各一管，置于（36±1）℃条件下培养20~24h，分别观察结果。

凡是TSI琼脂中斜面产碱、底层产酸（发酵葡萄糖，不发酵乳糖、蔗糖）、不产气（福氏志贺氏菌6型可产生少量气体）、不产硫化氢、半固体管中无动力的菌株，挑取已培养的营养琼脂斜面上生长的菌苔，进行生化试验和血清学分型。

5. 生化试验及附加生化试验

（1）生化试验　选择上述营养琼脂斜面上生长的菌苔进行进一步生化试验，具体实验包括β-半乳糖苷酶、尿素、赖氨酸脱羧酶、鸟氨酸脱羧酶以及水杨苷和七叶苷的分解试验。需要注意的是，该研究中除了宋内氏志贺氏菌、鲍氏志贺氏菌13型的鸟氨酸脱羧酶试验呈阳性；宋内氏菌和痢疾志贺氏菌1型、鲍氏志贺氏菌13型的β-半乳糖苷酶试验呈阳性以外，其余生化试验志贺氏菌属的培养物均为阴性结果。

另外，由于福氏志贺氏菌6型的生化特性和痢疾志贺氏菌或鲍氏志贺氏菌相似，需要对两者进行有效区分，因此必要时需加做靛基质、甘露醇、棉子糖和甘油试验；也可做革兰氏染色检查和氧化酶试验，结果应为氧化酶阴性的革兰氏阴性杆菌。

对于生化反应不符合的菌株，即使能与某种志贺氏菌分型血清发生凝集，仍不得判定为志贺氏菌属。

志贺氏菌属四个群的生化特征见表6-10。

表6-10　　　　　　　　志贺氏菌属四个群的生化特征

生化反应	A群：痢疾志贺氏菌	B群：福氏志贺氏菌	C群：鲍氏志贺氏菌	D群：宋内氏志贺氏菌
β-半乳糖苷酶	−①	−	−①	+
尿素	−	−	−	−

续表

生化反应	A群： 痢疾志贺氏菌	B群： 福氏志贺氏菌	C群： 鲍氏志贺氏菌	D群： 宋内氏志贺氏菌
赖氨酸脱羧酶	−	−	−	−
鸟氨酸脱羧酶	−	−	−②	+
水杨苷	−	−	−	−
七叶苷	−	−	−	−
靛基质	−/+	(+)	−/+	−
甘露醇	−	+③	+	+
棉子糖	−	+	−	+
甘油	(+)	−	(+)	d

注：+表示阳性；−表示阴性；−/+表示多数阴性；+/−表示多数阳性；（+）表示迟缓阳性；d 表示有不同生化型。

①痢疾志贺 1 型和鲍氏 13 型为阳性；
②鲍氏 13 型为鸟氨酸阳性；
③福氏 4 型和 6 型常见甘露醇阴性变种。

（2）附加生化试验　为了进一步准确区分与志贺氏菌生化特性相似且能够与某种志贺氏菌分型血清发生凝集的其余菌株［某些不活泼的大肠埃希氏菌和 A-D（碱性-异型）菌］，该部分研究对前面生化试验符合志贺氏菌属生化特性的培养物还需进行葡萄糖铵、西蒙氏柠檬酸盐和黏液酸盐试验（36℃培养 24~48h）。

志贺氏菌属和不活泼大肠埃希氏菌、A-D 菌的生化特性区别见表 6-11。

表 6-11　志贺氏菌属和不活泼大肠埃希氏菌、A-D 菌的生化特性区别

生化反应	A群： 痢疾志贺氏菌	B群： 福氏志贺氏菌	C群： 鲍氏志贺氏菌	D群： 宋内氏志贺氏菌	大肠 埃希氏菌	A-D 菌
葡萄糖铵	−	−	−	−	+	+
西蒙氏柠檬酸盐	−	−	−	−	d	d
黏液酸盐	−	−	−	d	+	d

注：1. +表示阳性；−表示阴性；d 表示有不同生化型。
2. 在葡萄糖铵、西蒙氏柠檬酸盐、黏液酸盐试验三项反应中志贺氏菌一般为阴性，而不活泼的大肠埃希氏菌、A-D 菌至少有一项反应为阳性。

此外，若选择生化鉴定试剂盒或全自动微生物生化鉴定系统，可根据（2）的初步判断结果，用（1）中已培养的营养琼脂斜面上生长的菌苔，使用生化鉴定试剂盒或全自动微生物生化鉴定系统进行鉴定。

6. 血清学鉴定

（1）抗原的准备　由于志贺氏菌属没有动力，因此其不具有鞭毛抗原。志贺氏菌属的主要抗原为菌体（O）抗原。O 抗原又可进一步分为型和群的特异性抗原，对于血清学凝集试

验一般采用 1.2%~1.5%琼脂培养物作为试验用抗原。

（2）凝集反应　取洁净的载玻片作为鉴定载物台，首先用接种环挑取 1 环待测菌株，分别放置 1/2 环于玻片上的 2 个区域，并分别滴加菌体抗血清和生理盐水；随后用接种环或接种针将 2 个区域内的菌苔呈乳状；最后轻晃玻片 1min，在黑色背景下观察凝集现象，任何程度的凝集均为阳性反应。

以下两种特殊情况需要注意：①某些志贺氏菌会由于 K 抗原的存在而不出现凝集反应，此时可挑取菌苔于 1mL 生理盐水做成浓菌液，并于 100℃煮沸 15~60min 去除 K 抗原后重新进行凝集检查；②D 群志贺氏菌具有两种形态，其既可能是光滑型菌株也可能是粗糙型菌株，与其他志贺氏菌群抗原不存在交叉反应。与肠杆菌科不同的是，宋内氏志贺氏菌粗糙型菌株虽不具有 K 抗原，但其也不一定会发生自凝。

7. 血清学分型（选做项目）

该试验用四种志贺氏菌多价血清（A、B、C、D）检查，如果呈现凝集，则再用相应各群多价血清分别试验。

首先用 B 群福氏志贺氏菌多价血清进行试验，如呈现凝集，再用其群和型因子血清分别检查。

如果 B 群多价血清不凝集，则用 D 群宋内氏志贺氏菌血清进行试验，如呈现凝集，则用其 I 相和 II 相血清检查。

如果 B、D 群多价血清都不凝集，则用 A 群痢疾志贺氏菌多价血清及 1~12 各型因子血清检查。

如果 B、D、A 多价血清都不凝集，可用 C 群鲍氏志贺氏菌多价检查，并进一步用 1~18 各型因子血清检查。

福氏志贺氏菌各型和亚型的型抗原和群抗原鉴别见表 6-12。

表 6-12　　福氏志贺氏菌各型和亚型的型抗原和群抗原的鉴别

型和亚型	型抗原	群抗原	在群因子血清中的凝集		
			3, 4	6	7, 8
1a	I	4	+	−	−
1b	I	(4), 6	(+)	+	−
2a	II	3, 4	+	−	−
2b	II	7, 8	−	−	+
3a	III	(3, 4), 6, 7, 8	(+)	+	+
3b	III	(3, 4), 6	(+)	+	−
4a	IV	3, 4	+	−	−
4b	IV	6	−	+	−
4c	IV	7, 8	−	−	+
5a	V	(3, 4)	(+)	−	−
5b	V	7, 8	−	−	+

续表

型和亚型	型抗原	群抗原	在群因子血清中的凝集		
			3,4	6	7,8
6	Ⅵ	4	+	−	−
X	−	7,8	−	−	+
Y	−	3,4	+	−	−

注：+表示凝集；−表示不凝集；(+)表示有或无。

（五）结果与报告

根据以上生化试验和血清学鉴定的结果，报告每25g（mL）样品中检出或未检出志贺氏菌。

第三节 食品中副溶血性弧菌的检验

一、概述

副溶血性弧菌（*Vibrio parahaemolyticus*）属于弧菌科弧菌属，为革兰氏阴性多形态杆菌或弯曲弧菌，呈杆状、棒状、弧状等各种形态，大小为0.7~1μm。副溶血性弧菌菌体周围有菌毛，无芽孢和荚膜。该菌形态会随着培养基以及培养时间的变化而改变，一般情况下排列不规则且散布，也有时成双成对。

副溶血性弧菌是一种需氧性较强的嗜盐菌，虽对营养要求不高，在普通培养基中即可生长，但培养基中NaCl浓度需达到0.5%以上，且不得超过8%；该菌耐碱不耐酸，最适pH为7.4~8.0；最适生长温度在30~37℃。此外，副溶血性弧菌还具有较强的环境生存能力，在抹布和砧板上能生存30d以上，海水中可存活47d，甚至在−20℃的蛋白胨水中仍可存活11周，且一旦放置于合适盐浓度的环境中便可快速繁殖。

副溶血性弧菌一般具有3种抗原成分，即O抗原（菌体抗原）、K抗原（荚膜抗原）以及H抗原（鞭毛抗原）。副溶血性弧菌生长代谢过程中会产生多种致病因子，包括耐热性溶血毒素（TDH）、耐热性溶血毒素相关毒素（TRH）、不耐热溶血毒素（TLH）和尿素酶等，其中TDH和TRH是该菌致病的主要因素。

副溶血性弧菌还具有较强的定植能力，这与其菌毛的黏附作用直接相关。该菌株主要通过海产品进行传播，海产鱼虾带菌率可高达90%，腌制鱼贝类带菌率也达到40%以上。当摄入总量达到10^6CFU的副溶血性弧菌即可发病，除可引起肠胃感染外，严重感染者还可能导致肠穿孔和败血症，甚至危及生命。

二、副溶血性弧菌定性检验

GB 4789.7—2013《食品安全国家标准 食品微生物学检验 副溶血性弧菌检验》中规定，检验副溶血性弧菌需要经过检样增菌、分离和生化试验。

（一）设备和材料

冰箱（2~5℃、7~10℃）、恒温培养箱[(36±1)℃]、恒温水浴箱[(36±1)℃]、均质器或无菌乳钵、天平（感量0.1g）。

无菌试管（18mm×180mm、15mm×100mm）、无菌吸管（0.01mL刻度）、微量移液器及吸头、无菌锥形瓶（容量250mL、500mL、1000mL）、无菌培养皿、全自动微生物生化鉴定系统、无菌手术剪、镊子。

（二）培养基和试剂

培养基：硫代硫酸盐-柠檬酸盐-胆盐-蔗糖（TCBS）琼脂、3%氯化钠胰蛋白胨大豆琼脂、3%氯化钠三糖铁琼脂、嗜盐性试验培养基、3%氯化钠甘露醇试验培养基、3%氯化钠赖氨酸脱羧酶试验培养基、3%氯化钠MR-VP培养基、我妻氏血琼脂、弧菌显色培养基。

试剂：3%氯化钠碱性蛋白胨水、3%氯化钠溶液、氧化酶试剂、革兰氏染色液、ONPG试剂、V-P试剂、生化鉴定试剂盒。

（三）检验程序

副溶血性弧菌检验程序如图6-3所示。

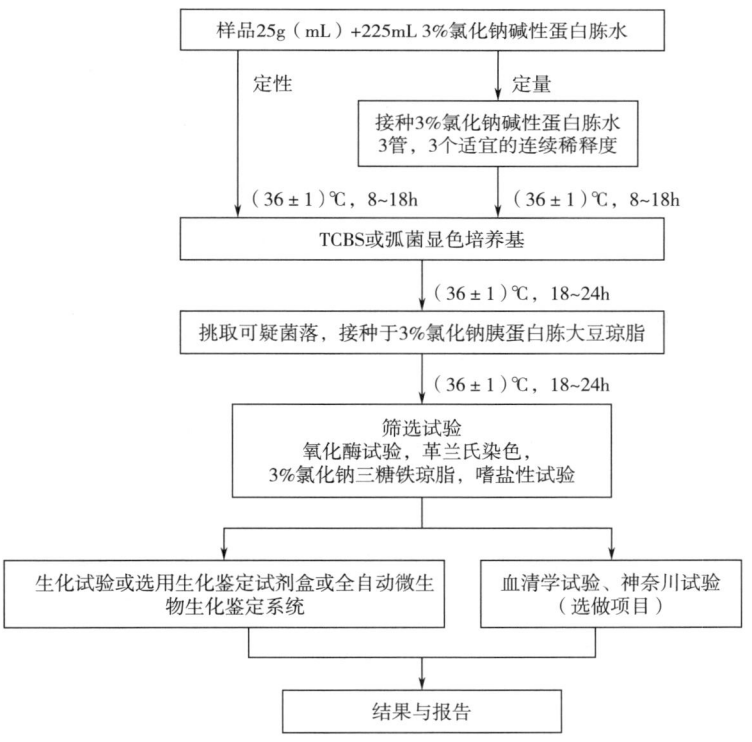

图6-3　副溶血性弧菌检验程序

（四）操作步骤

1. 样品制备

（1）非冷冻样品　采集后需立即放置于7~10℃的环境保存，尽快按照下述操作稀释成1∶10的样品匀液。

（2）冷冻样品　样品需先于45℃以下解冻不超过15min，或于2~5℃解冻不超过18h，随后按照下述操作稀释成1∶10的样品匀液。

（3）鱼类和头足类　取动物的表面组织、肠或者鳃进行检测，按照下述操作稀释成1∶10的样品匀液。

（4）贝类　取全部内容物（包括贝肉和体液）进行检测，按照下述操作稀释成1∶10的样品匀液。

（5）甲壳类　取整个动物或中心部分（包括肠和鳃）进行检测，按照下述操作稀释成1∶10的样品匀液。

无菌操作取样品25g（mL），加入225mL 3%氯化钠碱性蛋白胨水，使用旋转刀片式均质器8000r/min均质1min，或者拍击式均质器拍击2min，制备成1∶10的样品匀液。如无均质器，则将样品放入无菌乳钵中，加入25g（mL）样品和225mL 3%氯化钠碱性蛋白胨水共同进行研磨，样品磨碎后放入500mL无菌锥形瓶充分振荡，制备1∶10的样品匀液。

若为液体样品则无需均质，直接振荡混匀即可。

2. 增菌

将样品制备中的1∶10样品匀液于（36±1）℃培养8~18h。

3. 分离

（1）对所有显示生长的增菌液，用接种环在距离液面以下1cm内蘸取一环增菌液，于TCBS平板或弧菌显色培养基平板上划线分离，一支试管划线一块平板，于（36±1）℃培养18~24h。

（2）典型的副溶血性弧菌在TCBS上呈圆形、半透明、表面光滑的绿色菌落，用接种环轻触，有类似口香糖质感，直径2~3mm。

4. 纯培养

挑取3个或以上可疑菌落，划线接种3%氯化钠胰蛋白胨大豆琼脂平板，（36±1）℃培养18~24h。

5. 初步鉴定

（1）氧化酶试验　挑选纯培养的单个菌落进行氧化酶试验，副溶血性弧菌为氧化酶阳性。

（2）涂片镜检　将可疑菌落涂片，进行革兰氏染色，镜检观察形态。副溶血性弧菌为革兰氏阴性，呈棒状、弧状、卵圆状等，无芽孢，有鞭毛。

（3）挑取纯培养的单个可疑菌落，转种3%氯化钠三糖铁琼脂斜面并刺穿底层，（36±1）℃培养24h观察结果。副溶血性弧菌在3%氯化钠三糖铁琼脂中的反应为底层变黄不变黑，无气泡，斜面颜色不变或红色加深，有动力。

（4）嗜盐性试验　挑取纯培养的单个可疑菌落，分别接种0、6%、8%和10%不同氯化钠含量的胰胨水，（36±1）℃培养24h，观察液体浑浊情况。副溶血性弧菌在无氯化钠和10%氯化钠的胰胨水中不生长或微弱生长，在6%氯化钠和8%氯化钠的胰胨水中生长旺盛。

6. 确证鉴定

进一步取纯培养物分别接种含3%氯化钠的甘露醇试验培养基、赖氨酸脱羧酶试验培养基、MR-VP培养基，（36±1）℃培养24~48h后观察结果；3%氯化钠三糖铁琼脂隔夜培养物进行ONPG试验。可选择生化鉴定试剂盒或全自动微生物生化鉴定系统。

副溶血性弧菌的生化性状及与其他弧菌的鉴别情况参照表6-13和表6-14。

表6-13　　　　　　　　　　副溶血性弧菌的生化性状

试验项目	结果	试验项目	结果
革兰氏染色镜检	阴性菌，无芽孢	分解葡萄糖产气	-
氧化酶	+	乳糖	-
动力	+	硫化氢	-
蔗糖	-	赖氨酸脱羧酶	+
葡萄糖	+	V-P	-
甘露醇	+	ONPG	-

注：+表示阳性；-表示阴性。

7. 血清学分型（选做项目）

（1）制备　接种两管3%氯化钠胰蛋白胨大豆琼脂试管斜面，（36±1）℃培养18~24h。用含3%氯化钠的5%甘油溶液冲洗3%氯化钠胰蛋白胨大豆琼脂斜面培养物，获得浓厚的菌悬液。

（2）K抗原的鉴定　取一管制备好的菌悬液，首先用多价K抗血清进行检测，出现凝集反应时再用单个抗血清进行检测。用蜡笔在一张玻片上划出适当数量的间隔和一个对照间隔。在每个间隔内各滴加一滴菌悬液，并对应加入一滴K抗血清。在对照间隔内加一滴3%氯化钠溶液。轻微倾斜玻片，使各成分相混合，再前后倾动玻片1min。阳性凝集反应可以立即观察到。

（3）O抗原的鉴定　将另外一管菌悬液转移到离心管，121℃灭菌1h，灭菌后4000r/min离心15min，弃去上清液，沉淀用生理盐水洗3次，每次均4000r/min离心15min，最后一次离心后留少许上清液，混匀制成菌悬液。用记号笔将玻片划分成相等的间隔，每个间隔内均加入一滴菌悬液，将O型血清分别加一滴到间隔内，最后每一个间隔加一滴生理盐水作为自凝对照。倾斜玻片使各成分相混合，前后倾动玻片1min。阳性凝集反应可以立即观察到。如果未观察到凝集反应，需将菌悬液再次高压灭菌重新检测。如果仍为阴性，则培养物的O抗原属于未知。根据表6-15报告血清学分型结果。

表6-14　副溶血性弧菌主要性状与其他弧菌的鉴别

名称	氧化酶	赖氨酸	精氨酸	鸟氨酸	明胶	脲酶	V-P	42℃生长情况	蔗糖	D-纤维二糖	乳糖	阿拉伯糖	D-甘露糖	D-甘露醇	ONPG	嗜盐性试验 氯化钠含量/%				
																0	3	6	8	10
副溶血性弧菌 V. parahaemolyticus	+	+	-	+	+	V	-	+	-	V	-	+	+	+	-	-	+	+	+	-
创伤弧菌 V. vulnificus	+	+	-	+	+	-	-	+	+	+	+	-	V	+	+	-	+	+	-	-
溶藻弧菌 V. alginolyticus	+	+	-	+	+	-	+	+	+	-	-	+	+	V	+	-	+	+	+	+
霍乱弧菌 V. cholerae	+	+	-	+	+	-	V	+	+	-	-	+	+	+	+	+	+	+	-	-
拟态弧菌 V. mimicus	+	+	-	+	+	-	-	+	-	-	-	+	+	+	+	+	+	+	-	-
河弧菌 V. fluvialis	+	-	+	-	+	-	-	V	+	+	-	+	+	+	+	-	+	+	V	-
弗氏弧菌 V. furnissii	+	-	+	-	+	-	-	+	+	-	-	+	+	+	+	-	+	+	+	-
梅氏弧菌 V. metschnikovii	-	+	+	+	+	-	+	V	+	-	-	+	+	+	+	-	+	+	V	-
霍利斯弧菌 V. hollisae	+	-	-	-	-	-	-	nd	-	-	-	+	-	-	+	-	+	+	-	-

注：+表示阳性；-表示阴性；nd表示未试验；V表示可变。

表 6-15　　　　　　　　　　　　副溶血性弧菌的抗原

O 群	K 型
1	1, 5, 20, 25, 26, 32, 38, 41, 56, 58, 60, 64, 69
2	3, 28
3	4, 5, 6, 7, 25, 29, 30, 31, 33, 37, 43, 45, 48, 54, 57, 58, 59, 72, 75
4	4, 8, 9, 10, 11, 12, 13, 34, 42, 49, 53, 55, 63, 67, 68, 73
5	15, 17, 30, 47, 60, 61, 68
6	18, 46
7	19
8	20, 21, 22, 39, 41, 70, 74
9	23, 44
10	24, 71
11	19, 36, 40, 46, 50, 51, 61
12	19, 52, 61, 66
13	65

8. 神奈川试验（选做项目）

神奈川试验是在我妻氏血琼脂上测试是否存在特定溶血素。将测试菌株的 3% 氯化钠胰蛋白胨大豆琼脂 18h 培养物点种于表面干燥的我妻氏血琼脂平板，(36±1)℃培养不超过 24h，立即观察。试验的阳性结果与副溶血性弧菌分离株的致病性显著相关，阳性结果为菌落周围呈半透明环的 β 溶血。

（五）结果与报告

根据上述检测结果，报告 25g（mL）样品中检出或未检出副溶血性弧菌。

三、副溶血性弧菌 MPN 计数法

MPN（most probable number）计数法是一种通过连续稀释样品来估算微生物数量的方法。在副溶血性弧菌的 MPN 计数中，通常会进行一系列的稀释，然后根据观察到的阳性和阴性结果来估算样品中菌落的数量。

GB 4789.7—2013《食品安全国家标准　食品微生物学检验　副溶血性弧菌检验》中规定，副溶血性弧菌通过 MPN 计数法进行定量检测。

（一）设备和材料

同本章第三节"二、副溶血性弧菌定性检验"。

（二）培养基和试剂

培养基：硫代硫酸盐-柠檬酸盐-胆盐-蔗糖（TCBS）琼脂、弧菌显色培养基。

试剂：3%氯化钠碱性蛋白胨水、3%氯化钠溶液、氧化酶试剂、革兰氏染色液、ONPG 试剂、V-P 试剂、生化鉴定试剂盒。

（三）检验程序

副溶血性弧菌 MPN 计数法检验程序如图 6-4 所示。

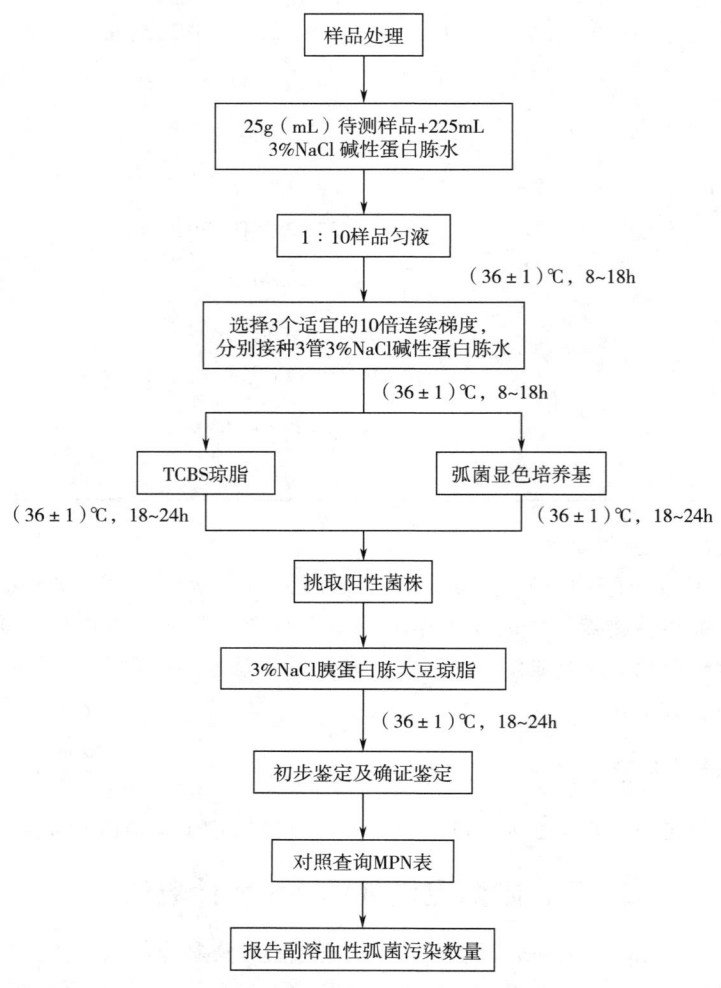

图 6-4　副溶血性弧菌 MPN 计数法检验程序

（四）操作步骤

1. 前增菌

同本章第三节"二、副溶血性弧菌定性检验"。

2. 增菌

（1）用无菌吸管吸取 1∶10 样品匀液 1mL，注入含有 9mL 3%氯化钠碱性蛋白胨水的试管中，振摇试管混匀，制备 1∶100 的样品匀液。

（2）另取 1mL 无菌吸管，按照上述（1）步骤，依次制备 10 倍系列稀释样品匀液。

(3) 根据对检样污染情况的估计，选择 3 个适宜的连续稀释度（0.1、0.01、0.001），每个稀释度接种 3 支含有 9mL 3%氯化钠碱性蛋白胨水的试管，每管接种 1mL。置于（36±1）℃恒温培养箱内培养 8~18h。

3. 分离

(1) 对所有显示生长的增菌液，用接种环在距离液面以下 1cm 内蘸取一环增菌液，于 TCBS 琼脂平板或弧菌显色培养基平板上划线分离，一支试管划线一块平板，于（36±1）℃培养 18~24h。

(2) 典型的副溶血性弧菌在 TCBS 琼脂平板上呈圆形、半透明、表面光滑的绿色菌落，用接种环轻触，有类似口香糖质感，直径 2~3mm。

4. 纯培养

挑取 3 个或以上可疑菌落，划线接种 3%氯化钠胰蛋白胨大豆琼脂平板，（36±1）℃培养 18~24h。

5. 菌落鉴定

按照本节副溶血性弧菌定性检验中的初步鉴定和确证鉴定验证目标菌株。

（五）结果与报告

根据证实为副溶血性弧菌阳性的试管数，查最可能数（MPN）检索表，报告每 g（mL）副溶血性弧菌的 MPN 值，MPN 检索表见附录四。

第四节　食品中金黄色葡萄球菌的检验

一、概述

金黄色葡萄球菌（*Staphylococcus aureus*）是一种球形细菌，菌体直径 0.5~1.5μm，无芽孢、无鞭毛，且大多数不具有荚膜结构。该菌通常以球簇或团状的形式排列成葡萄串状；由于其在生长时产生的一种类胡萝卜素色素，因此菌体呈金黄色。值得注意的是，金黄色葡萄球菌一般情况下为革兰氏阳性菌，但当其衰老、死亡和被白细胞吞噬后会转变为革兰氏阴性菌，且其对青霉素耐药时同样为革兰氏阴性菌。

金黄色葡萄球菌作为兼性厌氧菌，对环境营养要求不高。其生长适温介于 10~46℃，最适温度为 37℃。金黄色葡萄球菌通常具有较强的抵抗力，其耐高温特性较为突出，在 80℃以上的环境中仍可存活 30min；除此之外，该菌还能够在高盐环境下存活，最高可耐受 15%的氯化钠溶液，并能够在 pH 4.0~9.3 存活。金黄色葡萄球菌对环境的强耐受能力极大程度地增加了其食源性疾病传播风险。

金黄色葡萄球菌能够分泌葡萄球菌肠毒素，有 A、B、C、D、E、F 等多种毒素类型。除了菌株本身耐热以外，其分泌的毒素具有更胜一筹的耐热能力，即使部分金黄色葡萄球菌被杀死，其毒素在一定温度下可能仍会存在于食品中。根据相关统计，引起食物中毒病例最多的是 A 型肠毒素，约占金黄色葡萄球菌引发食物中毒事件的 80%。

金黄色葡萄球菌广泛存在于空气、土壤、水和人体等环境中。在食品工业中，该菌对高蛋白食品如肉类、乳制品和蛋类的污染较为常见；此外，它也可能存在于土壤、尘土及水体中。当食品加工条件或储存环境不良时，金黄色葡萄球菌会迅速繁殖并释放毒素，摄入的食品中肠毒素总量达到纳克级别（ng）便足以引起食物中毒，从而引起急性肠胃炎等。

二、金黄色葡萄球菌及其肠毒素检测

GB 4789.10—2016《食品安全国家标准 食品微生物学检验 金黄色葡萄球菌检验》中规定了食品中金黄色葡萄球菌的定性检验方法和葡萄球菌肠毒素检测方法。

（一）设备和材料

微生物实验室常规灭菌及培养设备、恒温培养箱［(36±1)℃］、冰箱（2~5℃）、恒温水浴箱（36~56℃）、天平（感量0.1g、0.01g）、均质器、振荡器、离心机（转速 3000×g~5000×g）、微量加样器（20~200μL、200~1000μL）、微量多通道加样器（50~300μL）、酶标仪（波长450nm）、自动洗板机（可选择使用）。

无菌吸管（1mL，具0.01mL刻度；10mL，具0.1mL刻度）或微量移液器及吸头、无菌锥形瓶（容量100mL、500mL）、离心管（50mL）、滤器（滤膜孔径0.2μm）、无菌培养皿（直径90mm）、涂布棒、pH计或pH比色管或精密pH试纸。

（二）培养基和试剂

培养基：7.5%氯化钠肉汤、血琼脂平板、Baird-Parker琼脂平板、脑心浸出液肉汤（BHI）、营养琼脂小斜面、肠毒素产毒培养基。

试剂：兔血浆、革兰氏染色液、无菌生理盐水、Tris缓冲液、磷酸盐缓冲液（pH 7.4）、庚烷、10%次氯酸钠溶液、金黄色葡萄球菌肠毒素分型（A、B、C、D、E型）ELISA检测试剂盒。

（三）检验程序

金黄色葡萄球菌定性检验程序如图6-5所示。

（四）操作步骤

1. 样品制备

无菌操作取样品25g（mL），加入225mL 7.5%氯化钠肉汤，使用旋转刀片式均质器8000r/min均质1min，或者拍击式均质器拍击2min，制备成1∶10的样品匀液。如无均质器，则将样品放入无菌乳钵中，加入25g（mL）样品和225mL 7.5%氯化钠肉汤共同进行研磨，样品磨碎后放入500mL无菌锥形瓶充分振荡，制备1∶10的样品匀液。

若为液体样品则无需均质，直接振荡混匀即可。

金黄色葡萄球菌检验——定性法

2. 增菌

取上述样品匀液在生化培养箱中（36±1）℃培养18~24h。金黄色葡萄球菌生长使7.5%氯化钠肉汤浑浊。

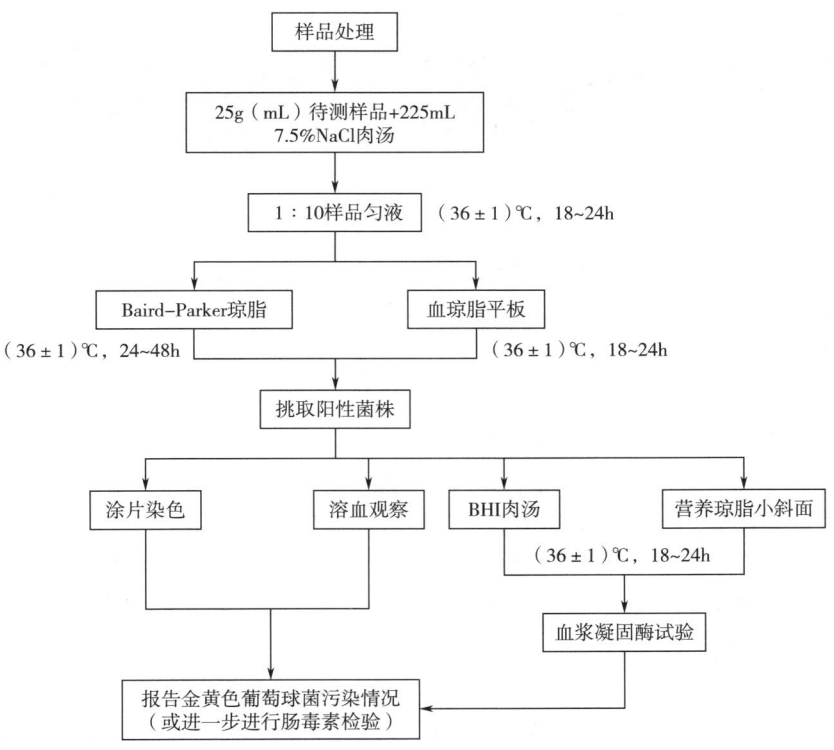

图 6-5 金黄色葡萄球菌定性检验程序

3. 分离

将增菌后的培养物，分别划线接种到 Baird-Parker 平板和血琼脂平板，血琼脂平板（36±1）℃培养 18~24h，Baird-Parker 平板（36±1）℃培养 24~48h。

4. 初步鉴定

金黄色葡萄球菌在 Baird-Parker 平板上呈圆形，表面光滑、凸起、湿润，直径 2~3mm。其颜色介于灰黑至黑色之间，具有光泽，通常边缘呈浅色（非白色），周围常有不透明圈（沉淀），并且常带有清晰边界。用接种针接触菌落时，触感类似黄油般的黏稠。有时可能出现不分解脂肪的变异菌株，其外观基本相同，但不具备不透明圈和清晰边界。

在血琼脂平板上，金黄色葡萄球菌形成的菌落较大，呈圆形，表面光滑、凸起、湿润，颜色为金黄色（偶尔为白色），周围可能有完全透明的溶血圈。挑取上述疑似菌落进行革兰氏染色镜检和血浆凝固酶试验。

两种琼脂平板培养基上的菌落特征如表 6-16 所示。

表 6-16　金黄色葡萄球菌属在不同选择性琼脂平板培养基上的菌落颜色及特征

平板培养基类型	菌落颜色	菌落特征	备注
Bard-Parker 琼脂平板	灰黑色、黑色、具有光泽	菌落圆形，表面光滑、凸起、湿润 菌落边缘呈浅色，有清晰边界；接种针接触有黏稠感	从长期贮存的冷冻食品或脱水食品中分离的菌株颜色较浅、外观较粗糙、质地较干燥

续表

平板培养基类型	菌落颜色	菌落特征	备注
血琼脂平板	金黄色、白色	菌落较大，圆形、光滑、凸起、湿润 菌落边缘有透明溶血圈	—

5. 确证鉴定

（1）染色镜检　金黄色葡萄球菌为革兰氏阳性球菌，排列呈葡萄球状，无芽孢，无荚膜，直径为 0.5~1μm。

（2）血浆凝固酶试验　挑取 Baird-Parker 平板或血琼脂平板上至少 5 个可疑菌落（可疑菌落数≤5 个全选），分别接种到 5mL BHI 和营养琼脂小斜面，(36±1)℃培养 18~24h。

将新鲜配制的兔血浆取 0.5mL 置于小试管中，随后加入上述 BHI 培养物 0.2~0.3mL，充分振荡混匀。将混合物放置于（36±1）℃的温箱或水浴箱内，在接下来的 6h 里，每 30min 观察一次。同时，以血浆凝固酶试验阳性和阴性葡萄球菌菌株的肉汤培养物作为对照。也可按商品化试剂说明书的操作步骤进行血浆凝固酶试验。

阳性结果为试管倾斜或倒置时出现凝块，或凝固体积大于原体积的一半。如对结果存疑，挑取上述培养后的营养琼脂小斜面的菌落到 5mL BHI，于（36±1）℃培养 18~48h，重复试验。

6. 葡萄球菌肠毒素检验（选做项目）

（1）从不同样品中分离葡萄球菌肠毒素　对牛奶和奶粉样品，将 25g 奶粉溶解到 125mL、pH 8.0、0.25mol/L 的 Tris 缓冲液中，充分混匀。将混合液置于 15℃，3500g 离心速度离心 10min。然后，将在混合液表面形成的脂肪层移走，即得到脱脂牛奶。随后使用蒸馏水对脱脂牛奶进行稀释（1∶20）。最后，取 100μL 稀释后的样液进行后续试验。

对脂肪含量不超过 40% 的食品，称取 10g 样品绞碎，加入 pH 7.4 的 PBS 缓冲液 15mL，混合均质。振摇 15min 后于 15℃下离心 10min，离心速度 3500g。必要时，移去混合液上面的脂肪层。最后取上清液进行过滤除菌，取 100μL 的滤出液进行试验。

对脂肪含量超过 40% 的食品，同样称取 10g 样品绞碎，加入 pH 7.4 的 PBS 缓冲液 15mL，混合均质。振摇 15min 后于 15℃，3500g 离心 10min。吸取 5mL 上层悬浮液，转移到另外一个离心管中，再加入 5mL 的庚烷，充分混匀 5min，随后于 15℃，3500g 离心 5min。将上部有机相（庚烷层）全部弃去，该过程中不要残留庚烷。最后将下部水相层进行过滤除菌，取 100μL 的滤出液进行试验。

其他类型食品可酌情参考以上食品处理方法。

（2）ELISA 检测　所有操作均应在室温（20~25℃）下进行，A、B、C、D、E 型金黄色葡萄球菌肠毒素分型 ELISA 检测试剂盒中所有试剂的温度均应回升至室温方可使用。测定中吸取不同的试剂和样品溶液时应更换吸头，用过的吸头以及废液处理前要浸泡到 10% 次氯酸钠溶液中过夜。

①将所需数量的微孔条插入框架中（一个样品对应一个微孔条）。将样品液加入微孔条的 A~G 孔，每孔 100μL。H 孔加 100μL 的阳性对照，用手轻拍微孔板充分混匀，用黏胶纸封

住微孔以防溶液挥发,置室温下孵育 1h。

②将孔中液体倾倒至含 10% 次氯酸钠溶液的容器中,并在吸水纸上拍打几次以确保孔内不残留液体。每孔用多通道加样器注入 250μL 的洗液,再倾倒掉并在吸水纸上拍干。重复以上洗板操作 4 次。本步骤也可由自动洗板机完成。

③每孔加入 100μL 的酶标抗体,用手轻拍微孔板充分混匀,置室温下孵育 1h。

④重复步骤②的洗板过程。

⑤加 50μL 的 TMB 底物和 50μL 的发色剂至每个微孔中,轻拍混匀,室温黑暗避光处孵育 30min。

⑥加入 100μL 的 2mol/L 硫酸终止液,轻拍混匀,30min 内用酶标仪在 450nm 波长条件下测量每个微孔溶液的吸光度值,记录数据结果。

(3) ELISA 结果表述　吸光度值小于临界值的样品孔判为阴性,表述为样品中未检出某型金黄色葡萄球菌肠毒素;吸光度值大于或等于临界值的样品孔判为阳性,表述为样品中检出某型金黄色葡萄球菌肠毒素。

(五)结果与报告

根据上述检测结果,报告 25g(mL)样品中检出或未检出金黄色葡萄球菌;报告食品中肠毒素污染情况。

(六)废物处理

因样品中不排除有其他潜在的传染性物质存在,所以要严格按照 GB 19489—2008《实验室生物安全通用要求》对废弃物进行处理。

三、金黄色葡萄球菌平板计数法

本方法适用于金黄色葡萄球菌含量较高的食品中金黄色葡萄球菌的计数。

金黄色葡萄球菌检验——平板计数法

平板计数法是一种微生物学常用的定量技术。它包括将待测样品在特定培养基上均匀涂布,培养后计数可见的菌落。通过计数这些菌落,可以确定食品样品中金黄色葡萄球菌的数量。该方法常被应用于食品安全和医学领域,用以检测和评估潜在微生物污染的程度。

GB 4789.10—2016《食品安全国家标准　食品微生物学检验　金黄色葡萄球菌检验》中规定了食品中金黄色葡萄球菌的平板计数法。

(一)设备和材料

同本章第四节"二、金黄色葡萄球菌及其肠毒素检测"。

(二)培养基和试剂

培养基:7.5% 氯化钠肉汤、血琼脂平板、Baird-Parker 琼脂平板、脑心浸出液肉汤(BHI)、营养琼脂小斜面。

试剂:兔血浆、革兰氏染色液、无菌生理盐水、磷酸盐缓冲液。

（三）检验程序

金黄色葡萄球菌平板计数法检验程序如图6-6所示。

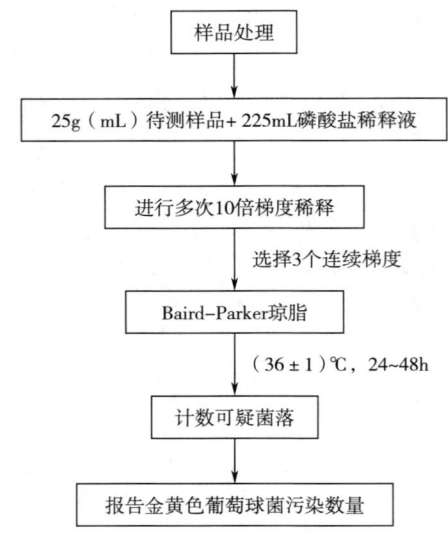

图6-6　金黄色葡萄球菌平板计数法检验程序

（四）操作步骤

1. 样品制备

同本章第四节"二、金黄色葡萄球菌及其肠毒素检测"。

2. 稀释样品

用1mL无菌吸管或微量移液器吸取1:10样品匀液1mL，沿管壁缓慢注于盛有9mL磷酸盐缓冲液或生理盐水的无菌试管中（注意吸管或吸头尖端不要触及稀释液面），振摇试管或换用1mL无菌吸管反复吹打使其混合均匀，制成1:100的样品匀液。重复上述操作，制备10倍系列稀释样品匀液。应注意，每递增稀释一次，换用1次1mL无菌吸管或吸头。

3. 接种样品

根据预估的样品污染程度，选取2~3个适当稀释度的样品匀液，液体样品包括原液。对每个稀释度，进行10倍递增的稀释系列。取1mL样品匀液分别接种到三块Baird-Parker平板上，接种量分别为0.3mL、0.3mL和0.4mL。接着，利用无菌涂布棒均匀覆盖整个平板表面，注意避免接触平板边缘。

使用之前，如平板表面有水珠存在，可将其放置在25~50℃的培养箱中干燥，直至水珠消失为止。此步旨在确保样品均匀地分布在平板上，从而有效地进行后续的菌落计数和分析。

4. 培养样品

在涂布后，将平板静置10min。如样液不易吸收，可将平板放在（36±1）℃培养箱培养1h，等样品匀液吸收后翻转平板，倒置后于（36±1）℃培养24~48h。

5. 典型菌落计数

选择有典型的金黄色葡萄球菌菌落的平板,且同一稀释度 3 个平板所有菌落数合计在 20~200CFU 的平板,计数典型菌落数。

6. 证实可疑菌落

从典型菌落中选择至少 5 个可疑菌落进行鉴定试验。分别做染色镜检,血浆凝固酶试验;同时划线接种到血琼脂平板 (36±1)℃ 培养 18~24h 后观察菌落形态。

7. 结果计算

$$T = \frac{AB}{Cd} \tag{6-1}$$

式中 T——样品中金黄色葡萄球菌菌落数;
　　A——某一稀释度典型菌落的总数;
　　B——某一稀释度鉴定为阳性的菌落数;
　　C——某一稀释度用于鉴定试验的菌落数;
　　d——稀释因子。

以下情况按式（6-1）计算：

（1）只有一个稀释度平板的典型菌落数在 20~200CFU;

（2）最低稀释度平板的典型菌落数<20CFU;

（3）若某一稀释度平板的典型菌落数>200CFU,但下一稀释度平板上没有典型菌落;

（4）若某一稀释度平板的典型菌落数>200CFU,而下一稀释度平板上虽有典型菌落但不在 20~200CFU 范围内。

$$T = \frac{A_1 B_1 / C_1 + A_2 B_2 / C_2}{1.1 d} \tag{6-2}$$

式中 T——样品中金黄色葡萄球菌菌落数;
　　A_1——第一稀释度（低稀释倍数）典型菌落的总数;
　　B_1——第一稀释度（低稀释倍数）鉴定为阳性的菌落数;
　　C_1——第一稀释度（低稀释倍数）用于鉴定试验的菌落数;
　　A_2——第二稀释度（高稀释倍数）典型菌落的总数;
　　B_2——第二稀释度（高稀释倍数）鉴定为阳性的菌落数;
　　C_2——第二稀释度（高稀释倍数）用于鉴定试验的菌落数;
　　1.1——计算系数;
　　d——稀释因子（第一稀释度）。

当 2 个连续稀释度的平板典型菌落数均在 20~200CFU 时,按照式（6-2）计算。

（五）结果与报告

根据式（6-1）、式（6-2）计算结果,报告每 g（mL）样品中金黄色葡萄球菌数,以 CFU/g（mL）表示;如 T 值为 0,则以小于 1 乘以最低稀释倍数报告。

四、金黄色葡萄球菌 MPN 计数法

本方法适用于金黄色葡萄球菌含量较低的食品中金黄色葡萄球菌的计数。

GB 4789.10—2016《食品安全国家标准 食品微生物学检验 金黄色葡萄球菌检验》中规定了食品中金黄色葡萄球菌 MPN 计数法。

金黄色葡萄球菌检验——MPN 计数法

（一）设备和材料

同本章第四节"二、金黄色葡萄球菌及其肠毒素检测"。

（二）培养基和试剂

同本章第四节"二、金黄色葡萄球菌及其肠毒素检测"。

（三）检验程序

金黄色葡萄球菌 MPN 计数法检验程序如图 6-7 所示。

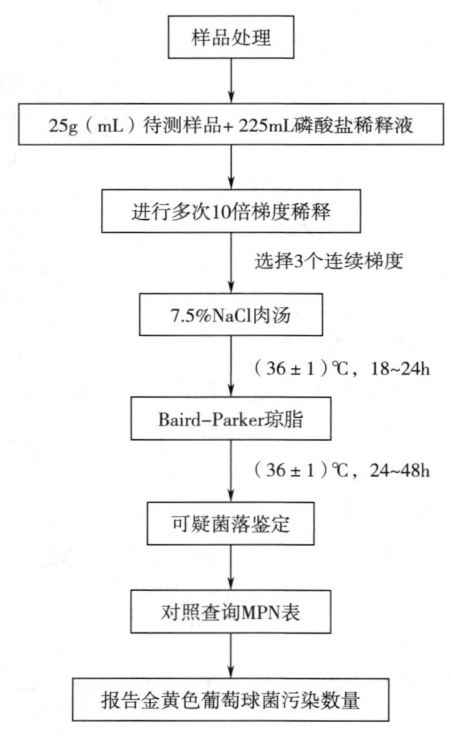

图 6-7 金黄色葡萄球菌 MPN 计数法检验程序

（四）操作步骤

1. 样品制备

同本章第四节"二、金黄色葡萄球菌及其肠毒素检测"。

2. 稀释样品

同本章第四节"三、金黄色葡萄球菌平板计数法"。

3. 样品接种和培养

（1）根据对样品污染状况的估计，选择3个适宜稀释度的样品匀液（液体样品可包括原液），在进行10倍递增稀释的同时，每个稀释度分别接种1mL样品匀液至7.5%氯化钠肉汤（如接种量超过1mL，则用双料7.5%氯化钠肉汤），每个稀释度接种3管，将上述接种物于（36±1）℃培养，培养时间18~24h。

（2）用接种环从培养后的7.5%氯化钠肉汤管中分别取培养物1环，移种于Baird-Parker平板（36±1）℃培养，培养时间24~48h。

4. 典型菌落计数与证实

从典型菌落中选择至少5个可疑菌落进行鉴定试验。分别做染色镜检，血浆凝固酶试验；同时划线接种到血琼脂平板（36±1）℃培养18~24h后观察菌落形态。

（五）结果与报告

根据证实为金黄色葡萄球菌阳性的试管管数，查MPN检索表（见附录四），报告每g（mL）样品中金黄色葡萄球菌的最可能数，以MPN/g（mL）表示。

第五节　食品中溶血性链球菌的检验

一、概述

溶血性链球菌（*Streptococcus hemolyticus*）通常是一种球形或椭圆形的细菌，菌体直径为0.6~1μm，不形成芽孢，无鞭毛，不能运动。该菌通常呈链状排列，长短不一，由4~8个至20~30个菌细胞组成，链的长短与细菌的种类及生长环境有关。值得注意的是，溶血性链球菌一般情况下为革兰氏阳性菌，但当其衰老或被中性粒细胞吞噬后转为革兰氏阴性菌。由于上述形态和特征与葡萄球菌相似，导致二者容易被混淆。

溶血性链球菌为需氧或兼性厌氧菌，对生长条件要求较高，在普通的培养基中生长状态差，需补充一些维生素、氨基酸、血清等生长因子才能生长。该菌在20~42℃环境下可生长，最适生长温度为37℃，最适pH 7.4~7.6。溶血性链球菌的抵抗力一般较差，除了D族链球菌外，其余在60℃环境中加热30min即可杀死，且对医用消毒剂敏感。溶血性链球菌产生的致热外毒素需煮沸1h才能被破坏。

溶血性链球菌具有3种抗原结构，即P抗原（核蛋白抗原）、C抗原（多糖抗原）以及表面抗原。溶血性链球菌还产生多种致病因子，包括链球菌溶血素O、链球菌溶血素S、致热外毒素、透明质酸酶和链激酶等，其中致热外毒素是人类猩红热的主要毒性物质。

溶血性链球菌广泛分布于水、空气、尘埃等环境中，甚至健康人群与动物的口腔、鼻腔和病灶中也存在。该菌可以通过多种途径传播，其中易被污染的食品如乳、肉、蛋及其制品是其传播的重要途径之一。摄入溶血性链球菌污染的食品后，可能会引起人体组织感染、系统感染或猩红热等。

二、溶血性链球菌检验方法

根据 GB 4789.11—2014《食品安全国家标准 食品微生物学检验 β型溶血性链球菌检验》中规定，β型溶血性链球菌检验包括选择性分离、染色镜检、触酶试验、生化鉴定等。

（一）设备和材料

恒温培养箱[（36±1）℃]，冰箱（2~5℃），厌氧培养装置，天平（感量0.1g），均质器与配套均质袋，显微镜（10×~100×）。

无菌吸管[1mL（具0.01mL刻度）、10mL（具0.1mL刻度）]或微量移液器及吸头，无菌锥形瓶（容量100mL、200mL、2000mL），无菌培养皿（直径90mm），pH计或pH比色管或精密pH试纸，水浴装置[（36±1）℃]，全自动微生物生化鉴定系统。

（二）培养基和试剂

培养基：改良胰蛋白胨大豆肉汤（modified tryptone soybean broth，mTSB）、哥伦比亚CNA血琼脂（Columbia CNA blood agar）、哥伦比亚血琼脂（Columbia blood agar）、胰蛋白胨大豆肉汤（tryptone soybean broth，TSB）。

试剂：革兰氏染色液、草酸钾血浆、0.25%氯化钙（$CaCl_2$）溶液、3%过氧化氢（H_2O_2）溶液、生化鉴定试剂盒或生化鉴定卡。

（三）检验程序

溶血性链球菌检验程序如图6-8所示。

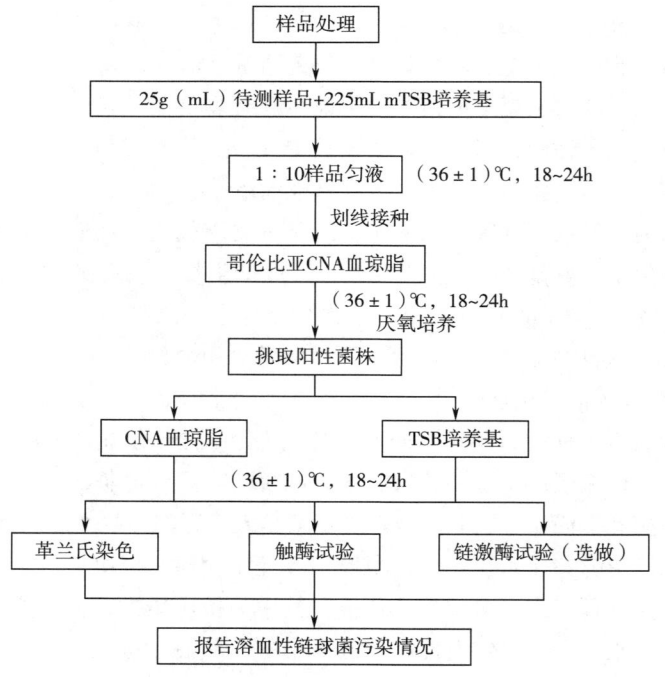

图6-8 溶血性链球菌检验程序

（四）操作步骤

1. 样品制备

无菌操作取样品 25g（mL），加入 225mL TSB 培养基，使用旋转刀片式均质器 8000r/min 均质 1min，或者拍击式均质器拍击 2min，制备成 1∶10 的样品匀液。如无均质器，则将样品放入无菌乳钵中，加入 25g（mL）样品和 225mL TSB 培养基共同进行研磨，样品磨碎后放入 500mL 无菌锥形瓶充分振荡，制备 1∶10 的样品匀液。

若为液体样品则无需均质，直接振荡混匀即可。

2. 增菌

将样品制备中的 1∶10 样品匀液于 (36±1)℃ 条件下，培养 18~24h。

3. 平板划线分离

将经上述处理得到的增菌液，在哥伦比亚 CNA 血琼脂平板上进行划线接种，并将其置于 (36±1)℃ 培养箱中厌氧培养 18~24h，观察菌落形态。溶血性链球菌在哥伦比亚 CNA 血琼脂平板上的典型菌落形态为直径 2~3mm，呈现灰白色、半透明、光滑、表面突起、圆形、边缘整齐的特征，并产生 β 型溶血现象。

4. 鉴定

（1）分纯培养　在经平板划线分离出的平板中，至少挑取 5 个疑似溶血性链球菌菌落在哥伦比亚血琼脂平板上和 TSB 增菌液中分别接种，然后将其置于 (36±1)℃ 培养条件培养 18~24h。

（2）革兰氏染色镜检　在经平板划线分离出的平板中，用接种环挑取疑似溶血性链球菌的菌落按照革兰氏染色方法步骤进行染色，接着放于显微镜上镜检。典型的 β 型溶血性链球菌特征为：革兰氏阳性菌，显微镜下的形态呈球形或卵圆形，常排列成短链状。

（3）触酶试验　在经平板划线分离出的平板中，用接种环挑取疑似溶血性链球菌的菌落于洁净的载玻片上，并向载玻片上菌落处滴加适量 3% 过氧化氢溶液，若该处立即产生大量气泡，则为阳性。正常情况下，β 型溶血性链球菌触酶试验为阴性。

（4）链激酶试验（选做项目）　吸取草酸钾血浆 0.2mL 于 0.8mL 灭菌生理盐水中混匀，再加入 0.5mL 经 (36±1)℃ 培养 18~24h 的疑似溶血性链球菌的 TSB 培养液和 0.25mL 0.25% 氯化钙溶液，然后振荡摇匀，置于 (36±1)℃ 水浴锅中水浴 10min，血浆混合物自行凝固（凝固程度至试管倒置，内容物不流动）。继续 (36±1)℃ 培养 24h，凝固块重新完全溶解为阳性，不溶解为阴性，β 型溶血性链球菌为阳性。

（5）其他检验　使用生化鉴定试剂盒或生化鉴定卡对疑似溶血性链球菌的菌落进行鉴定。

（五）结果与报告

综合以上试验结果，报告每 25g（mL）检样中检出或未检出溶血性链球菌。

第六节 食品中致泻大肠埃希氏菌的检验

一、概述

大肠埃希氏菌（Escherichia coli，简称大肠杆菌）为革兰氏阴性杆菌，需氧或兼性厌氧，不产芽孢，通常具有周生鞭毛，有运动性。大肠埃希氏菌能发酵葡萄糖、乳糖和麦芽糖等，均产酸产气，MR 试验呈阳性反应、V-P 试验呈阴性反应，大多数不致病，是一种在人和温血动物肠道内常见的细菌。有些血清型可引起人体以腹泻症状为主的肠道感染，称为致泻大肠埃希氏菌（Diarrheagenic Escherichia coli，DEC），包括肠道致病性大肠埃希氏菌（Enteropathogenic Escherichia coli，EPEC）、肠道侵袭性大肠埃希氏菌（Enteroinvasive Escherichia coli，EIEC）、产肠毒素大肠埃希氏菌（Enterotoxigenic Escherichia coli，ETEC）、产志贺毒素大肠埃希氏菌（Shiga toxin-producing Escherichia coli，STEC）、肠道集聚性大肠埃希氏菌（Enteroaggregative Escherichia coli，EAEC）。其中产志贺毒素大肠埃希氏菌包括肠道出血性大肠埃希氏菌（Enterohemorrhagic Escherichia coli，EHEC）。

1. **肠道致病性大肠埃希氏菌**

肠道致病性大肠埃希氏菌是能够引起宿主肠黏膜上皮细胞黏附及擦拭性损伤，且不产生志贺毒素的大肠埃希氏菌。该菌是婴幼儿腹泻的主要病原菌，有高度传染性，严重者可致死。

2. **肠道侵袭性大肠埃希氏菌**

肠道侵袭性大肠埃希氏菌是能够侵入肠道上皮细胞而引起痢疾样腹泻的大肠埃希氏菌。该菌无动力、不发生赖氨酸脱羧反应、不发酵乳糖，生化反应和抗原结构均近似痢疾志贺氏菌。侵入上皮细胞的关键基因是侵袭性质粒上的抗原编码基因及其调控基因，如 $ipaH$ 基因（invasive plasmid antigen H-gene，侵袭性质粒抗原 H 基因）、$invE$ 基因（invasive plasmid regulator，侵袭性质粒调节基因）。

3. **产肠毒素大肠埃希氏菌**

产肠毒素大肠埃希氏菌是能够分泌热稳定性肠毒素或/和热不稳定性肠毒素的大肠埃希氏菌。该菌可引起婴幼儿和旅游者腹泻，一般呈轻度水样腹泻，也可呈严重的霍乱样症状，低热或不发热。腹泻常为自限性，一般 2~3d 即自愈。

4. **产志贺毒素大肠埃希氏菌（肠道出血性大肠埃希氏菌）**

产志贺毒素大肠埃希氏菌是能够分泌志贺毒素、引起宿主肠黏膜上皮细胞黏附及擦拭性损伤的大肠埃希氏菌。有些产志贺毒素大肠埃希氏菌在临床上引起人类出血性结肠炎或血性腹泻，并可进一步发展为溶血性尿毒综合征，这类产志贺毒素大肠埃希氏菌为肠道出血性大肠埃希氏菌。

5. **肠道集聚性大肠埃希氏菌**

肠道集聚性大肠埃希氏菌不侵入肠道上皮细胞，但能引起肠道液体蓄积。不产生热稳定性肠毒素或热不稳定性肠毒素，也不产生志贺毒素。唯一特征是能对 Hep-2 细胞形成集聚性黏附，也称 Hep-2 细胞黏附性大肠埃希氏菌。

大肠埃希氏菌 O157：H7 是与公共卫生有关的最重要的产志贺毒素大肠埃希氏菌血清类

型。产志贺毒素大肠埃希氏菌可在 7~50℃ 的温度中生长，其最佳生长温度为 37℃。一些产志贺毒素大肠埃希氏菌可在 pH 达到 4.4 的酸性食品和最低水分活度（A_w）为 0.95 的食品中生长。由产志贺毒素大肠埃希氏菌引起的疾病症状包括腹部绞痛和腹泻，有时可能发展为血性腹泻（出血性大肠炎），还可能出现发烧和呕吐。潜伏期可能为 3~8d，平均为 3~4d。大多数病人 10d 内康复，但是有少数病人（特别是幼儿和老年人）的感染可能发展为危及生命的疾病，如溶血性尿毒综合征。据估计，10% 的产志贺毒素大肠埃希氏菌感染者可发展为溶血性尿毒综合征，病死率为 3%~5%。通过彻底煮熟食物，使食物的所有部分达到至少 70℃ 以上时可杀灭产志贺毒素大肠埃希氏菌。

GB 29921—2021《食品安全国家标准 预包装食品中致病菌限量》，对预包装牛肉制品、即食生肉制品、发酵肉制品类的肉制品，去皮或预切的水果、去皮或预切的蔬菜及上述类别混合类的预包装即食果蔬制品的致泻大肠埃希氏菌限量要求均为不得检出（每 25g 或每 25mL）。GB/T 9960—2008《鲜、冻四分体牛肉》、GB/T 9961—2008《鲜、冻胴体羊肉》等标准中也规定了需对致泻大肠埃希氏菌进行检验。食品中致泻大肠埃希氏菌的检验执行 GB 4789.6—2016《食品安全国家标准 食品微生物学检验 致泻大肠埃希氏菌检验》，下面以该标准中规定的方法进行介绍。

二、致泻大肠埃希氏菌检验方法

（一）设备和材料

无菌操作台、灭菌锅、恒温培养箱 [（36±1）℃，（42±1）℃]、冰箱（2~5℃）、恒温水浴箱 [（50±1）℃] 或适配 1.5/2.0mL 的金属浴（95~100℃）、振荡器、电子天平（感量 0.1g 和 0.01g）、显微镜（10×~100×）、均质器、低温高速离心机（转速≥13000r/min，控温 4~8℃）、微生物鉴定系统、PCR 仪、水平电泳仪、凝胶成像仪、pH 计或精密 pH 试纸。

容量为 500mL 的无菌均质袋或均质杯、无菌培养皿（90mm）、离心管（1.5 或 2.0mL）、接种环（1μL）、无菌吸管 [1mL（具 0.01mL 刻度）、10mL（具 0.1mL 刻度）] 或微量移液器及吸头（0.5~2μL，2~20μL，20~200μL，200~1000μL）、8 联排管和 8 联排盖。

（二）培养基和试剂

培养基：营养肉汤、肠道菌增菌肉汤、麦康凯琼脂（MAC）、伊红美蓝琼脂（EMB）、三糖铁（TSI）琼脂、蛋白胨水、半固体琼脂、尿素琼脂（pH 7.2）、氰化钾（KCN）培养基、BHI 肉汤。

试剂：氧化酶试剂、靛基质试剂、革兰氏染色液、福尔马林（含 38%~40% 甲醛）、鉴定试剂盒、大肠埃希氏菌诊断血清、灭菌去离子水、0.85% 灭菌生理盐水、TE（pH 8.0）、10× PCR 反应缓冲液、$MgCl_2$（25mmol/L）、dNTPs（dATP、dTTP、dGTP、dCTP，每种浓度为 2.5mmol/L）、Taq 酶（5U/L）、引物、50×TAE 电泳缓冲液、琼脂糖、溴化乙锭（EB）或其他核酸染料、6× 上样缓冲液、Marker（分子质量包含 100、200、300、400、500、600、700、800、900、1000、1500bp 条带）、致泻大肠埃希氏菌 PCR 试剂盒。

（三）检验程序

致泻大肠埃希氏菌检验程序如图 6-9 所示。

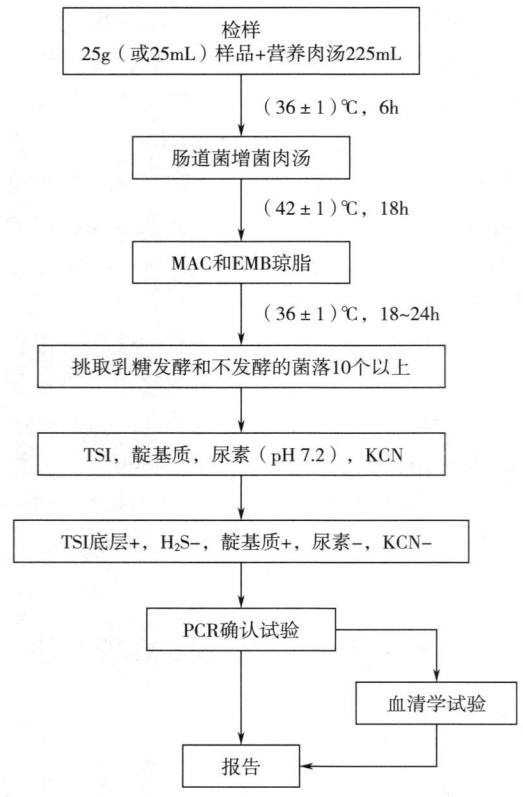

图 6-9　致泻大肠埃希氏菌检验程序

（四）操作步骤

1. 样品制备

（1）固态或半固态样品　以无菌操作称取检样 25g，加入装有 225mL 营养肉汤的均质杯中，用旋转刀片式均质器以 8000~10000r/min 均质 1~2min；或加入装有 225mL 营养肉汤的均质袋中，用拍击式均质器均质 1~2min。

（2）液态样品　以无菌操作量取检样 25mL，加入装有 225mL 营养肉汤的无菌锥形瓶（瓶内可预置适当数量的无菌玻璃珠），振荡混匀。

2. 增菌

将制备好的样品匀液于（36±1）℃ 培养 6h。取 10μL 接种于 30mL 肠道菌增菌肉汤管内，于（42±1）℃ 培养 18h。

3. 分离

将增菌液划线接种 MAC 和 EMB 琼脂平板，于（36±1）℃ 培养 18~24h，观察菌落特征。在 MAC 琼脂平板上，分解乳糖的典型菌落为砖红色至桃红色，不分解乳糖的菌落为无色或淡粉色；在 EMB 琼脂平板上，分解乳糖的典型菌落为中心紫黑色带或不带金属光泽，不分解乳糖的菌落为无色或淡粉色。

4. 生化试验

（1）选取平板上可疑菌落 10~20 个（10 个以下全选），应挑取乳糖发酵，以及乳糖不发酵和迟缓发酵的菌落，分别接种 TSI 斜面。同时将这些培养物分别接种蛋白胨水、尿素琼脂（pH 7.2）和 KCN 肉汤。于 (36±1)℃培养 18~24h。

（2）TSI 斜面产酸或不产酸，底层产酸，靛基质阳性，H_2S 阴性和尿素酶阴性的培养物为大肠埃希氏菌。TSI 斜面底层不产酸，或 H_2S、KCN、尿素有任一项为阳性的培养物，均非大肠埃希氏菌。必要时做革兰氏染色和氧化酶试验。大肠埃希氏菌为革兰氏阴性杆菌，氧化酶阴性。

（3）如选择生化鉴定试剂盒或微生物鉴定系统，可从营养琼脂平板上挑取经纯化的可疑菌落用无菌稀释液制备成浊度适当的菌悬液，使用生化鉴定试剂盒或微生物鉴定系统进行鉴定。

5. PCR 确认试验

（1）取生化反应符合大肠埃希氏菌特征的菌落进行 PCR 确认试验。

注：PCR 实验室区域设计、工作基本原则及注意事项参照《疾病预防控制中心建设标准》（建标 127—2009）和国家卫生和计划生育委员会（原卫生部）（2010）《医疗机构临床基因扩增管理办法》附录（医疗机构临床基因扩增检验实验室工作导则）。

（2）使用 1μL 接种环刮取营养琼脂平板或斜面上培养 18~24h 的菌落，悬浮在 200μL 0.85% 灭菌生理盐水中，充分打散制成菌悬液，于 13000r/min 离心 3min，弃掉上清液。加入 1mL 灭菌去离子水充分混匀菌体，于 100℃水浴或者金属浴维持 10min；冰浴冷却后，13000r/min 离心 3min，收集上清液；按 1∶10 的比例用灭菌去离子水稀释上清液，取 2μL 作为 PCR 检测的 DNA 模板；所有处理后的 DNA 模板直接用于 PCR 反应或暂存于 4℃并当天进行 PCR 反应；否则，应在 -20℃以下保存备用（1周内）。也可用细菌基因组提取试剂盒提取细菌 DNA，操作方法按照细菌基因组提取试剂盒说明书进行。

（3）每次 PCR 反应使用 EPEC、EIEC、ETEC、STEC/EHEC、EAEC 标准菌株作为阳性对照。同时，使用大肠埃希氏菌 ATCC 25922 或等效标准菌株作为阴性对照，以灭菌去离子水作为空白对照，控制 PCR 体系污染。五种致泻大肠埃希氏菌特征基因见表 6-17。

表 6-17　　　　　　　　五种致泻大肠埃希氏菌特征基因

致泻大肠埃希氏菌类别	特征基因	
EPEC	$escV$ 或 eae、$bfpB$	
STEC/EHEC	$escV$ 或 eae、$stx1$、$stx2$	
EIEC	$invE$ 或 $ipaH$	$uidA$
ETEC	lt、stp、sth	
EAEC	$astA$、$aggR$、pic	

（4）PCR 反应体系配制　每个样品初筛需配制 12 个 PCR 扩增反应体系，对应检测 12 个目标基因，具体操作如下：使用 TE 溶液（pH 8.0）将合成的引物干粉稀释成 100μmol/L 储存液。根据表 6-18 中每种目标基因对应 PCR 体系内引物的终浓度，使用灭菌去离子水配制 12 种目标基因扩增所需的 10×引物工作液（以 $uidA$ 基因为例，如表 6-19 所示）。将 10×引物工作液、10×PCR 反应缓冲液、25mmol/L $MgCl_2$、2.5mmol/L dNTPs、灭菌去离子水从 -20℃冰箱中取出，融化并平衡至室温，使用前混匀；5U/μL Taq 酶在加样前从 -20℃冰箱中取出。

每个样品按照表6-20的加液量配制12个25μL反应体系,分别使用12种目标基因对应的10×引物工作液。

表6-18　五种致泻大肠埃希氏菌目标基因引物序列及每个PCR体系内的终浓度

引物名称	引物序列[a]	菌株编号及对应Genbank编码	引物所在位置	终浓度n/(μmol/L)	PCR产物长度/bp
uidA-F	5′-ATG CCA GTC CAG CGT TTT TGC-3′	Escherichia coli DH1Ec169（accession no. CP012127.1）	1673870~1673890	0.2	1487
uidA-R	5′-AAA GTG TGG GTC AAT AAT CAG GAA GTG-3′		1675356~1675330	0.2	
escV-F	5′-ATT CTG GCT CTC TTC TTC TTT ATG GCT G-3′	Escherichia coli E2348/69（accession no. FM180568.1）	4122765~4122738	0.4	544
escV-R	5′-CGT CCC CTT TTA CAA ACT TCA TCGC-3′		4122222~4122246	0.4	
eae-F[①]	5′-ATT ACC ATC CAC ACA GAC GGT-3′	EHEC（accession no. Z11541.1）	2651~2671	0.2	397
eae-R[①]	5′-ACA GCG TGG TTG GAT CAA CCT-3′		3047~3027	0.2	
bfpB-F	5′-GAC ACC TCA TTG CTG AAG TCG-3′	Escherichia coli E2348/69（accession no. FM180569.1）	3796~3816	0.1	910
bfpB-R	5′-CCA GAA CAC CTC CGT TAT GC-3′		4702~4683	0.1	
stx1-F	5′-CGA TGT TAC GGT TTG TTA CTG TGA CAG C-3′	Escherichia coli EDL933（accession no. AE005174.2）	2996445~2996418	0.2	244
stx1-R	5′-AAT GCCACG CTT CCC AGA ATT G-3′		2996202~2996223	0.2	
stx2-F	5′-GTT TTG ACC ATCTTC GTC TGATTA TTG AG-3′	Escherichia coli EDL933（accession no. AE005174.2）	1352543~1352571	0.4	324
stx2-R	5′-AGC GTA AGG CTT CTG CTG TGA C-3′		1352866~1352845	0.4	
lt-F	5′-GAA CAG GAG GTTTCT GCG TTA GGT G-3′	Escherichia coli E24377A（accession no. CP000795.1）	17030~17054	0.1	655
lt-R	5′-CTT TCA ATG GCT TTT TTTGG GAG TC-3′		17684~17659	0.1	

续表

引物名称	引物序列[3]	菌株编号及对应Genbank编码	引物所在位置	终浓度 $n/$ ($\mu mol/L$)	PCR产物长度/bp
stp-F	5′-CCT CTT TTA GYC AGA CARCTG AAT CAS TTG-3′	Escherichia coli EC2173（accession no. AJ555214.1）/// E. coli F7682（accession no. AY342057.1）	1979~1950/// 14-43	0.4	157
stp-R	5′-CAGGCA GGA TTA CAA CAAAGT TCA CAG-3′		1823~1849/// 170-144	0.4	
sth-F	5′-TGT CTT TTT CAC CTT TCG CTC-3′	Escherichia coli E24377A（accession no. CP000795.1）	11389~11409	0.2	171
sth-R	5′-CGG TAC AAG CAG GAT TACAAC AC-3′		11559~11537	0.2	
invE-F	5′-CGA TAG ATG GCG AGA AAT TAT ATC CCG-3′	Escherichia coli serotype O164（accession no. AF283289.1）	921~895	0.2	766
invE-R	5′-CGA TCA AGA ATC CCT AAC AGA AGA ATC AC-3′		156~184	0.2	
ipaH-F[2]	5′-TTG ACC GCC TTT CCG ATA CC-3′	Escherichia coli 53638（accession no. CP001064.1）	11471~11490	0.1	647
ipaH-R[2]	5′-ATC CGC ATC ACC GCT CAGAC-3′		12117~12098	0.1	
aggR-F	5′-ACG CAG AGT TGC CTG ATAAAG-3′	Escherichia coli enteroaggregative17-2（accession no. Z18751.1）	59~79	0.2	400
aggR-R	5′-AAT ACA GAA TCG TCA GCA TCA GC-3′		458~436	0.2	
pic-F	5′-AGC CGT TTC CGC AGA AGCC-3′	Escherichia coli 042（accession no. AF097644.1）	3700~3682	0.2	1111
pic-R	5′-AAA TGT CAG TGA ACC GAC GAT TGG-3′		2590~2613	0.2	
astA-F	5′-TGC CAT CAA CAC AGT ATA TCC G-3′	Escherichia coli ECOR33（accession no. AF161001.1）	2~23	0.4	102
astA-R	5′-ACG GCT TTG TAG TCC TTC CAT-3′		103~83	0.4	
16S rDNA-F	5′-GGA GGC AGC AGT GGG AAT A-3′	Escherichia coli strain ST2747（accession no. CP007394.1）	149585~149603	0.25	1062
16S rDNA-R	5′-TGA CGG GCG GTG TGT ACA AG-3′		150645~150626	0.25	

注：①escV 和 eae 基因选作其中一个；
②invE 和 ipaH 基因选作其中一个；
③表中不同基因的引物序列可采用可靠性验证的其他序列代替。

表 6-19　每种目标基因扩增所需 10× 引物工作液配制表

引物名称	体积/μL	引物名称	体积/μL
100μmol/L uidA-F	10× n	灭菌去离子水	100-2×（10× n）
100μmol/L uidA-R	10× n	总体积	100

注：n 表示每条引物在反应体系内的终浓度（详见表 6-18）。

表 6-20　五种致泻大肠埃希氏菌目标基因扩增体系配制表

试剂名称	加样体积/μL	试剂名称	加样体积/μL
灭菌去离子水	12.1	10× 引物工作液	2.5
10× PCR 反应缓冲液	2.5	5U/μL Taq 酶	0.4
25mmol/L MgCl$_2$	2.5	DNA 模板	2.0
2.5mmol/L dNTPs	3.0	总体积	25

（5）PCR 循环条件　预变性 94℃、5min；变性 94℃、30s，复性 63℃、30s，延伸 72℃、1.5min，30 个循环；72℃延伸 5min。将配制完成的 PCR 反应管放入 PCR 仪中，核查 PCR 反应条件正确后，启动反应程序。

（6）称量 4.0g 琼脂糖粉，加入 200mL 的 1×TAE 电泳缓冲液中，充分混匀。使用微波炉反复加热至沸腾，直到琼脂糖粉完全溶化形成清亮透明的溶液。待琼脂糖溶液冷却至 60℃ 左右时，加入溴化乙锭（EB）至终浓度为 0.5μg/mL，充分混匀后，轻轻倒入已放置好梳子的模具中，凝胶长度要大于 10cm，厚度以 3~5mm 为宜。检查梳齿下或梳齿间有无气泡，用一次性吸头小心排掉琼脂糖凝胶中的气泡。当琼脂糖凝胶完全凝结硬化后，轻轻拔出梳子，小心将胶块和胶床放入电泳槽中，样品孔放置在阴极端。向电泳槽中加入 1×TAE 电泳缓冲液，液面高于胶面 1~2mm。将 5μL PCR 产物与 1μL 6×上样缓冲液混匀后，用微量移液器吸取混合液垂直伸入液面下胶孔，小心上样于孔中；阳性对照的 PCR 反应产物加入最后一个泳道；第一个泳道中加入 2μL 分子质量 Marker。接通电泳仪电源，根据公式：电压＝电泳槽正负极间的距离（cm）×5V/cm 计算并设定电泳仪电压数值；启动电压开关，电泳开始以正负极铂金丝出现气泡为准。电泳 30~45min 后，切断电源。取出凝胶放入凝胶成像仪中观察结果，拍照并记录数据。

（7）结果判定　电泳结果中空白对照应无条带出现，阴性对照仅有 uidA 条带扩增，阳性对照中出现所有目标条带，PCR 试验结果成立。根据电泳图中目标条带大小，判断目标条带的种类，记录每个泳道中目标条带的种类，在表 6-21 中查找不同目标条带种类及组合所对应的致泻大肠埃希氏菌类别。

（8）如用商品化 PCR 试剂盒或多重聚合酶链反应（MPCR）试剂盒，应按照试剂盒说明书进行操作和结果判定。

6. 血清学试验（选做项目）

（1）取 PCR 试验确认为致泻大肠埃希氏菌的菌株进行血清学试验。

注：应按照生产商提供的使用说明进行 O 抗原和 H 抗原的鉴定。当生产商的使用说明与下面的描述可能有偏差时，按生产商提供的使用说明进行。

表 6-21　　　　　　　　　五种致泻大肠埃希氏菌目标条带与型别对照表

致泻大肠埃希氏菌类别	目标条带的种类组合	
EAEC	*aggR*, *astA*, *pic* 中一条或一条以上阳性	
EPEC	*bfp*B（+/−），*esc*V^①（+），*stx*1（+），*stx*2（+）	
STEC/EHEC	*esc*V^①（+/−），*stx*1（+），*stx*2（−），*bfp*B（−）	*uidA*^③（+/−）
	*esc*V^①（+/−），*stx*1（−），*stx*2（+），*bfp*B（−）	
	*esc*V^①（+/−），*stx*1（+），*stx*2（+），*bfp*B（−）	
ETEC	*lt*, *stp*, *sth* 中一条或一条以上阳性	
EIEC	*invE*^②（+）	

注：①在判定 EPEC 或 SETC/EHEC 时，*escV* 与 *eae* 基因等效；
②在判定 EIEC 时，*invE* 与 *ipaH* 基因等效；
③97%以上大肠埃希氏菌为 *uidA* 阳性。

(2) O 抗原鉴定

①假定试验：挑取经生化试验和 PCR 试验证实为致泻大肠埃希氏菌的营养琼脂平板上的菌落，根据致泻大肠埃希氏菌的类别，选用大肠埃希氏菌单价或多价 OK 血清做玻片凝集试验。当与某一种多价 OK 血清凝集时，再与该多价血清所包含的单价 OK 血清做凝集试验。致泻大肠埃希氏菌所包括的 O 抗原群见表 6-22。如与某一单价 OK 血清呈现凝集反应，即为假定试验阳性。

表 6-22　　　　　　　　　致泻大肠埃希氏菌主要的 O 抗原

DEC 类别	DEC 主要的 O 抗原
EPEC	O26 O55 O86 O111ab O114 O119 O125ac O127 O128ab O142 O158 等
STEC/EHEC	O4 O26 O45 O91 O103 O104 O111 O113 O121 O128 O157 等
EIEC	O28ac O29 O112ac O115 O124 O135 O136 O143 O144 O152 O164 O167 等
ETEC	O6 O11 O15 O20 O25 O26 O27 O63 O78 O85 O114 O115 O128ac O148 O149 O159 O166 O167 等
EAEC	O9 O62 O73 O101 O134 等

②证实试验：用 0.85%灭菌生理盐水制备 O 抗原悬液，稀释至与 Mac Farland 3 号比浊管相当的浓度。原效价为 1∶160~1∶320 的 O 血清，用 0.5%盐水稀释至 1∶40。将稀释血清与抗原悬液于 10mm×75mm 试管内等量混合，做单管凝集试验。混匀后放于（50±1）℃水浴箱内，经 16h 后观察结果。如出现凝集，可证实为该 O 抗原。

(3) H 抗原鉴定

①取菌株穿刺接种半固体琼脂管，（36±1）℃培养 18~24h，取顶部培养物 1 环接种至 BHI 液体培养基中，于（36±1）℃培养 18~24h。加入福尔马林至终浓度为 0.5%，做玻片凝集或试管凝集试验。

②若待测抗原与血清均无明显凝集，应从首次穿刺培养管中挑取培养物，再进行 2~3 次

半固体管穿刺培养，按照①进行试验。

(五) 结果与报告

(1) 根据生化试验、PCR 确认试验的结果，报告 25g（或 25mL）样品中检出或未检出某类致泻大肠埃希氏菌。

(2) 如果进行血清学试验，根据血清学试验的结果，报告 25g（或 25mL）样品中检出的某类致泻大肠埃希氏菌血清型别。

第七节　食品中单核细胞增生李斯特菌的检验

一、概述

单核细胞增生李斯特菌（*Listeria monocytogenes*，简称单增李斯特菌）为革兰氏阳性短杆菌，长度为 0.5~2μm（图 6-10），不产芽孢，兼性厌氧，但是，随着培养时间的延长，革兰氏染色结果和形态可能会产生变化，如在陈旧培养基中的菌体可呈丝状及革兰氏染色阴性。过氧化氢酶阳性，氧化酶阴性，在特定培养条件下（20~25℃）可产生鞭毛、运动活泼。该菌是李斯特菌属中唯一可以引起人类患病的菌种，是一种人畜共患致病菌，人和动物感染单核细胞增生李斯特菌通常是因为摄入了其污染的食品、水源等，主要引起侵袭性李斯特菌病和肠胃炎。侵袭性李斯特菌病通常影响老年人、孕妇、新生儿和免疫功能低下个体，并导致脑膜炎、流产等病症，致死率高达 20%~30%；在动物中，单核细胞增生李斯特菌致病主要发生于牛和羊，症状一般为单核细胞增多、脑炎、流产等。单核细胞增生李斯特菌在自然界中广泛存在，包括土壤、水、饲料、动物消化道等，主要污染肉制品、乳制品、果蔬、海鲜、冷藏食品等，是我国即食肉制品中风险等级最高的致病菌。

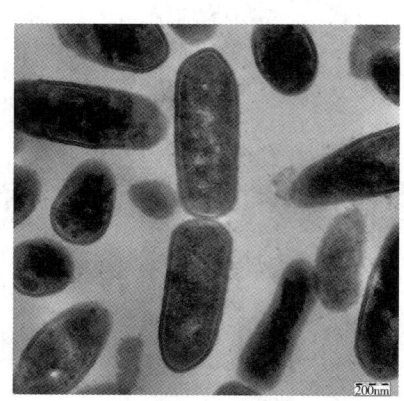

图 6-10　单核细胞增生李斯特菌在生物透射电子显微镜下的结构形态（切片处理）

该菌对环境的适应能力强，耐低温（1~45℃可生长，-20℃下可以存活 1 年）、耐高盐（能够在 10% 的氯化钠中生长）、耐酸（pH 3.8~4，pH 4 时可缓慢生长）、耐巴氏杀菌、可以形成生物膜，生长所需的水分活度（A_w）为 0.90~0.97。耐低温的特性使其成为冷藏食品中威胁人类健康的主要病原菌之一，被称为"冰箱杀手"。

根据鞭毛（H）抗原和菌体（O）抗原分类，单核细胞增生李斯特菌可分为 13 个血清型，分别为 1/2a、1/2b、1/2c、3a、3b、3c、4a、4ab、4b、4c、4d、4e 和 7 型，还可以进一步分为三个谱系，分别为 I、II 和 IV。其中血清型 1/2b、3b、4ab、4b、4d、4e 和 7 型属于谱系 I，血清型 1/2a、1/2c、3a 和 3c 属于谱系 II，血清型 4a、4c 和非典型 4b 型属于谱系 III。血清型 1/2a 在食品中检出率最高，但绝大多数食源性疾病由 4b 型引起，1/2a 与 1/2b 型次之，4a 与 4c 型则很少引起人发病。研究表明，血清型 1/2a 菌株由于与其他血清型菌株相比在不同环境中的适应性更强，在各种食品中分布更为广泛，血清型 3a、3b、3c、4a、4c、4d、4e 和 7 型则较少从食品和临床样品中鉴定出来。

单核细胞增生李斯特菌共有 4 个李斯特菌致病岛（Listeria pathogenicity islands，LIPI），分别为 LIPI-1、LIPI-2、LIPI-3 和 LIPI-4，它们参与该菌感染宿主的各个阶段，包括侵袭、逃逸、胞内增殖和胞间的传播等，主要涉及李斯特菌溶血素 O（LLO）、磷脂酶（磷脂酰肌醇磷脂酶 C 和磷脂酰胆碱磷脂酶 C）、肌动蛋白聚集蛋白（ActA）、细胞壁水解酶 p60 等毒力因子。该菌对大多数抗生素都较敏感，但近年来发现单核细胞增生李斯特菌对氨苄青霉素、四环素和环丙沙星等出现耐药性，甚至是多重耐药。

GB 29921—2021《食品安全国家标准 预包装食品中致病菌限量》，对预包装乳制品、肉制品、即食果蔬制品、冷冻饮品中的单核细胞增生李斯特菌限量均为不得检出（每 25g 或每 25mL）；对预包装即食生制动物性水产制品中单核细胞增生李斯特菌的限量标准为少于 100CFU/25g。食品中单核细胞增生李斯特菌的检验执行 GB 4789.30—2016《食品安全国家标准 食品微生物学检验 单核细胞增生李斯特氏菌检验》，包括第一法单核细胞增生李斯特菌定性检验、第二法单核细胞增生李斯特菌平板计数法和第三法单核细胞增生李斯特菌 MPN 计数法。其中，第一法适用于食品中单核细胞增生李斯特菌的定性检验；第二法适用于单核细胞增生李斯特菌含量较高的食品中单核细胞增生李斯特菌的计数；第三法适用于单核细胞增生李斯特菌含量较低（<100CFU/g）而杂菌含量较高的食品中单核细胞增生李斯特菌的计数，特别是牛奶、水以及含干扰菌落计数的颗粒物质的食品。下面以 GB 4789.30—2016 中规定的方法进行介绍。

二、单核细胞增生李斯特菌定性检验（第一法）

（一）设备和材料

冰箱（2~5℃）、恒温培养箱[（30±1）℃、（36±1）℃]、均质器、显微镜（10×~100×）、电子天平（感量 0.1g）、全自动微生物生化鉴定系统。

锥形瓶（100mL、500mL）、1mL（具 0.01mL 刻度）和 10mL（具 0.1mL 刻度）的无菌吸管或微量移液器及吸头、无菌平皿（直径 90mm）、无菌试管（16mm×160mm）、离心管（30mm×100mm）、无菌注射器（1mL）、单核细胞增生李斯特菌（Listeria monocytogenes）ATCC 19111 或 CMCC 54004 或其他等效标准菌株、英诺克李斯特菌（Listeria innocua）ATCC 33090 或其他等效标准菌株、伊氏李斯特菌（Listeria ivanovii）ATCC 19119 或其他等效标准菌株、斯氏李斯特菌（Listeria seeligeri）ATCC 35967 或其他等效标准菌株、金黄色葡萄球菌（Staphylococcus aureus）ATCC 25923 或其他产 β-溶血环金葡菌或其他等效标准菌株、马红球菌（Rhodococcus equi）ATCC 6939 或 NCTC 1621 或其他等效标准菌株、小鼠（ICR 体重 18~22g）。

（二）培养基和试剂

培养基：含 0.6%酵母浸膏的胰酪胨大豆肉汤（TSB-YE）、含 0.6%酵母浸膏的胰酪胨大豆琼脂（TSA-YE）、李氏增菌肉汤 LB（LB_1、LB_2）、PALCAM 琼脂、SIM 动力培养基、5%~8%羊血琼脂、李斯特菌显色培养基。

试剂：1%盐酸吖啶黄（acriflavine HCl）溶液、1%萘啶酮酸钠盐（nalidixic acid）溶液、革兰氏染液、缓冲葡萄糖蛋白胨水［甲基红（MR）和V-P试验用］、糖发酵管、过氧化氢试剂、生化鉴定试剂盒或全自动微生物鉴定系统、缓冲蛋白胨水。

（三）检验程序

单核细胞增生李斯特菌定性检验程序如图6-11所示。

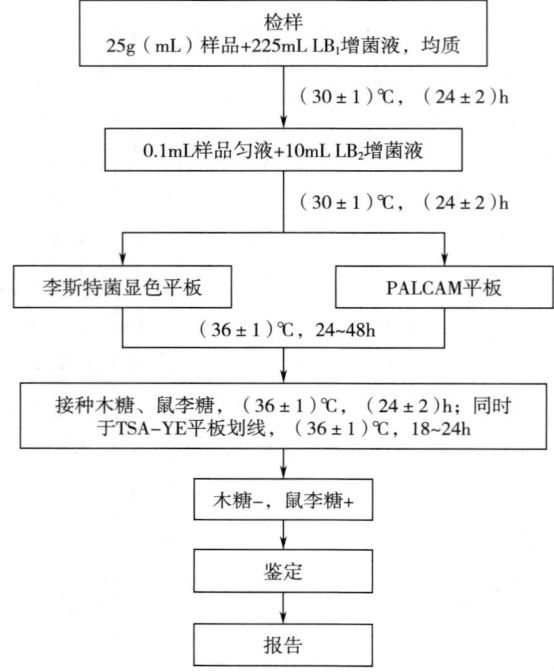

图6-11 单核细胞增生李斯特菌定性检验程序

（四）操作步骤

1. 增菌

以无菌操作取样品25g（mL）加入含有225mL LB_1 增菌液的均质袋中，在拍击式均质器上连续均质1~2min；或放入盛有225mL LB_1 增菌液的均质杯中，以8000~10000r/min均质1~2min。于（30±1）℃培养（24±2）h，移取0.1mL，转种于10mL LB_2 增菌液内，于（30±1）℃培养（24±2）h。

2. 分离

取 LB_2 二次增菌液划线接种于李斯特菌显色平板和PALCAM琼脂平板，于（36±1）℃培养24~48h，观察各个平板上生长的菌落。典型菌落在PALCAM琼脂平板上为小的圆形灰绿色菌落，周围有棕黑色水解圈，有些菌落有黑色凹陷；在李斯特菌显色平板上的菌落特征，参照产品说明进行判定。

3. 初筛

自选择性琼脂平板上分别挑取3~5个典型或可疑菌落，分别接种木糖、鼠李糖发酵管，于（36±1）℃培养（24±2）h，同时在 TSA-YE 平板上划线，于（36±1）℃培养 18~24h，然后选择木糖阴性、鼠李糖阳性的纯培养物继续进行鉴定。

4. 鉴定（或选择生化鉴定试剂盒或全自动微生物鉴定系统等）

（1）染色镜检　李斯特菌为革兰氏阳性短杆菌，大小为（0.4~0.5）μm×（0.5~2.0）μm；用生理盐水制成菌悬液，在油镜或相差显微镜下观察，该菌出现轻微旋转或翻滚样的运动。

（2）动力试验　挑取纯培养的单个可疑菌落穿刺半固体或 SIM 动力培养基，于 25~30℃培养 48h，李斯特菌有动力，在半固体或 SIM 培养基上方呈伞状生长，如伞状生长不明显，可继续培养 5d，再观察结果。

（3）生化鉴定　挑取纯培养的单个可疑菌落，进行过氧化氢酶试验，过氧化氢酶阳性反应的菌落继续进行糖发酵试验和 MR-VP 试验。单核细胞增生李斯特菌的主要生化特征见表 6-23。

（4）溶血试验　将新鲜的羊血琼脂平板底面划分为 20~25 个小格，挑取纯培养的单个可疑菌落刺种到血平板上，每格刺种一个菌落，并刺种阳性对照菌（单核细胞增生李斯特菌、伊氏李斯特菌和斯氏李斯特菌）和阴性对照菌（英诺克李斯特菌），穿刺时尽量接近底部，但不要触到底面，同时避免琼脂破裂，（36±1）℃培养 24~48h，于明亮处观察，单增李斯特菌呈现狭窄、清晰、明亮的溶血圈，斯氏李斯特菌在刺种点周围产生弱的透明溶血圈，英诺克李斯特菌无溶血圈，伊氏李斯特菌产生宽的、轮廓清晰的 β-溶血区域，若结果不明显，可置 4℃冰箱 24~48h 再观察。

注：也可用划线接种法。

（5）协同溶血试验 cAMP（选做项目）　在羊血琼脂平板上平行划线接种金黄色葡萄球菌和马红球菌，挑取纯培养的单个可疑菌落垂直划线接种于平行线之间，垂直线两端不要触及平行线，距离 1~2mm，同时接种单核细胞增生李斯特菌、英诺克李斯特菌、伊氏李斯特菌和斯氏李斯特菌，于（36±1）℃培养 24~48h。单核细胞增生李斯特菌在靠近金黄色葡萄球菌处出现 2mm β-溶血增强区域，斯氏李斯特菌也出现微弱的溶血增强区域，伊氏李斯特菌在靠近马红球菌处出现 5~10mm 的"箭头状"β-溶血增强区域，英诺克李斯特菌不产生溶血现象。若结果不明显，可置 4℃冰箱 24~48h 再观察。

注：5%~8% 的单核细胞增生李斯特菌在马红球菌一端有溶血增强现象。

表 6-23　　单核细胞增生李斯特菌生化特征与其他李斯特菌的区别

菌种	溶血反应	葡萄糖	麦芽糖	MR-VP	甘露醇	鼠李糖	木糖	七叶苷
单核细胞增生李斯特菌（L. monocytogenes）	+	+	+	+/+	-	+	-	+
格氏李斯特菌（L. grayi）	-	+	+	+/+	+	-	-	+
斯氏李斯特菌（L. seeligeri）	+	+	+	+/+	-	-	+	+
威氏李斯特菌（L. welshimeri）	-	+	+	+/+	-	V	+	+
伊氏李斯特菌（L. ivanovii）	+	+	+	+/+	-	-	+	+

续表

菌种	溶血反应	葡萄糖	麦芽糖	MR-VP	甘露醇	鼠李糖	木糖	七叶苷
英诺克李斯特菌（L. innocua）	-	+	+	+/+	-	V	-	+

注：+表示阳性；-表示阴性；V表示反应不定。

5. 小鼠毒力试验（可选项目）

将符合上述特性的纯培养物接种于 TSB-YE 中，于（36±1）℃培养24h，4000r/min 离心 5min，弃上清液，用无菌生理盐水制备成浓度为 10^{10} CFU/mL 的菌悬液，取此菌悬液对 3~5 只小鼠进行腹腔注射，每只 0.5mL，同时观察小鼠死亡情况。接种致病株的小鼠于 2~5d 内死亡。试验设单核细胞增生李斯特菌致病株和灭菌生理盐水对照组。单核细胞增生李斯特菌、伊氏李斯特菌对小鼠有致病性。

（五）结果与报告

综合以上生化试验和溶血试验的结果，报告 25g（mL）样品中检出或未检出单核细胞增生李斯特菌。

三、单核细胞增生李斯特菌平板计数法（第二法）

（一）设备和材料

同本章第七节"二、单核细胞增生李斯特菌定性检验（第一法）"。

（二）培养基和试剂

同本章第七节"二、单核细胞增生李斯特菌定性检验（第一法）"。

（三）检验程序

单核细胞增生李斯特菌平板计数法检验程序如图 6-12 所示。

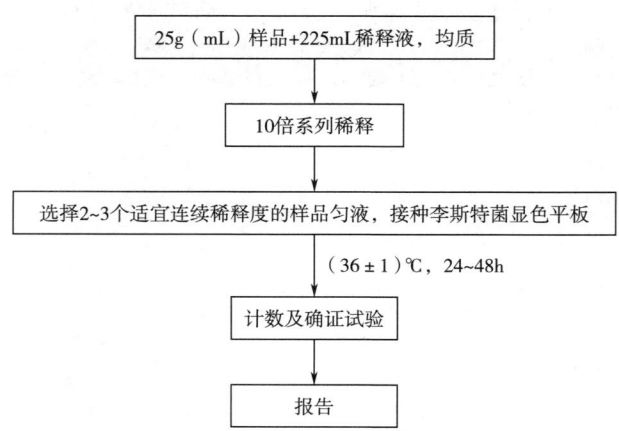

图 6-12　单核细胞增生李斯特菌平板计数法检验程序

（四）操作步骤

1. 样品的稀释

（1）以无菌操作称取样品25g（mL），放入盛有225mL缓冲蛋白胨水或无添加剂的LB肉汤的无菌均质袋（或均质杯）内，在拍击式均质器上连续均质1~2min或以8000~10000r/min均质1~2min。液体样品，振荡混匀，制成1∶10的样品匀液。

（2）用1mL无菌吸管或微量移液器吸取1∶10样品匀液1mL，沿管壁缓慢注于盛有9mL缓冲蛋白胨水或无添加剂的LB肉汤的无菌试管中（注意吸管或吸头尖端不要触及稀释液面），振摇试管或换用1支1mL无菌吸管反复吹打使其混合均匀，制成1∶100的样品匀液。

（3）按上述（2）操作程序，制备10倍系列稀释样品匀液。每递增稀释1次，换用1支1mL无菌吸管或吸头。

2. 样品的接种

根据对样品污染状况的估计，选择2~3个适宜连续稀释度的样品匀液（液体样品可包括原液），每个稀释度的样品匀液分别吸取1mL，以0.3mL、0.3mL、0.4mL的接种量分别加入3块李斯特菌显色平板，用无菌L棒涂布整个平板，注意不要触及平板边缘。使用前，如琼脂平板表面有水珠，可放在25~50℃的培养箱中干燥，直到平板表面的水珠消失。

3. 培养

在通常情况下，涂布后，将平板静置10min，如样液不易吸收，可将平板放在（36±1）℃培养箱培养1h；等样品匀液吸收后翻转平皿，倒置于培养箱，（36±1）℃培养24~48h。

4. 典型菌落计数和确认

（1）单核细胞增生李斯特菌在李斯特菌显色平板上的菌落特征以产品说明为准。

（2）选择有典型单核细胞增生李斯特菌菌落的平板，且同一稀释度3个平板所有菌落数合计在15~150CFU的平板，计数典型菌落数。如果：

①只有一个稀释度的平板菌落数在15~150CFU且有典型菌落，计数该稀释度平板上的典型菌落；

②所有稀释度的平板菌落数均<15CFU且有典型菌落，应计数最低稀释度平板上的典型菌落；

③某一稀释度的平板菌落数>150CFU且有典型菌落，但下一稀释度平板上没有典型菌落，应计数该稀释度平板上的典型菌落；

④所有稀释度的平板菌落数<150CFU且有典型菌落，应计数最高稀释度平板上的典型菌落；

⑤所有稀释度的平板菌落数均不在15~150CFU且有典型菌落，其中一部分<15CFU或>150CFU时，应计数最接近15CFU或150CFU的稀释度平板上的典型菌落。

以上按式（6-3）计算。

$$T = \frac{AB}{Cd} \tag{6-3}$$

式中　T——样品中单核细胞增生李斯特菌菌落数；

　　　A——某一稀释度典型菌落的总数；

　　　B——某一稀释度确证为单核细胞增生李斯特菌的菌落数；

C——某一稀释度用于单核细胞增生李斯特菌确证试验的菌落数；

d——稀释因子。

⑥2个连续稀释度的平板菌落数均在15~150CFU，按式（6-4）计算。

$$T = \frac{A_1B_1/C_1 + A_2B_2/C_2}{1.1d} \qquad (6-4)$$

式中　T——样品中单核细胞增生李斯特菌菌落数；

A_1——第一稀释度（低稀释倍数）典型菌落的总数；

B_1——第一稀释度（低稀释倍数）确证为单核细胞增生李斯特的菌落数；

C_1——第一稀释度（低稀释倍数）用于单核细胞增生李斯特菌确证试验的菌落数；

A_2——第二稀释度（高稀释倍数）典型菌落的总数；

B_2——第二稀释度（高稀释倍数）确证为单核细胞增生李斯特菌的菌落数；

C_2——第二稀释度（高稀释倍数）用于单核细胞增生李斯特菌确证试验的菌落数；

1.1——计算系数；

d——稀释因子（第一稀释度）。

（3）从典型菌落中任选5个菌落（小于5个全选），分别按第一法里初筛、鉴定的方法进行鉴定。

（五）结果与报告

报告每g（mL）样品中单核细胞增生李斯特菌菌数，以CFU/g（mL）表示；如T值为0，则以小于1乘以最低稀释倍数报告。

四、单核细胞增生李斯特菌 MPN 计数法（第三法）

（一）设备和材料

同本章第七节"二、单核细胞增生李斯特菌定性检验（第一法）"。

（二）培养基和试剂

同本章第七节"二、单核细胞增生李斯特菌定性检验（第一法）"。

（三）检验程序

单核细胞增生李斯特菌 MPN 计数法检验程序如图6-13所示。

（四）操作步骤

1. 样品的稀释

按上述第二法中样品的稀释方法进行。

2. 接种和培养

（1）根据对样品污染状况的估计，选取3个适宜连续稀释度的样品匀液（液体样品可包括原液），接种于10mL LB_1肉汤，每一稀释度接种3管，每管接种1mL（如果接种量需要超过1mL，则用双料LB_1增菌液）于（30±1）℃培养（24±2）h。每管各移取0.1mL，转种于

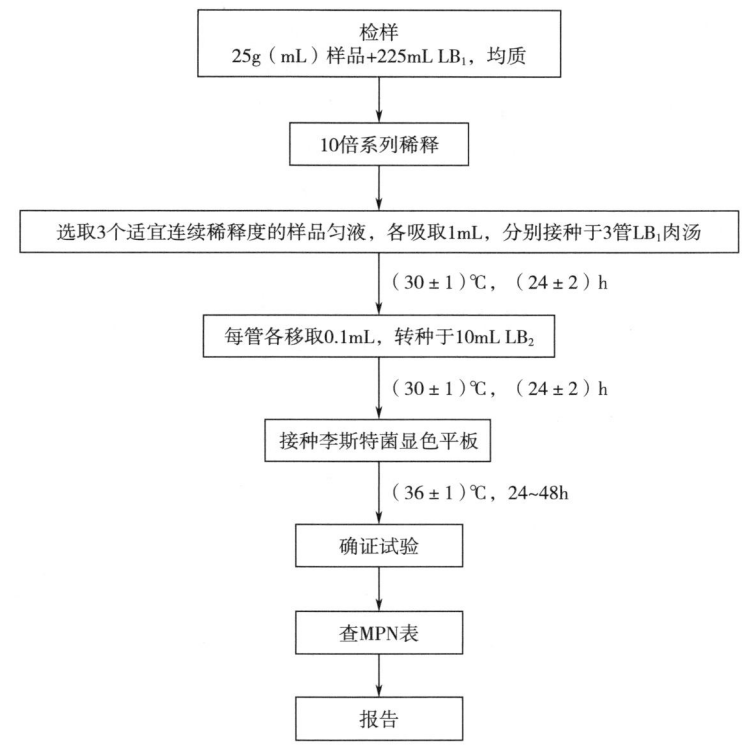

图 6-13 单核细胞增生李斯特菌 MPN 计数法检验程序

10mL LB_2 增菌液内，于（30±1）℃培养（24±2）h。

（2）用接种环从各管中移取 1 环，接种李斯特菌显色平板，（36±1）℃培养 24～48h。

3. 确证试验

自每块平板上挑取 5 个典型菌落（5 个以下全选），按第一法里初筛、鉴定的方法进行鉴定。

（五）结果与报告

根据证实为单核细胞增生李斯特菌阳性的试管管数，查 MPN 检索表（见附录四），报告每 g（mL）样品中单核细胞增生李斯特菌的最可能数，以 MPN/g（mL）表示。

第八节 食品中肉毒梭菌及肉毒毒素的检验

一、概述

肉毒梭菌（*Clostridium botulinum*）又称肉毒梭状芽孢杆菌，是一种专性厌氧的革兰氏阳性芽孢杆菌，能形成卵圆形芽孢，位于菌体终端或近端，直径大于菌体，使菌体呈现汤匙状或网球拍状，具有周身鞭毛，但运动迟缓，无荚膜。肉毒梭菌在厌氧条件下可以产生一种具有极强毒性的蛋白类神经毒素，即肉毒毒素，是目前已知的化学和生物物质中毒性最强的物质之一（只要 30ng 就足以致病，甚至可能导致死亡）。肉毒梭菌是一种腐败寄生菌，广泛分布于土壤、动物粪便、蔬菜等中。该菌本身没有侵袭致病性，其致病性来源于肉毒毒素。引起肉毒中毒的食品多为真空包装或罐装食品，包括腌渍蔬菜（如青豆、菠菜、蘑菇和甜菜）、鱼（包括罐装金枪鱼、发酵鱼制品、咸鱼和熏鱼）和肉制品（如火腿和香肠）等，在我国主要与发酵食品（如豆腐乳、豆豉、豆瓣酱）有关。肉毒梭菌无法在酸性环境中（pH<4.6）生长，因此将低储存温度、含盐量和/或 pH 结合起来，可用于预防肉毒梭菌生长和肉毒毒素形成。

肉毒梭菌可产生芽孢，是该菌在营养供应低下或代谢产物积累，或温度变化等其他苛刻环境条件期间得以存活的一种手段。作为肉毒梭菌的休眠体，在一定条件下，芽孢可以保持活力数年之久。肉毒梭菌的芽孢对热、化学药物、放射线的抵抗力极强，在沸水中可存活 1~6h，需经 105℃加热 2h，121℃高压蒸汽 10~20min 或 180℃干热 5~15min 才能致死。因此，肉毒梭菌在食品工业上是罐头食品杀菌效果的指示菌，也是低酸性食品（pH>4.6）商业无菌检测的主要异常分析指标。肉毒梭菌芽孢在环境中广泛存在，包括土壤、淡水和海水等，易于污染食品。当芽孢处于适宜重新进入营养生长周期的萌发条件时，可以萌发、恢复到肉毒梭菌营养细胞状态，并在适宜条件下产生肉毒毒素。通常，当 pH<4.5 或>9.0 时，或当环境温度低于 15℃或高于 55℃时芽孢不能繁殖也不产生毒素。

肉毒毒素是一种分子质量约为 150kDa 的锌依赖性蛋白（包含 100kDa 的重链和 50kDa 的轻链），根据毒素的抗原特性，可分为 A、B、C1、C2、D、E、F 和 G 类型的肉毒毒素，除 C2 型产生肠毒素外，其他所有血清型均会产生神经毒素。其中，A、B 和 E 型以及比较罕见情况下的 F 型能引起人中毒，C、D 和 E 型可以引起其他哺乳动物、鸟类和鱼类中毒。肉毒毒素与典型的外毒素不同，并非由活细菌释放，而是在细菌细胞内产生无毒的前体毒素，等待细菌死亡自溶后游离出来，经肠道中的胰蛋白酶或细菌产生的蛋白酶激活后才具有毒性，且能抵抗胃酸和消化酶的破坏。肉毒毒素不耐热，通常 75~85℃时加热 30min 或 100℃时加热 10min 可被破坏。

肉毒中毒主要包括婴儿肉毒中毒（占 71%~88%），其次是食源性肉毒中毒，创伤性肉毒中毒。除了罕见的大规模暴发外，肉毒中毒病例的总数在过去十年中保持相对稳定。

（1）婴儿肉毒中毒　婴儿肉毒中毒是因为婴儿摄入了肉毒梭菌的芽孢，芽孢在肠道细菌中发芽并释放毒素，大多发生六月龄以下。相关研究发现，该中毒可能与被芽孢污染的蜂蜜有关。临床症状包括便秘、食欲不振、虚弱、哭声改变和明显失去头部控制。

（2）食源性肉毒中毒　食物是引起肉毒中毒的主要传播途径，中毒后肉毒毒素的神经毒性可抑制神经系统功能，临床特征为下行性松弛麻痹，可引起呼吸衰竭。早期症状包括明显乏力、虚弱和眩晕，随后出现视力模糊、口干以及吞咽和语言困难。也可能出现呕吐、腹泻、便秘和腹部肿胀。症状继续发展则出现颈部和手臂虚弱无力，随后呼吸肌和下半身肌肉受到影响。中毒的潜伏期短至 4h，长至 8d，通常在接触后 12~36h 出现症状。由于该菌只有在厌氧环境下才能繁殖和产生毒素，食源性肉毒中毒通常涉及真空包装的即食食品。

（3）创伤性肉毒中毒　肉毒梭菌孢子进入开放性伤口并在缺氧环境下繁殖，造成创伤性肉毒中毒。症状与食源性肉毒中毒类似，但可能潜伏期长达两周。这种类型的中毒较为罕见，主要与物质滥用有关。

肉毒中毒可通过注射抗病毒血清和对症治疗法进行治疗，抗病毒血清必须及早给予，一旦毒素与神经末梢结合，将失去疗效。通过有效的治疗，肉毒中毒死亡率已显著下降，根据世界卫生组织（WHO）报告，目前肉毒中毒死亡率为5%~10%。

食品中肉毒梭菌和肉毒毒素的检验执行 GB 4789.12—2016《食品安全国家标准 食品微生物学检验 肉毒梭菌及肉毒毒素检验》。GB 4789.26—2023《食品安全国家标准 食品微生物学检验 商业无菌检验》，对不符合商业无菌的低酸性食品微生物培养和异常分析中，对肉毒毒素的检验也依据 GB 4789.12—2016 进行。下面以 GB 4789.12—2016 中规定的方法进行介绍。

二、肉毒梭菌及肉毒毒素检验方法

（一）设备和材料

冰箱（2~5℃、-20℃）、天平（感量0.1g）、均质器或无菌乳钵、离心机（3000r/min、14000r/min）、厌氧培养装置、恒温培养箱［(35±1)℃、(28±1)℃］、恒温水浴箱［(37±1)℃、(60±1)℃、(80±1)℃］、显微镜（10×~100×）、PCR仪、电泳仪或毛细管电泳仪、凝胶成像系统或紫外检测仪、核酸蛋白分析仪或紫外分光光度计、可调微量移液器（0.2~2μL、2~20μL、20~200μL、100~1000μL）。

无菌手术剪、镊子、试剂勺、无菌吸管（1.0mL、10.0mL、25.0mL）、无菌锥形瓶（100mL）、培养皿（直径90mm）、离心管（50mL、1.5mL）、PCR反应管、无菌注射器（1.0mL）、小鼠（15~20g，每一批次试验应使用同一品系的KM或ICR小鼠）。

（二）培养基和试剂

培养基：庖肉培养基、胰蛋白酶胰蛋白胨葡萄糖酵母膏肉汤（TPGYT）、卵黄琼脂培养基。

试剂：明胶磷酸盐缓冲液、革兰氏染色液、10%胰蛋白酶溶液、磷酸盐缓冲液（PBS）、1mol/L 氢氧化钠溶液、1mol/L 盐酸溶液、肉毒毒素诊断血清、无水乙醇和95%乙醇、10mg/mL 溶菌酶溶液、10mg/mL 蛋白酶K溶液、3mol/L 乙酸钠溶液（pH 5.2）、TE缓冲液、引物（根据表6-24中序列合成，临用时用超纯水配制引物浓度为10μmol/L）、10×PCR缓冲液、25mmol/L $MgCl_2$、dNTPs（dATP、dTTP、dCTP、dGTP）、Taq酶、琼脂糖（电泳级）、溴化乙锭或Goldview、5×TBE缓冲液、6×加样缓冲液、DNA分子质量标准。

（三）检验程序

肉毒梭菌及肉毒毒素检验程序如图6-14所示。

（四）操作步骤

1. 样品制备

（1）样品保存 待检样品应放置2~5℃冰箱冷藏。

（2）固态与半固态食品 固体或游离液体很少的半固态食品，以无菌操作称取样品25g，放入无菌均质袋或无菌乳钵，块状食品以无菌操作切碎，含水量较高的固态食品加入25mL明胶磷酸盐缓冲液，奶粉、牛肉干等含水量低的食品加入50mL明胶磷酸盐缓冲液，浸泡

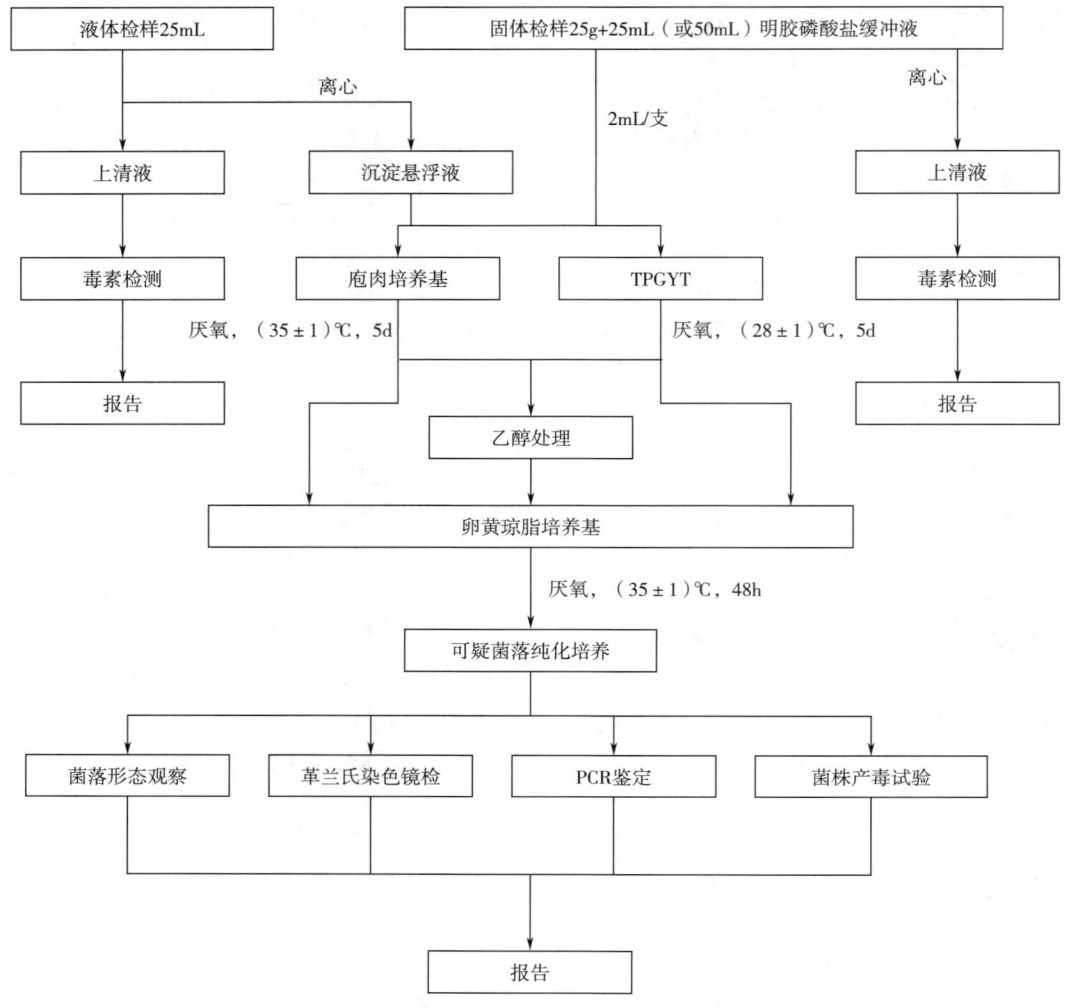

图 6-14 肉毒梭菌及肉毒毒素检验程序

30min，用拍击式均质器拍打 2min 或用无菌研杵研磨制备样品匀液，收集备用。

（3）液态食品　液态食品摇匀，以无菌操作量取 25mL 检验。

（4）剩余样品处理　取样后的剩余样品放 2～5℃ 冰箱冷藏，直至检验结果报告发出后，按感染性废弃物要求进行无害化处理，检出阳性的样品应采用压力蒸汽灭菌方式进行无害化处理。

2. 肉毒毒素检测

（1）毒素液制备　取样品匀液约 40mL 或均匀液体样品 25mL 放入离心管，3000r/min 离心 10～20min，收集上清液分为两份放入无菌试管中，一份直接用于毒素检测，一份用于胰酶处理后进行毒素检测。液体样品保留底部沉淀及液体约 12mL，重悬制备沉淀悬浮液备用。

胰酶处理：用 1mol/L 氢氧化钠或 1mol/L 盐酸调节上清液 pH 至 6.2，按 9 份上清液加 1 份 10% 胰酶（活力 1∶250）水溶液，混匀，37℃ 孵育 60min，期间间或轻轻摇动反应液。

（2）检出试验　用 5 号针头注射器分别取离心上清液和胰酶处理上清液腹腔注射小鼠 3 只，每只 0.5mL，观察和记录小鼠 48h 内的中毒表现。典型肉毒中毒症状多在 24h 内出现，通常在 6h 内发病和死亡，其主要表现为竖毛，四肢瘫软，呼吸困难，呈现风箱式呼吸。腰腹部凹陷、宛如峰腰，多因呼吸衰竭而死亡，可初步判定为肉毒毒素所致。若小鼠在 24h 后发病或死亡，应仔细观察小鼠症状，必要时浓缩上清液重复试验，以排除肉毒中毒。若小鼠出现猝死（30min 内）导致症状不明显时，应将毒素上清液进行适当稀释，重复试验。

注：毒素检测动物试验应遵循 GB 15193.2—2014《食品安全国家标准　食品毒理学实验室操作规范》的规定。

（3）确认试验　上清液或（和）胰酶处理上清液的毒素试验阳性者，取相应试验液 3 份，每份 0.5mL，其中第一份加等量多型混合肉毒毒素诊断血清，混匀，37℃孵育 30min；第二份加等量明胶磷酸盐缓冲液，混匀后煮沸 10min；第三份加等量明胶磷酸盐缓冲液，混匀。将三份混合液分别腹腔注射小鼠各两只，每只 0.5mL，观察 96h 内小鼠的中毒和死亡情况。

结果判定：若注射第一份和第二份混合液的小鼠未死亡，而第三份混合液小鼠发病死亡，并出现肉毒中毒的特有症状，则判定检测样品中检出肉毒毒素。

（4）毒力测定（选做项目）　取确证试验阳性的试验液，用明胶磷酸盐缓冲液稀释制备一定倍数稀释液，如 10 倍、50 倍、100 倍、500 倍等，分别腹腔注射小鼠各两只，每只 0.5mL，观察和记录小鼠发病与死亡情况至 96h，计算最低致死剂量（MLD/mL 或 MLD/g），评估样品中肉毒毒素毒力，MLD 等于小鼠全部死亡的最高稀释倍数乘以样品试验液稀释倍数。例如，样品稀释 2 倍制备的上清液，再稀释 100 倍试验液使小鼠全部死亡，而 500 倍稀释液组存活，则该样品毒力为 200MLD/g。

（5）定型试验（选做项目）　根据毒力测定结果，用明胶磷酸盐缓冲液将上清液稀释至 10~1000MLD/mL 作为定型试验液，分别与各单型肉毒毒素诊断血清等量混合（国产诊断血清一般为冻干血清，用 1mL 生理盐水溶解），37℃孵育 30min，分别腹腔注射小鼠两只，每只 0.5mL，观察和记录小鼠发病与死亡情况至 96h。同时，用明胶磷酸盐缓冲液代替诊断血清，与试验液等量混合作为小鼠试验对照。

结果判定：某一单型诊断血清组动物未发病且正常存活，而对照组和其他单型诊断血清组动物发病死亡，则判定样品中所含肉毒毒素为该型肉毒毒素。

注：未经胰酶激活处理的样品上清液的毒素检出试验或确证试验为阳性者，则毒力测定和定型试验可省略胰酶激活处理试验。

3. 肉毒梭菌检验

（1）增菌培养与检出试验

①取出庖肉培养基 4 支和 TPGY 肉汤管 2 支，隔水煮沸 10~15min，排除溶解氧，迅速冷却，切勿摇动，在 TPGY 肉汤管中缓慢加入胰酶液至液体石蜡液面下肉汤中，每支 1mL，制备成 TPGYT。

②吸取样品匀液或毒素制备过程中的离心沉淀悬浮液 2mL 接种至庖肉培养基中，每份样品接种 4 支，2 支直接放置（35±1）℃厌氧培养至 5d，另 2 支放置 80℃保温 10min，再放置（35±1）℃厌氧培养至 5d；同样方法接种 2 支 TPGYT 肉汤管，（28±1）℃厌氧培养至 5d。

注：接种时，用无菌吸管轻轻吸取样品匀液或离心沉淀悬浮液，将吸管口小心插入肉汤管底部，缓缓放出样液至肉汤中，切勿搅动或吹气。

③检查记录增菌培养物的浊度、产气、肉渣颗粒消化情况，并注意气味。肉毒梭菌培养物为产气、肉汤浑浊（庖肉培养基中 A 型和 B 型肉毒梭菌肉汤变黑）、消化或不消化肉粒、有异臭味。

④取增菌培养物进行革兰氏染色镜检，观察菌体形态，注意是否有芽孢、芽孢的相对比

例、芽孢在细胞内的位置。

⑤若增菌培养物 5d 无菌生长，应延长培养至 10d，观察生长情况。

⑥取增菌培养物阳性管的上清液，按上述肉毒毒素检测中的方法进行毒素检出和确证试验，必要时进行定型试验，阳性结果可证明样品中有肉毒梭菌存在。

注：TPGYT 增菌液的毒素试验无需添加胰酶处理。

（2）分离与纯化培养

①增菌液前处理，吸取 1mL 增菌液至无菌螺旋帽试管中，加入等体积过滤除菌的无水乙醇，混匀，在室温下放置 1h。

②取增菌培养物和经乙醇处理的增菌液分别划线接种至卵黄琼脂平板，(35±1)℃厌氧培养 48h。

③观察平板培养物菌落形态，肉毒梭菌菌落隆起或扁平、光滑或粗糙，易成蔓延生长，边缘不规则，在菌落周围形成乳色沉淀晕圈（E 型较宽，A 型和 B 型较窄），在斜视光下观察，菌落表面呈现珍珠样虹彩，这种光泽区可随蔓延生长扩散到不规则边缘区外的晕圈。

④菌株纯化培养，在分离培养平板上选择 5 个肉毒梭菌可疑菌落，分别接种卵黄琼脂平板，(35±1)℃厌氧培养 48h，按③观察菌落形态及其纯度。

（3）鉴定试验

①染色镜检：挑取可疑菌落进行涂片、革兰氏染色和镜检，肉毒梭菌菌体形态为革兰氏阳性粗大杆菌、芽孢卵圆形、大于菌体、位于次端，菌体呈网球拍状。

②毒素基因检测

a. 菌株活化。挑取可疑菌落或待鉴定菌株接种 TPGY，(35±1)℃厌氧培养 24h。

b. DNA 模板制备。吸取 TPGY 培养液 1.4mL 至无菌离心管中，14000g 离心 2min，弃上清，加入 1.0mL PBS 悬浮菌体，14000g 离心 2min，弃上清，用 400μL PBS 重悬沉淀，加入 10mg/mL 溶菌酶溶液 100μL，摇匀，37℃水浴 15min，加入 10mg/mL 蛋白酶 K 溶液 10μL，摇匀，60℃水浴 1h，再沸水浴 10min，14000g 离心 2min，上清液转移至无菌小离心管中，加入 3mol/L 乙酸钠溶液 50μL 和 95% 乙醇 1.0mL，摇匀，-70℃或-20℃放置 30min，14000g 离心 10min，弃去上清液，沉淀干燥后溶于 200μL TE 缓冲液，置于-20℃保存备用。

注：根据实验室实际情况，也可采用常规水煮沸法或商品化试剂盒制备 DNA 模板。

c. 核酸浓度测定（必要时）。取 5μL DNA 模板溶液，加超纯水稀释至 1mL，用核酸蛋白分析仪或紫外分光光度计分别检测 260nm 和 280nm 波段的吸光度值 A_{260} 和 A_{280}。按式（6-5）计算 DNA 浓度。当浓度在 0.34~340μg/mL 或 A_{260}/A_{280} 比值在 1.7~1.9 时，适宜于 PCR 扩增。

$$C = A_{260} \times N \times 50 \qquad (6-5)$$

式中　C——DNA 浓度，单位为微克每毫升（μg/mL）；

A_{260}——260nm 处的吸光度值；

N——核酸稀释倍数。

d. PCR 扩增

Ⅰ. 分别采用针对各型肉毒毒素基因设计的特异性引物（表 6-24）进行 PCR 扩增，包括 A 型肉毒毒素（botulinum neurotoxin A，bont/A）、B 型肉毒毒素（botulinum neurotoxin B，bont/B）、E 型肉毒毒素（botulinum neurotoxin E，bont/E）和 F 型肉毒毒素（botulinum neurotoxin F，bont/F），每个 PCR 反应管检测一种型别的肉毒梭菌。

表 6-24　　　　　　　　肉毒毒素基因 PCR 检测的引物序列及其产物

检测肉毒梭菌类型	引物序列（5'–3'）	扩增长度/bp
A 型	F：GTG ATA CAA CCA GAT GGT AGT TAT AG R：AAA AAA CAA GTC CCA ATT ATT AAC TTT	983
B 型	F：GAG ATG TTT GTG AAT ATT ATG ATC CAG R：GTT CAT GCA TTA ATA TCA AGG CTG G	492
E 型	F：CCA GGC GGT TGT CAA GAA TTT TAT R：TCA AAT AAA TCA GGC TCT GCT CCC	410
F 型	F：GCT TCA TTA AAG AACGGA AGC AGT GCT R：GTG GCG CCT TTG TAC CTT TTC TAG G	1137

Ⅱ．反应体系配制见表 6-25，反应体系中各试剂的量可根据具体情况或不同的反应总体积进行相应调整。

表 6-25　　　　　　　　肉毒梭菌毒素基因 PCR 检测的反应体系

试剂	终浓度	加入体积/μL
10× PCR 缓冲液	1×	5.0
25mmol/L MgCl$_2$	2.5mmol/L	5.0
10mmol/L dNTPs	0.2mmol/L	1.0
10μmol/L 正向引物	0.5μmol/L	2.5
10μmol/L 反向引物	0.5μmol/L	2.5
5U/μLTaq 酶	0.05U/μL	0.5
DNA 模板	—	1.0
双蒸水	—	32.5
总体积	—	50.0

Ⅲ．反应程序，预变性 95℃、5min；循环参数 94℃、1min，60℃、1min，72℃、1min；循环数 40；后延伸 72℃、10min；4℃保存备用。

Ⅳ．PCR 扩增体系应设置阳性对照、阴性对照和空白对照。用含有已知肉毒梭菌菌株或含肉毒毒素基因的质控品作阳性对照、非肉毒梭菌基因组 DNA 作阴性对照、无菌水作空白对照。

e．凝胶电泳检测 PCR 扩增产物，用 0.5×TBE 缓冲液配制 1.2%~1.5%的琼脂糖凝胶，凝胶加热熔化后冷却至 60℃左右加入溴化乙锭至 0.5μg/mL 或 Goldview 5μL/100mL 制备胶块，取 10μL PCR 扩增产物与 2.0μL 6×加样缓冲液混合，点样，其中一孔加入 DNA 分子质量标准。0.5×TBE 电泳缓冲液，10V/cm 恒压电泳，根据溴酚蓝的移动位置确定电泳时间，用紫外检测仪或凝胶成像系统观察和记录结果。

PCR 扩增产物也可采用毛细管电泳仪进行检测。

f. 结果判定。阴性对照和空白对照均未出现条带，阳性对照出现预期大小的扩增条带（表6-24），判定本次 PCR 检测成立；待测样品出现预期大小的扩增条带，判定为 PCR 结果阳性，根据表6-24 判定肉毒梭菌菌株型别，待测样品未出现预期大小的扩增条带，判定 PCR 结果为阴性。

注：PCR 试验环境条件和过程控制应参照 GB/T 27403—2008《实验室质量控制规范 食品分子生物学检测》规定执行。

③菌株产毒试验：将 PCR 阳性菌株或可疑肉毒梭菌菌株接种庖肉培养基或 TPGYT 肉汤（用于 E 型肉毒梭菌），按上述肉毒梭菌检验步骤中（1）增菌培养与检出试验中的条件进行厌氧培养 5d，按上述肉毒毒素检测方法进行毒素检测和（或）定型试验，毒素确证试验阳性者，判定为肉毒梭菌，根据定型试验结果判定肉毒梭菌型别。

注：根据 PCR 阳性菌株型别，可直接用相应型别的肉毒毒素诊断血清进行确证试验。

（五）结果与报告

（1）肉毒毒素检测结果报告　根据肉毒毒素检测的检出试验和肉毒毒素检测的确证试验试验结果，报告 25g（mL）样品中检出或未检出肉毒毒素。

根据肉毒毒素检测的定型试验结果，报告 25g（mL）样品中检出某型肉毒毒素。

（2）肉毒梭菌检验结果报告　根据肉毒梭菌检验各项试验结果，报告样品中检出或未检出肉毒梭菌或检出某型肉毒梭菌。

第九节　食品中蜡样芽孢杆菌的检验

一、概述

蜡样芽孢杆菌（*Bacillus cereus*）为需氧或兼性厌氧，产芽孢的革兰氏阳性杆菌，多呈短或长链，具有鞭毛，有运动性，有荚膜（S 层）。该菌在自然界分布广泛，土壤、空气、尘埃、水和腐烂草中均有存在，在食品中比较常见，包括淀粉含量较多的谷物食品、乳制品、豆类食品、蔬菜和水产品等。蜡样芽孢杆菌在 8~55℃ 条件下可存活，根据温度生长范围该菌可分为嗜冷和嗜温两种类型，嗜冷型蜡样芽孢杆菌可在 10℃ 以下条件生长良好，但在 37℃ 生长不良，主要污染冷藏食品和生鲜食品；嗜温型蜡样芽孢杆菌的最适生长温度为 37℃，可在 10℃ 以上存活。蜡样芽孢杆菌在环境 pH 较低（最低为 pH 5~6）或水分活度较低（$A_w \leq 0.95$）时无法生存。

蜡样芽孢杆菌分为产毒型和不产毒型，前者是引起食源性疾病的重要原因之一（发病率通常为 1%~3%），误食后可引起动物和人类的食物中毒，多表现为肠道疾病，出现腹泻型或呕吐型食物中毒，偶见眼部感染、皮下脓肿等疾病。无毒菌株常被用作促植物生长剂及动物饲料内的微生物添加剂。据中国疾病预防控制中心的报告，自 2010 年到 2020 年，国内共爆发了 419 起由蜡样芽孢杆菌引起的食物中毒事件，包括 7892 个病例，共导致 2786 人住院治疗，5 人死亡。蜡样芽孢杆菌可导致食物中毒的感染剂量大于每克 10^5 个菌，但其致病性来自形成的毒素，而不是细菌本身。有研究对我国部分省市乳制品中蜡样芽孢杆菌的污染情况进行调查，结果显示，福建省部分地区婴幼儿乳粉中检出率达到 52.78%；吉林省乳制品中蜡样芽孢杆菌的检出率为 32.90%；陕西省乳及乳制品中的检出率为 20.00%；温州市市售奶粉中蜡样芽孢杆菌检出率为 19.00%。由此表明，乳品中蜡样芽孢杆菌污染具有普遍性。

蜡样芽孢杆菌可通过产生休眠体芽孢和生物被膜在恶劣环境下生存。蜡样芽孢杆菌芽孢呈细长状中生或近中生，对外界有害因子抵抗力强，耐高温、冷冻、干燥、γ 射线和紫外线辐射，广泛存在于土壤、水、空气及动物肠道等处，环境一旦被污染，芽孢就很难彻底清除。芽孢能够在低温加工处理中存活，如在喷雾干燥中。因此，喷雾干燥的食品的蜡样芽孢杆菌污染情况比较突出。

蜡样芽孢杆菌食物中毒后产生的呕吐症状是由该菌株产生的呕吐毒素（cereulide）所引起，而腹泻症状则主要由溶血性肠毒素（hemolysin BL，HBL）、非溶血性肠毒素（nonhemolytic enterotoxin，Nhe）、细胞毒素 K（cytotoxin K，CytK）溶血性肠毒素及其他几种腹泻型肠毒素引起。有的蜡样芽孢杆菌致病菌株也会感染人的眼部，严重时引发突发性肝脏衰竭，导致死亡。

（1）呕吐毒素 呕吐毒素是一种分子质量约为 1.2kDa 的环形十二烷基肽，由非核糖体肽合成酶合成，该毒素较为稳定，具有耐热、耐酸的特性，在 126℃条件下可耐受 90min，并且对消化酶具有很强的抵抗力。呕吐毒素的合成受细菌内部因素及外界环境的共同调控，在 30~32℃，pH 7.0~7.5 时的产毒量最高，在细菌生长的对数期至稳定期期间产毒量逐渐减少。此外，环境中的氧气含量、营养物质及水分等其他环境因素也会影响该毒素的产生。产呕吐毒素的蜡样芽孢杆菌菌株在亚洲较为常见，在淀粉类食品（米饭、马铃薯、面条）和乳制品中检出率较高。呕吐毒素在宿主中的潜伏期很短，食入被污染的食物后，0.5~6h 就会出现恶心、呕吐症状，伴有腹泻、发烧和四肢无力等现象，严重者会发生肝衰竭而迅速死亡。

（2）腹泻型肠毒素 蜡样芽孢杆菌产生的腹泻型肠毒素主要分为溶血性肠毒素、非溶血性肠毒素与细胞毒素 K 溶血性肠毒素三种类型。当受到蜡样芽孢杆菌感染后，肠道内的厌氧或微需氧环境会促进溶血性肠毒素和非溶血性肠毒素的产生和分泌。腹泻型肠毒素的临床表现主要为摄入污染食物 8~16h 后出现腹痛、腹泻的症状，持续 12~24h。这些肠毒素通过对宿主上皮细胞膜打孔造成损害，导致微绒毛损伤、肠上皮细胞渗透裂解，最后引起宿主腹泻。腹泻型肠毒素存在非常普遍，对蜡样芽孢杆菌分离菌株的研究发现，溶血性肠毒素的检出率为 40%~92%，非溶血性肠毒素的检出率为 95%~98%，细胞毒素 K 溶血性肠毒素的检出率为 50%~80%。

溶血性肠毒素是由分子质量分别为 38.5kDa、43.5kDa 和 37kDa 的溶血毒素亚基 L1、L2 及亚基 B 结合而成的三元素复合体，具有溶血性及细胞毒性，可导致皮肤坏死并增强血管通透性。产溶血性肠毒素的蜡样芽孢杆菌菌株在欧美等地较为常见，在蛋白型食品和果汁中检出率较高。

非溶血性肠毒素是由分子质量分别为 41kDa、39kDa 和 36kDa 的 NheA、NheB 和 NheC 三个蛋白亚基组成，具有细胞毒性，但与溶血性肠毒素不同，该毒素的溶血性较差，仅能作用于特定动物的红细胞。

细胞毒素 K 溶血性肠毒素是一种单体蛋白，分子质量为 34kDa，具有细胞毒性、溶血活性，可使皮肤发生坏死。细胞毒素 K 溶血性肠毒素在 1998 年法国疗养院发生的严重食源性中毒的蜡样芽孢杆菌 NVH 391/98 菌株内首次被分离，该菌会引起严重腹泻，并具有致死性。

相关研究表明，无论是肠道内还是肠道外感染，发病均与该菌分泌的毒素导致组织破坏或胞外酶活性产物有关，编码这些毒素的毒力基因主要包括溶血性肠毒素基因（*hblC*、*hblD*、*hblA*、*hblB*）、非溶血性肠毒素基因（*nheA*、*nheB*、*nheC*）、细胞毒素 K 基因（*cytK*）和呕吐毒素相关基因（*ces*）。但并不是所有蜡样芽孢杆菌都含有全部毒力基因，而是存在菌株间的差异，携带任何一种毒力基因的菌株都有可能引起疾病，不同的毒力基因分布与疾病的严重程度呈相关性。

蜡样芽孢杆菌与炭疽芽孢杆菌、苏云金芽孢杆菌、蕈状芽孢杆菌、假蕈状芽孢杆菌和韦氏芽孢杆菌等被归属于蜡样芽孢杆菌族，该菌族中的细菌具有极高的基因（16S rRNA）同源性和生物学特征相似性，可通过形态观察、培养特性和生理生化鉴定进行区分。食品中蜡样芽孢杆菌的检验执行 GB 4789.14—2014《食品安全国家标准 食品微生物学检验 蜡样芽孢杆菌检验》，下面以该标准中规定的方法进行介绍。

二、蜡样芽孢杆菌平板计数法（第一法）

（一）设备和材料

冰箱（2~5℃）、恒温培养箱［(30±1)℃、(36±1)℃］、均质器、电子天平（感量0.1g）。无菌锥形瓶（100mL、500mL）、无菌吸管［1mL（具0.01mL刻度）、10mL（具0.1mL刻度）］或微量移液器及吸头、无菌平皿（直径90mm）、无菌试管（18mm×180mm）、显微镜（10×~100×，油镜）、L涂布棒。

（二）培养基和试剂

培养基：甘露醇卵黄多黏菌素（MYP）琼脂、胰酪胨大豆多黏菌素肉汤、营养琼脂、动力培养基、硝酸盐肉汤、酪蛋白琼脂、硫酸锰营养琼脂培养基、动力培养基、V-P培养基、胰酪胨大豆羊血（TSSB）琼脂、溶菌酶营养肉汤、西蒙氏柠檬酸盐培养基、明胶培养基。

试剂：磷酸盐缓冲液（PBS）、过氧化氢溶液、0.5%碱性复红、糖发酵管。

（三）检验程序

蜡样芽孢杆菌平板计数法检验程序如图6-15所示。

（四）操作步骤

1. 样品处理

冷冻样品应在45℃以下不超过15min或在2~5℃不超过18h解冻，若不能及时检验，应放于-20~-10℃保存；非冷冻而易腐的样品应尽可能及时检验，若不能及时检验，应置于2~5℃冰箱保存，24h内检验。

2. 样品制备

称取样品25g，放入盛有225mL PBS或生理盐水的无菌均质杯内，用旋转刀片式均质器以8000~10000r/min均质1~2min，或放入盛有225mL PBS或生理盐水的无菌均质袋中，用拍击式均质器拍打1~2min。若样品为液态，吸取25mL样品至盛有225mL PBS或生理盐水的无菌锥形瓶（瓶内可预置适当数量的无菌玻璃珠）中，振荡混匀，作为1:10的样品匀液。

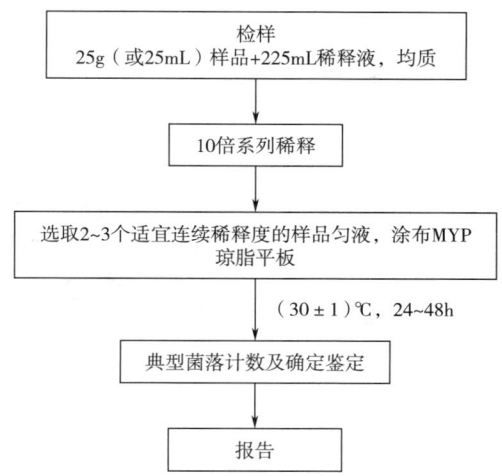

图6-15 蜡样芽孢杆菌平板计数法检验程序

3. 样品的稀释

吸取1:10的样品匀液1mL加到装有9mL PBS或生理盐水的稀释管中,充分混匀制成1:100的样品匀液。根据对样品污染状况的估计,按上述操作,依次制成10倍递增系列稀释样品匀液。每递增稀释1次,换用1支1mL无菌吸管或吸头。

4. 样品接种

根据对样品污染状况的估计,选择2~3个适宜稀释度的样品匀液(液体样品可包括原液),以0.3mL、0.3mL、0.4mL接种量分别移入三块MYP琼脂平板,然后用无菌L涂布棒涂布整个平板,注意不要触及平板边缘。使用前,如MYP琼脂平板表面有水珠,可放在25~50℃的培养箱里干燥,直到平板表面的水珠消失。

5. 分离、培养

(1) 分离 在通常情况下,涂布后,将平板静置10min。如样液不易吸收,可将平板放在(30±1)℃培养箱培养1h,等样品匀液吸收后翻转平皿,倒置于培养箱,(30±1)℃培养(24±2)h。如果菌落不典型,可继续培养(24±2)h再观察。在MYP琼脂平板上,典型菌落为微粉红色(表示不发酵甘露醇),周围有白色至淡粉红色沉淀环(表示产卵磷脂酶)。

(2) 纯培养 从每个平板[符合后述部分(六)结果计算1.典型菌落计数和确认中(1)选择有典型蜡样芽孢杆菌菌落的平板要求的平板]中挑取至少5个典型菌落(小于5个全选),分别划线接种于营养琼脂平板做纯培养,(30±1)℃培养(24±2)h,进行确证实验。在营养琼脂平板上,典型菌落为灰白色,偶有黄绿色,不透明,表面粗糙似毛玻璃状或融蜡状,边缘常呈扩展状,直径为4~10mm。

(五)确定鉴定

1. 染色镜检

挑取纯培养的单个菌落,革兰氏染色镜检。蜡样芽孢杆菌为革兰氏阳性芽孢杆菌,大小为$(1\sim1.3)\mu m\times(3\sim5)\mu m$,芽孢呈椭圆形位于菌体中央或偏端,不膨大于菌体,菌体两端较平整,多呈短链或长链状排列。

2. 生化鉴定

挑取纯培养的单个菌落，进行过氧化氢酶试验、动力试验、硝酸盐还原试验、酪蛋白分解试验、溶菌酶耐性试验、V-P 试验、葡萄糖利用（厌氧）试验、根状生长试验、溶血试验、蛋白质毒素结晶试验。蜡样芽孢杆菌生化特征与其他芽孢杆菌的区别见表 6-26。

表 6-26　蜡样芽孢杆菌生化特征与其他芽孢杆菌的区别

项目	蜡样芽孢杆菌 Bacillus cereus	苏云金芽孢杆菌 Bacillus thuringiensis	蕈状芽孢杆菌 Bacillus mycoides	炭疽芽孢杆菌 Bacillus anthracis	巨大芽孢杆菌 Bacillus megaterium
革兰氏染色	+	+	+	+	+
过氧化氢酶	+	+	+	+	+
动力	+/-	+/-	-	-	+/-
硝酸盐还原	+	+/-	+	+	-/+
酪蛋白分解	+	+	+/-	-/+	+/-
溶菌酶耐性	+	+	+	+	
卵黄反应	+	+	+	+	
葡萄糖利用（厌氧）	+	+	+	+	-
V-P 试验	+	+	+	+	
甘露醇产酸			-		+
溶血（羊红细胞）	+	+	+	-/+	
根状生长			+		
蛋白质毒素晶体		+	-		

注：+ 表示 90%~100% 的菌株阳性；- 表示 90%~100% 的菌株阴性；+/- 表示大多数的菌株阳性；-/+ 表示大多数的菌株阴性。

① 动力试验：用接种针挑取培养物穿刺接种于动力培养基中，30℃ 培养 24h。有动力的蜡样芽孢杆菌应沿穿刺线呈扩散生长，而蕈状芽孢杆菌常呈"绒毛状"生长。也可用悬滴法检查。

② 溶血试验：挑取纯培养的单个可疑菌落接种于 TSSB 琼脂平板上，（30±1）℃ 培养（24±2）h。蜡样芽孢杆菌菌落为浅灰色，不透明，似白色毛玻璃状，有草绿色溶血环或完全溶血环。苏云金芽孢杆菌和蕈状芽孢杆菌呈现弱的溶血现象，而多数炭疽芽孢杆菌为不溶血，巨大芽孢杆菌为不溶血。

③ 根状生长试验：挑取单个可疑菌落按间隔 2~3cm 距离划平行直线于经室温干燥 1~2d 的营养琼脂平板上，（30±1）℃ 培养 24~48h，不能超过 72h。用蜡样芽孢杆菌和蕈状芽孢杆菌标准株作为对照进行同步试验。蕈状芽孢杆菌呈根状生长的特征，蜡样芽孢杆菌菌株呈粗糙山谷状生长的特征。

④ 溶菌酶耐性试验：用接种环取纯菌悬液一环，接种于溶菌酶肉汤中，（36±1）℃ 培养 24h。蜡样芽孢杆菌在本培养基（含 0.001% 溶菌酶）中能生长。如出现阴性反应，应继续培

养 24h。巨大芽孢杆菌不生长。

⑤蛋白质毒素结晶试验：挑取纯培养的单个可疑菌落接种于硫酸锰营养琼脂平板上，(30±1)℃培养(24±2)h，并于室温放置 3~4d，挑取培养物少许于载玻片上，滴加蒸馏水混匀并涂成薄膜。经自然干燥，微火固定后，加甲醇作用 30s 后倾去，再通过火焰干燥，于载玻片上滴满 0.5%碱性复红，放火焰上加热（微见蒸气，勿使染液沸腾）持续 1~2min，移去火焰，再更换染色液再次加温染色 30s，倾去染液用洁净自来水彻底清洗、晾干后镜检。观察有无游离芽孢（浅红色）和染成深红色的菱形蛋白结晶体。如发现游离芽孢形成得不丰富，应再将培养物置室温 2~3d 后进行检查。除苏云金芽孢杆菌外，其他芽孢杆菌不产生蛋白结晶体。

3. 生化分型（选做项目）

根据对柠檬酸盐利用、硝酸盐还原、淀粉水解、V-P 试验反应、明胶液化试验，将蜡样芽孢杆菌分成不同生化型别，见表 6-27。

表 6-27　　　　　　　　　　蜡样芽孢杆菌生化分型试验

型别	生化试验				
	柠檬酸盐	硝酸盐	淀粉	V-P	明胶
1	+	+	+	+	+
2	−	+	+	+	+
3	+	+	−	+	+
4	−	−	+	+	+
5	−	−	−	+	+
6	+	−	−	+	+
7	+	−	+	+	+
8	−	+	−	+	+
9	−	+	+	−	+
10	−	+	+	+	+
11	+	+	+	−	+
12	+	+	−	−	+
13	−	−	+	−	−
14	+	−	−	−	+
15	+	−	+	−	+

注：+表示 90%~100%的菌株阳性；−表示 90%~100%的菌株阴性。

（六）结果计算

1. 典型菌落计数和确认

（1）选择有典型蜡样芽孢杆菌菌落的平板，且同一稀释度 3 个平板所有菌落数合计在 20~200CFU 的平板，计数典型菌落数。如果出现①~⑥现象，按式（6-6）计算，如果出现⑦现象则按式（6-7）计算。

①只有一个稀释度的平板菌落数在20~200CFU且有典型菌落，计数该稀释度平板上的典型菌落；

②2个连续稀释度的平板菌落数均在20~200CFU，但只有一个稀释度的平板有典型菌落，应计数该稀释度平板上的典型菌落；

③所有稀释度的平板菌落数均<20CFU且有典型菌落，应计数最低稀释度平板上的典型菌落；

④某一稀释度的平板菌落数>200CFU且有典型菌落，但下一稀释度平板上没有典型菌落，应计数该稀释度平板上的典型菌落；

⑤所有稀释度的平板菌落数均>200CFU且有典型菌落，应计数最高稀释度平板上的典型菌落；

⑥所有稀释度的平板菌落数均不在20~200CFU且有典型菌落，其中一部分<20CFU或>200CFU时，应计数最接近20CFU或200CFU的稀释度平板上的典型菌落；

⑦2个连续稀释度的平板菌落数均在20~200CFU且均有典型菌落。

（2）从每个平板中至少挑取5个典型菌落（小于5个全选），划线接种于营养琼脂平板做纯培养，（30±1）℃培养（24±2）h。

2. 计算公式

菌落计算公式有以下两种：

$$T = \frac{AB}{Cd} \tag{6-6}$$

式中　T——样品中蜡样芽孢杆菌菌落数；
　　　A——某一稀释度蜡样芽孢杆菌典型菌落的总数；
　　　B——鉴定结果为蜡样芽孢杆菌的菌落数；
　　　C——用于蜡样芽孢杆菌鉴定的菌落数；
　　　d——稀释因子。

$$T = \frac{A_1B_1/C_1 + A_2B_2/C_2}{1.1d} \tag{6-7}$$

式中　T——样品中蜡样芽孢杆菌菌落数；
　　　A_1——第一稀释度（低稀释倍数）蜡样芽孢杆菌典型菌落的总数；
　　　A_2——第二稀释度（高稀释倍数）蜡样芽孢杆菌典型菌落的总数；
　　　B_1——第一稀释度（低稀释倍数）鉴定结果为蜡样芽孢杆菌的菌落数；
　　　B_2——第二稀释度（高稀释倍数）鉴定结果为蜡样芽孢杆菌的菌落数；
　　　C_1——第一稀释度（低稀释倍数）用于蜡样芽孢杆菌鉴定的菌落数；
　　　C_2——第二稀释度（高稀释倍数）用于蜡样芽孢杆菌鉴定的菌落数；
　　　1.1——计算系数（如果第二稀释度蜡样芽孢杆菌鉴定结果为0，计算系数采用1）；
　　　d——稀释因子（第一稀释度）。

（七）结果与报告

（1）根据MYP平板上蜡样芽孢杆菌的典型菌落数，按式（6-6）、式（6-7）计算，报告每g（mL）样品中蜡样芽孢杆菌菌数，以CFU/g（mL）表示；如T值为0，则以小于1乘以最低稀释倍数报告。

（2）必要时报告蜡样芽孢杆菌生化分型结果。

三、蜡样芽孢杆菌 MPN 计数法（第二法）

（一）设备和材料

同本章第九节"二、蜡样芽孢杆菌平板计数法（第一法）"。

（二）培养基和试剂

同本章第九节"二、蜡样芽孢杆菌平板计数法（第一法）"。

（三）检验程序

蜡样芽孢杆菌 MPN 计数法检验程序如图 6-16 所示。

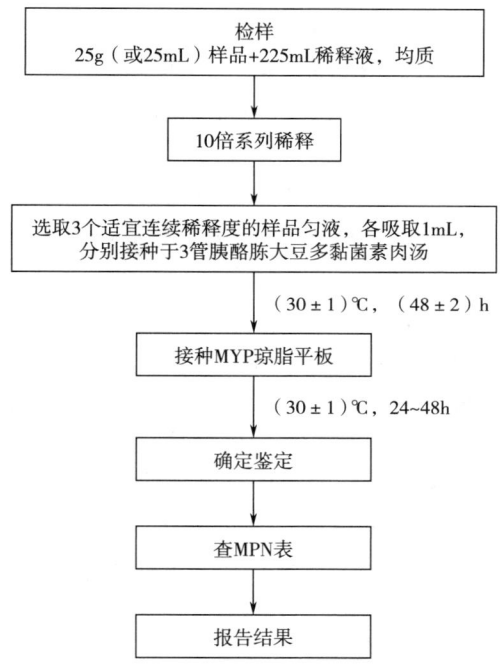

图 6-16　蜡样芽孢杆菌 MPN 计数法检验程序

（四）操作步骤

（1）样品处理、样品制备和样品的稀释同第一法。

（2）样品接种　取 3 个适宜连续稀释度的样品匀液（液体样品可包括原液），接种于 10mL 胰酪胨大豆多黏菌素肉汤中，每一稀释度接种 3 管，每管接种 1mL（如果接种量需要超过 1mL，则用双料胰酪胨大豆多黏菌素肉汤），于（30±1）℃培养（48±2）h。

（3）培养　用接种环从各管中分别移取 1 环，划线接种到 MYP 琼脂平板上，（30±1）℃

培养（24±2）h。如果菌落不典型，可继续培养（24±2）h再观察。

（4）确定鉴定　从每个平板选取5个典型菌落（小于5个全选），划线接种于营养琼脂平板做纯培养，（30±1）℃培养（24±2）h，进行确证实验，方法同第一法中确定鉴定试验。

（五）结果与报告

根据证实为蜡样芽孢杆菌阳性的试管管数，查MPN检索表，报告每g（mL）样品中蜡样芽孢杆菌的最可能数，以MPN/g（mL）表示。

第十节　食品中唐菖蒲伯克霍尔德氏菌的检验

一、概述

唐菖蒲伯克霍尔德氏菌（椰毒假单胞菌酵米面亚种）[*Burkholderia gladioli*（*Pseudomonas cocovenenans* subsp. *farinofermentans*）]最早是在20世纪30年代由荷兰学者从食物中毒样品中分离得到。我国于1961年首次分离出"黄色菌"，1979年暂命名为酵米面黄杆菌，1987年易名为椰毒假单胞菌酵米面亚种，2020年起该菌被命名为唐菖蒲伯克霍尔德氏菌（椰毒假单胞菌酵米面亚种）。

唐菖蒲伯克霍尔德氏菌（椰毒假单胞菌酵米面亚种）为革兰氏阴性好氧短杆菌，多形态，大小为0.4μm×（1.0~2.5）μm，单个排列，短杆状或稍弯曲，两端钝圆，有的菌两端有浓染颗粒。无芽孢，有动力，有极生、亚极生及侧生鞭毛，此菌鞭毛在1% PDA琼脂（pH 5~6），25℃培养3d生长良好。氧化酶阴性，不能氧化分解蔗糖，26~37℃均能生长，30~36℃为适宜生长繁殖温度，26~28℃为最佳产毒温度。

唐菖蒲伯克霍尔德氏菌可产生米酵菌酸和毒黄素两种外毒素，且研究发现，米酵菌酸毒性比毒黄素强，1~1.5mg即可能对人类致命，且在相同条件下，该菌产生米酵菌酸的量远大于毒黄素，米酵菌酸是导致酵米面等食物中毒的主要原因。米酵菌酸是一种耐热性强毒素，即使经开水煮沸或用高压锅蒸煮也很难被破坏，120℃下加热1h仍可保持毒性。小鼠静注LD_{50}为1.14mg/kg，经口为3.16mg/kg。米酵菌酸在人体内通过消化道黏膜吸收，随血液运行，易对肝脏、肾脏、大脑等造成损伤，潜伏期一般为1~10h，少数为1~2d。中毒主要症状为上腹部不适、恶心、呕吐、腹泻、头晕及全身无力，重症者表现为黄疸、皮下出血、尿血、抽搐、意识不清及肝、肾等多器官功能衰竭，最终因呼吸衰竭死亡。由于对米酵菌酸无特效解毒药物，一旦中毒，病死率高达40%~100%。

唐菖蒲伯克霍尔德氏菌在自然界普遍存在，常污染富含淀粉质的食品并在适宜条件下产毒，导致中毒的主要食品为玉米粑、糯玉米汤圆、河粉类制品及木耳等。该菌引起的食物中毒具有地域性特点，主要发生在中国及东南亚地区，在西方国家地区未见报道。该菌引起的食物中毒具有明显的季节性，主要发生在夏秋季。该菌引起的食物中毒大部分与某些地方特色食品有关，在中国南方多以糯米、酵米面、米泡制成的吊浆粑、汤圆、河粉等食品为主，北方以酵米面制作的格格豆、酸汤子、臭碴子等为主，这些食品的制作往往需要经过长时间发酵或浸泡，极易受到该菌的污染。

二、唐菖蒲伯克霍尔德氏菌检验方法

下面参照 GB 4789.29—2020《食品安全国家标准 食品微生物学检验 唐菖蒲伯克霍尔德氏菌（椰毒假单胞菌酵米面亚种）检验》介绍食品中唐菖蒲伯克霍尔德氏菌（椰毒假单胞菌酵米面亚种）的检验技术。

（一）设备和材料

实验室常规灭菌设备、冰箱（2~8℃、-30～-20℃）、恒温培养箱[（26±1）℃、（36±1）℃]、恒温水浴锅[（46±1）℃]、显微镜（10×～100×）、均质器、离心机（3000r/min）、电子天平（感量0.1g）、比浊计、锥形瓶（容量100mL、500mL）、无菌培养皿（直径90mm、150mm）、无菌透明玻璃纸、滤纸、无菌灌胃器（1mL）、全自动微生物生化鉴定系统、小鼠（18～20g，每一批次试验应使用同一品系的 KM 或 ICR 小鼠）等。

（二）培养基和试剂

GVC 增菌液、改良马铃薯葡萄糖琼脂（mPDA）、马铃薯葡萄糖琼脂（PDA）、PCFA 培养基、马铃薯葡萄糖半固体琼脂、卵黄琼脂、革兰氏染色液、氧化酶试剂、Hugh-Leifson 培养基（O/F 试验用）、蛋白胨水（靛基质试验用）、缓冲葡萄糖蛋白胨水（MR 和 V-P 试验用）、西蒙氏柠檬酸盐培养基、苯丙氨酸培养基、糖发酵管、半固体琼脂、抗 O 多价血清、型特异性因子血清（O-Ⅲ、O-Ⅳ、O-Ⅴ、O-Ⅵ、O-Ⅶ、O-Ⅷ）、生化鉴定试剂盒。

（三）检验程序

唐菖蒲伯克霍尔德氏菌（椰毒假单胞菌酵米面亚种）的检验程序如图 6-17 所示。

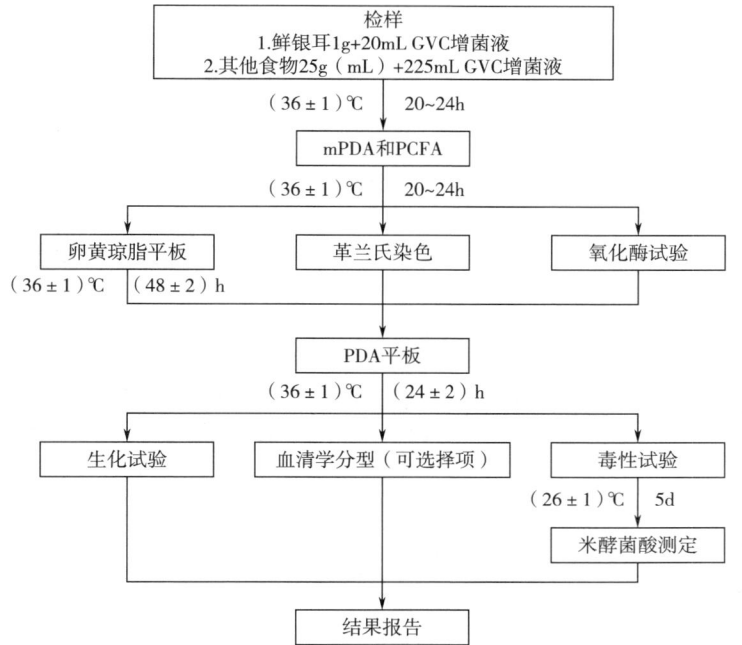

图 6-17　唐菖蒲伯克霍尔德氏菌（椰毒假单胞菌酵米面亚种）的检验程序

（四）操作步骤

1. 样品处理

无菌操作称取 25g（mL）样品，置入盛有 225mL GVC 增菌液的无菌均质袋中（鲜银耳样品取 1g，用剪刀剪碎，加入盛有 20mL GVC 增菌液的无菌均质袋中），用拍击式均质器拍打 1~2min；或置入盛有 225mL GVC 增菌液的无菌均质杯中，以 8000~10000r/min 均质 1~2min；若样品为液态，振荡混匀。

2. 增菌

将上述样品增菌液置（36±1）℃培养 20~24h。

3. 分离

用直径 3mm 的接种环取增菌液一环，分别划线接种于 mPDA 平板和 PCFA 平板，（36±1）℃培养 24~48h，观察各个平板上生长的菌落，不同分离平板上的菌落特征见表 6-28。

表 6-28　唐菖蒲伯克霍尔德氏菌（椰毒假单胞菌酵米面亚种）在不同分离平板上的菌落特征

培养基	菌落特征
mPDA 平板	培养 24h 后，菌落 1~2mm，紫色、光滑、湿润、边缘整齐； 培养 48h 后，部分菌落中心可有呈草帽状凸起
PCFA 平板	培养 24h 后，菌落 0.5~1mm，灰白色、光滑、湿润、边缘整齐
卵黄琼脂平板	培养 24h 后，菌落 2~3mm，表面光滑、湿润； 培养 48h 后，菌落周围形成乳白色混浊环，斜射光下可见菌落及周围培养基表面呈虹彩现象

4. 初筛试验

自选择性琼脂平板上分别挑取 5 个以上典型或可疑菌落（低于 5 个全选），分区划线接种于卵黄琼脂平板，（36±1）℃培养。挑取培养 18~24h 的菌落进行革兰氏染色及氧化酶试验，对于革兰氏染色阴性、氧化酶试验阴性的菌继续培养至（48±2）h，对于卵磷脂酶阳性、带有虹彩环的单个菌落，接种 PDA 平板，（36±1）℃培养（24±2）h。

5. 生化试验

从纯培养的 PDA 平板上挑取菌苔进行生化鉴定。唐菖蒲伯克霍尔德氏菌（椰毒假单胞菌酵米面亚种）生化特征见表 6-29。可选择生化鉴定试剂盒或微生物生化鉴定系统。

表 6-29　唐菖蒲伯克霍尔德氏菌（椰毒假单胞菌酵米面亚种）生化特征

阳性		阴性
O/F 试验（氧化性）	卵磷脂酶	蔗糖
葡萄糖	尿素	氧化酶
果糖	明胶液化	靛基质
木糖	硝酸盐还原	V-P
半乳糖	柠檬酸盐利用	MR

续表

阳性		阴性
阿拉伯糖	精氨酸	苯丙氨酸脱氨酶
甘露醇	石蕊牛乳	H_2S 产生
侧金盏花醇	卫矛醇	
肌醇	动力	

6. 血清学分型（选做项目）

（1）菌体抗原的制备　将 PDA 平板（36±1）℃培养（24±2）h 的培养物用无菌生理盐水洗下，沸水浴（100℃）2h，3000r/min 离心 10min，弃上清液，再用无菌生理盐水稀释至 $5×10^8 \sim 1×10^9$ CFU/mL 菌悬液，作为凝集试验用抗原。

（2）菌体抗原的鉴定　用多价血清做玻片凝集试验，同时用生理盐水做对照。与多价血清凝集者，依次用 O-Ⅲ、O-Ⅳ、O-Ⅴ、O-Ⅵ、O-Ⅶ、O-Ⅷ因子血清做试管凝集试验。根据试验结果，判定菌体抗原型。在生理盐水中自凝者不能分型。生化特征符合，但不能与以上血清凝集者，需保留菌株做进一步鉴定。

7. 毒性试验

（1）产毒培养　将初步鉴定为唐菖蒲伯克霍尔德氏菌（椰毒假单胞菌酵米面亚种）的菌株接种 PDA 平板，（36±1）℃，培养（24±2）h，用灭菌接种环刮取适量菌苔，加到 3mL 无菌生理盐水的试管中，配成 1 麦氏浓度的菌悬液（约为 10^8 CFU/mL），用无菌吸管吸取 0.5mL，滴在铺好无菌玻璃纸的直径 150mm 马铃薯葡萄糖半固体平板上，用无菌 L 涂布棒涂布均匀，（26±1）℃培养 5d。取下带菌的玻璃纸，将半固体平板置于 100℃流动蒸汽灭菌 30min。室温冷却后，置 -30 ~ -20℃冰箱过夜。将冰冻好的半固体平板置室温融化，用无菌吸管吸出冻融液，经滤纸过滤至无菌试管或锥形瓶中（此为毒素粗提液），4℃避光保存。

同时，将未接种菌苔、铺好无菌玻璃纸的直径 150mm 马铃薯葡萄糖半固体平板作为阴性对照，按照同样的试验方法制备阴性对照粗提液，4℃避光保存。

（2）毒力测定　取毒素粗提液或经 100℃水浴蒸发后的 5~10 倍浓缩液，灌胃小鼠 3 只，每只 0.5mL，观察至 7d。若菌株产生米酵菌酸，小鼠在灌胃后 20~24h 内发病。主要症状为竖毛、萎靡不振、躁动，继而行步蹒跚、肢体麻痹、瘫软、抽搐，呈角弓反张状、呼吸急促、死亡。

取阴性对照粗提液或经 100℃水浴蒸发后的 5~10 倍浓缩液，灌胃小鼠 3 只，每只 0.5mL，观察至 7d。小鼠应健康存活。

（3）米酵菌酸测定　毒力测定实验阳性时，分别取毒素粗提液、阴性对照粗提液，按照 GB 5009.189—2023《食品安全国家标准　食品中米酵菌酸的测定》执行。

（五）结果与报告

生化试验符合且毒性试验阳性，报告检出唐菖蒲伯克霍尔德氏菌（椰毒假单胞菌酵米面亚种）；生化试验和毒性试验有一项不符合，报告未检出唐菖蒲伯克霍尔德氏菌（椰毒假单胞菌酵米面亚种）。

思考题

1. 沙门氏菌检验的 5 个基本步骤是什么?
2. 沙门氏菌和志贺氏菌在三糖铁培养基上的反应结果如何?试解释这些现象。
3. 根据生化特性和血清学试验,如何判断检出的沙门氏菌和志贺氏菌属哪个群?哪个型?
4. 副溶血性弧菌定性检验前为何要进行前增菌?前增菌过程有哪些注意事项?
5. 金黄色葡萄球菌平板计数法的操作中有哪些注意要点?
6. 鉴定金黄色葡萄球菌肠毒素的重要指标是什么?
7. MPN 法检验程序与一般的检验程序相比有哪些优点?
8. 革兰氏染色镜检下,典型溶血性链球菌呈现怎样的特征?
9. 触酶试验现象中,溶血性链球菌与葡萄球菌有何差别?
10. 不同种类致泻大肠埃希氏菌的区别是什么?
11. PCR 确认试验的操作中有哪些需要注意的要点?
12. 大肠埃希氏菌的生化特性是什么?
13. 单核细胞增生李斯特菌的生化特性是什么?
14. 单核细胞增生李斯特菌鉴定试验的原理是什么?
15. 肉毒梭菌芽孢的生长条件和耐受性是什么?
16. 肉毒毒素的产毒条件和致病性是什么?
17. 蜡样芽孢杆菌的形态及生理生化特征是什么?
18. 阐述蜡样芽孢杆菌的致病机制。

第七章

食品中霉菌与酵母的检验

学习目标

1. 掌握霉菌和酵母平板计数法的操作方法及要点。
2. 掌握霉菌直接镜检计数法及操作要点。
3. 掌握主要霉菌的分类鉴定及霉菌毒素的测定方法。

食品安全作为关乎社会稳定和人民健康的重要民生工程,历来受到高度关注。近年来,我国食品安全得到了显著提升,但食品发霉变质等问题依然存在。要解决这一问题,除了食品检测人员要履行好本职工作,树立强烈的身份认同感和责任感,敬业奉献、服务人民外,政府也需加强霉菌及霉菌毒素等相关知识的普及。我们要严格落实"四个最严"要求,统筹发展与安全,始终坚持人民至上、安全第一的原则,推动食品安全工作不断向前发展。

第一节 霉菌和酵母计数

一、概述

酵母(*Saccharomyces*)大多为单细胞真菌,通常呈圆形、椭圆形、腊肠形或杆状。霉菌能够形成疏松的绒毛状菌丝体,也属于真菌。

霉菌和酵母相对于低等的细菌来说,生长缓慢,竞争能力不强,因此常在不适于细菌生长的食品中出现。这些食品的 pH 为 3~8,有些霉菌可以在 pH 2、酵母在 pH 1.5 时生活。水分活度要求为 0.99~0.61,霉菌 0.85 时最适宜,某些耐高糖酵母和霉菌常引起糖果类食品的变质。霉菌的生长温度为 20~30℃,部分霉菌在不低于-7℃下生长。酵母在 0~45℃时生长,耐热能力较差。少数霉菌的孢子(如丝衣霉)在高于 90℃条件下处理几分钟才能被杀死。

霉菌和酵母在自然界中广泛存在,并可作为食品中正常菌相的一部分。霉菌和酵母可应用于食品、化学、医药等行业中,如鲁氏毛霉(*Mucor rouxianus*)有分解大豆的能力,可用于做豆腐乳;还可用霉菌加工干酪和肉,使其味道鲜美;酵母还可用于酿酒业。但是在某些情况下,霉菌和酵母会导致食品腐败变质,如丝衣霉会导致加工过的水果变质,抗SO_2熏蒸的酵母会导致饮料、葡萄酒变质。因此,霉菌和酵母作为评价食品安全卫生质量的指示菌,并以霉菌和酵母计数来评价食品被污染的程度。

二、霉菌和酵母平板计数

GB 4789.15—2016《食品安全国家标准 食品微生物学检验 霉菌和酵母计数》中规定,霉菌和酵母平板计数是指食品检样经过处理,在一定条件下培养后,所得1g或1mL检样中所含的霉菌和酵母菌落数。

(一)设备和材料

培养箱[(28±1)℃]、拍击式均质器及均质袋、电子天平(感量0.1g)、旋涡混合器、恒温水浴箱[(46±1)℃]、显微镜(10×~100×)、折光仪。

无菌锥形瓶(容量500mL)、无菌吸管1mL(具0.01mL刻度)、无菌吸管10mL(具0.1mL刻度)、无菌试管(18mm×180mm)、无菌平皿(直径90mm)、微量移液器及枪头(1.0mL)、郝氏计测玻片(具有标准计测室的特制玻片)、盖玻片、测微器(具标准刻度的玻片)。

(二)培养基和试剂

培养基:马铃薯葡萄糖琼脂、孟加拉红琼脂。
试剂:生理盐水、磷酸盐缓冲液。

(三)检验程序

霉菌和酵母平板计数的检验程序如图7-1所示。

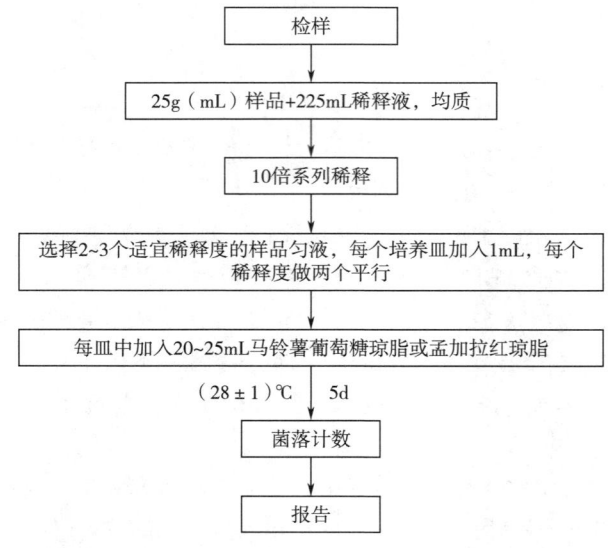

图7-1 霉菌和酵母平板计数的检验程序

（四）操作步骤

1. 样品的稀释

（1）固体和半固体样品　称取 25g 样品，加入 225mL 无菌稀释液（蒸馏水或生理盐水或磷酸稀释液），充分振荡，或用拍击式均质器拍打 1~2min，制成 1:10 的样品匀液。

（2）液体样品　以无菌吸管吸取 25mL 样品至盛有 225mL 无菌稀释液（蒸馏水或生理盐水或磷酸稀释液）的适宜容器内（可在瓶内预置适当数量的无菌玻璃珠）或无菌均质袋中，充分振摇或用拍击式均质器拍打 1~2min，制成 1:10 的样品匀液。

（3）取 1mL 1:10 样品匀液注入含有 9mL 无菌稀释液的试管中，另换一支 1mL 无菌吸管反复吹吸，或在旋涡混合器上混匀，此液为 1:100 的样品匀液。

（4）按（3）操作，制备 10 倍递增系列稀释样品匀液。每递增稀释一次，换用 1 支 1mL 无菌吸管。

（5）根据对样品污染状况的估计，选择 2~3 个适宜稀释度的样品匀液（液体样品可包括原液），在进行 10 倍递增稀释的同时，每个稀释度分别吸取 1mL 样品匀液于 2 个无菌平皿内。同时分别取 1mL 无菌稀释液加入 2 个无菌平皿作空白对照。

（6）及时将 20~25mL 冷却至 46℃ 的马铃薯葡萄糖琼脂或孟加拉红琼脂 [可放置于（46±1）℃ 恒温水浴箱中保温] 倾注平皿，并转动平皿使其混合均匀。置于水平台面待培养基完全凝固。

2. 培养

琼脂凝固后，正置平板，置（28±1）℃ 培养箱中培养，观察并记录培养至 5d 的结果。

3. 菌落计数

用肉眼观察，必要时可用放大镜或低倍镜，记录稀释倍数和相应的霉菌和酵母菌落数。以菌落形成单位（colony-forming units，CFU）表示。

选取菌落数在 10~150CFU 的平板，根据菌落形态分别计数霉菌和酵母。霉菌蔓延生长覆盖整个平板的可记录为菌落蔓延。

（五）结果与报告

1. 结果

（1）计算同一稀释度的两个平板菌落数的平均值，再将平均值乘以相应稀释倍数。

（2）若有两个稀释度平板上菌落均在 10~150CFU，则按照 GB 4789.2—2022《食品安全国家标准　食品微生物学检验　菌落总数测定》的相应规定进行计算。

（3）若所有平板上菌落数均 >150CFU，则对稀释度最高的平板进行计数，其他平板可记录为"多不可计"，结果按平均菌落数乘以最高稀释倍数计算。

（4）若所有平板上菌落数均 <10CFU，则应按稀释度最低的平均菌落数乘以稀释倍数计算。

（5）若所有稀释度（包括液体样品原液）平板均无菌落生长，则以小于 1 乘以最低稀释倍数计算。

（6）若所有稀释度的平板菌落数均不在 10~150CFU，其中一部分 <10CFU 或 >150CFU 时，则以最接近 10CFU 或 150CFU 的平均菌落数乘以稀释倍数计算。

2. 报告

（1）菌落数按"四舍五入"原则修约。菌落数在 10 以内时，采用一位有效数字报告；菌落数在 10~100CFU 时，采用两位有效数字报告。

（2）菌落数≥100 时，第三位数字采用"四舍五入"原则修约后，取前两位数字，后面用 0 代替位数来表示结果；也可用 10 的指数形式来表示，此时也按"四舍五入"原则修约，采用两位有效数字。

（3）若空白对照平板上有菌落出现，则此次检验结果无效。

（4）称重取样以 CFU/g 为单位，体积取样以 CFU/mL 为单位，报告或分别报告霉菌和/或酵母数。

（六）食品中霉菌和酵母的限量要求

常见食品中霉菌和酵母的限量要求分别见表 7-1、表 7-2。

表 7-1　　　　　　　　　　　　　　霉菌限量

食品类别（名称）	限量/(CFU/g 或 CFU/mL)	国家标准
冲调谷物制品	$n=5$　$c=2$　$m=50$　$M=10^2$	GB 19640—2016
再制干酪或干酪制品	≤50	GB 25192—2022
发酵乳	≤30	GB 19302—2010
稀奶油、奶油和无水奶油	≤90	GB 19646—2010
糕点、面包类（不适用于添加了霉菌成熟干酪的制品）	≤150	GB 7099—2015
饮料（固体饮料）	≤20（50）	GB 7101—2022

注：n 为同一批次产品应采集的样品件数；c 为最大可允许超出 m 值的样品数；m 为微生物指标可接受水平限量值（三级采样方案）或最高安全限量值（二级采样方案）；M 为微生物指标的最高安全限量值。

表 7-2　　　　　　　　　　　　　　酵母限量

食品类别（名称）	限量/(CFU/g 或 CFU/mL)	国家标准
发酵乳	≤100	GB 19302—2010
饮料（不适用于固体饮料）	≤20	GB 7101—2022

三、霉菌直接镜检计数法

对霉菌计数，可以采用直接镜检法进行计数。常用的为郝氏霉菌计数法，可通过在一个标准计数玻片上计数含有霉菌菌丝的显微镜视野，知道产品中霉菌残留的多少，对产品质量的评定，具有一定的参考价值。

（一）设备和材料

烧杯、玻璃棒、折光仪或糖度计、显微镜、霍华德计测装置（一种特制的、具有标准计测室的装置，包括载玻片、盖玻片和测微计）、量筒、托盘天平等。

计测装置结构如图7-2、图7-3、图7-4所示。

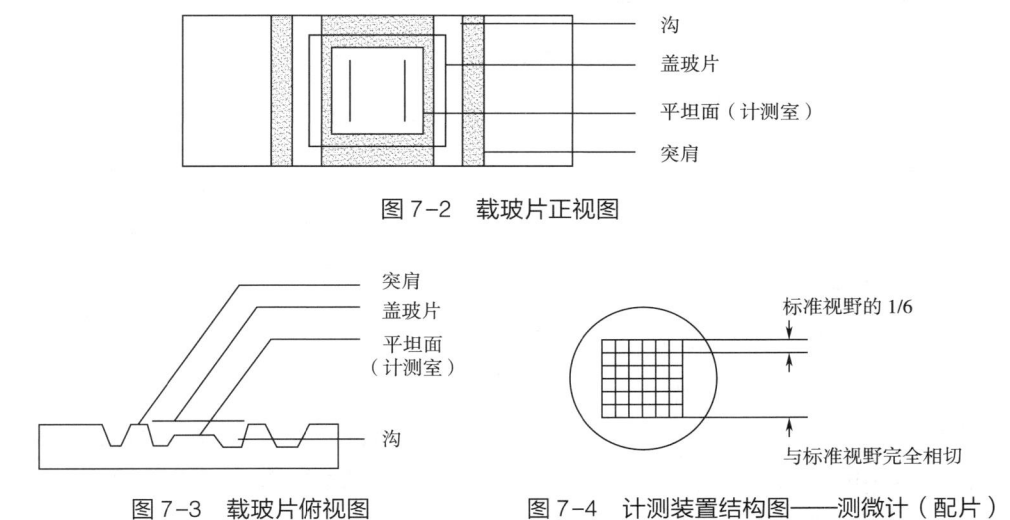

图7-2　载玻片正视图

图7-3　载玻片俯视图　　　图7-4　计测装置结构图——测微计（配片）

（二）检测步骤

取样→称样→稀释→调节视野→涂片→观察→记录→计算。

（三）操作步骤

（1）检样制备　取适量检样，加蒸馏水稀释至折光指数为1.3447~1.3460（浓度为7.9%~8.8%）的标准样液。用折光仪或糖度计测定折光指数或浓度，如果折光指数过大或过小，需加水或样品，直至配成标准样液，才能进行检验。

（2）标准视野的调节　霍华德计测装置用的显微镜，要求物镜放大倍数为90~125倍，其视野直径的实际长度为1.382mm，该视野为标准视野。需注意以下两方面：①检查标准视野。将载玻片放在载物台上，配片置于目镜的光栏孔上，然后观察。②标准视野要具备两个条件。载玻片上相距1.382mm的两条平行线与视野相切；配片（测微计）的大方格四边也与视野相切。如果发现上述两个条件，其中有一条不符合，需经校正后再使用。

（3）涂片　洗净郝氏计测玻片，将制好的标准液，用玻璃棒均匀地摊布于计测室，以备观察。

（4）观测　将制好的载玻片置于显微镜标准视野下进行观测。一般每一检样每人观察50个视野，同一检样应由两人进行观察。

（四）结果与计算

（1）结果的观察　在标准视野下，观察视野中有无霉菌菌丝，凡符合下列情况之一者为阳性（+）视野：有一根菌丝长度超过标准视野（1.382mm）的1/6；两根菌丝总长度超过视野的1/6（即测微计的一格）；三根菌丝总长度超过标准视野的1/6；一丛菌丝可视为一个菌丝,所有菌丝(包括分枝)总长度超过标准视野的1/6。否则为阴性(-)。

(2) 计算　根据对所有视野的观察结果,计算阳性视野所占比例,并以阳性视野百分数(%)报告结果。计算公式如下:

$$N = \frac{n}{50} \times 100\% \tag{7-1}$$

式中　N——样品霉菌数,%;
　　　n——阳性视野数,个。

第二节　常见产毒霉菌的鉴定

一、常见产毒霉菌的分类鉴定

污染食品特别是粮油制品的霉菌毒素很多,目前已发现的霉菌毒素有一百多种,产生毒素的霉菌也有很多种类,主要包括曲霉属、青霉属、镰刀菌属、木霉属、葡萄状穗霉菌属等的某些种。因此,食品中霉菌的分离鉴定对食品卫生学具有一定意义。

(一)设备和材料

恒温培养箱、显微镜、目镜测微计、物镜测微计、冰箱、无菌接种罩、放大镜、滴瓶、接种针、分离针、载玻片、盖玻片、灭菌刀。

(二)培养基和试剂

察氏培养基、玉米粉琼脂培养基、马铃薯琼脂培养基、马铃薯-葡萄糖琼脂培养基(PDA)、乳酸-苯酚溶液。

(三)操作步骤

适用于曲霉属、青霉属、镰刀菌属及其他菌属的产毒霉菌鉴定。

(1) 菌落的观察　为了培养完整的巨大菌落以供观察记录,可将纯培养物点植于平板上。具体操作:将平板倒转,向上接种一点或三点,每菌接种两个平板,倒置于25~28℃恒温培养箱中进行培养。当刚长出小菌落时,取出一个平皿,以无菌操作,用小刀将菌落连同培养基切下1cm×2cm的小块,置菌落一侧,继续培养,于5~14d进行观察。此法代替小培养法,可直接观察子实体着生状态。

(2) 斜面观察　将霉菌纯培养物划线接种(曲霉、青霉)或点种(镰刀菌或其他菌)于斜面,培养5~14d观察菌落形态,同时还可以将菌种管置于显微镜下用低倍镜直接观察孢子的形态和排列。

(3) 制片　取载玻片加乳酸-苯酚溶液一滴,用接种针钩取一小块霉菌培养物,置乳酸-苯酚溶液中,用两支分离针将培养物撕开成小块,切忌涂抹,以免破坏霉菌结构。然后加盖玻片,如有气泡,可在酒精灯上加热排除。制片时最好是在接种罩内操作,防止孢子飞扬。

(4) 镜检　观察霉菌的菌丝和孢子的形态和特征、孢子的排列等,并做详细记录。

（5）报告　根据菌落形态及镜检结果，参照以下各种霉菌的形态描述及检索表，确定菌种名称。

（四）各种霉菌的形态特征

1. 曲霉属

曲霉属（*Aspergillus*）的产毒霉菌主要包括黄曲霉、寄生曲霉、杂色曲霉、构巢曲霉、黑曲霉和赭曲霉。这些霉菌的代谢产物有黄曲霉毒素、赭曲霉毒素、伏马菌素和展青霉素等。

曲霉属菌落多为绒状，也有絮状，表面平坦，或具有同心轮纹及放射状沟纹。营养菌丝体由具横隔的分枝菌丝构成，无色或有明亮的颜色。分生孢子梗大多无横隔，光滑、粗糙或有麻点，梗的顶端膨大形成棍棒形、椭圆形、半球形或球形的顶囊，在顶囊上生出一层或二层小梗，双层时下面一层为梗基，每个梗基上再着生两个或几个小梗。从每个小梗的顶端相继生出一串分生孢子。由顶囊、小梗以及分生孢子链构成一个头状体的结构，称为分生孢子头。分生孢子头有各种不同颜色和形状，如球形、放射形、棍棒形或直柱形等。曲霉属只少数种形成有性阶段，产生封闭式的闭囊壳。某些种产生菌核或菌核结构。少数种可产生不同形状的壳细胞。

（1）黄曲霉　黄曲霉（*A. flavus*）属于黄曲霉群。在察氏琼脂培养基上菌落生长较快，10~14d 直径 3~4cm 或 4~7cm，最初带黄色，然后变为黄绿色，老后颜色变暗，平坦或有放射状沟纹，反面无色或带褐色。在低倍显微镜下观察可见分生孢子头疏松放射状，继而变为疏松柱状。分生孢子梗多从基质生出，长度一般<1mm。有些菌丝产生带褐色的菌核。制片镜检观察可见分生孢子梗极粗糙，直径 10~20μm。顶囊烧瓶形或近球形。全部顶囊着生小梗，小梗单层、双层或单、双层同时生在一个顶囊上。分生孢子球形、近球形或洋梨形，粗糙（图 7-5）。

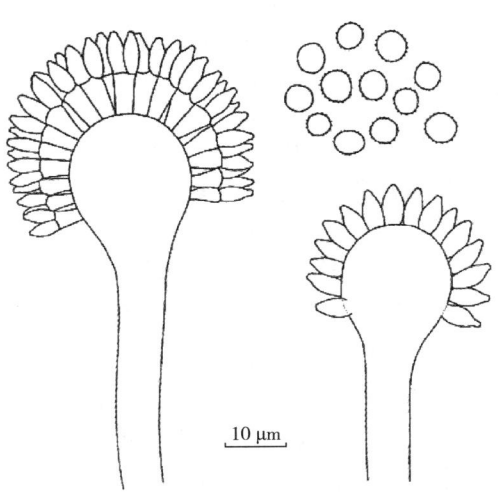

图 7-5　黄曲霉的产孢结构和分生孢子

（2）杂色曲霉　杂色曲霉（*A. versicolor*）属于杂色曲霉群。在察氏琼脂培养基上菌落生长局限，14d 直径 2~3cm，绒状、絮状，或两者同时存在。菌落颜色变化相当广泛，不同菌系可能局部淡绿、灰绿、浅黄甚至粉红色；反面近于无色至黄橙色或玫瑰色。有的菌落有无色至紫红色的液滴。分生孢子头疏松放射状，顶囊半椭圆形至半球形，上半部或 3/4 部位上着生小梗。小梗双层，分生孢子球形，粗糙（图 7-6）。

杂色曲霉产生杂色曲霉毒素，该毒素会引起肝和肾的损害，并能引起肝癌。

（3）构巢曲霉　构巢曲霉（*A. versicolor*）属于构巢曲霉群。菌落生长较快，14d 直径 5~6cm，绒状，绿色，有的菌系由于产生较多的闭囊壳而显现黄褐色，反面紫红色。分生孢子头短柱形，顶囊半球形，小梗双层，分生孢子球形，闭囊壳球形，暗紫红色，子囊孢子双凸

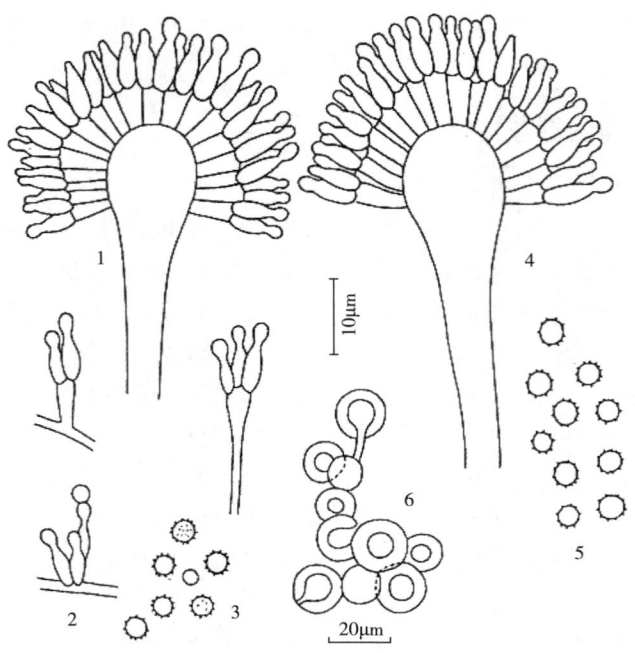

图 7-6 杂色曲霉的产孢结构、分生孢子和壳细胞

1，4—产孢结构；2—不完整的产孢结构；3，5—分生孢子；6—壳细胞

镜形，紫红色。

构巢曲霉产生杂色曲霉毒素，具有强烈的致癌性。

(4) 赭曲霉　赭曲霉（*A. ochraceus*）属于赭曲霉群。在察氏琼脂培养基上菌落生长稍局限，10~14d 直径 3~4cm，褐色或浅黄色，基质中菌丝无色或具有不同程度的黄色或紫色，反面呈黄褐色或绿褐色。分生孢子头幼时球形，老后分裂成 2~3 个柱状分叉。分生孢子梗带黄色，极粗糙，有明显的麻点。顶囊球形，小梗双层，自顶囊全部表面密集着生。分生孢子球形至近球形，常略粗糙。有些菌系产生较多的菌核，初期为白色，老后淡紫色，球形、卵形至柱形（图 7-7）。

赭曲霉产生赭曲霉毒素，该毒素是一种强的肾脏毒素和肝脏毒素。

2. 青霉属

青霉属（*Penicillium*）产毒霉菌，主要包括黄绿青霉、橘青霉、橘灰青霉（异名：圆弧青霉 *P. cyclopium*）、灰黄青霉（异名：展青霉 *P. patulum*，荨麻青霉 *P. urticae*）、鲜绿青霉（原名：纯绿青霉 *P. viridicatum*）、红青霉和褶皱青霉等。这些霉菌可能会产生黄绿青霉素、橘青霉素、展青霉素、灰黄霉素、红青霉素和褶皱青霉素等次生代谢产物。

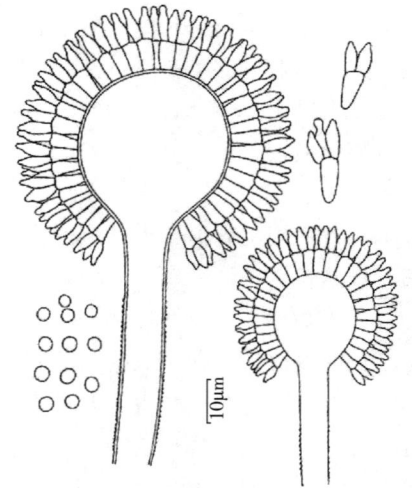

图 7-7　赭曲霉的产孢结构和分生孢子

青霉属的菌丝细，具横隔，呈无色或淡色，较少有鲜明的颜色，为埋伏型或部分埋伏型部分气生型。气生菌丝密毡状、松絮状或部分结成菌丝索。分生孢子梗由埋伏型或气生型菌丝生出，稍垂直于该菌丝（除个别种外，不像曲霉那样生有足细胞），单独直立或作某种程度的集合乃至密集为一定的菌丝束，具横隔，光滑或粗糙。其先端生有扫帚状的分枝轮，称为帚状枝。帚状枝是由单轮或两次到多次分枝系统构成，对称或不对称，最后一级分枝即产生孢子的细胞，称为小梗。着生小梗的细胞称为梗基，支持梗基的细胞称为副枝。小梗用断离法产生分生孢子，形成不分枝的链，分生孢子呈球形、椭圆形或短柱形，光滑或粗糙，大部分生长时呈蓝绿色，有时呈无色或呈别种淡色，但绝不呈污黑色。少数种产生闭囊壳，或结构疏松柔软，较快地形成子囊和子囊孢子，或质地坚硬如菌核状，由中央向外缓慢地成熟。还有少数菌种产生菌核。

（1）黄绿青霉　黄绿青霉（*P. citreoviride*）属单轮青霉组，斜卧青霉系。菌落生长局限，10~12d 直径达 2~3cm，表面皱褶，有的中央凸起或凹陷，淡黄灰色，仅微具绿色，表面绒状或稍现絮状，营养菌丝细，带黄色。渗出液很少或没有，有时呈现柠檬黄色，略带霉味。反面及培养基呈现亮黄色。分生孢子梗自紧贴于基质表面的菌丝生出，壁光滑。帚状枝大部为单轮，偶尔有作一、二次分枝者。

黄绿青霉的代谢产物为黄绿青霉素，该毒素是一种很强的神经毒素。

（2）橘青霉　橘青霉（*P. citrinum*）属不对称青霉组，绒状青霉亚组、橘青霉系。菌落生长局限，绒状或稍带絮状，有放射状沟纹。艾绿色或黄绿色具狭白边，渗出液淡黄色，背面黄色至橙色。分生孢子梗大多从基质上生出，也有自中央气生菌丝生出者，光滑。帚状枝双轮不对称，分生孢子链为分散的柱状。分生孢子球形或近球形，光滑（图 7-8）。

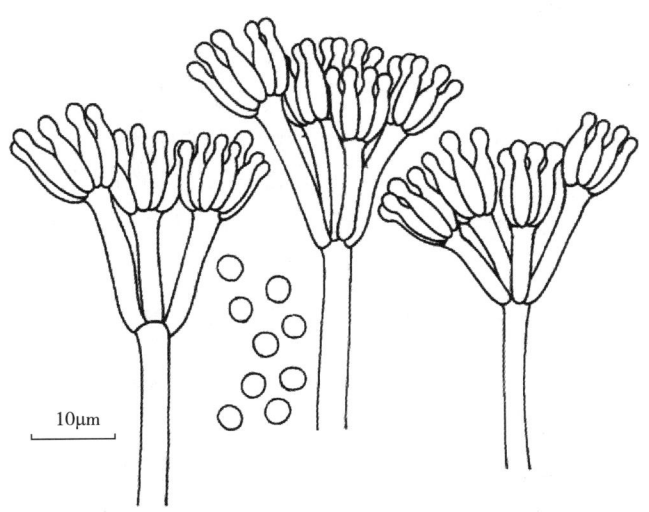

图 7-8　橘青霉的分生孢子结构和分生孢子

橘青霉产生橘青霉素，该毒素是一种强的肾脏毒素。此菌在自然界中分布普遍，除土壤外，霉腐材料和粮食、食品、饲料上经常出现，在大米上生长引起黄色病变并具毒性，即"黄变米"。

（3）灰黄青霉　灰黄青霉（*P. griseofulvum*）属不对称青霉组。在察氏琼脂培养基上，菌落生长局限，培养 12d 直径 20~28mm，通常呈放射状皱纹或中央脐状突起，质地为绒状，边缘颗粒明显。分生孢子面呈灰蓝绿色或蓝绿色；菌丝体中部为淡黄色至紫褐色，边缘白色，常有红褐色或黄褐色渗出液产生；菌落反面为黄褐色、橘褐色或红褐色，溶解性色素颜色较淡。帚状枝分散且比较复杂，通常拥有2~3个分枝点。分生孢子梗壁滑且弯曲，分生孢子链分散，分生孢子呈光滑的椭圆形或近球形（图7-9）。

灰黄青霉的某些菌株产生展青霉素。

（4）鲜绿青霉 鲜绿青霉（*P. viridicatum*）属不对称青霉组，束状青霉亚组，纯绿青霉系。菌落在察氏琼脂上25℃培养12d，直径为27~35mm，呈现少量放射状皱纹或同心环纹，偶见平坦形态，质地为绒状和颗粒状相结合。分生孢子一般在菌落边缘处大量产生，分生孢子面呈黄绿色，菌丝体为白色，中部呈微黄白或淡褐色。渗出液为淡黄或浅褐色，反面为黄色或黄红褐色，可溶性色素颜色较淡或缺乏。分生孢子梗发生于基质，表面粗糙。分生孢子呈椭圆形或近球形，直径约3.5μm，略粗糙，形成纠缠链状或不稳定的直柱状排列（图7-10）。

鲜绿青霉的某些菌株可产生赭曲霉毒素和橘青霉素。

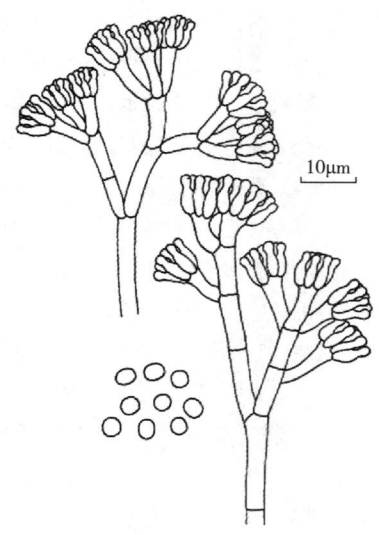

图7-9 灰黄青霉的分生孢子结构和分生孢子

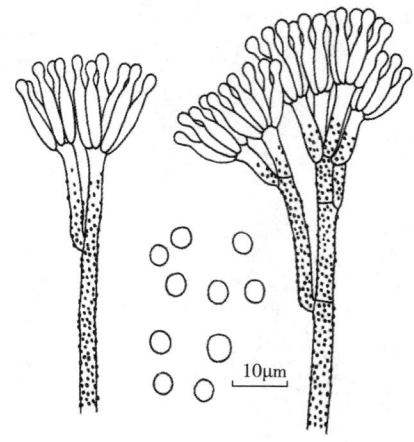

图7-10 鲜绿青霉的分生孢子结构和分生孢子

3. 镰刀菌属

镰刀菌属的产毒真菌主要包括禾谷镰刀菌、串珠镰刀菌、雪腐镰刀菌、三线镰刀菌、梨孢镰刀菌、拟枝孢镰刀菌、尖孢镰刀菌、茄病镰刀菌和木贼镰刀菌等。这些真菌可能产生单端孢霉烯族化合物（trichothecenes）、玉米赤霉烯酮（zearalenone, ZEN）、串珠镰刀菌素（moniliformin）和丁烯酸内酯（butenolide）等次生代谢产物。

镰刀菌属在马铃薯-葡萄糖琼脂或察氏培养基上气生菌丝发达，高0.5~1.0cm或较低为0.3~0.5cm，或更低为0.1~0.2cm；气生菌丝稀疏，有的甚至完全无气生菌丝，而由基质菌丝直接生出黏孢层，内含大量的分生孢子。大多数小型分生孢子通常假头状着生，较少为链状着生，或者假头状和链状着生兼有。小型分生孢子生于分枝或不分枝的分生子梗上，形状多样，有卵形、梨形、椭圆形、长椭圆形、纺锤形、披针形、腊肠形、柱形、锥形、逗点形、圆形等。1~3隔，通常小型分生孢子的量较大型分生孢子多。大型分生孢子产生在菌丝的短小爪状突起上或产生在分生孢子座上，或产生在黏孢团中；大型分生孢子形态多样，镰刀形、线形、纺锤形、披针形、柱形、腊肠形、蠕虫形、鳗鱼形、弯曲、直或近于直。顶端细胞形态多样，有短喙形、锥形、钩形、线形、柱形，逐渐变窄细或突然收缩。气生菌丝、子座、黏孢团、菌核可呈各种颜色，基质也可被染成各种颜色。厚垣孢子间生或顶生，单生或多个成串或成结节状，有时也生于大型分生孢子的孢室中，无色或具有各种颜色，光滑或粗糙。

镰刀菌属的一些种，初次分离时只产生菌丝体，常还需诱发产生正常的大型分生孢子以供鉴定。因此须同时接种无糖马铃薯琼脂培养基或察氏培养基等。

（1）串珠镰刀菌　串珠镰刀菌（*F. moniliforme*）菌株在马铃薯-葡萄糖琼脂培养基上形成棉絮状气生菌丝，呈粉红色至淡紫色；在米饭培养基上则呈玫瑰、紫红乃至蓝色或它们之间的颜色，黏孢团呈粉红色、肉桂色乃至暗蓝色。瓶状小梗较细长，小型分生孢子链状或假头状着生，形态包括椭圆形、纺锤形、卵形、梨形或腊肠形，透明无色，单细胞或有一隔，直或稍弯。大型分生孢子形态多样，呈锥形、纺锤形、镰刀形或线形，顶端逐渐变细或粗细均一，或一端较钝而另一端较锐，透明无色，壁薄，脚胞明显或呈楔形（图7-11）。

串珠镰刀菌无厚垣孢子，有子座及菌核，呈黄、褐或紫色。其子囊阶段属于赤霉属的藤仓赤霉（*Gibberella fujikuroi*）。子囊壳为深蓝色，呈球形、卵形或圆锥形，外壁有疣状突起，子囊呈圆筒形，含4~8个子囊孢子，子囊孢子呈椭圆形。

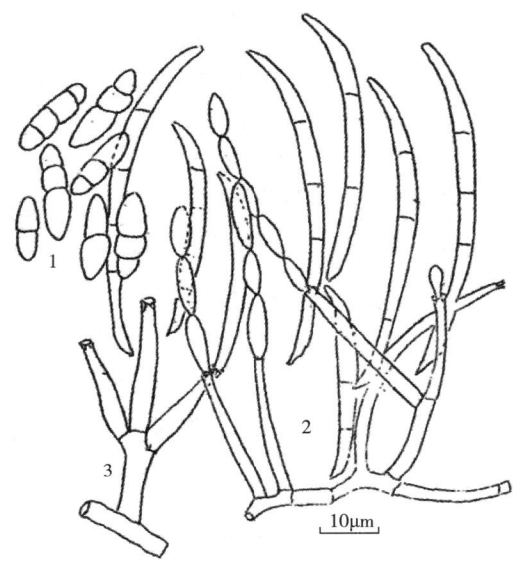

图7-11　串珠镰刀菌（藤仓赤霉）
1—子囊孢子；2—小型分生孢子和分生孢子梗；
3—大型分生孢子和分生孢子梗

串珠镰刀菌主要分布在水稻上，还可在玉蜀黍、甘蔗及柑橘、棉、洋葱等植物的根、茎、穗、种子及土壤中，能产生串珠镰刀菌素和玉米赤霉烯酮等。

（2）禾谷镰刀菌　禾谷镰刀菌（*F. graminearum*）在马铃薯-葡萄糖琼脂培养基上生长迅速，4d后菌落平均直径达8.9cm，菌丝呈棉絮状至丝状，颜色为白色、淡玫瑰色或洋红色，中央有时出现黄色气生菌丝区。反面为深洋红色或淡砖红至赭色。通常野生菌株不产孢子，但在加入3%食盐的察氏培养液或麦粒煎汁培养基中进行深层振荡培养4~5d，可产生大型分生孢子。其大型分生孢子形态多样，近镰刀形、纺锤形、披针形，椭圆形弯曲或近于直，顶端逐渐变细，细胞较细长，脚胞通常较明显或呈楔状，通常为3~5隔，极少为1~2隔或6~9隔，颜色无色，聚集时为浅红色。单个孢子无色，聚集时呈浅粉红色（图7-12）。

在马铃薯-葡萄糖琼脂培养基上通常无厚垣孢子，但在菌丝中可见膨大细胞，呈球形或卵形，单个或成串，顶生或间生，壁薄透明。

禾谷镰刀菌的子囊阶段属于赤霉属中的玉米赤霉（*Gibberella zeae*）。

禾谷镰刀菌是赤霉病麦的主要病原菌，主要引起小麦、大麦和元麦的赤霉病，禾谷镰刀菌还可以感染玉米和水稻等，能产生脱氧雪腐镰刀菌烯醇（Deoxynivalenol，简称DON），玉米赤霉烯酮（ZEN）和T-2毒素（T-2 toxin）等。

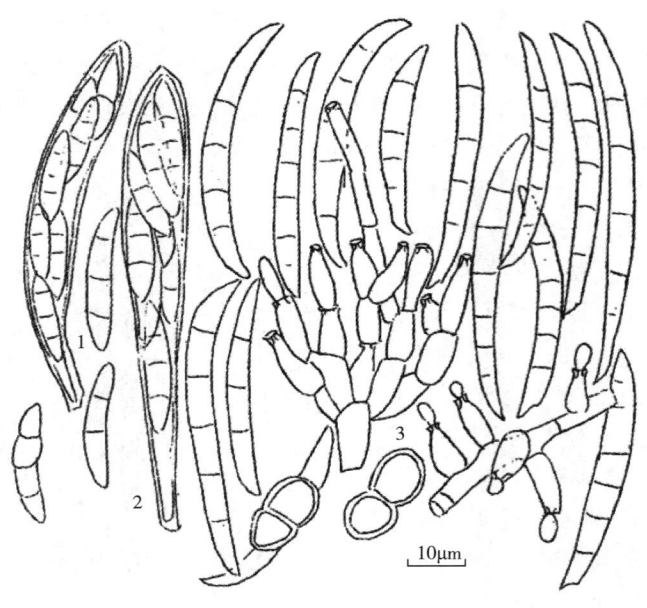

图 7-12　禾谷镰刀菌（玉米赤霉）
1—寄主上的子囊和子囊孢子；2—培养中的子囊孢子；3—分生孢子和分生孢子梗

（3）梨孢镰刀菌　梨孢镰刀菌（*F. poae*）在马铃薯-葡萄糖琼脂培养基上生长迅速，菌落呈洋红色、玫瑰色或赭色，反面呈深浅不同的洋红色或浅紫洋红色，菌丝呈蛛丝状或丝状，有时带粉状。小型分生孢子生于桶状的瓶状小梗上，假头着生，其形态主要为球形和梨形，其次为柠檬形、倒卵形、椭圆形、窄瓜子形。大型分生孢子近镰刀形、纺锤和披针形，弯度稍大，半部稍宽，顶端细胞短钝，脚胞有或无，培养时常见 1~3 隔孢子。厚垣孢子生于菌丝中，呈矩圆形至椭圆或似椭圆形，多数间生，少数顶生、单生或成串，或结节状，为赭黄色（图 7-13）。

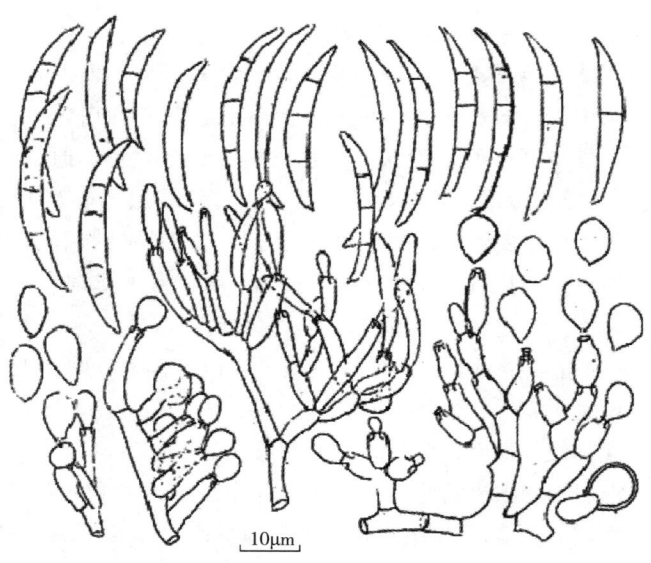

图 7-13　梨孢镰刀菌的小型和大型分生孢子梗及小型和大型分生孢子

梨孢镰刀菌主要寄生于谷类，可产生 T-2 毒素、HT-2 毒素、新茄病镰刀菌烯醇和丁烯酸内酯等。

（4）三线镰刀菌　在马铃薯-葡萄糖琼脂培养基上，三线镰刀菌（*F. tricinctum*）气生菌丝生长茂盛，棉絮状，呈白色、洋红色、红色至紫色。小型分生孢子散生在气生菌丝中或聚成假头状，梨形或柠檬形、纺锤近披针形或稍呈镰刀形，0~1 隔。大型分生孢子生于分生孢子梗座及气生菌丝中，镰状弯曲或椭圆形弯曲，脚胞很明显。

三线镰刀菌与梨孢镰刀菌非常近似，只是在下述几点上有区别。

①小型分生孢子以卵形、窄瓜子形、梨形的孢子居多，球形较少；

②瓶状小梗船形至筒形居多，桶形较少；

③大型分生孢子易见 3 隔以上的孢子（图 7-14）。

厚垣孢子呈球形，壁光滑，间生、单生或成串。

本菌主要寄生于玉米和小麦的种子上，可产生 T-2 毒素、丁烯酸内酯、二乙酸藨草镰刀菌烯醇（diacetoxyscirpenol，DAS）和玉米赤霉烯酮。

（5）雪腐镰刀菌　雪腐镰刀菌（*F. nivale*）在马铃薯-葡萄糖琼脂培养基上生长迅速，菌落颜色从白色、浅桃色、粉红色到杏黄色不等，培养基略呈浅黄色。菌丝稀疏，呈棉絮状或蛛丝状，4d 后菌落直径可超过 1cm。其在 4℃ 下也能良好发育，培养 7~10d 可见分生孢子，通常直接在气生菌丝上形成，但某些菌株的分生孢子则在小的分生孢子梗座上产生。黏孢团为鲑橙色或浅橙色，干后变为肉桂褐色。分生孢子为镰刀形至香肠形，弯曲，两端渐窄，末端钝圆，无脚胞，有时基部稍呈楔形。该菌无厚垣孢子，子座小且透明，初为粉红至砖红色，后期变为革褐色。

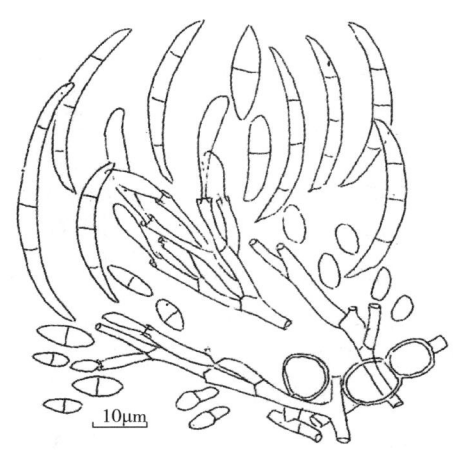

图 7-14　三线镰刀菌的分生孢子和分生孢子梗

雪腐镰刀菌的子囊阶段属于赤壳属中的雪腐小赤壳（*Micronectriella Mivalis*）。其中子囊壳埋生于罹病植株近茎基部叶的表皮下，外表呈小黑点状，无子座，切片观察，子囊呈卵形至球形，顶端乳头状，透明，贯穿表皮但不隆起。子囊壳壁较厚，由两层组成，外壁由 4~5 层长形至球形细胞组成，具浅色素。内壁由数层薄壁细胞所组成。子囊呈棍棒形，偶尔为圆柱形，含 6~8 个子囊孢子，孢子为椭圆形，中央有一隔膜，后期两侧可再生隔膜（图 7-15）。

雪腐镰刀菌主要分布在水稻上，还可在玉蜀黍、甘蔗及柑橘、棉、洋葱等植物的根、茎、

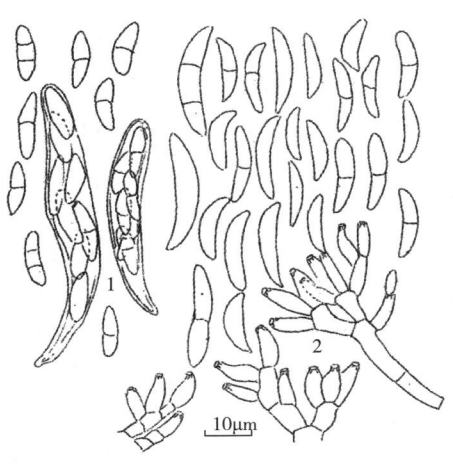

图 7-15　雪腐镰刀菌（雪腐小赤壳）
1—子囊和子囊孢子；2—分生孢子和分生孢子梗

穗、种子及土壤中，灭菌秸秆上低于18℃培养10~15d，子囊壳生长茂盛，可产生镰刀菌烯酮-X、雪腐镰刀菌烯醇和二乙酸雪腐镰刀菌烯醇等有毒代谢产物。

二、常见霉菌毒素的测定

霉菌是一种多细胞微生物，通过孢子繁衍下一代。霉菌孢子广泛存在于土壤和一些腐败的植物体中。在水分、湿度和温度等适宜条件下，霉菌会大量繁殖，并产生毒素。霉菌毒素是霉菌产生的一种或多种次级代谢产物，而同种霉菌毒素又可由不同的霉菌产生。

霉菌毒素主要由以下4种霉菌属产生：曲霉菌属（主要分泌黄曲霉毒素、赭曲霉毒素等）、青霉菌属（主要分泌展青霉素、橘霉素等）、麦角菌属（主要分泌麦角毒素）、镰刀菌属（主要分泌呕吐毒素、玉米赤霉烯酮毒素等）

（一）黄曲霉毒素（aflatoxin，AFT）的测定

1. 高效液相色谱法——柱前衍生法

（1）方法提要　试样中的黄曲霉毒素 B_1（AFB_1）、黄曲霉毒素 B_2（AFB_2）、黄曲霉毒素 G_1（AFG_1）、黄曲霉毒素 G_2（AFG_2），用乙腈-水溶液或甲醇-水溶液的混合溶液提取，提取液经黄曲霉毒素固相净化柱净化去除脂肪、蛋白质、色素及碳水化合物等干扰物质，净化液用三氟乙酸（TFA）柱前衍生，液相色谱分离，荧光检测器检测，外标法定量。

（2）试剂和溶液　除非另有说明，本方法所用试剂均为分析纯，水为 GB/T 6682—2008《分析实验室用水规格和实验方法》规定的一级水。甲醇：色谱纯；乙腈：色谱纯；正己烷：色谱纯；三氟乙酸；乙腈-水溶液（84∶16）；甲醇-水溶液（70∶30）；乙腈-水溶液（50∶50）；乙腈-甲醇溶液（50∶50）；AFB_1 标准品：纯度≥98%；AFB_2 标准品：纯度≥98%；AFG_1 标准品：纯度≥98%；AFG_2 标准品：纯度≥98%；标准储备溶液（10μg/mL）；混合标准工作液（AFB_1 和 AFG_1：100ng/mL，AFB_2 和 AFG_2：30ng/mL）。

（3）仪器和设备　匀浆机；高速粉碎机；组织捣碎机；超声波/涡旋振荡器；天平：感量0.01g和0.00001g；涡旋混合器；高速均质器：转速6500~24000r/min；离心机：转速≥6000r/min；玻璃纤维滤纸：快速、高载量、液体中颗粒保留1.6μm；氮吹仪；液相色谱仪：配荧光检测器；色谱分离柱；黄曲霉毒素专用型固相萃取净化柱（以下简称净化柱），或相当者；一次性微孔滤头：带0.22μm微孔滤膜（所选用滤膜应采用标准溶液检验确认无吸附现象，方可使用）；筛网：1~2mm试验筛孔径；恒温箱；pH计。

（4）分析步骤

①提取

a. 植物油脂。称取5g试样（精确至0.01g）于50mL离心管中，加入20mL乙腈-水溶液（84∶16）或甲醇-水溶液（70∶30），涡旋混匀，置于超声波/涡旋振荡器或摇床中振荡20min（或用均质器均质3min），在6000r/min下离心10min，取上清液备用。

b. 酱油、醋。称取5g试样（精确至0.01g）于50mL离心管中，用乙腈或甲醇定容至25mL（精确至0.1mL），涡旋混匀，置于超声波/涡旋振荡器或摇床中振荡20min（或用均质器均质3min），在6000r/min下离心10min（或均质后玻璃纤维滤纸过滤），取上清液备用。

c. 一般固体。称取5g试样（精确至0.01g）于50mL离心管中，加入20.0mL乙腈-水溶液（84∶16）或甲醇-水溶液（70∶30），涡旋混匀，置于超声波/涡旋振荡器或摇床中振荡

20min（或用均质器均质 3min），在 6000r/min 下离心 10min（或均质后玻璃纤维滤纸过滤），取上清液备用。

②净化：移取适量上清液，按净化柱操作说明进行净化，收集全部净化液。

③衍生：用移液管准确吸取 4.0mL 净化液于 10mL 离心管后在 50℃下用氮气缓缓地吹至近干，分别加入 200μL 正己烷和 100μL 三氟乙酸，涡旋 30s，在（40±1）℃的恒温箱中衍生 15min，衍生结束后，在 50℃下用氮气缓缓地将衍生液吹至近干，用初始流动相定容至 1.0mL，涡旋 30s 溶解残留物，过 0.22μm 滤膜，收集滤液于进样瓶中以备进样。

④测定：色谱参考条件如下。流动相 A 相为水，B 相为乙腈-甲醇溶液（50∶50）；梯度洗脱为 24% B 相（0~6min），35% B 相（8.0~10.0min），100% B 相（10.2~11.2min），24% B 相（11.5~13.0min）；色谱柱为 C_{18} 柱（柱长 150mm 或 250mm，柱内径 4.6mm，填料粒径 5.0μm），或相当者；流速为 1.0mL/min；柱温为 40℃；进样体积为 50μL；检测波长为激发波长 360nm、发射波长 440nm。

四种黄曲霉毒素 TFA 柱前衍生液相色谱图可参考图 7-16。

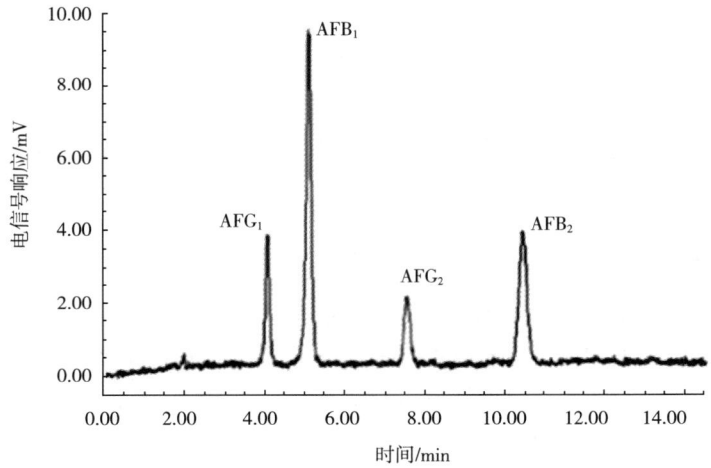

图 7-16　四种黄曲霉毒素 TFA 柱前衍生液相色谱图（0.5ng/mL 标准溶液）

⑤空白试验：用水代替试样，按提取、净化、测定步骤做空白试验。

⑥结果计算：试样中 AFB_1、AFB_2、AFG_1 和 AFG_2 的残留量按式（7-2）计算。

$$X = \frac{c \times V_1 \times V_3 \times 1000}{V_2 \times m \times 1000} \tag{7-2}$$

式中　X——试样中 AFB_1、AFB_2、AFG_1 和 AFG_2 的含量，μg/kg；

　　　c——进样溶液中 AFB_1、AFB_2、AFG_1 和 AFG_2 按照外标法在标准曲线中对应的浓度，ng/mL；

　　　V_1——试样提取液体积（植物油脂、固体、半固体按加入的提取液体积；酱油、醋按定容总体积），mL；

　　　V_3——净化液的最终定容体积，mL；

　　　1000——换算系数；

　　　V_2——净化柱净化后的取样液体积，mL；

m——试样的称样量,g。

计算结果保留三位有效数字。

当称取样品 5g 时,柱前衍生法的 AFB_1、AFB_2、AFG_1 和 AFG_2 的检出限为 $0.03\mu g/kg$。

2. 酶联免疫吸附筛查法

AFT 是相对分子质量为 312~346 的二氢呋喃香豆素的衍生物,无免疫原性,不能引起抗体的产生,故必须与大分子化学基团或蛋白质偶联,成为完全抗原,方能引起免疫动物的抗体形成,然后利用血清学方法检测 AFT。由于 AFT 的量一般都较低,因此,检测方法主要是敏感性较高的放射免疫测定法(RIA)和酶联免疫吸附试验(ELISA)。

酶联免疫法是测定黄曲霉毒素 M_1(AFM_1)较常用的方法之一,该法采用竞争 ELISA,在微孔板上预包被 AFM_1 抗原,加入样本(或 AFM_1 标准品溶液)及辣根过氧化物酶标记的 AFM_1 抗体。样本或标准品溶液中的 AFM_1 与预包被在板孔上的 AFM_1 抗原竞争结合辣根过氧化物酶标记的 AFM_1 抗体。未结合的酶标抗体在洗涤时被除去,再加入 TMB 显色液,读取吸光度值。样本的吸光度值与其所含残留物 AFM_1 抗原的含量呈负相关。对照标准曲线,即可得出相应残留物 AFM_1 的含量。

3. 薄层色谱法

薄层色谱法(TLC)适用于粮食及其制品、调味品等,主要是半定量。利用 AFT 具有荧光的特点,提取出样品中的 AFT,用单向或双向展开法在薄层上分离后,在 365nm 紫外灯下检测其荧光,实现半定量。该法是黄曲霉毒素测定的官方规定方法之一,但是该方法不专一,样品中的其他荧光物质容易对其测定造成干扰。

(二)展青霉素(patulin,PAT)的测定

PAT 的传统检测方法包括气相色谱法、薄层色谱法、胶束电动毛细管电泳法和液相色谱法。目前,最常用的是液相色谱法。PAT 是相对分子质量小的极性化合物,有较强的紫外吸收光谱,因此适合于用高效液相色谱法(HPLC)检测,最初的正相色谱法正逐渐被反相色谱法所代替。以下主要对高效液相色谱法检测 PAT 的方法进行介绍。

(1)方法提要 样品(浊汁、半流体及固体样品用果胶酶酶解处理)中的展青霉素经提取,展青霉素固相净化柱净化、浓缩后,液相色谱分离,紫外检测器检测。外标法定量。

(2)试剂和溶液 除非另有说明,本方法使用的试剂均为分析纯,水为 GB/T 6682—2008《分析实验室用水规格和实验方法》规定的一级水;乙腈:色谱纯;甲醇:色谱纯;乙酸:色谱纯;乙酸乙酯;乙酸铵;果胶酶:活性不低于 1500U/g,2~8℃ 避光保存;乙酸溶液;标准储备溶液(100μg/mL);标准工作液(1μg/mL)。

(3)仪器和设备 液相色谱仪配紫外检测器;匀浆机;高速粉碎机;组织捣碎机;涡旋振荡器;pH 计:测量精度±0.02;天平:感量为 0.01g 和 0.00001g;50mL 具塞 PVC 离心管;离心机:转速≥6000r/min;展青霉素固相净化柱:混合填料净化柱 Mycosep TM228 或相当者;100mL 梨形烧瓶;固相萃取装置;旋转蒸发仪;氮吹仪;一次性水相微孔滤头:带 0.22μm 微孔滤膜。

(4)分析步骤

①提取

a. 液体试样。称取 4g 试样(准确至 0.01g)于 50mL 离心管中,加入 21mL 乙腈,混合

均匀，在 6000r/min 下离心 5min 待净化。

b. 固体、半流体试样。称取 1g 试样（准确至 0.01g）于 50mL 离心管中，混匀后静置片刻，再加入 10mL 水与 150μL 果胶酶溶液混匀，室温下避光放置过夜后，加入 10.0mL 乙酸乙酯，涡旋混合 5min，在 6000r/min 下离心 5min，移取乙酸乙酯层至梨形烧瓶。再用 10.0mL 乙酸乙酯提取一次，合并两次乙酸乙酯提取液，在 40℃ 水浴中用旋转蒸发仪浓缩至干，以 2.0mL 乙酸溶液溶解残留物，再加入 8mL 乙腈，混匀后待净化。

②净化：按照所使用净化柱的说明书操作，将提取液通过净化柱净化，弃去初始的 1mL 净化液，收集后续部分。用吸量管准确吸取 5.0mL 净化液，加入 20μL 乙酸，在 40℃ 下用氮气缓缓地吹至近干，加入乙酸溶液定容至 1mL，涡旋 30s 溶解残渣，过 0.22μm 滤膜，收集滤液于进样瓶中以备进样。按同一操作方法做空白试验。

③测定：色谱参考条件如下。液相色谱柱为 T_3 柱，柱长 150mm，内径 4.6mm，填料粒径 3.0μm，或相当者；流动相 A 相为水，B 相为乙腈；梯度洗脱条件为 5% B 相（0~13min），100% B 相（13~15min），5% B 相（15~20min）；流速为 0.8mL/min；色谱柱柱温为 40℃；进样量 100μL；紫外检测器检测波长为 276nm。

100ng/mL 展青霉素标准溶液的液相色谱图参考图 7-17。

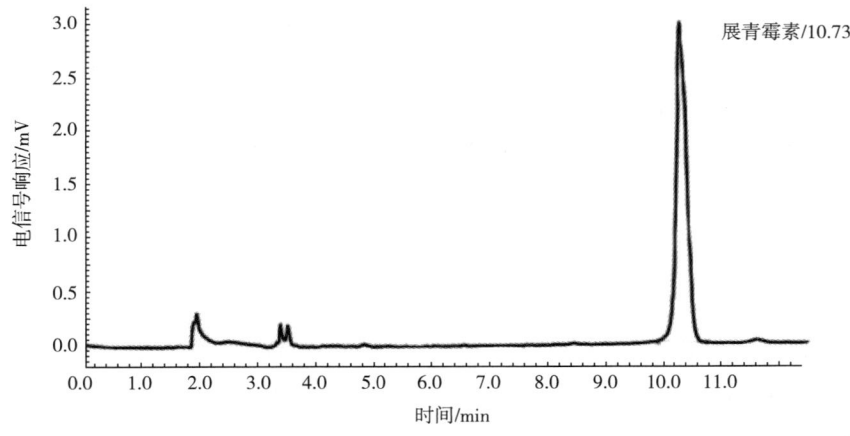

图 7-17　100ng/mL 展青霉素标准溶液的液相色谱图

④结果计算：试样中展青霉素的含量按式（7-3）计算。

$$X = \frac{c \times V}{m} \times f \tag{7-3}$$

式中　X——试样中展青霉素的含量，μg/kg 或 μg/L；
　　　c——由标准曲线得到的试样溶液中展青霉素的浓度，ng/mL；
　　　V——最终定容体积，mL；
　　　m——试样的称样量，g；
　　　f——稀释倍数。

计算结果保留三位有效数字。

液体试样的检出限为 6μg/kg；固体、半流体试样的检出限为 12μg/kg。

(三)赭曲霉毒素 A(ochratoxin A,OTA)的测定

赭曲霉毒素是真菌产生的一组结构类似,主要危及人和动物肾脏的有毒代谢产物,有 A、B、C、D 四种化合物,其中毒性最大、与人类健康关系最密切、产毒量最高、对农作物的污染最重、分布最广的是赭曲霉毒素 A,OTA 是一种强力的肝脏毒和肾脏毒,并有致畸、致突变和致癌作用。

赭曲霉毒素对农作物污染比较严重,广泛存在于谷类、豆类、花生、干果和咖啡豆中,在饮料(葡萄酒和葡萄汁)中也已经检测到。OTA 检测方法有很多,主要有液相色谱-荧光检测法、液相-质谱联用法、酶联免疫吸附法、免疫亲和层析净化高效液相色谱法、薄层色谱测定法。以下主要对免疫亲和层析净化高效液相色谱法检测 OTA 的方法进行介绍。

(1)方法提要 用提取液提取试样中的赭曲霉毒素 A,经免疫亲和柱净化后,采用高效液相色谱结合荧光检测器测定赭曲霉毒素 A 的含量,外标法定量。

(2)试剂和溶液 除非另有说明,本方法所用试剂均为分析纯、水为 GB/T 6682—2008《分析实验室用水规格和实验方法》规定的一级水。甲醇:色谱纯;乙腈:色谱纯;冰乙酸:色谱纯;氯化钠;聚乙二醇;吐温 20;碳酸氢钠;磷酸二氢钾;浓盐酸;氮气:纯度≥99.9%;提取液Ⅰ:甲醇-水(80:20);提取液Ⅱ;提取液Ⅲ;冲洗液;真菌毒素清洗缓冲液;磷酸盐缓冲液;碳酸氢钠溶液(10g/L);淋洗缓冲液;赭曲霉毒素 A 标准品:纯度≥99%;赭曲霉毒素 A 标准储备液;赭曲霉毒素 A 标准工作液。

(3)仪器和设备 分析天平:感量 0.001g;高效液相色谱仪,配荧光检测器;高速均质器:≥12000r/min;玻璃注射器:10mL;试验筛:孔径 1mm;空气压力泵;超声波发生器:功率≥180W;氮吹仪;离心机:≥10000r/min;涡旋混合器;往复式摇床:≥250r/min;pH 计:精度为 0.01。

(4)分析步骤

①试样的制备和提取

a. 粮食和粮食制品。颗粒状样品需全部粉碎通过试验筛(孔径 1mm),混匀后备用。

提取方法 1:称取试样 25.0g(精确到 0.1g),加入 100mL 提取液Ⅲ,高速均质 3min 或振荡 30min,定量滤纸过滤,移取 4mL 滤液加入 26mL 磷酸盐缓冲液混合均匀,混匀后于 8000r/min 离心 5min,上清液作为滤液 A 备用。

提取方法 2:称取试样 25.0g(精确到 0.1g),加入 100mL 提取液Ⅰ,高速均质 3min 或振荡 30min,定量滤纸过滤,移取 10mL 滤液加入 40mL 磷酸盐缓冲液稀释至 50mL,混合均匀,经玻璃纤维滤纸过滤,滤液 B 收集于干净容器中,备用。

b. 酒类。取脱气酒类试样(含二氧化碳的酒类样品使用前先置于 4℃冰箱冷藏 30min,过滤或超声脱气)或其他不含二氧化碳的酒类试样 20.0g(精确到 0.1g),置于 25mL 容量瓶中,加提取液Ⅱ定容至刻度,混匀,经玻璃纤维滤纸过滤至滤液澄清,滤液 C 收集于干净容器中,备用。

c. 酱油、醋、酱及酱制品。称取 25.0g(精确到 0.1g)混匀的试样,加提取液Ⅰ定容至 50mL,超声提取 5min。定量滤纸过滤,移取 10mL 滤液于 50mL 容量瓶中,加水定容至刻度,混匀,经玻璃纤维滤纸过滤至滤液澄清,滤液 D 收集于干净容器中,备用。

②净化

a. 粮食和粮食制品。将免疫亲和柱连接于玻璃注射器下，准确移取提取方法 1 中全部滤液 A 或提取方法 2 中 20mL 滤液 B，注入玻璃注射器中。将空气压力泵与玻璃注射器相连接，调节压力，使溶液以约 1 滴/s 的流速通过免疫亲和柱，直至空气进入亲和柱中，依次用 10mL 真菌毒素清洗缓冲液、10mL 水先后淋洗免疫亲和柱，流速为 1~2 滴/s，弃去全部流出液，抽干小柱。

b. 酒类。将免疫亲和柱连接于玻璃注射器下，准确移取 10mL 滤液 C，注入玻璃注射器中。将空气压力泵与玻璃注射器相连接，调节压力，使溶液以约 1 滴/s 的流速通过免疫亲和柱，直至空气进入亲和柱中，依次用 10mL 冲洗液、10mL 水先后淋洗免疫亲和柱，流速为 1~2 滴/s，弃去全部流出液，抽干小柱。

c. 酱油、醋、酱及酱制品。将免疫亲和柱连接于玻璃注射器下，准确移取 10mL 滤液 D，注入玻璃注射器中。将空气压力泵与玻璃注射器相连接，调节压力，使溶液以约 1 滴/s 的流速通过免疫亲和柱，直至空气进入亲和柱中，依次用 10mL 真菌毒素清洗缓冲液、10mL 水先后淋洗免疫亲和柱，流速为 1~2 滴/s，弃去全部流出液，抽干小柱。

③洗脱：准确加入 1.5mL 甲醇或免疫亲和柱厂家推荐的洗脱液进行洗脱，流速约为 1 滴/s，收集全部洗脱液于干净的玻璃试管中，45℃下氮气吹干。用流动相溶解残渣并定容到 500μL，供检测用。

④测定：高效液相色谱参考条件如下。色谱柱为 C_{18} 柱，柱长 150mm，内径 4.6mm，填料粒径 5μm；流动相为乙腈-水-冰乙酸（96∶102∶2）；流速为 1.0mL/min；柱温为 35℃；进样量为 50μL；检测波长为激发波长 333nm、发射波长 460nm。

赭曲霉毒素 A 标准溶液的液相色谱图参考图 7-18。

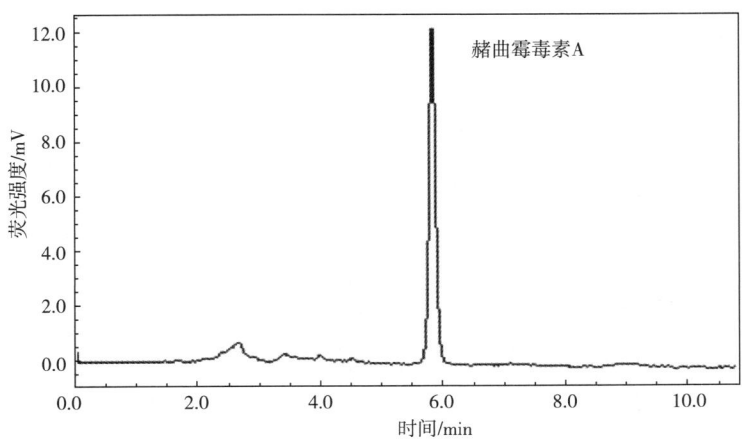

图 7-18　赭曲霉毒素 A 标准溶液的液相色谱图

⑤空白试验：不称取试样，按制备、净化、洗脱的步骤做空白试验。应确认不含有干扰待测组分的物质。

⑥结果计算：试样中赭曲霉毒素 A 的含量按式（7-4）计算。

$$X = \frac{c \times V \times 1000}{m \times 1000} \times f \tag{7-4}$$

式中　X——试样中赭曲霉毒素 A 的含量，μg/kg；
　　　c——试样测定液中赭曲霉毒素 A 的浓度，ng/mL；
　　　V——试样测定液最终定容体积，mL；
　　1000——单位换算常数；
　　　m——试样的质量，g；
　　　f——稀释倍数。

计算结果时需扣除空白值，检测结果以两次测定值的算术平均值表示，计算结果保留两位有效数字。

粮食和粮食制品的检出限为 0.3μg/kg；酒类的检出限为 0.1μg/kg；酱油、醋、酱及酱制品的检出限为 0.5μg/kg。

思考题

1. 如何进行霉菌和酵母的计数？
2. 霉菌直接镜检计数法的操作中有哪些注意要点？
3. 不同食品中污染的常见产毒霉菌主要有哪几个种属？分别产生哪几种毒素？

第八章

食品微生物其他检验项目

学习目标

1. 掌握食品中乳酸菌的检验方法。
2. 熟悉食品中双歧杆菌的检验方法。
3. 了解食品中诺如病毒、禽流感病毒的检验方法。

第一节 乳酸菌的检验

一、乳酸菌的生物学特性

乳酸菌是发酵糖类主要产物为乳酸的一类无芽孢、革兰氏染色阳性细菌的总称，凡是能从葡萄糖或乳糖的发酵过程中产生乳酸的细菌统称为乳酸菌。乳酸菌主要为乳杆菌属（*Lactobacillus*）、双歧杆菌属（*Bifidobacterium*）和链球菌属（*Streptococcus*）。

乳酸菌是一群相当庞杂的细菌，目前至少可分为 18 个属，共有 200 多种。除极少数外，其中绝大部分都是人体内必不可少的且具有重要生理功能的菌群，其广泛存在于人体的肠道中。

乳酸菌形态上差异颇大，既有长杆状或短杆状的，又有球状的；所有种类都是革兰氏阳性菌，多数不形成芽孢，大多不会运动，都属于专性发酵菌。乳酸菌能够在空气或氧气下生长，虽然是厌氧菌，但具有一定的耐氧能力。乳酸菌的生长需要辅助因子，它们大多需要某些维生素（核黄素、硫胺素、泛酸、烟酸、叶酸、生物素）、氨基酸、嘌呤和嘧啶，且乳酸菌具有大部分微生物所没有的利用乳糖的能力，生殖方式为裂殖，并具有一些特殊的生活特点。一方面乳酸菌具有强抗酸能力，另一方面大部分乳酸菌具有很强的抗盐性，能够在 5% 以上 NaCl 浓度的环境中生存。例如，在某些腌制品中，其他不抗盐的有害菌不能生存而独有乳酸菌能正常生长，可增加食物的风味。值得一提的是，常见的乳酸菌都不具有细胞色素氧化酶，所以不大会使硝酸盐还原为亚硝酸盐，因而各种乳制品、腌制品中因乳酸菌代谢产生亚硝酸盐的可能性极小，这对于保护人体健康是非常有利的。乳酸菌也不具有氨基酸脱羧酶，不产生胺类物质，也不产生吲哚和 H_2S，因而乳酸菌不会使食物发生腐败及产生异味。

在人体肠道内栖息着数百种的细菌，其数量超过百万亿个。其中，对人体健康有益的称作益生菌,以乳酸菌、双歧杆菌等为代表;对人体健康有害的称作有害菌,以大肠埃希氏菌、产气荚膜梭状芽孢杆菌等为代表。长期科学研究结果表明,以乳酸菌为代表的益生菌是人体必不可少的且具有重要生理功能的有益菌,它们数量的多少,直接影响到人的健康与否,影响到人的寿命长短。同时,人体内乳酸菌数量的实际状况,已经成为检验人们是否健康长寿的重要指标。

乳酸菌在动物体内能发挥许多生理功能。大量研究资料表明,乳酸菌能促进蛋白质、单糖及钙、镁等营养物质的吸收进而促进动物生长;调节胃肠道正常菌群、维持微生态平衡,形成抗菌生物屏障,从而改善胃肠道功能,提高食物消化率和生物效价;降低血清胆固醇,具有降血脂、降血压作用;抑制肠道内腐败菌生长,控制内毒素,清除肠道垃圾;提高机体免疫力等。乳酸菌通过发酵产生的有机酸、特殊酶系、细菌表面成分等物质具有生理功能,可刺激组织发育,对机体的营养状态、生理功能、免疫反应和应激反应等产生作用。

二、乳酸菌的检验程序

乳酸菌的检验程序如图 8-1 所示。

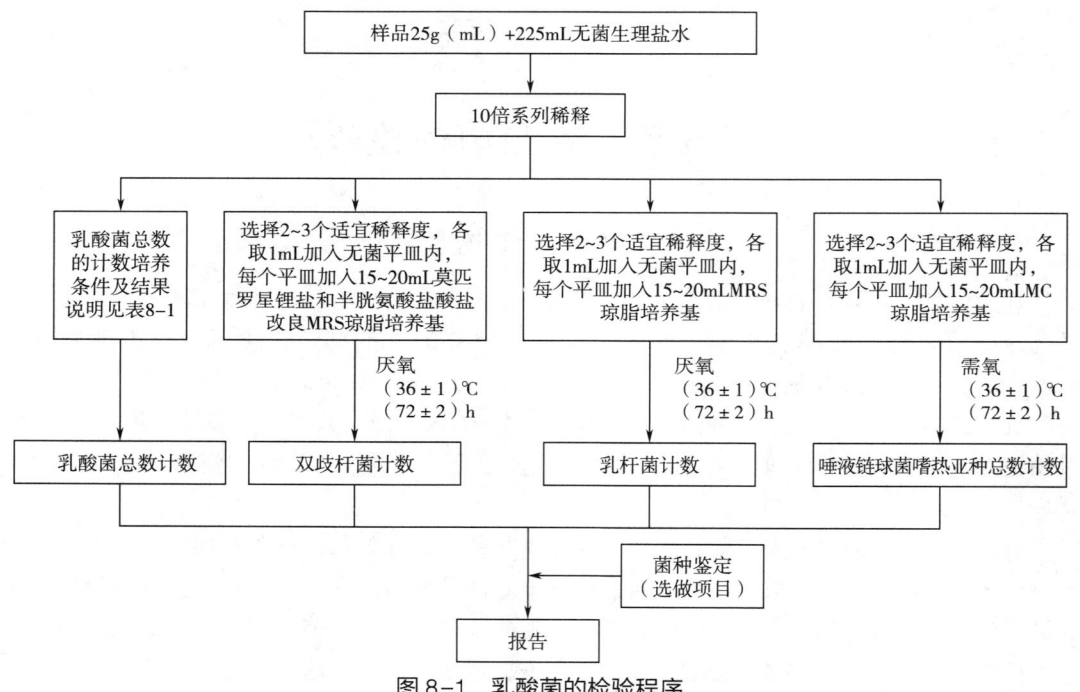

图 8-1 乳酸菌的检验程序

三、乳酸菌的检验方法

下面参照 GB 4789.35—2023《食品安全国家标准 食品微生物学检验 乳酸菌检验》介绍食品中乳酸菌的检验技术。

(一)准备工作

除微生物实验室常规灭菌及培养设备外,其他需准备的设备和材料如下。

1. 仪器和材料

恒温培养箱［（36±1）℃］、厌氧培养装置（厌氧培养箱、厌氧罐、厌氧袋或能提供同等厌氧效果的装置）、冰箱（2~8℃）、均质器及无菌均质袋、均质杯或灭菌乳钵、涡旋混匀仪、电子天平（感量为 0.001g）、实时定量 PCR 仪、恒温水浴锅或金属浴、离心机（离心力＞10000×g）、无菌试管（18mm×180mm、15mm×100mm）、无菌吸管［1mL（具 0.01mL 刻度）、10mL（具 0.1mL 刻度）］、微量移液器和灭菌吸头（2μL、10μL、100μL、200μL、1000μL）、无菌锥形瓶（500mL、250mL）、无菌平皿（直径 90mm）、PCR 管。

2. 培养基和试剂

稀释液、MRS 琼脂培养基、莫匹罗星锂盐和半胱氨酸盐酸盐改良 MRS 琼脂培养基、MC 琼脂培养基、0.5%蔗糖发酵管、0.5%纤维二糖发酵管、0.5%麦芽糖发酵管、0.5%甘露醇发酵管、0.5%水杨苷发酵管、0.5%山梨醇发酵管、0.5%乳糖发酵管、七叶苷发酵管、革兰氏染色液、生理盐水、DNA 提取液、10×PCR 缓冲液、莫匹罗星锂盐（化学纯）、半胱氨酸盐酸盐（纯度＞99%）、dNTPs、Taq DNA 聚合酶（5U/μL）、七种乳酸菌引物探针、灭菌去离子水。

（二）操作步骤

1. 样品制备

（1）样品的全部制备过程均应遵循无菌操作程序。

（2）稀释液在试验前应在（36±1）℃条件下充分预热 15~30min。

（3）冷冻样品可先使其在 2~5℃条件下解冻，时间不超过 18 h，也可在温度不超过 45℃的条件下解冻，时间不超过 15min。

（4）固体和半固体样品　以无菌操作称取 25 g 样品，置于装有 225mL 稀释液的无菌均质杯内，于 8000×g~10000×g 均质 1~2min，制成 1:10 样品匀液；或置于 225mL 稀释液的无菌均质袋中，用拍击式均质器拍打 1~2min，制成 1:10 的样品匀液。

（5）液体样品　液体样品应先将其充分摇匀后以无菌吸管吸取样品 25mL 放入装有 225mL 稀释液的无菌锥形瓶（瓶内预置适当数量的无菌玻璃珠）或均质袋中，充分振摇或拍击式均质器拍打 1~2min，制成 1:10 的样品匀液。

（6）经特殊技术（如包埋技术）处理的含乳酸菌食品样品应在相应技术/工艺要求下进行有效前处理。

2. 稀释及培养

（1）用 1mL 无菌吸管或微量移液器吸取 1:10 样品匀液 1mL，沿管壁缓慢注于装有 9mL 稀释液的无菌试管中（注意吸管或微量移液器吸头尖端不要触及稀释液），振摇试管或换用 1 支无菌吸管反复吹打使其混合均匀，制成 1:100 的样品匀液。

（2）另取 1mL 无菌吸管或微量移液器吸头，按上述操作顺序，做 10 倍递增样品匀液，每递增稀释一次，即换用 1 次 1mL 灭菌吸管或吸头。

（3）经特殊技术（如包埋技术）处理的含乳酸菌食品应在相应技术/工艺要求下进行稀释。

3. 乳酸菌计数

（1）乳酸菌总数　乳酸菌总数计数培养条件的选择及结果说明见表 8-1。

表 8-1　　　　　　　　　乳酸菌总数计数培养条件的选择及结果说明

样品中所包括乳酸菌类别	培养条件的选择及结果说明
仅包括双歧杆菌属	按 GB 4789.34—2016《食品安全国家标准　食品微生物学检验　双歧杆菌检验》的规定执行
仅包括乳杆菌属	按照（4）操作，厌氧培养。结果即为乳杆菌属总数
仅包括唾液链球菌嗜热亚种	按照（3）操作。结果即为唾液链球菌嗜热亚种数
同时包括双歧杆菌属和乳杆菌属	①按照（4）操作。结果即为乳酸菌总数； ②如需单独计数双歧杆菌属数目，按照（2）操作
同时包括双歧杆菌属和唾液链球菌嗜热亚种	①按照（2）和（3）操作，二者结果之和即为乳酸菌总数； ②如需单独计数双歧杆菌属数目，按照（2）操作
同时包括乳杆菌属和唾液链球菌嗜热亚种	①按照（3）和（4）操作，二者结果之和即为乳酸菌总数； ②（3）结果为唾液链球菌嗜热亚种总数； ③（4）结果为乳杆菌属总数
同时包括双歧杆菌属、乳杆菌属和唾液链球菌嗜热亚种	①按照（3）和（4）操作，二者结果之和即为乳酸菌总数； ②如需单独计数双歧杆菌属数目，按照（2）操作

（2）双歧杆菌计数　根据对待检样品双歧杆菌含量的估计，选择 2~3 个连续的适宜稀释度，每个稀释度吸取 1mL 样品匀液于灭菌平皿内，每个稀释度做两个平皿。稀释液移入平皿后，将冷却至 48~50℃ 的莫匹罗星锂盐和半胱氨酸盐酸盐改良的 MRS 琼脂培养基倾注入平皿 15~20mL，转动平皿使混合均匀。培养基凝固后倒置于 (36±1)℃ 厌氧培养，根据双歧杆菌生长特性，一般选择培养 48h，若菌落无生长或生长较小可选择培养至 72h，培养后计数平板上的所有菌落数。从样品稀释到平板倾注要求在 15min 内完成。

（3）唾液链球菌嗜热亚种计数　根据待检样品唾液链球菌嗜热亚种活菌数的估计，选择 2~3 个连续的适宜稀释度，每个稀释度吸取 1mL 样品匀液于灭菌平皿内，每个稀释度做两个平皿。稀释液移入平皿后，将冷却至 48~50℃ 的 MC 培养基倾注入平皿 15~20mL，转动平皿使混合均匀。培养基凝固后倒置于 (36±1)℃ 有氧培养，根据唾液链球菌嗜热亚种生长特性，一般选择培养 48h，若菌落无生长或生长较小可选择培养至 72h。唾液链球菌嗜热亚种在 MC 琼脂培养基平板上的菌落特征为：菌落中等偏小，边缘整齐光滑的红色菌落，直径 (2±1)mm，菌落背面为粉红色。

（4）乳杆菌计数　根据待检样品活菌总数的估计，选择 2~3 个连续的适宜稀释度，每个稀释度吸取 1mL 样品匀液于灭菌平皿内，每个稀释度做两个平皿。稀释液移入平皿后，将冷却至 48~50℃ 的 MRS 琼脂培养基倾注入平皿 15~20mL，转动平皿使混合均匀。培养基凝固后倒置于 (36±1)℃ 厌氧培养，根据乳杆菌生长特性，一般选择培养 48 h，若菌落无生长或生长较小可选择培养至 72 h。从样品稀释到平板倾注要求在 15min 内完成。

4. 菌落计数

方法参照第五章第一节内容。

5. 结果的表述

方法参照第五章第一节内容。

6. 菌落数的报告
方法参照第五章第一节内容。
7. 结果与报告
根据菌落计数结果出具报告，报告单位以 CFU/g（mL）表示。

（三）乳酸菌的鉴定（选做项目）

1. 第一法　生化鉴定
（1）纯培养　挑取 3 个或以上单个菌落，唾液链球菌嗜热亚种接种于 MC 琼脂平板，置（36±1）℃有氧培养 48h，乳杆菌属接种于 MRS 琼脂平板，置（36±1）℃厌氧培养 48h。
（2）双歧杆菌鉴定　双歧杆菌的鉴定按 GB 4789.34 的规定操作。
（3）涂片镜检　唾液链球菌嗜热亚种菌体镜下呈球形或球杆状，直径为 0.5~2.0μm，成对或成链排列，无芽孢，革兰氏染色阳性。涂片镜检：乳杆菌属镜下菌体形态多样，呈长杆状、弯曲杆状或短杆状，无芽孢，革兰氏染色阳性。
（4）乳酸菌菌种主要生化反应　乳酸菌菌种主要生化反应见表 8-2 和表 8-3。

表 8-2　　　　　　　　　常见的可用于食品的菌种的主要生化反应

菌种	七叶苷	纤维二糖	麦芽糖	甘露醇	水杨苷	山梨醇	蔗糖	棉子糖
干酪乳酪杆菌	+	+	+	+	+	+	+	-
德氏乳杆菌保加利亚亚种	-	-	-	-	-	-	-	-
嗜酸乳杆菌	+	+	+	+	+	+	+	d
罗伊氏黏液乳杆菌	ND	-	+	-	-	-	+	+
鼠李糖乳酪杆菌	+	+	+	+	+	+	+	-
植物乳植杆菌	+	+	+	+	+	+	+	+

注：+ 表示 90% 以上菌株阳性；- 表示 90% 以上菌株阴性；d 表示 11%~89% 菌株阳性；ND 表示未测定。

表 8-3　　　　　　　　　唾液链球菌嗜热亚种的主要生化反应

菌种	菊糖	乳糖	甘露醇	水杨苷	山梨醇	马尿酸	七叶苷
唾液链球菌嗜热亚种	-	+	-	-	-	-	-

注：+ 表示 90% 以上菌株阳性；- 表示 90% 以上菌株阴性。

2. 第二法　实时荧光 PCR 法鉴定
（1）纯培养　同第一法。
（2）DNA 模板制备　使用接种环刮取 MC 琼脂平板或 MRS 琼脂平板上的菌落 2~10 个，悬浮于 200μL 灭菌生理盐水中，充分混匀，10000×g~12000×g 离心 3min，弃去上清。加入 50μL DNA 提取液涡旋混匀，置于 100℃水浴或者金属浴中 10min 后迅速冷却，10000×g~12000×g 离心 3min。吸取上清液至新的 PCR 反应管内，作为 DNA 模板使用。提取后的 DNA 模板应置于 4℃供当天使用，否则应于-20℃以下保存，并于 1 周内使用。
注：根据实验室实际情况，也可用商品化试剂盒制备 DNA 模板。

（3）PCR 反应体系　总反应体系体积为 25μL：10×PCR 缓冲液 2.5μL、上下游引物（10mol/L）各 1μL、探针（10mol/L）0.5μL、dNTPs（2.5μmol/L）3μL、Taq DNA 聚合酶（5U/μL）0.5μL、模板 DNA 1μL、灭菌去离子水补足至 25μL。每个反应均应设置至少 2 个平行。

注：反应体系中各试剂的量可根据具体情况或不同的反应总体积进行适当调整。也可选用含有 PCR 缓冲液、$MgCl_2$、dNTP 和 Taq 酶等成分基于 Taqman 探针的实时荧光 PCR 预混液。

（4）PCR 反应　50℃ 5min，95℃预变性 3min，94℃变性 5s，60℃退火延伸 40 s（同时收集 FAM 荧光），进行 40 个循环。

注：PCR 反应参数可根据基因扩增仪型号实时荧光 PCR 反应体系进行适当调整。

鉴定用引物和探针序列见表 8-4。

表8-4　　　　　　　　　　　鉴定用引物和探针序列

菌种	引物序列（5′→3′）	探针序列（5′→3′）
干酪乳酪杆菌 （L. casei）	GCCGGGATCTTCAACTCAAC GGACGGCGCAGAAATCTATC	FAM-TCGCCCAATGCAGCCT-GCGC-TAMRA
德氏乳杆菌保加利亚亚种 （L. delbrueckii subsp. bulgaricus）	ACTTTAGCCCATACCTGCGT GTAAATTCCAAGCCGCCCTT	FAM-CCGGTTGCCCGTTTC-CTGCGG-TAMRA
嗜酸乳杆菌 （L. acidophilus）	GAGCTGAACCAACAGATTCAC GCAGGTTCCCCACGTGTTAC	FAM-CCCATCCGC-CGCTAG CGTT-TAMRA
罗伊氏黏液乳杆菌 （L. reuteri）	CTTTCGCAGCCTGATAGTGG TCCGAAGAGCCTGAGACATC	FAM-CGGTTGCAGCATTAGT-TCCTCGTGC-TAMRA
鼠李糖乳酪杆菌 （L. rhamnosus）	GGTTGATTCAGTGGCAGCTC GTGTGCATCACCCATGTCC，	FAM-TCAATTTCTGCGCGCG-GTACCA-TAMRA
植物乳植杆菌 （L. plantarum）	AGCTTGAAAGATGGCTTCGG GGTCGGCTACGTATCATTGC	FAM-ACGCCGCGGGACCATC-CAAA-TAMRA
唾液链球菌嗜热亚种 （S. thermophilus）	GCCTGATTCTGGTGAGCAAG CCGCAACTGAGTCAACAACA	FAM-TCCACTGCACCAGAGT-CAATCAGCT-TAMRA

（5）对照设置　检测过程（包括 DNA 提取）中，每个反应均应设置阳性对照、阴性对照和空白对照。其中阳性对照模板为扩增片段的阳性克隆分子 DNA 或阳性菌株 DNA，阴性对照模板为非乳酸菌菌株 DNA，空白对照模板为无菌水。

（6）结果判读

①对照的结果判读：阳性对照出现典型扩增曲线，Ct（每个反应管内的荧光信号达到设定的阈值时所经历的循环数）≤30；阴性对照无典型扩增曲线或 Ct≥40；空白对照无典型扩增曲线或 Ct≥40。否则，结果视为无效。

②样品的结果判读：当样品检测 Ct≥40 时，判定样品结果为某种乳酸菌阴性；当检测 Ct≤35，可判定该样品结果为某种乳酸菌阳性；当检测 35<Ct<40 时，重复试验，若重复试验结果检测 Ct≥40，则判定为某种乳酸菌阴性，否则，判定为某种乳酸菌阳性。

第二节 双歧杆菌的检验

一、双歧杆菌的生物学特性

双歧杆菌是一类革兰氏阳性、不形成芽孢、不运动的厌氧细菌，依据初分离菌株多为 Y 及 V 等叉状形，故名双歧杆菌。

双歧杆菌于 1899 年由法国巴斯德研究所 Tissier 从母乳喂养的婴儿粪便中首次分离得到，将其归为芽孢杆菌，并命名为 *Bacillus bifidus communis*。之后，Orla-Jensen 将双歧杆菌归为乳酸菌，因为二者具有相似性，且双歧杆菌可以产生乳酸。目前已知的双歧杆菌共有 32 种，来源于人类的共有 12 种。双歧杆菌是人体内的正常生理性细菌，广泛存在于人和动物的消化道、阴道和口腔等环境中，是人和动物肠道菌群的重要组成成员之一。双歧杆菌是肠道的优势菌群，占婴儿消化道菌群的 92%。该菌与人体终生相伴，其数量的多少与人体健康密切相关，是目前公认的一类对机体健康有促进作用的代表性有益菌。

双歧杆菌缺乏超氧化物歧化酶和过氧化氢酶，无法代谢过氧化氢，所以双歧杆菌不适宜在有氧环境下生存，是专性严格厌氧菌，对氧气非常敏感。最适生长温度 37~41℃，最低生长温度 25~28℃，最高生长温度 43~45℃，初始最适 pH 6.5~7.0，pH 低于 4.5 和高于 8.5 时不生长。其细胞呈现多样形态，有短杆较规则形、纤细杆状具有尖细末端、球形、长杆弯曲形、分支或分叉形、棍棒状或匙形、单个或链状、V 形、栅栏状排列或聚集成星状。双歧杆菌的菌落光滑、凸圆、边缘整齐，乳脂呈白色，闪光并具有柔软的质地。染色不规则，过氧化氢酶呈阴性。双歧杆菌的营养要求非常复杂，需要多种生长促进因子。

大量研究资料表明，双歧杆菌可以在肠黏膜表面形成一个生理性屏障，从而抵御伤寒沙门氏菌、致泻大肠埃希氏菌、痢疾志贺氏菌等病原菌的侵袭，保持机体肠道内正常的微生态平衡；能激活巨噬细胞的活性，增强机体细胞的免疫力；能合成烟酸和叶酸等多种 B 族维生素；能控制内毒素血症和防治便秘，预防贫血和佝偻病；可降低亚硝胺等致癌前体的形成，有防癌和抗癌作用；能拮抗自由基、羟自由基及脂质过氧化，具有抗衰老功能等。

二、双歧杆菌的检验程序

双歧杆菌的检验程序如图 8-2 所示。

三、双歧杆菌的检验方法

下面参照 GB 4789.34—2016《食品安全国家标准　食品微生物学检验　双歧杆菌检验》介绍双歧杆菌的检验技术。

（一）准备工作

除微生物实验室常规灭菌及培养设备外，其他设备和材料如下。

1. 仪器和材料

恒温培养箱［（36±1）℃］、冰箱（2~5℃）、天平（感量 0.01g）、无菌试管（18mm×

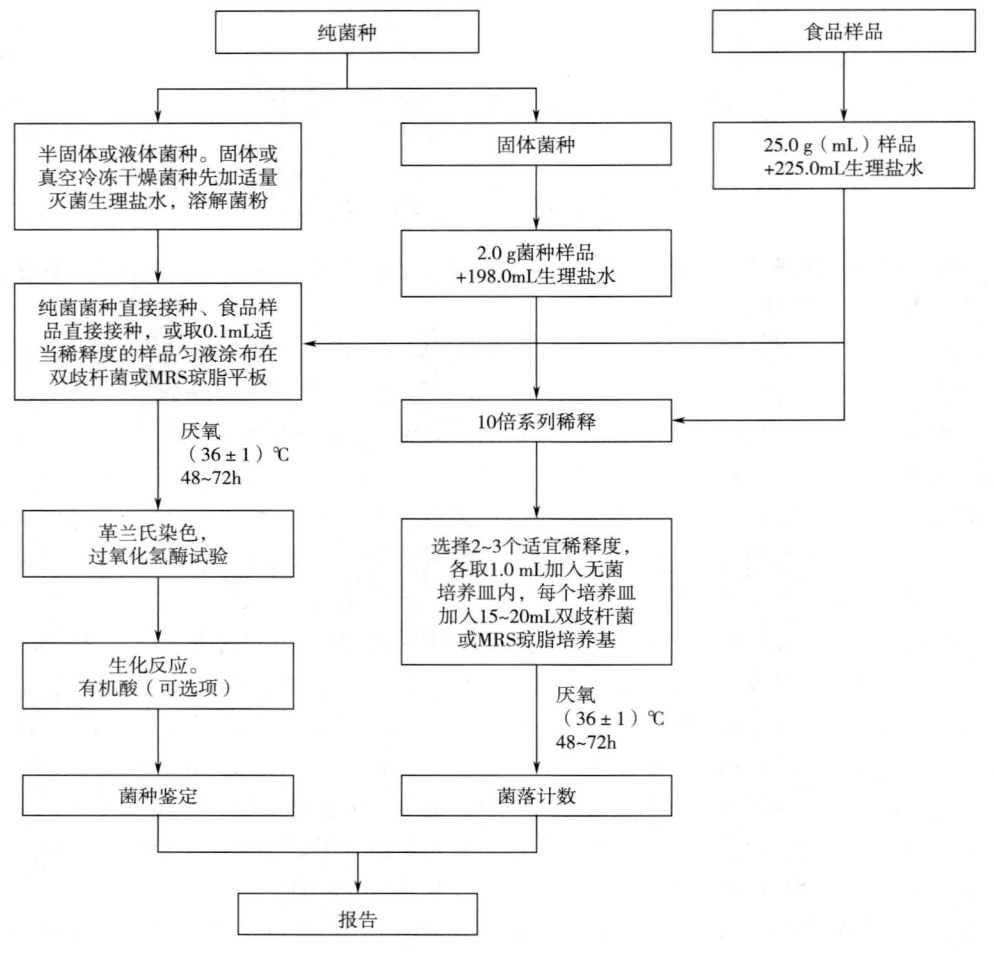

图 8-2 双歧杆菌的检验程序

180mm、15mm×100mm)、无菌吸管［1mL（具 0.01mL 刻度）、10mL（具 0.1mL 刻度）］或微量移液器（200~1000μL）及配套吸头、无菌培养皿（直径 90mm）。

2. 培养基和试剂

双歧杆菌培养基、PYG 培养基、MRS 培养基、甲醇（分析纯）、三氯甲烷（分析纯）、硫酸（分析纯）、冰乙酸（分析纯）、乳酸（分析纯）。

（二）双歧杆菌的鉴定

1. 纯菌菌种

（1）样品处理　半固体或液体菌种直接接种在双歧杆菌琼脂平板或 MRS 琼脂平板。固体菌种或真空冷冻干燥菌种，可先加适量灭菌生理盐水或其他适宜稀释液，溶解菌粉。

（2）接种　接种于双歧杆菌琼脂平板或 MRS 琼脂平板。(36±1)℃厌氧培养(48±2)h，可延长至(72±2)h。

2. 食品样品

（1）样品处理　取样 25.0g（mL），置于装有 225.0mL 生理盐水的灭菌锥形瓶或均质袋内，于 8000~10000r/min 均质 1~2min，或用拍击式均质器拍打 1~2min，制成 1∶10 的样品匀液。冷冻样品可先使其在 2~5℃条件下解冻，时间不超过 18h；也可在温度不超过 45℃ 的条件下解冻，时间不超过 15min。

（2）接种或涂布　将上述样品匀液接种在双歧杆菌琼脂平板或 MRS 琼脂平板，或取 0.1mL 适当稀释度的样品匀液均匀涂布在双歧杆菌琼脂平板或 MRS 琼脂平板。（36±1）℃ 厌氧培养（48±2）h，可延长至（72±2）h。

（3）纯培养　挑取 3 个或以上的单个菌落接种于双歧杆菌琼脂平板或 MRS 琼脂平板。（36±1）℃ 厌氧培养（48±2）h，可延长至（72±2）h。

3. 菌种鉴定

（1）涂片镜检　挑取双歧杆菌平板或 MRS 平板上生长的双歧杆菌单个菌落进行染色。双歧杆菌为革兰氏染色阳性，呈短杆状、纤细杆状或球形，可形成各种分支或分叉等多形态，不抗酸，无芽孢，无动力。

（2）生化鉴定　挑取双歧杆菌平板或 MRS 平板上生长的双歧杆菌单个菌落，进行生化反应检测。过氧化氢酶试验为阴性。双歧杆菌菌种的主要生化反应见表 8-5。可选择生化鉴定试剂盒或全自动微生物生化鉴定系统。

表 8-5　　双歧杆菌菌种的主要生化反应

编号	项目	两歧双歧杆菌 (*B. bifidum*)	婴儿双歧杆菌 (*B. infantis*)	长双歧杆菌 (*B. longum*)	青春双歧杆菌 (*B. adolescentis*)	动物双歧杆菌 (*B. animalis*)	短双歧杆菌 (*B. breve*)
1	L-阿拉伯糖	−	−	+	+	+	−
2	D-核糖	−	+	+	+	+	+
3	D-木糖	−	+	+	d	+	+
4	L-木糖	−	−	−	−	−	−
5	阿东醇	−	−	−	−	−	−
6	D-半乳糖	d	+	+	+	d	+
7	D-葡萄糖	+	+	+	+	+	+
8	D-果糖	d	+	+	d	d	+
9	D-甘露糖	−	+	+	−	−	−
10	L-山梨糖	−	−	−	−	−	−
11	L-鼠李糖	−	−	−	−	−	−
12	卫矛醇	−	−	−	−	−	−
13	肌醇	−	−	−	−	−	+
14	甘露醇	−	−	−	−*	−	−*
15	山梨醇	−	−	−	−*	−	−*
16	α-甲基-D-葡萄糖苷	−	−	+	−	−	−

续表

编号	项目	两歧双歧杆菌 (B. bifidum)	婴儿双歧杆菌 (B. infantis)	长双歧杆菌 (B. longum)	青春双歧杆菌 (B. adolescentis)	动物双歧杆菌 (B. animalis)	短双歧杆菌 (B. breve)
17	N-乙酰-葡萄糖胺	-	-	-	-	-	+
18	苦杏仁苷（扁桃苷）	-	-	-	+	+	-
19	七叶灵	-	-	+	+	-	-
20	水杨苷（柳醇）	-	+	-	+	+	-
21	D-纤维二糖	-	+	-	d	-	-
22	D-麦芽糖	-	+	+	+	+	+
23	D-乳糖	+	+	+	+	+	+
24	D-蜜二糖	-	+	+	+	-	-
25	D-蔗糖	-	+	+	+	+	-
26	D-海藻糖（蕈糖）	-	-	-	-	-	-
27	菊糖（菊根粉）	-	-	-	-*	-	-*
28	D-松三糖	-	-	+	+	-	-
29	D-棉子糖	-	+	+	+	-	+
30	淀粉	-	-	-	-	-	-
31	肝糖（糖原）	-	-	-	-	-	-
32	龙胆二糖	-	+	-	+	+	+
33	葡萄糖酸钠	-	-	-	+	-	-

注：+ 表示 90%以上菌株阳性；- 表示 90%以上菌株阴性；d 表示 11%~89%以上菌株阳性；

* 表示某些菌株阳性。

（三）双歧杆菌的计数

1. 纯菌菌种

（1）固体和半固体样品的制备 以无菌操作称取 2.0g 样品，置于盛有 198.0mL 稀释液的无菌均质杯内，8000~10000r/min 均质 1~2min，或置于盛有 198.0mL 稀释液的无菌均质袋中，用拍击式均质器拍打 1~2min，制成 1∶100 的样品匀液。

（2）液体样品的制备 以无菌操作量取 1.0mL 样品，置于 9.0mL 稀释液中，混匀，制成 1∶10 的样品匀液。

2. 食品样品

样品处理：取样 25.0g（mL），置于装有 225.0mL 生理盐水的灭菌锥形瓶或均质袋内，于 8000~10000r/min 均质 1~2min，或用拍击式均质器拍打 1~2min，制成 1∶10 的样品匀液。冷冻样品可先使其在 2~5℃条件下解冻，时间不超过 18h；也可在温度不超过 45℃ 的条件解冻，时间不超过15min。

3. 系列稀释及培养

用1mL无菌吸管或微量移液器，制备10倍系列稀释样品匀液，于8000~10000r/min均质1~2min，或用拍击式均质器拍打1~2min。每递增稀释一次，即换用1次1mL灭菌吸管或吸头。根据对样品浓度的估计，选择2~3个适宜稀释度的样品匀液，在进行10倍递增稀释时，吸取1.0mL样品匀液于无菌平皿内，每个稀释度做两个平皿。同时，分别吸取1.0mL空白稀释液加入两个无菌平皿内作空白对照。及时将15~20mL冷却至46℃的双歧杆菌琼脂培养基或MRS琼脂培养基[可放置于（46±1）℃恒温水浴箱中保温]倾注平皿，并转动平皿使其混合均匀。从样品稀释到平板倾注要求在15min内完成。待琼脂凝固后，将平板翻转，（36±1）℃厌氧培养（48±2）h，可延长至（72±2）h。培养后计数平板上的所有菌落数。

4. 菌落计数

方法参照第五章第一节内容。

5. 结果的表述

方法参照第五章第一节内容。

6. 菌落数的报告

方法参照第五章第一节内容。

7. 结果与报告

根据菌种鉴定的结果，报告双歧杆菌属的种名，根据上述菌落计数结果出具报告，报告单位以CFU/g（mL）表示。

第三节 诺如病毒的检验

一、诺如病毒的生物学特性

1968年，美国诺瓦克镇一所小学暴发急性胃肠炎疫情。1972年，科学家在此次暴发疫情的患者粪便中发现一种直径约27nm的病毒颗粒，将之命名为诺瓦克病毒。此后，世界各地陆续从急性胃肠炎患者粪便中分离出多种形态与之相似，但抗原性略异的病毒颗粒，统称为诺瓦克样病毒。由于此病毒呈圆形，无包膜，表面光滑，也称作小圆状结构病毒。1992年，诺瓦克病毒的全基因组序列被解析。此后根据基因组结构和系统发生特征，诺瓦克病毒归属于杯状病毒科。2002年8月，第八届国际病毒命名委员会统一将诺瓦克样病毒改称为诺如病毒，并成为杯状病毒科的一个独立属——诺如病毒属（*Norovirus*）。

诺如病毒（*Norovirus*，NV）为无包膜单股正链RNA病毒，病毒粒子直径27~40nm，基因组全长7.5~7.7kb，分为3个开放阅读框（ORFs），两端是5′和3′非翻译区，3′末端有多聚腺苷酸尾。ORF1编码一个聚蛋白，翻译后被裂解为与复制相关的7个非结构蛋白，ORF2和ORF3分别编码主要结构蛋白（VP1）和次要结构蛋白（VP2）。病毒衣壳由180个VP1和几个VP2分子构成，180个衣壳蛋白首先构成90个二聚体，然后形成二十面体对称的病毒粒子（图8-3）。

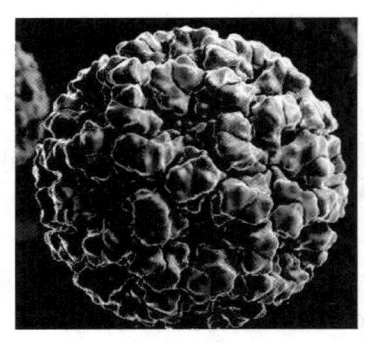

图8-3 诺如病毒电镜观察图

诺如病毒在氯化铯（CsCl）密度梯度中的浮力密度为$1.36 \sim 1.41 g/cm^3$，在$0 \sim 60℃$可存活，且能耐受pH 2.7的环境室温下3h、20%乙醚4℃18h、普通饮用水中$3.75 \sim 6.25 mg/L$的氯离子浓度（游离氯$0.5 \sim 1.0 mg/L$）。但使用10mg/L的高浓度氯离子（处理污水采用的氯离子浓度）可灭活诺如病毒，酒精和免冲洗洗手液没有灭活效果。诺如病毒目前还不能体外培养，无法进行血清型分型鉴定。

目前根据ORF2编码的VP1区氨基酸序列，诺如病毒可分为10个已确定的基因群（GⅠ—GⅩ）以及新暂定基因组2组，即GNA1、GNA2，共分为49种确定基因型及5种新暂定基因型，其中9种为GⅠ组、27种为GⅡ组、3种为GⅢ组，GⅣ组、GⅦ组、GⅤ组各2种，GⅥ.1、GⅧ.1、GⅨ.1及GⅩ各1种。5种新暂定基因型包括GⅡ组2种（GⅡ.NA1、GⅡ.NA2）、GⅣ及暂定基因组GNA1和GNA2各1种（GⅣ.NA1、GNA1.1、GNA2.1）。其中GⅡ.4又被分为不同基因亚型，包括GⅡ.4 Asia、GⅡ.4 Den Haag、GⅠ.4 Farmington Hills、GⅡ.4 Hong Kong、GⅡ.4 Hunter、GⅡ.4 New Orleans、GⅡ.4 Osaka、GⅡ.4 Sydney、GⅡ.4 US95~96、GⅡ.4 Yerseke。

其中可感染人的诺如病毒VP1区基因组共5组，为GⅠ、GⅡ、GⅣ、GⅧ及GⅨ，包括38种可感染人的基因型，其中9种为GⅠ组，25种为GⅡ组及暂定基因型（GⅡ.NA1~GⅡ.NA2），2种为GⅣ组，GⅧ、GⅨ组各1种。可感染动物的诺如病毒VP1区基因组共8组，为GⅡ、GⅢ、GⅣ、GⅤ、GⅥ、GⅦ、GNA1及GNA2，包括15种可感染动物的基因型。其中感染猪的基因型为GⅡ.11、GⅡ.18、GⅡ.19，属于GⅡ组；感染牛的基因型为GⅢ.1、GⅢ.2，属于GⅢ组；感染羊的基因型为GⅢ.3，属于GⅢ组；感染鼠的基因型为GⅤ.1、GⅤ.2，属于GⅤ组；感染犬的基因型为GⅣ.2、GⅥ.1、GⅥ.2、GⅦ.1，分别属于GⅣ、GⅥ及GⅦ组；感染菊头蝠的基因型为GⅩ.1，属于GⅩ组；感染港湾鼠海豚的基因型为GNA1.1，属于GNA1组；感染海狮的基因型为GNA2.1，属于GNA2组。

自1990年以来，已有6种GⅡ.4全球大流行变种被记录，平均每2~3年出现一次新的变种。但2015年以来，全球NV流行基因型不再以GⅡ.4占压倒性优势，而是出现了多种基因型别，尤其是某些重组基因型别占据流行优势地位。

虽然诺如病毒分型众多，但引起人急性胃肠炎的诺如病毒主要为GⅡ组，部分为GⅠ组，少数由其他组引起。诺如病毒感染发病以轻症为主，最常见症状是腹泻和呕吐，其次为恶心、腹痛、头痛、发热、畏寒和肌肉酸痛等。诺如病毒感染病例的病程通常较短，症状持续时间平均为2~3d，但高龄人群和伴有基础性疾病患者恢复较慢。尽管诺如病毒感染主要表现为自限性疾病，但少数病例仍会发展成重症，甚至死亡。一篇系统综述对843起诺如病毒暴发数据进行分析，发现GⅡ.4基因型诺如病毒引起的暴发中住院和死亡比例更高，而医疗机构暴发出现死亡的风险更高。同时重症或死亡病例通常发生于高龄老人和低龄儿童，但健康人感染诺如病毒后偶尔也会发展为重症。

二、诺如病毒传播途径

诺如病毒传播途径主要包括人传人、经食物和经水传播。

（一）食源性

食源性传播是通过食用被诺如病毒污染的食物进行传播，污染环节可出现在感染诺如病毒的餐饮从业人员在备餐和供餐中污染食物，也可出现在食物生产、运输和分发过程中被含有诺如病毒的人类排泄物或其他物质（如水等）所污染。

易被污染的食物包括海鲜如牡蛎、扇贝等贝类水产品，尤其是牡蛎，极易受诺如病毒污染，如果养殖水体被诺如病毒污染，则可能导致养殖贝类的污染，且通过摄入一些贝类而感染诺如病毒的风险比较高，患病的风险影响较大，建议煮熟后再食用；一些生的或者未经加热的蔬菜，尤其是绿叶蔬菜，如菠菜、生菜、芽菜等，由其引起的诺如病毒感染占比较多，建议确保洗净并煮熟后再食用；水果包括蓝莓、草莓、树莓等，用含病毒的污水浇灌水果，在进食前不易彻底清洗，一旦被病毒污染也容易引起疾病暴发，建议彻底清洗后再进食。

（二）水源性

水源性传播是经水传播，可由桶装水、市政供水、直饮水、井水、河水等其他饮用水源被污染所致。同时存在容易造成水污染的相关因素，如水管破损、维修，降雨量增加等也容易导致饮用水源被污染，进而导致诺如病毒的传播。

（三）人传人

人传人可通过粪口途径（包括摄入粪便或呕吐物产生的气溶胶），或间接接触被排泄物污染的环境而传播。

一起暴发中可能存在多种传播途径。例如，食物暴露引起的点源暴发常会导致在一个机构或社区内出现续发的人与人之间传播。

诺如病毒具有明显的季节性，人们常把它称为"冬季呕吐病"。根据2013年发表的系统综述，全球52.7%的病例和41.2%的暴发发生在冬季（北半球是12月—次年2月，南半球是6—8月），78.9%的病例和71.0%的暴发出现在凉爽的季节（北半球是10月—次年3月，南半球是4—9月）。

三、诺如病毒的检验方法

下面参照 GB 4789.42—2016《食品安全国家标准 食品微生物学检验 诺如病毒检验》，通过对食品中诺如病毒的分离、浓缩、病毒提取、RNA 提取和纯化及实时荧光 RT-PCR 测定等过程，介绍诺如病毒的检验技术。

（一）准备工作

除微生物实验室常规灭菌及培养设备外，其他设备和材料如下。

1. 仪器和材料

实时荧光 PCR 仪、冷冻离心机、无菌刀片或等效均质器、涡旋仪、天平（感量0.01g）、振荡器、水浴锅、离心机、高压灭菌锅、低温冰箱（-80℃）、微量移液器、pH 计或精密 pH 试纸、网状过滤袋（400mL）、无菌棉拭子、无菌贝类剥刀、橡胶垫、无菌剪刀、无菌镊子、无菌培养皿、无 RNase 玻璃容器、无 RNase 离心管、无 RNase 移液器吸嘴、无 RNase 药匙、无 RNase PCR 薄壁管。

2. 培养基和试剂

实验用水均为无 RNase 超纯水，GⅠ、GⅡ基因型诺如病毒的引物、探针，过程控制病毒的引物、探针，过程控制病毒，外加扩增控制 RNA，Tris/甘氨酸/牛肉膏（TGBE）缓冲液，5×PEG/NaCl 溶液（500g/L 聚乙二醇 PEG8000，1.5mol/L NaCl），磷酸盐缓冲液（PBS），氯仿/正丁醇的混合液，蛋白酶 K 溶液，75%乙醇，Trizol 试剂。

（二）检验程序

诺如病毒的检验程序如图 8-4 所示。

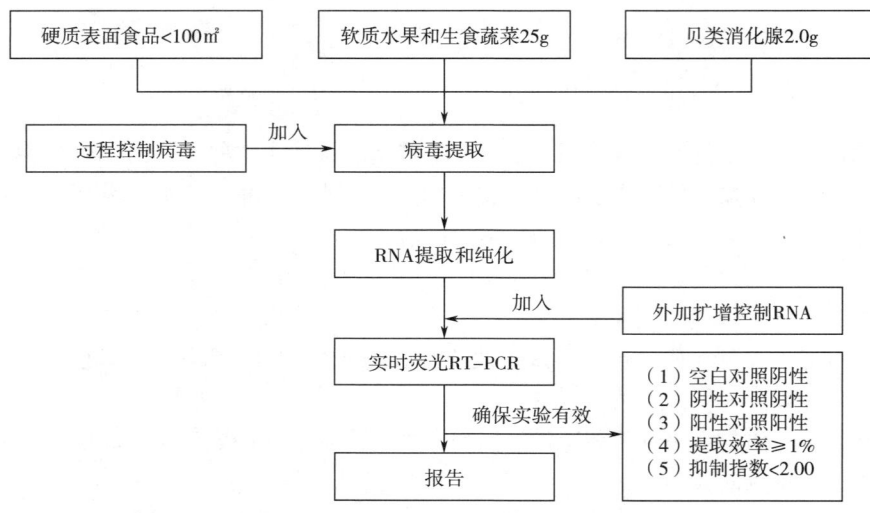

图 8-4　诺如病毒的检验程序

（三）检验步骤

1. 病毒提取

样品处理一般应在 4℃ 以下的环境中进行运输。实验室接到样品后应尽快进行检测，如果暂时不能检测，应将样品保存在 -80℃ 冰箱中，试验前解冻。样品处理和 PCR 反应应在单独的工作区域或房间进行。每个样品可设置 2~3 个平行处理。

（1）软质水果和生食蔬菜

①将 25g 软质水果或生食蔬菜切成约 2.5cm×2.5cm×2.5cm 的小块（如水果或蔬菜小于该体积，可不切）。

②将样品小块移至带有 400mL 网状过滤袋的样品袋，加入 40mL TGBE 溶液（软质水果样品，需加入 30U A. niger 果胶酶，或 1140U A. aculeatus 果胶酶），加入 10μL 过程控制病毒。

③室温，60 次/min，振荡 20min。酸性软质水果需在振荡过程中，每隔 10min 检测 pH，如 pH<9.0 时，使用 1mol/L NaOH 调 pH 至 9.5，每调整一次 pH，延长振荡时间 10min。

④将振荡液转移至离心管，如体积较大，可使用 2 根离心管。10000r/min，4℃，离心

30min。取上清液至干净试管或三角瓶，用 1mol/L HCl 调 pH 至 7.0。

⑤加入 0.25 倍体积 5×PEG/NaCl 溶液，使终溶液浓度为 100g/L PEG，0.3mol/L NaCl。60s 摇匀，4℃，60 次/min，振荡 60min。10000r/min，4℃，离心 30min，弃上清液。10000r/min，4℃，离心 5min 紧实沉淀，弃上清液。

⑥500μL PBS 悬浮沉淀：如食品样品为生食蔬菜，可直接将悬浮液转移至干净试管，测定并记录悬浮液体积，用于后续 RNA 提取。如食品样品为软质水果，将悬浮液转移至耐氯仿试管中。加入 500μL 氯仿/丁醇混合液，涡旋混匀，室温静置 5min。10000r/min，4℃，离心 15min，将液相部分仔细转移至干净试管，测定并记录悬浮液体积，用于后续 RNA 提取。

（2）硬质表面食品

①将无菌棉拭子使用 PBS 湿润后，用力擦拭食品表面（<100cm^2）。记录擦拭面积。将 10μL 过程控制病毒添加至该棉拭子。

②将棉拭子浸入含 490μL PBS 试管中，紧贴试管一侧挤压出液体。如此重复浸入和挤压 3~4 次，确保挤压出最大量的病毒，测定并记录液体体积，用于后续 RNA 提取。硬质食品表面过于粗糙，可能会损坏棉拭子，可使用多个棉拭子。

（3）贝类

①戴上防护手套，使用无菌贝类剥刀打开至少 10 个贝类。

②使用无菌剪刀、手术钳或其他等效器具在胶垫上解剖出贝类软体组织中的消化腺，置于干净培养皿中。收集 2.0g。

③使用无菌刀片或等效均质器将消化腺匀浆后，转移至离心管。加入 10μL 过程控制病毒。加入 2.0mL 蛋白酶 K 溶液，混匀。

④使用恒温摇床或等效装置，37℃，320 次/min，振荡 60min。

⑤将试管放入水浴或等效装置，60℃，15min。室温，3000r/min，离心 5min，将上清液转移至干净试管，测定并记录上清液体积，用于后续 RNA 提取。

2. 病毒 RNA 提取和纯化

病毒 RNA 可手工提取和纯化，也可使用商品化病毒 RNA 提取纯化试剂盒。提取后，为延长 RNA 保存时间可选择性加入 RNase 抑制剂。操作过程中应佩戴一次性橡胶或乳胶手套，并经常更换。提取出来的 RNA 立即进行反应，或保存在 4℃小于 8h。如果长期储存建议 −80℃保存。

（1）病毒裂解　将病毒提取液加入离心管，加入病毒提取液等体积 Trizol 试剂，混匀，激烈振荡，室温放置 5min，加入 0.2 倍体积氯仿，涡旋剧烈混匀 30s（不能过于强烈，以免产生乳化层，也可用手颠倒混匀），12000r/min，离心 5min，上层水相移入新离心管中，不能吸出中间层。

（2）病毒 RNA 提取　离心管中加入等体积异丙醇，颠倒混匀，室温放置 5min，12000r/min，离心 5min，弃上清液，倒置于吸水纸上，沾干液体（不同样品须在吸水纸不同地方沾干）。

（3）病毒 RNA 纯化

①每次加入等体积 75%乙醇，颠倒洗涤 RNA 沉淀 2 次。

②于 4℃，12000r/min，离心 10min，小心弃上清液，倒置于吸水纸上，沾干液体（不同样品须在吸水纸不同地方沾干）。或小心倒去上清液，用微量加样器将其吸干，一份样本换

用一个吸头,吸头不要碰到沉淀,室温干燥3min,不能过于干燥,以免RNA不溶。

③加入16μL无RNase超纯水,轻轻混匀,溶解管壁上的RNA,2000r/min,离心5s,冰上保存备用。

3. 质量控制

(1) 空白对照 以无RNase超纯水作为空白对照(A反应孔)。

(2) 阴性对照 以不含有诺如病毒的贝类,提取RNA,作为阴性对照(B反应孔)。

(3) 阳性对照 以外加扩增控制RNA,作为阳性对照(J反应孔)。

(4) 过程控制病毒

①以食品中过程控制病毒RNA的提取效率表示食品中诺如病毒RNA的提取效率,作为病毒提取过程控制。

②将过程控制病毒按步骤提取和纯化RNA。可大量提取,分装为10μL过程控制病毒的RNA量,−80℃保存,每次检测时取出使用。

③将10μL过程控制病毒的RNA进行数次10倍梯度稀释(D~G反应孔),加入过程控制病毒引物、探针,采用与诺如病毒实时荧光RT-PCR反应相同的反应条件确定未稀释和梯度稀释过程病毒RNA的Ct值。

④以未稀释和梯度稀释过程控制病毒RNA的浓度lg值为X轴,以其Ct值为Y轴,建立标准曲线;标准曲线r^2应≥0.98。未稀释过程控制病毒RNA浓度为1,梯度稀释过程控制RNA浓度分别为10^{-1}、10^{-2}、10^{-3}等。

⑤将含过程控制病毒食品样品RNA(C反应孔),加入过程控制病毒引物、探针,采用诺如病毒实时荧光RT-PCR反应相同的反应体系和参数,进行实时荧光RT-PCR反应,确定Ct值,代入标准曲线,计算经过病毒提取等步骤后的过程控制病毒RNA浓度。

⑥计算提取效率,提取效率=经病毒提取等步骤后的过程控制病毒RNA浓度×100%,即(C反应孔)Ct值对应浓度×100%。

(5) 外加扩增控制

①通过外加扩增控制RNA,计算扩增抑制指数,作为扩增控制。

②外加扩增控制RNA分别加入含过程控制病毒食品样品RNA(H反应孔)、10^{-1}稀释的含过程控制病毒食品样品RNA(I反应孔)、无RNase超纯水(J反应孔),加入GⅠ或GⅡ型引物探针,采用规定的反应体系和参数,进行实时荧光RT-PCR反应,确定Ct值。

③计算扩增抑制指数,抑制指数=(含过程控制病毒食品样品RNA+外加扩增控制RNA)Ct值−(无RNase超纯水+外加扩增控制RNA)Ct值,即抑制指数=(H反应孔)Ct值−(J反应孔)Ct值。如抑制指数≥2.00,需比较10倍稀释食品样品的抑制指数,即抑制指数=(I反应孔)Ct值−(J反应孔)Ct值。

4. 实时荧光RT-PCR

实时荧光RT-PCR反应体系中各试剂的量可根据具体情况或不同的反应总体积进行适当调整。可采用商业化实时荧光RT-PCR试剂盒。也可增加调整反应孔,实现一次反应完成GⅠ和GⅡ型诺如病毒的独立检测。GⅠ、GⅡ型诺如病毒实时荧光RT-PCR引物和探针序列见表8-6。

表8-6　　GⅠ、GⅡ型诺如病毒实时荧光RT-PCR引物和探针序列

病毒名称	序列	扩增产物长度/bp	序列位置
诺如病毒 GⅠ	QNIF4（上游引物）：5'-CGCTGGATGCGNTTCCAT-3'; NV1LCR（下游引物）：5'-CCTTAGACGCCATCATCATTTAC-3'; NVGG1p（探针）：5'-FAM-TGGACAGGAGAYCGCRATCT-TAMRA-3'	86	位于诺如病毒（GenBank登录号m87661）的5291~5376
诺如病毒 GⅡ	QNIF2（上游引物）：5'-ATGTTCAGRTGGATGAGRTTCTCWGA-3'; COG2R（下游引物）：5'-TCGACGCCATCTTCATTCACA-3'; QNIFs（探针）：5'-FAM-AGCACGTGGGAGGGCGATGG-TAMRA-3'	89	位于Lordsdale病毒（GenBank登录号x86557)的5012~5100

（四）结果与报告

1. 检测有效性判定

（1）需满足以下质量控制要求，检测方有效　空白对照阴性；阴性对照阴性；阳性对照阳性。

（2）过程控制需满足　提取效率≥1%；如提取效率<1%，需重新检测；但如提取效率<1%，检测结果为阳性，也可酌情判定为阳性。

（3）扩增控制需满足　抑制指数<2.00；如抑制指数≥2.00，需比较10倍稀释食品样品的抑制指数；如10倍稀释食品样品扩增的抑制指数<2.00，则扩增有效，且需采用10倍稀释食品样品RNA的Ct值作为结果；10倍稀释食品样品扩增的抑制指数也≥2.00时，扩增可能无效，需要重新检测；但如抑制指数≥2.00，检测结果为阳性，也可酌情判定为阳性。

2. 结果判定

待测样品的Ct值≥45时，判定为诺如病毒阴性；待测样品的Ct值≤38时，判定为诺如病毒阳性；待测样品的Ct值>38，<45时，应重新检测；重新检测结果≥45时，判定为诺如病毒阴性；≤38时，判定为诺如病毒阳性。

3. 报告

根据检测结果，报告"检出诺如病毒基因"或"未检出诺如病毒基因"。

第四节　禽流感的检验

一、禽流感病毒的生物学特性

禽流感（avian influenza）为由禽流感病毒引起的一种禽类传染病。人感染高致病性禽流感（human-avian influenza）是一种由禽甲型流感病毒某些亚型中的一些毒株如H_5N_1、H_7N_7等引起的人类急性呼吸道传染病，其临床表现随所感染病毒亚型不同而异，从结膜炎、轻微的上呼吸道卡他症状到发热、头痛、肌痛、腹泻等，严重时出现急性呼吸窘迫综合征和多器

官功能衰竭，甚至导致死亡。目前能够感染人的禽流感病毒主要有 H_5、H_7、H_9、H_{10} 亚型中一些毒株。

禽流感病毒（AIV）属正黏病毒科甲型流感病毒属。根据核蛋白的不同，流感病毒分为甲型、乙型、丙型和丁型。其中甲型流感病毒可感染人、禽类和多种哺乳动物，但并不是所有禽流感病毒都能引起禽流感。根据对禽致病性的强弱，禽流感病毒可分为高致病性、低致病性和非致病性。但是这种致病性的划分仅对禽类而言。目前为止，发现的人感染的各种亚型的禽流感，多数病情表现较重，病死率较高。

甲型流感病毒呈多形性，其中球形直径为 80~120nm，有囊膜。基因组为分节段单股负链 RNA。依据其颗粒表面抗原血凝素（H）和神经氨酸酶（N）蛋白抗原性及其所编码基因特性的不同，目前已发现的 H 有 16 个亚型（H_1~H_{16}），N 有 9 个亚型（N_1~N_9），至今发现感染人的禽流感病毒亚型主要是 H_5N_1、H_9N_2、H_7N_7，其中感染 H_5N_1 的患者病情重，病死率高。研究表明，原本为低致病性禽流感病毒株可经过 6~9 个月禽间流行的迅速变异而成为高致病性毒株。

禽流感病毒对乙醚、氯仿、丙酮等有机溶剂均敏感。常用消毒剂，如氧化剂、稀酸、卤素化合物（如漂白粉和碘剂）等均可迅速破坏其感染性。禽流感病毒对外界环境抵抗力较强。在低温环境的粪便中，病毒至少能存活 3 个月，在 22℃水中能存活 4d，在 0℃能存活 30d 以上。然而，65℃加热 30min 或煮沸 2min 可灭活。在 pH 4.0 条件下，具有一定抵抗力的病毒在直射阳光下 40~48h 即可灭活，如果用紫外线直接照射，可迅速破坏其感染性。禽流感病毒可在水禽的消化道中繁殖。一些高致病性禽流感病毒株能致死性地感染实验小鼠，用鸡胚分离或传代高致病性禽流感病毒时能致鸡胚死亡。传代狗肾（MDCK）和传代牛肾（MDBK）细胞对禽流感病毒均敏感。所有禽流感病毒都具有凝集鸡、豚鼠和人红细胞的能力。

二、禽流感病毒传播途径

携带禽流感病毒的食品主要为病、死禽和健康携带禽流感病毒的水禽和家禽。禽类尤其是水禽是禽流感病毒所有亚型的天然储存宿主，其呼吸道分泌物、唾液和粪便均可以携带大量病毒。人感染禽流感的传染源主要为携带病毒的禽类，或已感染禽流感病毒的动物。目前，最容易传染人的传染源为携带病毒的家禽和感染病毒的病死禽。在各种禽类中，火鸡最常发生禽流感暴发流行。其他易感禽类包括沙半鸡、鸽、鸭和鹅等。

目前，已有猪、虎、豹、猫、海豹、鲸鱼和马等哺乳动物感染禽流感病毒或发病的报道，但动物携带/感染禽流感病毒传染人的情况较少，其中海豹感染 H_7N_7 禽流感病毒后可以传染给人。禽流感病毒的分子生物学证据及血清流行病学调查结果均表明禽流感病毒尚不具备人传人的能力。因此，人感染禽流感患者或隐性感染者作为传染源的意义非常有限。尽管目前无直接证据发现禽流感病毒能发生人际传播，但禽流感病毒持续进化也不断增加了人感染风险。因此，还需要做好相应的防范措施。

禽流感病毒在禽中一般认为可以通过多种途径传播，如经消化道、呼吸道、皮肤损伤和眼结膜等途径传播，其中主要通过消化道和呼吸道传播。研究发现，气溶胶、鼻内、鼻窦内、气管内、口、眼结膜、肌肉内、腹腔内、静脉内、泄殖腔和脑内接种各种不同的禽流感病毒可使易感禽感染。垂直传播、人物理传播和蚊虫传播的可能性也是存在的。野鸟特别是迁徙的水鸟，在动物禽流感的传播上有重要意义。

感染禽流感病毒禽类的呼吸道分泌物、唾液和粪便中可以排洒出大量的病毒，而且病毒可以在低温、低湿、水中存活数天至数周。研究表明，密切接触病、死禽或携带病毒的表面健康的禽类，包括饲养、宰杀、拔毛、加工或进食未煮熟的家禽及其制品等行为，可能是人感染禽流感的主要途径。此外，目前认为接触病、死禽的分泌物、排泄物或尸体污染的环境（物品、水、土等）、人感染禽流感病例分泌物或排泄物污染的环境，也是人感染禽流感的危险因素。因此，多数证据表明存在禽-人传播，可能存在环境-人传播，还有少数、非持续证据支持有限的人际传播。目前认为人感染禽流感是直接从禽或禽流感病毒污染的环境或物品传播到人，自然条件下的具体传播途径尚不清楚，其主要途径可能是通过空气传播、密切接触传播。

（1）飞沫、气溶胶传播　病禽或携带流感病毒禽的分泌物或排泄物通过空气飞沫播散。禽类分泌物和排泄物中的禽流感病毒可随飞沫散布在空气中，粪便中的禽流感病毒可随灰尘飞扬被吸入易感者的呼吸道而引起人的感染。比较小的分泌液经过蒸发后成为小颗粒，悬浮于空气中成为气溶胶，可随空气飘荡数小时。

（2）密切接触传播　可能通过接触病、死禽排泄物、分泌物，或其排泄物、分泌物污染的环境或物品而传播。

三、禽流感病毒的检验方法

下面参照 GB/T 18936—2020《高致病性禽流感诊断技术》，介绍禽流感病毒的检验技术。

（一）样品采集、保存与运输

样品采集、保存及运输应按照 NY/T 765—2025《高致病性禽流感样品采集、保存及运输技术规范》进行。样品采集宜在发病初期、选择具有典型临床症状的禽进行，采样过程中应避免交叉污染。死禽或其他动物采集气管、肺和脑等组织样品，进行分别处理；活禽样品应包括咽喉和/或泄殖腔拭子；小珍禽用拭子取样易造成损伤，可采集新鲜粪便。

1. 拭子样品

（1）采集咽喉拭子时将拭子深入喉头及上腭裂来回刮 2~3 次并旋转，取分泌液。

（2）采集泄殖腔拭子时将拭子深入泄殖腔至少旋转 3 圈并蘸取少量粪便。

（3）将采样后的拭子分别放入盛有 1.2mL 样品稀释液的 2mL 采样管中，编号并填写相应采样单。

2. 组织样品

发病禽鸟可无菌采集气管、肺、脑、肠（包括内容物）、肝、脾、肾、心等组织脏器，装入 15mL 或 50mL 带螺口的有机材料保存管中，编号并填写相应采样单。

3. 血清样品采集

无菌采集禽类的血液，每只约 2mL，编号并填写相应采样单。待血液凝固，血清析出后，收集血清用于血凝抑制（hemagglutinin inhibition，HI）检测。

4. 样品保存和运输

样品采集后置保温箱中，加入预冷的冰袋，密封，宜 24h 内送实验室。样品应尽快处理，没有条件的可在 4℃存放不超过 4d，也可在低温条件下保存（-70℃贮存为宜）。

（二）病毒分离与鉴定

1. 适用范围

病毒分离与鉴定方法适用于对高致病性禽流感（HPAI）的病原学诊断，应在有资质的高等级生物安全实验室操作，按照 GB 19489—2008《实验室 生物安全通用要求》的规定执行。

2. 样品处理

将棉拭子充分捻动、挤干后弃去拭子；粪便、研碎的组织加样品稀释液充分研磨，按照 1g 组织加 10mL PBS 的比例配成悬液。样品液经 3000r/min 离心 10min，取上清作为接种或者核酸检测材料。

3. 样品接种及收获

取处理好的样品，以 0.2mL/胚的量经尿囊腔途径接种 9~11d 无特定病原体鸡胚，每个样品接种 3~5 枚鸡胚，在 37℃孵化箱内孵育，每天上午和下午定点观察鸡胚死亡情况。无菌收取死胚及 96h 仍存活鸡胚的鸡胚尿囊液，测血凝（hemagglutinin，HA）活性。

4. 病毒鉴定

若无 HA 活性，则收取尿囊液进行盲传，至少盲传 1 代，若仍阴性，则认为病毒分离阴性；若有 HA 活性，说明可能有正黏病毒科的流感病毒，可进一步采用血凝和血凝抑制试验、高致病性禽流感病毒静脉内接种致病指数（IVPI）测定试验、禽流感病毒 RT-PCR 试验、禽流感病毒实时荧光 RT-PCR 试验等方法进行验证。

（三）血凝和血凝抑制试验

1. 适用范围

血凝和血凝抑制试验适用于血凝素亚型的诊断和抗体效价测定。

2. 试剂

阿氏（Alsevers）液，1%鸡红细胞悬液，pH 7.2、0.01mol/L PBS，禽流感病毒血凝素分型标准抗原、标准阳性血清、阴性血清。

3. HA 试验（微量法）步骤

（1）在 96 孔 V 型微量反应板中，每孔加 0.025mL PBS。

（2）第 1 孔加 0.025mL 抗原或病毒液，反复吹吸 3~5 次混匀。

（3）从第 1 孔吸取 0.025mL 抗原或病毒液加入第 2 孔，混匀后吸取 0.025mL 加入第 3 孔，进行 2 倍系列稀释至第 11 孔，从第 11 孔吸取 0.025mL 弃去。第 12 孔为 PBS 对照孔。

（4）每孔加 0.025mL PBS。

（5）每孔加入 0.025mL 1%鸡红细胞悬液。

（6）结果判定　轻扣反应板混合反应物，室温（约 20℃）静置 40min，环境温度过高时可在 4℃条件下静置 60min，当对照孔的红细胞呈显著纽扣状时判定结果。判定时，将反应板倾斜 60°，观察红细胞有无泪珠状流淌，完全无泪珠样流淌（100%凝集）的最高稀释倍数判为血凝效价。

4. HI 试验（微量法）步骤

（1）根据 HA 试验测定的效价配制 4 个血凝单位（即 4HAU）的病毒抗原。4 HAU 抗原应根据检验结果调整准确。

示例：如果血凝的终点滴度为1：256（2^8或8log2），则4HAU = 256/4 = 64（即1：64）；取PBS 6.3mL，加抗原0.1mL，即通过1：64稀释获得4HAU。配制的4HAU抗原需检查血凝价是否准确，将配制的4HAU抗原进行系列稀释，使最终稀释度为1：2、1：3、1：4、1：5、1：6和1：7。从每一稀释度中取0.025mL，加入PBS 0.025mL，再加入1%鸡红细胞悬液0.025mL，混匀。将血凝板在室温（约20℃）条件下静置40min或4℃ 60min，如果配制的抗原液为4HAU，则1：4稀释度将出现凝集终点；如果高于4HAU，可能1：5或1：6为终点；如果低于4HAU，可能1：2或1：3为终点。

（2）第1孔至第11孔加入0.025mL PBS，第12孔加入0.05mL PBS作为空白对照。

（3）第1孔加入0.025mL血清（鸭、鹅血清在检测时建议进行预处理；第1孔血清与PBS充分混匀后吸取0.025mL于第2孔，依次2倍稀释至第10孔，从第10孔吸取0.025mL弃去。第11孔作为抗原对照。

（4）第1孔至第11孔均加入0.025mL 4HAU抗原，在室温（约20℃）下静置30min或4℃ 60min。

（5）每孔加入0.025mL 1%鸡红细胞悬液，振荡混匀，在室温（约20℃）下静置40min或4℃ 60min，空白对照孔（12孔）红细胞呈显著纽扣状时判定结果。

（6）结果判定 当抗原对照孔（第11孔）完全凝集，且阴性对照血清抗体效价不高于1：4（2^2或2log2），阳性对照血清抗体效价与已知效价误差不超过1个滴度时，试验方可成立。以完全抑制4HAU抗原的最高血清稀释倍数判为该血清的HI抗体效价。用于检测抗体，检测鸡血清时，HI抗体效价不高于1：8（2^3或3log2）判为阴性，不低于1：16（2^4或4log2）判为阳性。用于检测抗原，能够被某亚型禽流感标准血清抗体抑制，HI效价不低于1：16（2^4或4log2）时判定为该亚型阳性；HI抗体效价不高于1：8（2^3或3log2）判定为阴性。对于疑似H5亚型等抗原性可能存在较大差别的病毒，应结合其他病毒检测方法进行鉴定。

（四）禽流感病毒RT-PCR试验

1. 适用范围

适用于检测禽组织、分泌物、排泄物、鸡胚培养物等物质中禽流感病毒核酸。

2. 仪器设备

PCR扩增仪及配套反应管、高速台式冷冻离心机、Ⅱ级生物安全柜、微量移液器及配套吸头与1.5mL离心管、电泳仪、电泳槽、紫外凝胶成像仪。

3. 试剂

推荐的禽流感病毒RT-PCR引物序列、RT-PCR反应液、无核酸酶水、无水乙醇、阴性对照为SPF鸡胚尿囊液、阳性对照为灭活的相应亚型禽流感病毒胚培养物。

4. RT-PCR操作

选择RNA提取试剂盒，按说明书进行RNA提取。取2.5μL（约250ng）提取的RNA加入RT-PCR反应液中，置于PCR仪中，循环参数为：45℃逆转录45min；94℃预变性2min；94℃ 30s、52℃ 45s、68℃ 45s，35个循环；最后68℃延伸8min。

5. 电泳

PCR 产物用 1.5%的琼脂糖凝胶电泳进行分析。

6. 结果判定

在阳性对照出现相应扩增带、阴性对照无此扩增带时判定结果。出现预期大小的扩增片段时，判定为核酸检测阳性，否则判定为阴性。

（五）禽流感病毒实时荧光 RT-PCR 试验

1. 适用范围

实时荧光 RT-PCR 适用于检测禽组织、分泌物、排泄物、鸡胚尿囊液等物质中禽流感病毒核酸。

2. 仪器设备

荧光 PCR 仪，其余器材同禽流感病毒 RT-PCR 试验。

3. 试剂及引物探针序列

推荐的实时荧光 RT-PCR 引物探针序列参见表 8-7。

表 8-7　　禽流感病毒实时荧光 RT-PCR 试验可选择的引物探针序列

引物名称	引物探针序列（5′-3′）5′-3′	长度/bp	扩增目的基因
M-299U	TTCTAACCGAGGTCGAAAC	229	M
M-299L	AAGCGTCTACGCTGCAGTCC		
H5-372U	GGAATATGGTAACTGCAACACCA	372	H5
H5-372L	AACTGAGTGTTCATTTTGTCAATG		
H7-501U	AATGCACARGGAGGAGGAACT	501	H7
H7-501L	TGAYGCCCCGAAGCTAAACCA		
H9-273U	TGTGTCTTACGATGGGACAAGCA	273	H9
H9-273L	TTGACAAGAGGCCTTGGTCCTAT		
N1-358U	ATTRAAATACAAYGGYATAATAAC	358	N1
N1-358L	GTCWCCGAAAACYCCACTGCA		
N2-377U	GTGTGYATAGCATGGTCCAGCTCAAG	377	N2
N2-377L	GAGCCYTTCCARTTGTCTCTGCA		
N9-203U	ATAATGAAACAAACATCACCAA	203	N9
N9-203L	AGCATAGAACCTGCATTCATCT		

4. 实时荧光 RT-PCR 操作

选择 RNA 提取试剂盒，按说明书进行 RNA 提取。根据需要检测的样品数，按推荐的实时荧光 RT-PCR 反应液配方配制反应液，充分混匀后分装，每个反应管 15μL。转移反应管至样本制备区。

（1）加样　宜在专门的样本制备区进行。在配好的反应管中分别加入制备的 RNA 溶液

5μL（约 500ng），使每管总体积达到 20μL，记录反应管对应的样品编号。盖紧管盖后，500r/min 离心 30s。

(2) 实时荧光 RT-PCR 反应设定　宜在专门的检测区进行实时荧光 RT-PCR 反应。将上述加样后的反应管放入实时荧光 RT-PCR 检测仪内，编辑样品表后，选定与探针标记荧光基团相符合的检测通道读取荧光信号值，淬灭基团选择"none"。

5. 结果判定

(1) 结果分析条件设定　综合分析仪器读取的各项数据及扩增曲线，设定合理的阈值（threshold）和基线（baseline），使仪器显示正确的结果。

(2) 质控标准

①阴性对照检测通道读取数据无 Ct 值或 Ct 值>35 并且无特征性扩增曲线。

②阳性对照检测通道读取数据出现特征性扩增曲线，且 Ct 值应≤30。

③如阴性和阳性对照不满足以上条件，此次试验视为无效。

(3) 结果描述及判定

①若测定样品 Ct 值≤30，判为所用引物探针禽流感病毒特定型或亚型核酸阳性。

②若测定样品 30<Ct 值≤35，判为可疑。重复测定后仍在可疑区间的样本判为阳性。

③若测定样品无 Ct 值或 Ct 值>35，判为阴性。

> **思考题**
>
> 1. 如何进行乳酸菌活菌数的计数？在乳酸菌饮料中检测乳酸菌有什么意义？
> 2. 简述双歧杆菌的检验原理及方法。
> 3. 诺如病毒、禽流感的传播途径有哪些？如何预防诺如病毒和禽流感引起的食物中毒？

第九章

食品微生物检验新技术

学习目标

1. 了解常见食品微生物快速检测技术的新进展。
2. 熟悉不同食品微生物快速检测技术的优势及适用范围。

第一节　分子生物学检验方法

党和政府高度重视食品安全监管工作。党的二十大报告中强调强化食品药品安全监管，健全生物安全监管预警防控体系。目前我国食品安全工作整体上已经取得长足进步，食品安全水平大幅度提高，下一步工作重点是提升监管效率，降低监管成本。在这方面，分子生物学检验方法具有很大的潜力。分子生物学方法检测食品微生物，具有操作简便，周期短，灵敏度高，单次检测成本较低等优势，对于提升食品安全监管的效率有重要的推动作用。

一、细菌的分子生物学检验方法

（一）细菌分子生物学检验方法概述

食品中常见的细菌包括益生菌、腐败菌、致病菌等，食品中细菌的检测对于研究食品发酵过程、判定食品腐败状况和污染情况等都具有重要意义。传统的检测方法，如富集培养和血清学鉴定，过程烦琐且耗时，不便检测难以培养的微生物，不能满足现代食品研究和卫生评估的需求。近年来，随着人类对细菌基因组的认识不断加深以及相关技术的迅速发展，出现了诸多适合于食品微生物分析的分子生物学检验方法，这些方法具有无须培养、操作简便、周期短、灵敏度高等优点，在细菌检验领域受到了越来越多的关注。

分子生物学检验方法专注于核酸序列的检测，核酸包括 DNA 和 RNA，由四种核苷酸（A、T、C、G）组成，构成细菌的遗传物质。每种细菌具有独特的 DNA 序列，相当于其遗传"身份证号"。对某种细菌所特有的 DNA 序列的定性或定量检测，即可反映样品中该种细菌的有无或数量。

随着分子生物学的发展，各种针对核酸分子的检测方法不断地出现和完善，逐步形成了一套核酸分子的检测方法，主要包括聚合酶链反应（polymerase chain reaction，PCR）、

Southern 杂交、Northern 杂交、连接酶链反应（ligase chain reaction，LCR）、PCR-ELISA、核酸依赖性扩增检测（nucleic acid sequence-based amplification，NASBA）等，基于 PCR 反应的检验方法是现阶段应用最广泛的细菌分子生物学检验方法，常用的有普通定性 PCR、实时荧光定量 PCR、多重 PCR、等温扩增 PCR 等。基于 PCR 的细菌检验方法的基本流程为：靶标基因的筛选与引物的设计—样品中细菌 DNA 的快速提取—PCR 反应—结果判定。本节将主要介绍基于 PCR 反应的分子生物学检验方法。

（二）细菌的基因结构及常见靶标基因

细菌属于原核生物，原核生物的基因组由一条或几条环形 DNA 分子组成，称为染色体。细菌染色体位于细胞质的核区域，没有真正的细胞核。原核生物的基因组较小，且相对简单。原核生物基因组的基本单位是基因，一个基因通常编码一个蛋白质。基因由一段连续的 DNA 序列组成，包括起始密码子、编码区、终止密码子等。在原核生物中，基因通常没有内含子，转录生成的 mRNA 无须被剪接加工而直接作为模板用于指导合成多肽链。基因编码区上游为启动子（promoter，P）区域，包含一系列特定序列，这些序列可以与转录因子结合，启动基因的转录过程。除启动子元件外，某些原核生物基因的调控序列中尚存在正性调控元件，如正性调控蛋白质结合位点，以及负性调控元件，如阻遏蛋白（repressor）则识别并结合操纵基因，经阻止 RNA 聚合酶结合或移动而抑制转录的起始。总之，原核生物的基因结构和表达调控较为简单，启动子和转录因子较少。

细菌检测的常用靶标包括 16S rRNA 基因和致病菌的毒力基因。16S rRNA 是原核生物的核糖体中 30S 亚基的组成部分，长度约为 1540 个核苷酸（nucleotide，nt，或用碱基对 base pair，bp 表示长度单位），具有高度的保守性和特异性。16S rRNA 基因是细菌上编码 16S rRNA 相对应的 DNA 序列，存在于所有细菌的基因组中。16S rRNA 基因包括保守区和可变区，保守区反映了物种间的亲缘关系，而可变区则反映了物种间的差异。这两个区域呈交替排列，保守区可用于设计通用引物进行目的片段的扩增，可变区可用于设计区别细菌种类的目的片段扩增。致病菌的毒力基因主要有鞭毛相关基因（*flaA*、*flaB*、*fliC*、*fliK*、*flgD*、*flgG*、*flgH*、*flgI* 等）、毒素相关基因（*stx1a*、*stx2a*、*hlyA*、*sea*、*seb*、*sec*、*sed*、*see* 等）、黏附基因（*invA*、*invB*、*invC*、*invD*、*invE*、*eaeA*、*tir* 等）、其他基因（*per*、*ial*、*coa* 等）。

（三）细菌 DNA 的提取技术

1. 酚仿抽提法

苯酚/氯仿提取 DNA 是利用十二烷基磺酸钠（SDS）将细胞膜裂解，利用酚使蛋白质变性，并在蛋白酶 K、乙二胺四乙酸（EDTA）的存在下使核蛋白变性降解，使 DNA 从核蛋白中游离出来。由于蛋白质与 DNA 联结已断，蛋白质分子表面含有很多极性基团，使得蛋白质分子溶于酚相，而 DNA 溶于水相，从而将蛋白质和 DNA 进行分离。再通过在水相中加入乙醇，将 DNA 从水相中沉淀出来。

2. CTAB 提取法

十六烷基三甲基溴化铵（CTAB）是一种阳离子去污剂，可以溶解部分革兰氏阴性菌细胞并与释放出来的 DNA 相结合。在高温（55~65℃）的条件下，当提取液中的氯化钠浓度>0.7mol/L 时，CTAB 还会与蛋白质和多聚糖形成不溶性复合物而沉淀下来。在该浓度下，

CTAB 与 DNA 所形成的聚合物不会发生沉淀，而是继续溶解在溶液中。接着依次加入氯仿和异丙醇以去除溶液中残留的蛋白质、酚类和多糖，并将 DNA 沉淀出来。然后用 70%乙醇对所得到的 DNA 进行洗涤，去除残留的有机溶剂和盐离子。经过干燥后，将纯化的 DNA 重新溶解并储存在 TE 缓冲液（10.0mmol/L Tris-HCl、1.0mmol/L EDTA、pH 8.0）中。

3. SDS 提取法

SDS 能够在高温（55~65℃）条件下对细胞进行裂解，通过对蛋白质次级键的破坏使蛋白质发生变性，并结合多糖、蛋白质形成复合物，从而将基因组 DNA 释放出来。接着加入高浓度的乙酸钾，混匀并且冰浴。在冰浴的过程中，钾离子会置换 SDS 中的钠离子而形成溶解度很小的 SDS-蛋白质、多糖复合物。通过离心将 SDS 包裹的蛋白质、多糖及细胞碎片一起清除。最后，往上清液中依次加入氯仿去除蛋白质，加入异丙醇沉淀纯化水相中的 DNA，用 70%乙醇对 DNA 进行清洗。待 DNA 干燥后，加入 TE 缓冲液重悬溶解 DNA。SDS 试剂常和蛋白酶 K 一起搭配使用，大大提高了 DNA 的提取效率。

4. 柱纯化法

柱纯化法是目前商品化细菌 DNA 提取试剂盒所采用的主流方法。大多数纯化柱中吸附 DNA 的是一层硅胶膜，即玻璃纤维，其表面有大量修饰的硅羟基（Si—OH），硅羟基在溶液中解离后带负电，然后与带正电盐离子、带负电 DNA 形成电桥，从而吸附住 DNA，使得 DNA 双链变单链，不会被生物大分子溶剂洗脱，但能经水溶性缓冲液水化后，被定量回收，从而实现纯化分离。

（四）定性 PCR 细菌检验技术

PCR 是以待扩增的 DNA 分子为模板，利用一对分别与模板互补的寡核苷酸片段引物和 DNA 聚合酶，以半保留复制的机制，沿模板链延伸，合成新的 DNA，并不断重复扩增需要的 DNA 片段。其实质是以 DNA 为模板，以寡核苷酸为引物，以四种脱氧核糖核苷酸为底物，在 DNA 聚合酶和 Mg^{2+} 的作用下完成酶促 DNA 合成反应。

（1）PCR 的标准反应体系

①模板 DNA：即通过细菌 DNA 提取技术从样品中提取的 DNA。通常所需要模板 DNA 的浓度为 10^2~10^5 个拷贝，为了保证反应的特异性，一般采用纳克级的克隆 DNA 或微克级的基因组 DNA 作为模板。

②DNA 聚合酶：所有 PCR 反应都需要一种能在高温下工作的 DNA 聚合酶。最常使用的是 Taq 聚合酶，它能在 70℃下以 60 个碱基/s 的速度结合核苷酸，并能扩增长达 5kb 的模板，因此它适用于没有特殊要求的普通定性 PCR。此外，还有热启动聚合酶，该酶只在高温下激活，以减少反应开始时的非特异性扩增。高保真聚合酶则具有校对功能，以保障扩增序列与模板序列完全一致。

③缓冲溶液：为 DNA 聚合酶提供最适的反应环境，一般包含 KCl、Tris-HCl、牛血清白蛋白等。

④引物：是依据扩增靶基因序列所设计的一对分别与模板互补的寡核苷酸片段，是影响 PCR 反应特异性和准确性的关键因素。引物长度通常为 15~30bp，引物的 GC 含量在 40%~60%，且上下游引物的 GC 含量不能相差太大。GC 含量过高或过低都不利于 PCR 反应的进行。其长度和 GC 含量决定了引物的 T_m 值（melting temperature），即引物的解链温度，即在一

定盐浓度条件下，50%寡核苷酸双链解链的温度。引物的碱基要随机分布，且引物自身及引物之间不应存在互补序列。PCR 反应体系中引物的浓度通常为 0.1~1.0μmol/L。

⑤dNTPs：即 A、T、C、G 四种脱氧核苷酸的混合物。dNTPs 的质量及浓度与 PCR 的扩增效率密切相关。PCR 反应体系中，dNTPs 的终浓度为 20~200μmol/L。高浓度的 dNTPs 可抑制 Taq DNA 聚合酶的活性。

⑥Mg^{2+}：Mg^{2+} 的浓度能够影响引物的复性程度、模板及扩增产物的解链温度、引物二聚体的形成、产物的特异性、DNA 聚合酶的催化活性等，其浓度通常情况下控制在 0.5~2.5mmol/L。

⑦去离子水：用以补足反应体系的体积。

（2）PCR 反应通常在 PCR 扩增仪中进行，标准反应程序如下。

①94℃反应 5~10min，以使长度较长的模板 DNA 充分解链。

②94℃反应 30~60s，使 DNA 模板或扩增产物解链。

③50~65℃反应 30~60s，以使引物结合到单链 DNA 上，此过程称为退火。

④72℃反应 30~90s，DNA 模板与引物的结合物在 DNA 聚合酶的作用下，依据碱基互补配对原则沿 5′→3′的方向合成一条新的与模板 DNA 链互补的半保留复制链，此过程称为延伸。

⑤重复②~④的过程 25~35 次。

⑥72℃反应 3~10min，以使延伸过程充分完成。

⑦反应结束后将产物保存在 4℃下备用。

（3）PCR 结果的判定　普通定性 PCR 结果判定通常采用琼脂糖凝胶电泳的方式。琼脂糖凝胶电泳是 PCR 扩增产物分离、纯化和鉴定的常用方法。扩增片段先经过琼脂糖凝胶电泳，然后用溴化乙锭等核酸荧光染料进行染色操作，在紫外灯下便可直接确定 DNA 片段在凝胶板中的位置，其分辨率较高。在一定范围内，DNA 片段在凝胶电泳上的迁移率与其相对分子质量成反比关系，即相对分子质量越大，迁移率越低。因此，比较扩增产物 DNA 片段与标准 DNA Marker 的迁移率，即可判断出相对分子质量。

（五）实时荧光定量 PCR 细菌检验技术

实时荧光定量聚合酶链反应（real-time fluorescence quantitative PCR，RT-PCR），或称为定量 PCR（quantitative PCR，qPCR）是一种基于聚合酶链反应（PCR）的分子生物学实验室技术。其在 PCR 过程中引入了一种荧光化学物质，随着 PCR 反应的进行，产物不断增加，荧光信号强度也等比例增强，每经过一个循环收集到一个荧光强度信号，根据荧光强度的变化来监测产物量的变化，从而得到一条荧光扩增曲线，实现对起始模板定量及定性分析。扩增曲线一般分为停滞期、指数增长期和饱和期，由于只有指数增长期的扩增曲线是存在线性关系的，所以选择在这一时期进行分析，它可以在 PCR 期间实时监测目标 DNA 分子的扩增，而不是像常规 PCR 那样在其结束时检测和验证。实时荧光定量 PCR 可用于定量（定量实时 PCR）和半定量（半定量实时 PCR，即高于或低于一定量的参照 DNA 分子）监测。

实时荧光定量 PCR 的步骤与 PCR 类似，但在每一轮循环后，实时荧光定量 PCR 仪能够用至少一个特定波长的光束照射每个样品，检测并记录被激发的荧光基团发出的荧光信号强度。根据不同类型荧光基团的特点，实时荧光定量 PCR 可以分为非特异性检测和特异性检测。

非特异性检测：使用双链 DNA 荧光结合染料作为报告基因。DNA 结合染料可以与 PCR 中的所有双链 DNA 结合，从而提高染料的荧光量子产率。因此，PCR 期间 DNA 产物的增加会使得每个循环中测量的荧光强度增加。然而，双链 DNA 染料会与所有双链 DNA 产物结合，包括非特异性 PCR 产物。这可能会干扰或阻止对预期目标序列的准确监测。

特异性检测：使用荧光报告探针，常见的包括 TaqMan 探针和分子信标（molecular beacon）探针，它们仅检测含有与探针有互补序列的 DNA。因此，报告探针的使用显著提高了特异性，在存在其他双链 DNA 的情况下也能够运用该技术。此外，使用不同颜色的标记，荧光探针可用于多重检测，以监测同一反应中的多个目标序列。

（六）多重 PCR 细菌检验技术

多重 PCR 技术又称多重引物 PCR 或复合 PCR 技术，是一种建立在常规 PCR 技术基础上，并进行改进的新型 PCR 技术，其基本原理和过程与常规 PCR 技术相同。不同于常规 PCR 的单一引物扩增，在多重 PCR 体系中同时加入多对引物进行多目标 DNA 片段扩增，由于目标片段大小不同，经多重 PCR 扩增后，凝胶成像即可直接进行分析。该方法相比常规 PCR 方法，因其在同一体系中同时进行多目标 DNA 片段的扩增，从而达到节约模板 DNA、节省时间和成本的优势。

多重 PCR 技术具有以下特点。①高效性：在同一反应体系、反应时间内可以同时检测多种病原菌或目标基因；②系统性：对于同一食品或症状相同的病原菌可以进行同时检测；③经济简便性：由于在同一体系内同时反应，可大大节约检测时间及检测试剂。

在食品安全检测领域，多重 PCR 主要被应用于食源性致病菌的检测中。在同一体系中加入不同致病微生物目标片段的引物，即可完成在一次反应中多个目标片段的同时扩增，实现对一个致病菌的多个基因检测及多个致病菌的同时检测。目前已成功实现沙门氏菌的三种致病基因，A、B、C、D 四种金黄色葡萄球菌，鲜切果蔬中单核细胞增生李斯特菌，鼠伤寒沙门氏菌和大肠埃希氏菌 O157：H7 的同时检测。

（七）环介导等温 PCR 细菌检验技术

环介导等温 PCR 技术（loop-mediated isothermal amplification，LAMP）是一种在恒温条件下进行的核酸扩增技术，由日本科学家 Notomi 等于 2000 年开发。与普通定性 PCR 不同，环介导等温 PCR 反应过程无须进行温度的循环变化，而是在恒温条件下进行。该技术利用两对特殊引物和有链置换活性的 BstDNA 聚合酶，使反应中在模板两端引物结合处循环出现环状单链结构，在等温条件下使引物顺利与模板结合并进行链置换反应。一般情况下，LAMP 可以在 60min 内扩增出 $10^9 \sim 10^{10}$ 倍的靶序列拷贝，得到浓度 500μg/mL 的 DNA，其扩增产物既可通过常规的荧光定量和电泳检测，也可以通过简易的目测比色和焦磷酸镁浊度检验。

LAMP 技术的核心是针对靶基因 6 个区域的 4 条特殊引物的设计和具有链置换活性的 BstDNA 聚合酶的应用。LAMP 反应混合物由 dNTPs、引物、DNA 模板、链置换聚合酶 Bst 酶和荧光染料组成。用于 LAMP 反应的引物设计较为特殊，正向内引物 FIP 由 3′末端的 F2 区和 5′末端的 F1c 区组成；F3 引物是正向外引物，由 F3 区组成，与模板序列的 F3c 区互补；反向内引物 BIP 由 3′末端的 B2 区域和 5′末端的 B1c 区域组成。反向外引物由 B3 区组成，与模板序列的 B3c 区互补。当 FIP 的 F2 区与靶 DNA 的 F2c 区杂交，并启动互补链合成时，开始扩增，然后 F3 引物与靶 DNA 的 F3c 区域杂交，并延伸，取代 FIP 连接的互补链。该置换链在 5′末端形成环 LOOP，这种在 5′末端具有环的单链 DNA 用作 BIP 的模板，B2 与模板 DNA 的 B2c 区域杂交，启动 DNA 合成，形成互补链，并打开 5′末端环，随后，B3 与靶 DNA 的 B3c 区域杂交并延伸，置换 BIP 连接的互补链，导致形成哑铃形 DNA。通过 BstDNA 聚合酶将核苷酸添加到 F1 的 3′末端，其在 5′末端延伸并打开环，哑铃形 DNA 转变为茎环结构。该结构用作 LAMP 循环的引发剂，它是 LAMP 反应的第二阶段。也可以添加环引物用于 LAMP 的指数扩增，获得的最终产品是具有不同茎长度的茎环 DNA 和具有多个环的各种类似于菜花结构的混合物。

LAMP 反应温度一般在 65℃，扩增程度小于 250nt。DNA 产物非常长，大于 20kb，由 80~250bp 的短目标序列多次重复形成，与长链共聚体中的单链环区相连。这些产品通常不适合下游操作，但目标扩增非常的多，因此有可能有多种检测模式。采用插层或探针、横向流动和琼脂糖凝胶检测等方法的实时荧光检测均与 LAMP 反应直接兼容。LAMP 设备通常需要加热到所需反应温度，并在需要时实时荧光进行定量测量。

LAMP 作为一种全新的恒温核酸扩增方法，和传统的核酸扩增方法相比，其反应原理和引物设计更为复杂，但具有传统方法无法比拟的优点，包括：①等温扩增，只需要一个恒定温度就能完成扩增反应，对仪器的要求较低；②特异性高，由于 4 个引物靶向目标核酸片段的 6 个区域，决定了 LAMP 的高特异性；③灵敏度高，LAMP 能检测到 10 个拷贝甚至更少的模板 DNA；产物检测方便，LAMP 反应产生大量产物，可利用直观的浊度或荧光比色判定结果。

二、金黄色葡萄球菌的 PCR 核酸扩增检验方法

金黄色葡萄球菌是一种能引起人或动物感染的病原体，导致菌血症、败血症等严重的临床症状，金黄色葡萄球菌能够产生多种胞外毒素，包括肠毒素、葡萄球菌溶素、杀白细胞素、表皮剥脱毒素和毒性休克综合征毒素等。同时，金黄色葡萄球菌肠毒素引起的食物中毒已经成为一个世界性的公共卫生问题。金黄色葡萄球菌的 PCR 检测技术目前已形成 SN/T 5439.2—2022《出口食品中食源性致病菌快速检测方法　PCR-试纸条法　第 2 部分：金黄色葡萄球菌》和 SN/T 5364.5—2021《出口食品中致病菌检测方法　微滴式数字 PCR 法　第 5 部分：金黄色葡萄球菌》等，下面对金黄色葡萄球菌的微滴式数字 PCR 法（ddPCR）进行详细介绍。

（一）主要设备及耗材

天平（感量 0.1g）、均质器、恒温培养箱[(36±1)℃]、高速台式冷冻离心机（离心力 12000×g）、涡旋振荡仪、核酸蛋白分析仪或紫外分光光度计、生物安全柜、ddPCR 扩增仪及相关配套设备、不同量程移液器、离心管（2mL、1.5mL 和 0.2mL）。

（二）材料与试剂

分析纯试剂和符合 GB/T 6682 规定的一级水、细菌基因组提取试剂盒、葡萄球菌裂解酶、

去游离核酸酶、ddPCR 反应配套试剂、阳性对照（金黄色葡萄球菌标准菌株 DNA 或含目的片段的 DNA）。

引物探针如下。
SA-F：5′-AGCATCCTAAAAAAGGTGTAGAGA-3′；
SA-R：5′-CTTCAATTTTMTTTGCATTTTCTACCA-3′；
SA-P：FAM-TTTTCGTAAATGCACTTGCTTCAGGACCA-BHQ1-33。

（三）操作步骤

1. 样品制备

参照第六章第四节，进行样品制备和增菌。

2. DNA 提取

直接取步骤 1 获得的增菌液 2mL 加到无菌离心管中，8000×g 离心 2min，尽量吸弃上清液；利用 100μL 磷酸盐缓冲液重悬沉淀，加入 20μL 去游离核酸酶，置于 37℃ 作用 15～30min，95℃ 加热 10min 使酶失活；使用葡萄球菌裂解酶处理待测样品，再使用细菌基因组提取试剂盒提取 DNA，操作方法按试剂盒说明书进行。

3. DNA 浓度和纯度测定

取适量 DNA 原液加双蒸水稀释一定倍数后，使用核酸蛋白分析仪或紫外分光光度计测定 260 nm 和 280 nm 处的吸光度，按照式（9-1）计算 DNA 的浓度。

$$\rho = A_{260} \times N \times 50 \tag{9-1}$$

式中 ρ——DNA 浓度，μg/mL；

A_{260}——260nm 处的吸光度；

N——核酸稀释倍数。

当 DNA 浓度为 0.1～100μg/mL，A_{260}/A_{280} 在 1.8～2.0 时，适用 ddPCR 检测。

4. ddPCR 检测

（1）对照和平行　检测过程中分别设置阳性对照、阴性对照和空白对照。以金黄色葡萄球菌标准菌株 DNA 或含目的片段的 DNA 作为阳性对照，利用细菌基因组提取试剂盒按步骤 2 提取的标准菌株 DNA 作为阴性对照，用等体积的双蒸水代替 DNA 模板作为空白对照。每个待检样品提取的 DNA 溶液进行 3 个平行 ddPCR 检测。

（2）反应体系　按照表 9-1 配制反应体系。

表 9-1　　　　　　　　　　ddPCR 反应体系

试剂名称	储备液浓度/(μmol/L)	终浓度/(μmol/L)	体积/μL
ddPCR 反应预混液	2×	1×	10
VP-F	10	0.75	1.5
VP-R	10	0.75	1.5
VP-P	10	0.25	0.5
DNA 模板	—	—	5

续表

试剂名称	储备液浓度/(μmol/L)	终浓度/(μmol/L)	体积/μL
水	—	—	1.5
体系总体积	—	—	20

(3) 微滴生成　将配制好的 ddPCR 反应混合液，加入微滴生成装置加样孔中，按仪器操作说明生成微滴。

(4) ddPCR 扩增　将生成的微滴缓慢转移至 96 孔板中，封膜后置于 PCR 仪上，按以下参数进行 PCR 扩增：95℃ 10min（升降温速度：1℃/s）；94℃ 30 s（升降温速度：1℃/s），52.5℃ 1min（升降温速度：1℃/s），45 个循环；98℃ 10min（升降温速度：1℃/s），4℃ 保存反应产物。

(5) 荧光信号读取　扩增反应结束后，将 96 孔板放入 ddPCR 检测仪中对每个微滴进行荧光检测，采用 FAM 通道读取荧光信号。

5. 结果分析与表述

(1) 阈值的设定　根据空白对照的终点荧光值设定阈值限，阈值限应对空白和阳性扩增结果进行明确的区分。

(2) 质量控制

①体系分隔产生的有效微滴的总数量满足所用 ddPCR 仪器型号要求。

②阴性对照和空白对照无荧光信号检出。

③阳性对照有荧光信号检出且阴性微滴簇与阳性微滴簇能够截然分开。

以上质控条件有一项不符合者，实验结果视为无效，查找原因后再次进行 ddPCR 检测。

(3) 结果表述　待检样品所有微滴的荧光信号均低于阈值限，待测样品中不含有金黄色葡萄球菌，检测结果表述为"未检出金黄色葡萄球菌"。

待检样品 3 个平行中至少 1 个平行有荧光信号高于阈值限的阳性微滴，且阴性微滴簇与阳性微滴簇能够截然分开，该样品结果为金黄色葡萄球菌初筛阳性，对样品的增菌液进一步按 GB 4789.10 中的操作步骤进行确认后报告结果。

三、酵母的核酸检测

酵母和霉菌等真菌的核酸检测原理多为基于真核生物 26S rDNA、18S rDNA 和 ITS 序列等的遗传保守性，并进行特异性引物设计与核酸检测，从而达到对目的菌种的诊断。酵母具有真菌普遍拥有的细胞壁结构，因此与细菌等原核生物直接裂解释放核酸的方式不同，针对酵母的核酸检测必须进行细胞壁去除操作或更为剧烈的机械破碎，从而保证核酸物质的完全释放。在获得酵母的核酸模板后，可基于酵母保守序列设计特异性引物，并结合多种现代化核酸检测技术，如传统 PCR 技术、多重 PCR 技术、荧光定量 PCR 技术、重组酶聚合酶扩增技术和叠氮溴化丙锭（PMA）-PCR 技术等，实现对酵母的检测与鉴定。

（一）设备和材料

1. 实验设备

恒温振荡培养箱、冷冻离心机、PCR 仪、电泳仪、凝胶成像系统等。

2. 实验试剂

10×PCR 缓冲液，dNTPs，DNA 聚合酶，Probe qPCR Mix，DNA Marker，无水乙醇，氯仿，引物，YPD 液体培养基，酚：氯仿：异戊醇（25：24：1），氯仿：异戊醇（24：1），乙酸钠，琼脂糖，核酸染料等。

（二）检测过程

1. 增菌培养

①无菌称取适量待测食品样品于 YPD 液体培养基中，均质混匀，30℃，225r/min，振荡培养 12~18h；

②低速离心去除样品杂质，上清液以 5000r/min 离心 5min 收集菌体，用于核酸提取。

2. 酵母基因组 DNA 的获取

（1）机械破碎法

①将富集的菌体转移至预冷的研钵中，加入石英砂增加破碎效果，对菌体进行液氮研磨破碎；

②破碎后的菌体溶解于 200μL 裂解液（50mmol/L Tris-HCl、pH 8.0，180mmol/L EDTA、pH 8.0，1% SDS，现配）中，65℃水浴 10min；

③加入破碎液等体积的酚：氯仿：异戊醇（25：24：1），离心管置于振荡器，振荡 3~6min，5000r/min，4℃，离心 10min；

④分离上清液，用等体积氯仿：异戊醇（24：1）抽提一次；10000r/min，4℃，离心 10min；

⑤在抽提后的上清液中加 1/10 体积 3mol/L pH 5.3 乙酸钠缓冲液和 2.5 倍体积乙醇，混匀后于-20℃沉淀 1h；

⑥取出离心管，10000r/min，4℃，离心 10min；

⑦沉淀用 75% 乙醇洗涤一次，室温下干燥 3~5min 去除乙醇溶液，用 50μL 含 1μL RNAase（25mg/mL）的无菌水溶解。使用 0.7% 琼脂糖凝胶电泳检测基因组 DNA 的完整性。

（2）酶解法

①将富集的菌体用 200μL 酶解缓冲液（1mol/L 山梨醇、10mmol/L 二硫苏糖醇、10mmol/L EDTA、10mmol/L 柠檬酸钠）溶液重悬，加入 30μL 10mg/mL 溶菌酶（lysozyme），于 37℃水浴酶解 1h，以获得原生质体；

②离心收集沉淀细胞，用 200μL 含有 50mmol/L Tris-HCl，20mmol/L EDTA，pH 7.4 溶液悬浮，并加入 50μL 10% SDS，混匀后 70℃保温 20min；

③加入 200μL 5mol/L 乙酸钾溶液（pH 8.9），冰浴 20min；

④以最大转速离心 10min，将上清液转移至新的 1.5mL 离心管中，用 0.5 倍体积预冷的异丙醇沉淀 DNA；

⑤-20℃放置 5min，离心 5min，除尽上清液；

⑥用 75% 的乙醇洗涤沉淀 1 次，室温干燥，用 50μL 无菌水溶解，即得到酵母的基因组 DNA；

⑦使用 0.7% 琼脂糖凝胶电泳检测基因组 DNA 的完整性。

3. 酵母核酸检测

（1）传统 PCR 技术　PCR 技术最早由美国的 Kary Mullis 于 1983 年提出。PCR 的原理主要是通过将 DNA 进行变性、退火、延伸等多个循环后，使得微量的 DNA 片段可以在短时间内扩增几百万倍，以便对特定 DNA 序列进行定性或定量分析。PCR 技术具有特异性强、灵敏度高、准确性高的特点。随着高通量测序技术的发展，越来越多的物种遗传信息被全面揭示，结合高度保守的物种遗传序列进行 PCR 扩增和测序比对，已成为鉴定物种类别的重要手段。近几十年来，PCR 技术被广泛用于食品微生物的鉴定中。

具体操作步骤如下。

①配制反应体系：总反应体系为 50μL，其中包括 5μL 10×PCR 缓冲液、4μL dNTPs、0.5μL 10μmol/L 正向引物、0.5μL 10μmol/L 反向引物、0.25μL DNA 聚合酶、2μL 菌体核酸模板、37.75μL 水；

②PCR 扩增：将配制好的反应体系置于 PCR 扩增仪中。设置 PCR 反应程序为 95℃预变性 3min，再按 95℃ 1min，58℃ 0.5min，72℃ 1min/kb 进行 30 个循环，最后 72℃延伸 10min，并降温至 4℃，获得 PCR 扩增产物；

③PCR 扩增产物的检测：取 5μL PCR 扩增产物在 1%的琼脂糖凝胶上进行电泳，利用凝胶成像系统观察结果并成像；

④若琼脂糖凝胶中出现 DNA 片段条带，根据特异性引物的预期扩增产物大小，对比琼脂糖凝胶上出现的条带的位置大小，即可初步确定酵母鉴定结果。将扩增的 DNA 片段连入通用的质粒中，即可进行 DNA 测序。将测序结果经过 Blast 比对，可进一步进行酵母种属分析。

（2）多重 PCR 鉴定技术　酵母在食品工业中发挥着重要作用，如有些食品（酒饮、面点）的生产需要涉及多种酵母菌协同发酵作用；同时在一些发酵食品、天然谷物原料的食品致病菌检测中，也涉及潜在的复杂酵母菌株体系。由于传统 PCR 技术检测时间长、工作量大，难以在一次反应中对多种菌株进行鉴定，因此多重 PCR 技术在食品微生物检验中逐渐得到了利用与发展。多重 PCR 指在同一个反应体系中加入针对不同微生物菌种的多对特异性引物，在同一反应体系中扩增出多条目的 DNA 片段，从而一次性高效地实现多种菌株的核酸检测和鉴定。多重 PCR 技术保留了常规 PCR 的特异性、敏感性，又减少了操作步骤及试剂消耗，但也存在较明显的不足，如扩增效率不高、敏感性偏低、扩增条件需摸索与协调、可能出现引物间干扰等。多重 PCR 检测技术是基于传统单一 PCR 检测建立的，其操作方法与单一 PCR 检测大致相同。

具体操作步骤如下。

①配制反应体系：总反应体系为 25μL，其中包括 2.5μL 10×PCR 缓冲液、2μL 2.5mmol/L dNTPs、1μL 10μmol/L 正向引物（含多种正向引物）、1μL 10μmol/L 反向引物（含反向正向引物）、0.5μL DNA 聚合酶、2μL 菌体核酸模板、16μL 水；

②PCR 扩增：将配制好的反应体系置于 PCR 扩增仪中。设置 PCR 反应程序为 95℃预变性 5min，再按 95℃ 30s，退火温度 54~60℃ 1min，72℃ 1min/kb 进行 30 个循环，最后 72℃延伸 10min，并降温至 4℃，获得 PCR 扩增产物；

③PCR 扩增产物的检测：取 5μL PCR 扩增产物在 1%的琼脂糖凝胶上进行电泳，利用凝胶成像系统观察结果并成像；

④琼脂糖凝胶中出现多个 DNA 片段条带，将扩增的 DNA 片段进行进一步纯化，连入通

用的质粒中，即可进行 DNA 测序。将测序结果经过 Blast 比对，即可得到样品中相关酵母种属信息。

（3）实时荧光定量 PCR 鉴定技术　实时荧光定量 PCR 技术广泛用于基因表达研究、转基因研究、病原体检测、药物疗效考核等诸多领域。实时荧光定量 PCR 利用荧光信号积累实时监测整个 PCR 进程，由于每扩增一条 DNA 链就有一个荧光分子形成，实现了 PCR 产物形成与荧光信号累积的完全同步。在食品微生物检验中，相比传统 PCR 技术和多重 PCR 鉴定技术，荧光定量 PCR 技术省去了对 PCR 产物反应后的电泳及测序等烦琐步骤，可以实现对菌种的快速鉴定。近年来出现了许多利用酵母等真菌的 26S rDNA、18S rDNA 以及一些特征性蛋白序列设计的实时荧光定量 PCR 法检测试剂盒，实现了对不同食品样品中酵母的快速检测。

具体操作步骤如下。

①荧光定量 PCR 体系配制：总反应体系为 20μL，加入 10μL Probe qPCR Mix，0.5μL 10μmol/L 正向引物和反向引物，2μL 菌体 DNA 模板，7μL 不含 RNase 的蒸馏水；

②反应循环条件：在实时荧光定量 PCR 仪上进行两步法实时荧光定量 PCR 反应，第一阶段，95℃、30s；第二阶段，40 个循环反应（95℃、30s，60℃、34s）；反应结束后进行溶解曲线分析；第三阶段，95℃、15s，60℃、1min，95℃、15s；

③结果计算分析：通过对每个样品 Ct 值计算，根据标准曲线得出特定基因含量的定量结果。因此，可得出特定菌种是否存在于被检测样品当中。

（4）重组酶聚合酶扩增技术　重组酶聚合酶扩增（recombinase polymerase amplification，RPA）技术是一种新型核酸恒温扩增技术，可以作为传统 PCR 的替代方法。RPA 技术的原理是将噬菌体重组酶 uvsX 和寡核苷酸引物结合成一个复合物，该复合物具有精确定位到待扩增目标序列位置的功能的同时，利用单链结合蛋白（SSB）辅助解旋的双链模板在 DNA 聚合酶作用下扩增，从而使整个扩增反应可在 37~42℃、20min 内完成。由于 RPA 技术无须 PCR 仪等硬件设备，所以相比传统 PCR 技术而言，RPA 技术在具备高保真度和高灵敏度等特点的同时，也具有低成本、易操作、易于控制的优点。由于 RPA 技术可以广泛应用于细菌、真菌、病毒、动植物组织的检测，具有庞大的应用价值，该技术已经被英国 TwistDx 公司申请专利。现有的大部分检测方法均可参照该公司开发的试剂盒说明书进行。

具体操作步骤如下。

①体系配制：在 1.5mL 管中准备反应混合液，总体积为 47.5μL。引物 A（10μmol/L）2.4μL、引物 B（10μmol/L）2.4μL、RPA 反应液 29.5μL、菌体核酸模板加水至 13.2μL，混匀。加入 2.5μL 280mmol/L 乙酸镁（MgOAc），混合均匀后开始反应；

②反应条件：在 39℃孵育 20min；

③在反应结束后，可根据不同实验需求，采用多种方式进行结果分析，如实时荧光定量 PCR、凝胶电泳、侧流层析试纸检测等方法。

（5）PMA-PCR 技术　在复杂的食品样品中，通常同时存在活菌和死菌。由于 PCR 是针对微生物的核酸片段进行扩增检测，活细胞和死细胞的 DNA 均能够被扩增。因此，待测样品中混入的死细胞核酸将干扰 PCR 检测结果。叠氮溴化丙锭（PMA）是一类常用的 DNA 结合染料，PMA 可穿透死细胞的细胞膜并与 DNA 双链发生不可逆的共价交联，从而抑制死细胞 DNA 的扩增，而活菌完整的细胞膜则可阻止 PMA 进入细胞内。由于 PMA 和 DNA 的共价交联产物可在 DNA 提取过程中被有效去除，同时反应液中残留的 PMA 不会对活细胞核酸产生影响,因此使用 PMA 进行前处理可达到只检测活菌的目的。目前,PMA-PCR 技术已在包括酵母在内的多种食品病原菌检验中得到广泛应用。

具体操作步骤如下。

①PMA 处理:在待测菌体中加入 50μmol/L PMA 溶液,在黑暗环境下反应 10min,每隔 1min 振荡混匀一次,随后在 LED 光敏仪中曝光 15min,12000r/min 离心 2min 收集菌体;

②将收集的菌体参照前文所述方法进行 DNA 提取,后续结合各类 PCR 技术进行菌种的检测与鉴定。

四、霉菌的核酸检测

霉菌的传统鉴定方法需要分离培养、形态和生理特征鉴定,往往十分耗时耗力,同时也不能得出准确的结果。近年来,随着分子技术的快速发展,基于 PCR 的各项核酸检测技术促进了食品中霉菌病原体的快速鉴定。霉菌和酵母菌均为真菌,都拥有细胞壁结构,因此霉菌的核酸提取、检测步骤与酵母菌较为相似。

(一)设备和材料

1. 实验设备

恒温振荡培养箱、冷冻离心机、PCR 仪、电泳仪、凝胶成像系统等。

2. 实验试剂

10×PCR 缓冲液,dNTPs,DNA 聚合酶,DNA Marker,无水乙醇,氯仿,引物,PDA 培养基,酚:氯仿:异戊醇(25:24:1),氯仿:异戊醇(24:1),乙酸钠,琼脂糖,核酸染料等。

(二)检测过程

1. 增菌培养

无菌称取待测的食品样品,加入 PDA 培养基,使用均质器混匀均质,在 25℃振荡培养 2.5d,离心收集菌体。

2. CTAB 法制备霉菌基因组 DNA

①提取前取适量 CTAB 溶液 [2% CTAB,100mmol/L Tris-HCl(pH 8.0),20mmol/L EDTA(pH 8.0),1.4mol/L NaCl,1% PVP-30],加入 4%(体积比)的 β-巯基乙醇,并于 65℃预热;

②收集菌丝样品 1g,放入经液氮预冷的研钵中,加入液氮研磨至粉末状,加入 5mL 配制好的 CTAB 溶液,放入 15mL 离心管中,65℃水浴中保温 30min,并不时轻轻转动试管;

③加等体积的酚:氯仿:异戊醇(25:24:1),轻轻地颠倒混匀,室温下 10000×g 离心 10min,移上清液至另一新管中;

④加等体积的氯仿:异戊醇(24:1),轻轻地颠倒混匀,室温下 10000×g 离心 10min,移上清液至另一新管中;

⑤加入上清液 0.7 倍体积-20℃预冷异丙醇,会出现絮状沉淀,-20℃放置 30min,10000×g 离心 10~15min,回收 DNA 沉淀;

⑥用 75%乙醇清洗沉淀两次,吹干后溶于 2mL 的灭菌水中;

⑦向管中加入 1/100 体积的 RNase A 溶液，置 37℃ 30min，重复步骤④和⑤。在离心后的上清液中加入 2.5 倍体积的无水乙醇后，摇晃至沉淀，用 75% 乙醇清洗 3 遍，吹干；

⑧用 100~200μL 水溶解沉淀；0.7% 琼脂糖凝胶电泳检测基因组 DNA 的完整性。

3. 霉菌的核酸检测

（1）传统 PCR 技术　PCR 技术作为微生物检测的基本方法，在霉菌的检测中具有方便、高特异性、高灵敏性特点。在获得待测霉菌的 DNA 样本后，通过对霉菌保守序列设计通用引物，经 PCR 扩增与测序比对后，即可获得霉菌种属信息。

（2）多重 PCR 鉴定技术　在各类具有霉变风险的食品中，如谷物、果蔬、干肉制品等，通常同时存在多种霉菌。因此，单一的 PCR 鉴定难以达到快速鉴别各种霉菌的目的。多重 PCR 鉴定技术通过在反应液中添加多对特异性引物，从而达到一次鉴定多种霉菌菌种的效果。

（3）实时荧光定量 PCR 鉴定技术　在霉菌的核酸检测中，也可针对霉菌保守或特定基因进行实时荧光定量 PCR 分析。在此过程中，通过在 PCR 反应体系中加入可与 DNA 产物特异性结合的荧光基团，利用荧光信号积累实时监测整个 PCR 进程，以确定各个样本特定基因的本底表达量，从而对菌种进行鉴定。

（4）重组酶聚合酶扩增技术　由于重组酶聚合酶扩增技术（RPA）可实现 DNA 的等温扩增，因此不需要昂贵的反应设备，该技术可用于大规模且更为经济的霉菌鉴定场景。其中，凝胶电泳、毛细管电泳、荧光定量方法常被用于扩增产物的分析，从而发展出以重组酶聚合酶扩增技术为基础的多样化霉菌检测方法。

（5）PMA-PCR 技术　在一些利用霉菌发酵而成的食品中，活菌的含量控制是影响产品质量的关键。单独的 PCR 技术无法报告样品中霉菌细胞的死活状态。因此，通过在检测前处理步骤使用叠氮溴化丙锭（PMA）染料，抑制死亡微生物的目标 DNA 扩增，从而达到对样品中活菌的检测目的。

第二节　免疫学方法

免疫学技术是通过抗原与相应抗体之间特异性结合来检测目标物质。它主要依赖于抗原-抗体的特异性免疫识别作用，不同的微生物具有其特异的抗原，能激发机体产生相应的抗体。免疫学检测技术主要包括酶联免疫吸附检测法（enzyme linked immunosorbent assay，ELISA）、免疫磁珠法（immuno-magnetic beads assay）、胶体金免疫层析法（colloidal gold immuno-chromatography assay，GICA）和量子点免疫荧光法（quantum dots immuno-fluorescence method）等。

一、沙门氏菌的免疫检测——ELISA

ELISA 是将抗原和抗体的特异性免疫反应与酶的催化反应结合在一起的检测技术，属于固相酶免疫分析法。该方法能够利用酶标记抗体与微生物细胞表面特定抗原发生特异性反应，在加入酶底物后发生催化作用从而被检测到。并且，由于酶的高效催化产生了信号放大作用。

对食品中沙门氏菌检测时，样品首先作增菌处理，增菌液经加热处理后移入包被特异性抗体（一抗）的固相容器内，使目标菌与一抗结合，洗去未结合的其他成分；加入特异性酶标抗体（二抗），再次洗去未结合的其他成分；加入特定底物与之反应，生成荧光化合物或有色化合物，通过检测荧光强度或吸光度，与参照值比较，得出检验结果。

（一）设备

酶联免疫分析仪、冰箱（2~8℃）、无菌操作台、灭菌锅、恒温培养箱、均质器、电子天平（量程 0g 和 500g，感量 0.1g）、恒温水浴锅、灭菌设备和涡旋混合器等。

（二）培养基和试剂

缓冲蛋白胨水（BPW）、四硫磺酸钠煌绿增菌液（TTB）、氯化镁孔雀绿大豆胨增菌液（RVS）等。

（三）检验程序

（1）预增菌　无菌操作取 25g（mL）样品，置于盛有 225mL BPW 的无菌均质杯中，以 8000~10000r/min 均质 1~2min，或置于盛有 225mL BPW 的无菌均质袋内，用拍击式均质器拍打 1~2min。对于液态样品，也可置于盛有 225mL BPW 的无菌锥形瓶或其他合适容器中振荡混匀。如需调节 pH 时，用 1mol/L NaOH 或 HCl 调 pH 至 6.8±0.2。无菌操作将样品转至 500mL 锥形瓶或其他合适容器内（如均质杯本身具有无孔盖或使用均质袋时，可不转移样品），置于（36±1）℃培养 8~18h。对于乳粉，无菌操作称取 25g 样品，缓缓倾倒在广口瓶或均质袋内 225mL BPW 的液体表面，勿调节 pH，也暂不混匀，室温静置（60±5）min 后再混匀，置于（36±1）℃培养 16~18h。冷冻样品如需解冻，取样前在 40~45℃ 的水浴中解冻不超过 15min，或在 2~8℃ 冰箱缓慢化冻不超过 18h。

（2）选择性增菌　轻轻摇动培养过的样品混合物，移取 0.1mL 转种于 10mL RVS 中，混匀后于（42±1）℃培养 18~24h。同时，另取 1mL 转种于 10mL TTB 中后混匀，低背景菌的样品（如深加工的预包装食品等）置于（36±1）℃培养 18~24h，高背景菌的样品（如生鲜禽肉等）置于（42±1）℃培养 18~24h。

（3）增菌后处理　移取 1mL 增菌液到灭菌小试管中，于沸水中加热 15min。剩余的增菌液于 4℃保存，以便用于阳性确认。

（4）取沙门氏菌的酶联免疫试剂盒，于 15~30℃ 的环境中放置 30min。

（5）取适量加热处理后的增菌液到试剂盒测试孔中，通过自动或手动操作，经过酶联免疫反应过程后，检测反应强度（荧光强度或吸光度），与参照值比较，得出检验结果。

注：详细操作需根据所用仪器及试剂盒的说明进行。

（6）试剂盒控制

①选用新批号试剂盒时，应验证试剂盒的质量指标；使用时应严格按照试剂盒的要求设立试验对照。

②选用试剂盒检验不同目标菌期间，应不定期选用相应的可溯源标准菌株进行过程控制。

（7）结果报告　检验结果为阴性时，报告为未检出。检验结果为阳性时，应按 GB 4789.4—2024《食品安全国家标准　食品微生物学检验　沙门氏菌检验》或其他标准进行确证。

二、单核细胞增生李斯特菌免疫检测——免疫磁珠技术

免疫磁珠技术利用目标细菌的特异性抗体与磁珠修饰结合制成免疫磁珠,通过免疫识别作用结合目标细菌,在外加磁场的作用下利用免疫磁珠的磁响应性进行分离。免疫磁珠技术是将免疫学的高度特异性与磁珠特有的磁性相结合而发展起来的一种技术。

免疫磁珠法检测单核细胞增生李斯特菌是将直径 0.05~4μm、具有磁性的微珠的表面化学修饰,并与李斯特菌特异性抗体结合,制成免疫磁珠,它能与食品中李斯特菌抗原结合,从而检出食品中的李斯特菌。样品经 24~48h 增菌后,分别取 1mL 菌液和 20μL 免疫磁珠加入带盖塑料管中,在磁板背景下混合,如果有李斯特菌抗原存在,免疫磁珠就会将其捕获,然后利用磁性将免疫磁珠聚集,经清洗后接种到显色培养基和任选一种培养基(OXA 或 PALCAM 琼脂),对选择性分离平板上的典型李斯特菌菌落进行确认,最终通过系列试验确定是否存在单核细胞增生李斯特菌。

(一)设备和器具

培养箱、水浴锅、微量移液器(20~200μL,10μL,1mL)、刻度移液管(5mL、10mL)、灭菌玻璃器具(量筒、三角烧瓶、培养皿)、试管、灭菌 EP 管(1.5mL)。抗李斯特菌免疫磁珠(该磁珠可以通过商业途径获得,应准确地按照生产商的说明书进行操作)、旋涡混合器、带有磁架的磁性分离器。

(二)培养基和试剂

胰酪大豆肉汤(TSB-YE)、胰酪大豆琼脂(TSA-YE)、Fraser 肉汤增菌液(FB_1,FB_2)、OXA 琼脂、PALCAM 琼脂、磷酸盐缓冲溶液(PBS)、质控参考菌株为单核细胞增生李斯特菌(CMCC 54002)。

(三)操作步骤

1. 样品制备

在均质袋中加入 25g 样品,再加入 225mL FB_1 增菌肉汤,30℃培养(24±1)h。

2. 增菌

取制备好的样品,加到 10mL FB_2 增菌液中,35℃培养(24±1)h 后,进行免疫磁珠分离。

3. 免疫磁珠分离

(1)免疫捕获 混合增菌培养液,沉淀所有的粗糙食物残渣,从增菌培养液中移取 1mL 上层液体(要尽可能避免移取到食物颗粒和脂肪颗粒)加入 EP 管中,加 20μL 准备好的免疫磁珠,在旋涡混合器上混合该悬液。

(2)分离 将 EP 管固定在磁架的管孔中,180°轻缓摆动磁架 5~6 次,使免疫磁珠聚集到磁极。小心地打开磁架上的 EP 管管盖,从磁极对面一侧慢慢吸出液体,注意不要接触管壁上的磁珠,每一个样品换一次枪头;加 1mL 灭菌的 PBS,并重新盖好盖子,将磁极从支架上移走,180°轻缓摆动磁架 5~6 次,使管内各成分混合,然后重新将磁极放回到支架上。重复该清洗步骤几次。将离心管从磁性分离器上移开,并加 100μL 灭菌的 PBS 到管中,重悬磁珠。如果实验室没有磁性分离器,也可以用手摇代替。

4. 分离培养

(1) 分离培养　吸取 50μL 免疫磁珠悬液，加到显色培养基（此处以 CHROMagar 显色培养基为例，或购买商品化单核细胞增生李斯特菌显色培养基）及任一选择性培养基 OXA、PALCAM 琼脂平板上，用无菌接种环划线，(35±1)℃ 培养 24~48h。

(2) 筛选　李斯特菌在 CHROMagar 显色培养基上菌落为蓝色，且在其周围形成一个晕环。李斯特菌在 OXA 琼脂平板上生长 24h 后菌落呈现黑色，直径为 1mm，在其周围形成一个黑色环，培养 48h，菌落仍呈黑色，直径 2~3mm，除在菌落周围有一环外，在菌落中心部位的深层也形成黑点。李斯特菌在 PALCAM 琼脂平板上与在 OXA 琼脂平板上菌落相似。在 CHROMagar 显色培养基及 OXA 或 PALCAM 琼脂平板上挑取 5 个或更多可疑菌落，接种于 TSA-YE 琼脂平板上，纯培养后进鉴定。

5. 鉴定和确认

对可疑单核细胞增生李斯特菌的鉴定和确认按相关标准要求执行。

(四) 质量控制

每次检验均应利用单核细胞增生李斯特菌质控菌株进行质量控制。

三、空肠弯曲菌免疫检测——量子点免疫荧光法

量子点（quantum dots，QDs）是一种发光半导体纳米晶体材料，以碳量子点为代表在分析检测中应用广泛。量子点的小尺寸产生的量子限制效应使其具有独特的荧光特性，如强光致发光性、抗光漂白性、荧光稳定性。同时，量子点具有良好的化学惰性和生物相容性，通过标记抗体制备免疫荧光量子点，能够大幅提高免疫分析方法的信号值与灵敏度。量子点易于合成，可进行大规模制备，且尺寸可调以改变吸收波长与发射波长。

采用量子点免疫荧光分析技术检测空肠弯曲菌，首先对样品中空肠弯曲菌进行增菌培养；其次，以免疫磁珠为载体，将菌液中的空肠弯曲菌快速富集在磁珠表面；最后，将荧光量子点标记的空肠弯曲菌抗体与免疫磁珠富集的空肠弯曲菌溶液相互作用，利用荧光显微镜检测磁珠复合物表面的荧光，结果判定。

(一) 试剂和材料

表面带羧基的水溶性量子点（5μmol/L），空肠弯曲菌单克隆抗体包被的免疫磁珠（浓度约 10^6 个磁珠/mL），空肠弯曲菌多克隆抗体（浓度约 1mg/mL），1-乙基-(3-二甲基氨基丙基) 碳二亚胺（EDC），N-羟基琥珀酸亚胺（Sulfo-NHS），超滤离心管（截留相对分子质量 10000），透析袋（截留相对分子质量 14000，直径 1cm），单氨基聚乙二醇（PEG-NH$_2$，相对分子质量 5000），载玻片、盖玻片。DBS 缓冲液（pH 7.4）、PBST 洗涤液、MES 缓冲液、空肠弯曲菌株参考菌株（Campylobacter，ATCC 110902、ATCC 110903、ATCC 110904、ATCC 110905）。

(二) 仪器和设备

一次性手套、移液器、灭菌移液器吸头、1.5mL 塑料离心管、1.5mL 离心管架、1.5mL 磁架、高速台式离心机（转速不低于 20000r/min，最大相对离心力不低于 10000×g）、恒温摇

床（温度偏差不超过±1℃）、涡旋混合器、旋转混合器、高压灭菌锅、计时器、荧光显微镜[配置有汞灯光源和（600±20）nm附近窄带滤光片]。

（三）检验程序

食品中空肠弯曲菌量子点免疫荧光法检验程序如图9-1所示。

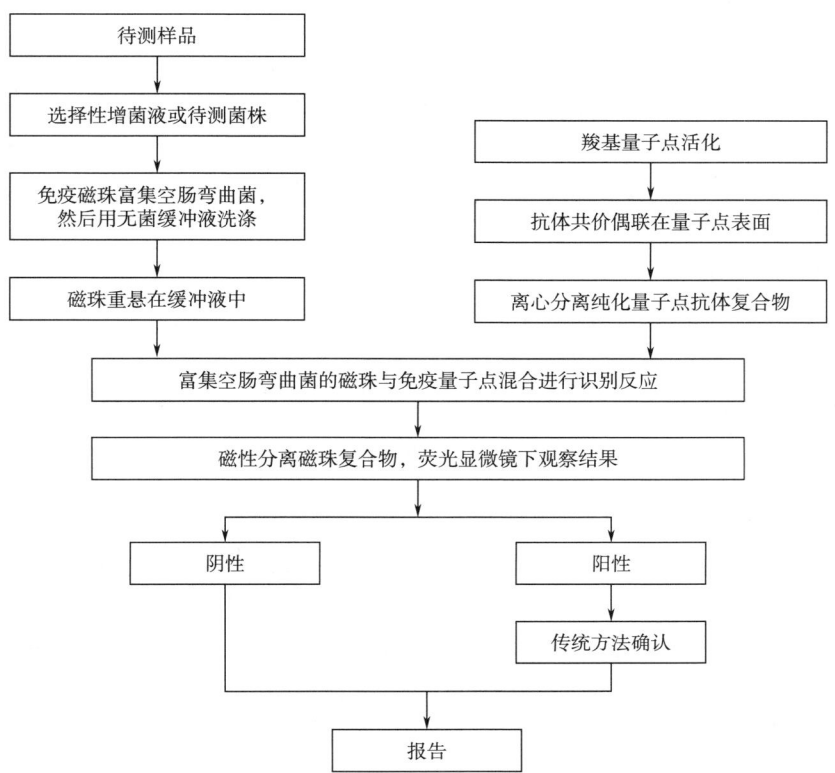

图9-1　食品中空肠弯曲菌量子点免疫荧光法检验程序

（四）操作步骤

1. 样品制备、增菌培养

按照GB 4789.9—2014《食品安全国家标准　食品微生物学检验　空肠弯曲菌检验》方法进行样品制备和增菌。

2. 免疫磁珠富集

（1）免疫磁珠富集条件　免疫磁珠富集应该在增菌6h后进行，必要时也可以继续培养12～18h后再分离一次。

（2）磁珠富集病菌的操作步骤　操作过程要在无菌环境下进行，避免任何外部的污染和产生气溶胶。对于增菌培养后获得的增菌液如下处理。

①直接取该增菌液1mL加到1.5mL无菌离心管中。

②分别取20μL单抗包被的免疫磁珠，1mL增菌液上清液，在1.5mL无菌离心管中混合。

③在旋转混合器上混合上述混合液，室温下，以 12~20r/min 的速度混合 30min，进行磁性免疫识别反应。

(3) 分离磁珠的操作步骤

①将上述磁珠富集得到的磁珠悬浮液放在磁架上，轻轻晃动磁架，使免疫磁珠聚集到磁极。

②小心打开离心管盖子，然后用移液器慢慢吸取清液，注意避免带走聚集在磁极上的免疫磁珠。

③向离心管内加入 1mL 灭菌的洗涤液，将离心管在涡旋混合仪上涡旋混合 30s，使磁珠均匀分散在洗涤液中，再在旋转混合器上以 12~20r/min 的速度混合 10min。

④将洗涤后的磁珠悬浮液放在磁架上，轻轻晃动磁架，使免疫磁珠聚集到磁极上，然后小心打开离心管盖子，用移液器慢慢吸取上清液，注意避免带走聚集在磁极上的免疫磁珠。

⑤重复上述③④步骤两次。

⑥将洗涤后的免疫磁珠分散在 100μL 灭菌的洗涤液中，重悬磁珠-细菌复合物。

3. 量子点标记抗体

(1) 量子点的选择要求　使用的量子点可以是商业产品，或者自己合成，表面具有羧基官能团，荧光发射峰在 600nm 左右。

(2) 活化羧基量子点的具体操作步骤

①将 10μL 浓度为 5μmol/L 的量子点溶液，分散在 100μL 的 MES 缓冲液中，分别加入 1μL 10mmol/L 的 EDC 和 1μL 10mmol/L 的 Sulfo-NHS 水溶液，然后 30℃ 摇床上，200r/min 晃动反应 30min。

②将反应后的量子点溶液用 PBS 缓冲液稀释至 500μL，然后用截留相对分子质量 100000 的超滤离心管，2000r/min 离心超滤 10min。

③超滤浓缩后的溶液中，再加入 500μL/PBS 缓冲液，超声 1min 分散量子点溶液，然后重复②步骤，将量子点溶液浓缩在 100μL。

(3) 量子点抗体偶联的具体操作步骤

①空肠弯曲菌多克隆抗体 100μL 1mg/mL，用截留相对分子质量 14000 的透析袋在 PBS 缓冲液中，4℃ 透析 24h。

②将透析后的抗体溶液加入上述活化羧基量子点步骤中得到的活化后的量子点溶液中，然后 30℃ 摇床上，200r/min 晃动反应 1h。

③向反应体系中加入 10μL 质量分数为 1% 的 $PEG-NH_2$ 水溶液，继续在 30℃ 摇床上，200r/min 晃动反应 1h。

(4) 分离纯化量子点-抗体复合物的具体操作步骤

①将量子点抗体偶联步骤得到的混合物，在 1.5mL 的灭菌离心管中，4℃ 下 20000r/min 离心 20min，离心机停止后，用移液器小心吸取上清液，得到量子点-抗体复合物沉淀。

②在量子点-抗体复合物沉淀中，加入 1mL 的 PBST 洗涤液，然后超声分散 1min，量子点均匀分散。

③4℃ 下 20000r/min 离心 20min，离心机停止后，用移液器小心吸取上清液，得到量子点-抗体复合物沉淀。

④重复上述离心洗涤②③步骤两次。
⑤将量子点-抗体复合物分散在100μL PBST 洗涤液中。

4. 免疫荧光杂交的具体操作步骤

①将获得的富集了空肠弯曲菌的免疫磁珠100μL 和获得的量子点-抗体复合物10μL 溶液混合，室温无菌条件下，在旋转混合器上混合上述混合液，以12~20r/min 的速度混合反应1h。

②将磁珠悬浮液放在磁架上，轻轻晃动磁架，使免疫磁珠复合物聚集到磁极。小心打开离心管盖子，然后用移液器慢慢吸取清液，注意避免带走聚集在磁极上的免疫磁珠复合物。

③向离心管内加入200μL 灭菌的洗涤液，将离心管在涡旋混合仪上涡旋混合30s，使磁珠均匀分散在洗涤液中，再在旋转混合器上以12~20r/min 的速度混合10min。

④将洗涤后的磁珠悬浮液放在磁架上，轻轻晃动磁架，使免疫磁珠复合物聚集到磁极上，然后小心打开离心管盖子，用移液器慢慢吸取上清液，注意避免带走聚集在磁极上的免疫磁珠复合物。

⑤重复上述③④步骤两次。

⑥将洗涤后的免疫磁珠复合物分散在100μL 灭菌的洗涤液中，重悬磁珠。

5. 质量控制

每次反应应设置阴性对照、空白对照和阳性对照各一个。

①空白对照：使用水替代增菌液。

②阴性对照：使用大肠埃希氏菌等非空肠弯曲菌替代增菌液。

③阳性对照制备：将空肠弯曲菌标准菌株接种于营养肉汤中42℃培养过夜，用无菌生理盐水稀释至约麦氏浊度0.4。

6. 结果观察

将免疫荧光杂交步骤获得的免疫杂交后的磁珠复合物涡旋分散均匀，取10μL 加在洁净的载玻片上，盖上盖玻片，封片。在荧光显微镜下观察磁珠复合物，首先在明场下调焦，清楚观察到磁珠，然后暗场下，在紫外光激发下观察磁珠复合物，观察视野2~3个，滤光片选择600nm 左右。

7. 结果判定

在空白对照和阴性对照荧光显微镜下观察磁珠复合物表面无荧光，阳性对照荧光显微镜下观察磁珠复合物表面有红色荧光。

①待检样品反应后磁珠表面有红色荧光，该样品结果为空肠弯曲菌初筛阳性，并将免疫杂交后的磁珠复合物直接划平板，用生化方法进行确认后报告结果。

②待检样品反应后磁珠复合物表面红色无荧光，则可报告空肠弯曲菌检验结果为阴性。

③若与上述条件不符，则本次检测结果无效，应更换试剂按本方法重新检测。

四、禽流感病毒的免疫检测——胶体金免疫层析法

免疫层析技术是一种建立在层析技术和免疫反应基础上的快速分析检测技术。它的原理是样品在毛细管作用下沿着固体基质流动，遇到颜色标记物（如用胶体金标记的抗体或抗原）发生混合并穿过基质，当经过用抗体或抗原预处理过的线条或区域时，若样品中存在目标微生物，颜色标记物可在测试线区域结合，产生颜色。它主要依赖于抗原-抗体的特异性

识别作用,具有操作简单、方便快捷和可现场分析的优点。胶体金(也称为纳米金)具有优异的光学特性和生物相容性,粒径<50nm 的球形胶体金溶液通常显示出红色,是免疫层析技术最常使用的颜色标记物。

免疫层析试纸条通常由样品垫、结合垫、层析膜(NC 膜)、吸水滤纸(吸水垫)和底板(PVC 板)五部分构成(图 9-2)。禽流感病毒免疫层析(胶体金)检测方法适用于检测禽排泄物、组织、鸡胚尿囊液及细胞培养物中的禽流感病毒。

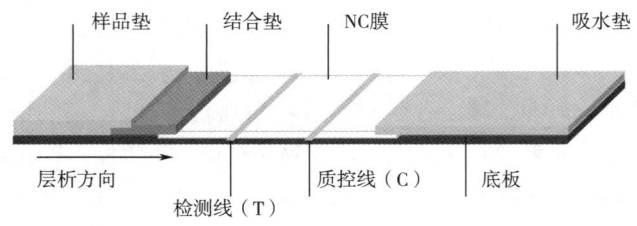

图 9-2　免疫层析试纸条结构图

(一)材料设备

(1)检测卡　禽流感病毒检测试纸条装在塑料卡中制成检测卡,铝箔密封,内装干燥剂,室温或冷藏保存。检测卡结构及测试部位如图 9-3 所示。

(2)样品处理液　Tris Base 24.2g、Triton-x 100 10mL,加注射用水至 1000mL,调 pH 至 9.0,过滤除菌,无菌分装,1mL/管。

(3)其他　高速冷冻离心机、棉拭子、塑料吸管。

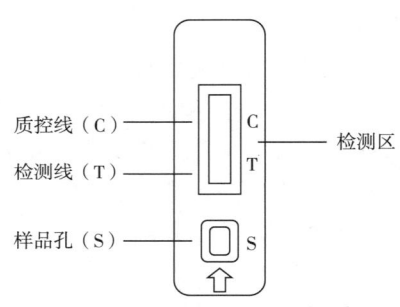

图 9-3　检测卡结构及测试部位

(二)检测样品处理

(1)泄殖腔拭子检测样品的处理　将收集的泄殖腔棉拭子插入含有处理液的样品管中,充分混合,使其充分洗脱,以 2~8℃,12000r/min 离心 10min,取上清液待检。

(2)组织检测样品的处理　称取组织块 0.5g,置于匀浆器中,加生理盐水 1mL,研磨完全后取出组织浸出液,然后置 2~8℃,12000r/min 离心 10min,取上清液待检。

(3)鸡胚尿囊液样品的处理　尿囊液样品以 2~8℃,12000r/min 离心 2min,取上清液待检。

(4)细胞培养样品的处理　细胞培养液可直接用于检测或者冻融一次后检测。

(三)检测方法

取适量的检测样品(80~120μL,滴管 3~4 滴),缓慢滴加到样品孔中,当看到红色液体在试纸条上移动时,放慢加样速度。整个加样过程控制在 1min 内完成。加样完成后将试纸条平放在桌面上,5~30min 内观察结果。

（四）判定标准

阳性结果：在试纸条上出现两条红色的条带；阴性结果：在试纸条上仅在质控线处出现一条红色的条带；无效结果：在质控线处不出现红色的条带（图9-4）。

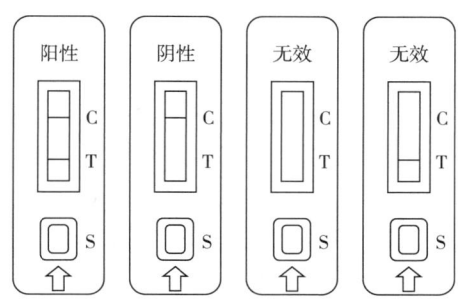

图9-4　结果判定标准

（五）废弃物处理

检测过程中的废弃物，应收集后高压灭菌处理。高压灭菌后送到指定的医疗垃圾处理站销毁。

第三节　其他新型检测技术

一、快速试纸片法——菌落总数、大肠菌群、霉菌和酵母

快速试纸片法是微生物检测的一种新兴检测方法。本质上，快速试纸片就是预先制备好的功能等同于传统培养基的一次性培养基制品。快速试纸片含有微生物生长所需的营养物质及相应显色剂，其常用培养基载体为滤纸和可溶性冷水凝胶，无需传统平板计数法中的培养基、试剂及玻璃器皿等烦琐的材料及准备工作。

食品微生物检测中所使用的菌落总数快速试纸片，一般使用2,3,5-氯化三苯基四氮唑（TTC）作为显色剂，TTC的氧化还原性使得其与微生物细胞中的脱氢酶反应生成红色的三苯甲酯，从而根据红色菌落数量统计细菌总数。科研人员采用菌落总数快速试纸片对上百份食品样品进行菌落计数，同时以国标法进行比较，发现快速试纸片法和国标法得到的细菌菌落总数呈现良好的相关性（$P<0.05$）且无显著性差异（$P>0.05$），表明快速试纸片检测具有较高的准确性和可靠性。目前，菌落总数快速试纸片已通过国际组织美国分析化学家协会（Association of Official Analytical Chemists，AOAC）的认可。在我国，2022年2月30日发布的GB 4789.2—2022《食品安全国家标准　食品微生物学检验　菌落总数测定》在原有传统培养基法的基础上，添加了菌落总数测试片法，要求测试片的主要营养成分与平板技术琼脂培养基配方一致，且需按照测试片所提供的相关技术规程进行操作。

除了菌落总数，大肠菌群作为食品受粪便污染的指示菌，也是常规的食品微生物学检验

项目之一。德国科学家 Forg 首次发明了大肠菌群快速试纸片法，美国 3M 公司在此基础上进行了改良，选择可溶性冷水凝胶作为试纸片载体，利用大肠菌群分解乳糖后产酸的特性，加入改良后的结晶紫中性红胆盐（VRB）培养基和葡萄糖苷酸酶指示剂，大肠菌落呈现的颜色为蓝色或深蓝色。科研人员分别利用大肠菌群快速试纸片法和国标法的结晶紫中性红胆盐琼脂（VRBA）法对大肠埃希氏菌、弗氏柠檬酸杆菌、产气肠杆菌和肺炎克雷伯氏菌进行了菌落检测，发现测试片的检测结果较 VRBA 无显著差异（$P>0.05$），并建议作为日常检验的辅助手段。

霉菌和酵母是评价食品卫生质量的指示菌。霉菌和酵母快速试纸片含有氯四环素、氯霉素等抗生素物质以抑制杂菌生长，并含有能和霉菌、酵母发生特异性显色反应的指示剂（如 5-溴-4-氯-3-吲哚基-磷酸盐），从而通过菌落生长特征和颜色变化来判定霉菌和酵母的种类和数量。科研人员使用霉菌和酵母快速试纸片和国标法同时对某功能维生素饮料样品进行霉菌计数和酵母计数检测，发现检测结果无显著差异（$P>0.05$）。与传统方法相比，其培养时间由 5d 缩短为 48h，适合大批量食品样品中霉菌和酵母的快速检测。目前，霉菌和酵母快速试纸片已通过国际组织 AOAC 的认可。

快速试纸片的操作十分简便，只需将准备好的适量稀释样品加在快速试纸片底层薄膜的中心，并覆盖顶层薄膜，根据微生物特性在相应温度下培养一定时间后即可进行计数。目前，快速试纸片因其检测结果准确度高、检测过程简便的优点已广泛应用在食品微生物检测行业。但是检测人员需要具备一定的操作经验和专业知识，包括对试纸片上不同颜色变化的清晰认识和试纸片检测结果的准确解读等，以确保测试结果的准确性和可靠性。

二、流式细胞术——乳酸菌快速检测

（一）流式细胞术

随着分析检测的发展，相比较传统的平板计数法，一些快速检测方法如流式细胞术法（flow cytometry，FCM）在乳酸菌检测中的应用也越来越广泛。2015 年，国际标准化组织（International Organization for Standardization，ISO）颁布了用流式细胞术测定发酵产品中乳酸菌数量的方法标准，我国出入境机构也于 2022 年颁布了流式细胞术检测发酵产品中乳酸菌的方法，即《乳及乳制品发酵剂、发酵产品中乳酸菌计数流式细胞仪法》。

FCM 的工作原理是待测液颗粒依次通过流式细胞仪检测区，被荧光染色标记的细胞在激光照射下激发光信号，光信号经光电倍增管（PMT）转变为电子信号时，以电子波的形式被计算机系统接收，从而可以定量分析出细胞中 DNA、RNA 或者蛋白质的含量以及细胞数量。FCM 在微生物学领域还可广泛应用于菌体计数、微生物活性检测、食源性致病菌识别等。

（二）FCM 定量检测乳酸菌

制备 1∶10 的样品匀液，并以 10 倍梯度逐渐稀释至 1∶10000，在其中加入缓冲液、荧光底物，反应 30min，超声波干扰离子后取 100~200μL 加入流式管中，上机检测。流式细胞仪可以检测 500~20000 个/100μL 的微粒，因此，在此过程中要注意选择合适的稀释梯度。

荧光染料对 FCM 检测结果有一定影响，因此在实验时需要选择合适的荧光染料。膜完整性通常被用作确定细胞活力的指标，染料根据穿透完整细胞膜的能力，一般可分为细胞膜渗透性和细胞膜非渗透性两大类,渗透性染料可用于与细胞核酸的结合。常用的渗透性染料有5(6)-羧基二乙酸荧光素琥珀酰亚胺酯(CFDA)、异硫氰酸酯(FITC),与其他染料不同的是,它们所结合的部位是细胞内的蛋白质。常用的非渗透性染料有碘化丙啶(PI),常用于检测死细胞的数量。

FCM检测具有高通量、高灵敏度、高精确度的特征,但是易受背景噪声、荧光染料和样品浓度的影响,且无法对菌株进行特异性识别。因此,关于FCM检测乳酸菌的研究还需要进一步研究完善,如通过流式细胞术联合PMA和信号增强荧光原位杂交技术实现了对婴儿配方乳粉中活的乳酸菌细胞进行快速特异性定量。

三、表面增强拉曼光谱

(一)表面增强拉曼光谱概述

拉曼散射是一种由非弹性碰撞引起的散射。当光通过介质时,激发光的光子与散射中心的分子相互作用,分子将能量转移给散射的光子,光子的散射方向和频率都发生变化,初始光子和最终光子之间的能量差提供了散射分子的振动指纹。拉曼光谱通过分子振动频率的变化可以判断出分子含有的官能团,所以,拉曼光谱通常用于表征分子的结构特征,也称为"分子指纹图谱"。但是,由于普通拉曼散射强度较低,只能在固体样品或高浓度溶液中检测,难以进行微量化学分析。

1974年,Fleischmann等为了使银电极表面能够吸附更多的吡啶分子,对银电极进行多次氧化-还原处理,在进行常规拉曼表征时,发现吡啶分子拉曼信号的强度显著增强。但当时他们只是将信号的增强归因于粗糙银电极表面上吡啶分子吸附量的增加。Van Duyne通过数学计算发现:在相同条件下,与溶液中吡啶分子相比,吸附在粗糙银电极表面的吡啶分子的拉曼信号增加了约六个数量级。他们借助扫描电镜观察到电化学粗糙化处理后的银电极表面积也只增加10%~20%,不足以使拉曼信号极大程度增加。他们认为粗糙化激发了电极表面本身存在的某种物理增强效应。他们将粗糙金属(如Au或Ag)结构表面的内在物理增强效应称为表面增强拉曼散射(surface-enhanced raman spectroscopy,SERS)。随后,Moskovits等通过研究提出不同理论,他们认为,这种增强效应是由于被吸附物覆盖的粗糙金属表面中的传导电子被激发,产生共振。随着人们对纳米技术的研究,各种各样的粗糙基底推动了SERS在分析检测领域的发展。人们发现,SERS技术可以提供单分子指纹光谱信息,其灵敏度比普通拉曼技术高几个数量级,可用于检测超低浓度的物质。目前,被普遍接受的SERS的增强机制主要有两方面:物理增强和化学增强。SERS独特的性质为环境监测、食品安全、生物技术和表面科学的发展铺平了道路。

(二) SERS技术的优点

SERS技术的独特优势使其在超高灵敏检测领域占有重要地位,它主要具有以下几个优点。

(1) SERS具有超高的灵敏度,可以实现单分子检测,有望成为痕量检测的定量工具。

(2) SERS光谱可以提供分子的振动信息,可以探测物质的指纹信息,通过这些指纹可以对一些未知物进行定性。

（3）相比于其他光谱，SERS光谱的峰宽较窄，能够有效减小峰重叠的概率，达到多组分同时检测的目的。

（4）所需样品用量少，不会对检测样品产生污染和破坏，可以实现无损检测。

（5）检测过程快速，且无需烦琐的样品前处理过程，激光照射样品一般控制在数秒之内。

（6）水对拉曼吸收和散射都很弱，可以利用SERS对水环境中的物质进行原位检测。

（7）拉曼仪器便携，易于现场操作。手持式拉曼仪体积小、便携、可充电，有利于食品监管部门进行户外现场快速检测。检测操作简单、无需专业培训，容易在基层食品安全机构推广。

（三）SERS技术在食品微生物检验中的应用

食源性病原体通过污染水或食物导致人类疾病。目前，食品引起的疾病被认为是最重要的公共卫生问题。因此，加强食品中致病菌的检测对确保食品安全具有重要意义。鉴定微生物病原体的常规方法主要有生化鉴定和特定的微生物学诊断，这些方法成本较高且耗时。研究人员开发了一种基于SERS的生物传感器，可同时检测鼠伤寒沙门氏菌和金黄色葡萄球菌。适体和拉曼信号分子修饰的金纳米颗粒作为信号探针，将随后形成的Fe_3O_4/Au磁性纳米颗粒作为捕获探针。当靶细菌通过适体的结合作用被捕获探针捕获时，信号探针会形成夹心状结构。使用该生物传感器检测鼠伤寒沙门氏菌和金黄色葡萄球菌的检出限分别为15CFU/mL和35CFU/mL。由于食物中同时存在多种细菌，并且细菌的化学成分相似，因此，开发一种能够同时识别不同病原体的检测技术尤为重要。研究人员评估了制备的SERS生物传感器同时对三种致病细菌定性的潜力，发现万古霉素修饰的$Fe_3O_4@Ag$磁性纳米颗粒与等离激元$Au@Ag$纳米颗粒相结合可实现高度灵敏的检测。他们将万古霉素修饰的$Fe_3O_4@Ag$磁性纳米颗粒作为细菌捕获工具和SERS信号放大平台，通过磁性富集在细菌表面产生大量"热点"。该方法对革兰氏阳性细菌大肠埃希氏菌、革兰氏阳性细菌金黄色葡萄球菌和耐甲氧西林金黄色葡萄球菌的检出限达到$5×10^2$细胞/mL。

微生物常规检测方法通常耗时、成本较高并且需要烦琐的样品预处理，仪器昂贵不便携，难以实现现场快速检测和大规模样品筛选。因此，未来的实验室检测会朝着超高灵敏度、无损、快速现场的特点和便携式设备的方向发展。SERS技术有望发挥重要的应用价值。

四、生物传感器检测技术

（一）生物传感器的定义与特点

所谓传感器，是一种将人类无法直接感知的、按照一定规律转换为人类可以感知信号的检测装置。传感器的主要元件包括感应元件和报告元件，其中最核心的是识别元件，即完成信号转换的元件，决定着传感器的灵敏度、特异性等一系列关键性能。如果利用生物材料作为识别元件，则这种传感器就可以被称为生物传感器。常见的生物传感器感应元件一般是酶、抗体、核酸、细胞、转录因子等，因此按感应元件类型不同，可以将生物传感器分为酶生物传感器、免疫生物传感器、功能核酸生物传感器、全细胞生物传感器、无细胞生物传感器等。生物传感器的报告元件可以把信号以光学、电化学等形式进行输出，因此按输出信号可以分为光学生物传感器、电化学生物传感器等。

传感器作为一种新型的检验技术，与传统检验方法相比有以下特点。

（1）操作方便简单。分子识别元件由选择性好的生物材料组成，准确性强，误差较小，且通常无需对样品进行预处理，容易实现自动分析。便于携带，有利于实时监测和现场检测。

（2）选择性强，灵敏度高，只对特定物质起反应。不易受颜色、浊度等因素的影响，抗干扰能力强。

（3）成本相对较低，样品用量小，响应速度快。部分生物传感器可多次重复使用，易于推广。

目前生物传感器仍存在一些缺陷，如测量精密度低，稳定性尚有不足，生物分子的活性易受诸多因素影响等。

（二）生物传感器的主要类型

1. 酶生物传感器

酶是由活细胞产生的具有催化功能活性的特殊蛋白质，是一种高效的生物催化剂，能够在温和的条件下催化各种反应，具有优异的催化活性和选择性，在生物体内各种生理活动中发挥着重要的作用。酶参与了生物体内所有的生命活动和生命过程，可以说没有酶生命就不能进行下去。

目前关于酶生物传感器的研究主要集中在农药检测领域，在微生物检测方面报道较少。在过去20年中，关于农药生物传感器的报道中有40%~50%是基于酶抑制原理制备的生物传感器。测定原理是乙酰胆碱酯酶（AChE）可以催化乙酰硫代胆碱水解，酶促反应的产物是硫代胆碱和乙酸，硫代胆碱具有电化学活性，在电极上形成不可逆的氧化峰电流。有机磷农药可以不可逆地抑制 AChE 的活性，减少硫代胆碱的氧化，硫代胆碱的氧化峰电流与有机磷农药的浓度成反比，通过测定硫代胆碱被抑制前后氧化峰电流的大小，即可测定出有机磷农药的浓度。如何将 AChE 有效固定在电极表面，并保持其原始的催化活性是研究者们设计新型高灵敏度 AChE 生物传感器的关键环节。

2. 免疫生物传感器

免疫生物传感器已在本章第二节进行了介绍。

3. 功能核酸传感器

功能核酸是一类具有特殊结构、执行特定生物功能的核酸分子及核酸类似物的统称，包括核酸适配体、核酶、核糖开关、发光核酸、四链体核酸、三螺旋核酸、功能核酸组装、功能核酸复合材料、核酸药物、核酸补充剂。其中用于微生物快速检测的生物传感器识别元件以适配体为主。

适配体作为"化学抗体"，其分子质量为 5~25kDa，与抗体等检测元件相比，适配体具有以下四个显著的特点：①筛选周期短。筛选适配体不需要进行动物实验，在体外即可获得目标序列。整个周期在 1~2 个月。而 Non-SELEX 技术筛选周期更短，可将筛选周期控制在 1d 左右。②高亲和性和高特异性。适配体解离常数可达 nmol 甚至 pmol 水平，与靶标的结合能力极强。同时，适配体通常会选择某个特异性组分作为筛选靶标，从根本上保证了筛选出的适配体具有特异性。③适用范围广。由于筛选适配体的文库容量极大，因此几乎所有的靶标都能从文库中找到能与其特异性结合的适配体序列。④对检测环境要求低。作为核酸类物质，适配体能耐高温、耐酸碱性，并且易于储存。与常规检测方法相比，适配体在使用时对检测环境要求低。再者，适配体具有标记稳定性，可在序列末端标记巯基、生物素等基团，因而广泛用于各类生物传感器的搭建。

4. 全细胞生物传感器

全细胞生物传感器属于生物传感器的一种，与其他类型的生物传感器相比，全细胞生物传感器的区别性特征在于其信号传递过程是由基因表达调控实现的。微生物细胞和动植物细胞都可以用于全细胞生物传感器的细胞类型，由于微生物细胞易于培养，繁殖迅速，代谢相对简单，因此现阶段微生物全细胞传感器（简称微生物传感器）是主要的细胞传感器类型。

全细胞生物传感器主要由底盘细胞、载体骨架和基因回路组成，其中基因回路主要由信号识别元件、信号转换元件和信号报告元件组成。

（1）底盘细胞（chassis cell） 用于构建微生物传感器的原始微生物细胞称为底盘细胞，其基因组称为底盘基因组。底盘细胞为微生物传感器提供遗传和代谢的背景框架，也提供空间、物质和能量的支持，是微生物传感器功能实现的基础保障。

（2）载体骨架（vector backbone） 微生物传感器构建过程中，用于搭载基因回路进入底盘细胞的工具质粒称为载体骨架。合成生物学微生物传感器一般不将外源基因整合到基因组上，而是直接以载体的形式在微生物细胞内进行复制、转录和翻译表达。因此，载体骨架的拷贝数决定了这些外源基因在细胞内的拷贝数，这对于微生物传感器的检测性能有重要影响。

（3）基因回路（gene circuit） 微生物传感器中所转入的外源基因及它们的逻辑方式称为基因回路。基因回路中的元件包括各种信号识别元件、信号转换元件和信号报告元件的基因（及其表达产物），信号识别元件和信号转换元件通常都具有基因表达调控能力，因此它们可以和信号报告元件一起构成复杂的表达调控网络。基因回路的"电路线"正是这些元件之间表达调控关系。

①信号识别元件：微生物传感器中可以感应待测量变化的元件，通常为蛋白质或者功能核酸，在传感器细胞中维持一定的浓度水平，使传感器能够一直保持待测状态。

②信号转换元件：微生物传感器中可以接收信号识别元件传递的待测物浓度信息，并进行传递、整合、放大、计算、存储等信号加工过程的元件，通常为蛋白质或者功能核酸。信号转换元件受到信号识别元件的调控，并进而调控信号报告元件。

③信号报告元件：微生物传感器中可以产生能被人类或已有仪器识别的最终信号的元件。现阶段通常为蛋白质，也有少量为功能核酸，其表达量受到信号转换元件的调控。

信号识别元件、信号转换元件与信号报告元件均以基因的形式，借助于载体骨架进入微生物传感器细胞内。

全细胞生物传感器主要优势包括：①无需大型仪器，只需要简单的手持式信号探测仪或直接通过肉眼观察。②稳定性和环境适应性强，即使环境条件发生剧烈变化，微生物也可以维持细胞内代谢的相对稳定。稳定的胞内代谢为微生物传感器的感应元件、转换元件和报告元件提供了适宜的工作条件，使全细胞生物传感器对样品预处理的要求较低，甚至可以直接在原始环境样品，如土壤、污水、食物中进行检测。③生产成本低，由于微生物细胞具有自我繁殖的能力，只需将微生物传感器的原始菌株进行扩大培养，就可以获得大量的传感器细胞，培养基和培养箱的成本均较低。④整合性强，可供选择的基因元件多，赋予了全细胞生物传感器无限的可能。

（三）生物传感器在微生物检测中的应用案例

基于 DNA 适配体及 DNA 银纳米簇（DNA-AgNCs），在 ExoⅢ扩增辅助下，建立了一种新型发光核酸快速检测技术，用于检测鼠伤寒沙门氏菌。生物素化的适配体（biotin-Apt）通过链霉亲和素-生物素（SA-B）桥联系统固定到链霉亲和素修饰后的磁珠（SMBs）表面，与互补 DNA（cDNA）杂交形成分子开关。在靶标鼠伤寒沙门氏菌存在时，适配体与靶标菌结合诱导链置换，结合磁分离释放出 cDNA。加入发夹探针（HP），HP 含有一个富含胞嘧啶的寡核苷酸环（C-rich loop），可沉积 Ag^+，在还原剂存在下形成 DNA-AgNCs。释放后的 cDNA 与 HP 杂交结合，启动 ExoⅢ的循环消化，将富含胞嘧啶的 HP 发夹环转变为线性 DNA，导致 DNA-AgNCs 无法合成，荧光降低。基于 DNA-AgNCs 的荧光变化，该方法对牛奶样品中鼠伤寒沙门氏菌检测限达到 6.6×10^2 CFU/mL，且具有良好的线性范围，表明该方法在复杂食品样品中具有很好的实用性。

五、基因芯片

基因芯片（gene chip，GC）又称 DNA 微阵列（DNA microarray）、DNA 芯片，是一种高通量、高灵敏度、高特异性的 DNA 检测技术，广泛应用于农作物的优育优选、药物筛选、疾病诊断和治疗、环境检测等领域，也在食品卫生监督中发挥了很大的作用，包括转基因食品鉴定、食品微生物快速检测等。

基因芯片的原理是利用固相原位合成等微加工技术将 DNA 探针（即已知序列的 DNA 片段）固定在玻璃、硅片、塑料等载体上，形成精致紧密的 DNA 分子点阵，将待测样品中的 DNA 进行标记，并按照碱基互补配对原则与探针进行杂交，通过放射自显影等技术进行信号检测，从而确定待测样品中的 DNA 序列。基于以上原理，利用基因芯片可以快速检测并同时分析多个微生物基因序列，有效解决了传统核酸检测技术步骤繁杂、操作序列数量少、自动化程度低、检测效率低等问题。

国内外有不少食品生产企业和检测机构利用基因芯片技术进行微生物快速、高通量检测，美国食品与药物管理局（FDA）和欧洲食品安全局（EFSA）也都推荐使用基因芯片技术进行食品微生物检测。根据实际检测需求，目前已研发出针对不同种类食品的致病菌快检基因芯片。例如，从鲜切果蔬中比较容易出现的副溶血性弧菌、金黄色葡萄球菌、单核细胞增生李斯特菌、大肠埃希氏菌 O157∶H7 和鼠伤寒沙门氏菌等致病菌中筛选出杂交特异性探针，并将这些特异性探针序列固定在微流控芯片上，可实现针对鲜切哈密瓜、莴苣等鲜切果蔬中上述 5 类食源性致病菌的检测。中国科学院生物物理研究所研发了一种基于基因芯片技术的肉类微生物检测方法，可以同时检测肉类中 10 种致病菌。利用真菌靶向 rRNA 基因的内部转录间隔区（ITS），DNA 微阵列还可用来识别致病酵母和霉菌，例如，通过靶向真菌 rRNA 基因 18S、5.8S 和 ITS 的序列，将多重 PCR 与连续 DNA 微阵列杂交相结合，可同时检测 14 种真菌病原体，包括曲霉菌、念珠菌和镰刀菌等。类似地，基因芯片也可用来检测病毒，利用微阵列方法通过逆转录从新冠肺炎病毒 RNA 中产生 cDNA，并用特定的探针进行标记，从而实现对新冠肺炎病毒的快速检测。

尽管基因芯片在高通量、快速、多目标检测、高度特异性和灵敏性等方面有优势，但是由于检测的是 DNA 或 RNA 序列，无法区分微生物是活体还是死体。此外，设计、制备和操作基因芯片需要具备一定的实验技能和生物信息学知识。因此，我们在选择基因芯片检测技术时，需要综合考虑其优势和局限性，根据具体需求进行合理选择。

六、微生物自动化检测系统

（一）概述

微生物自动化检测系统是指通过自动化技术将细菌或真菌与底物进行特异性反应，然后将反应结果与已构建的数据库进行比对分析，从而快速得到鉴定结果。其中使用的具体特异性反应技术因系统和应用而异，常用的反应技术包括聚合酶链反应、核酸杂交、质谱技术、流式细胞术、荧光标记、图像识别和模型算法等。事实上，早在20世纪60年代，微生物自动化检测技术就开始被引入临床微生物实验室，然而在最初的20年内发展缓慢。随着科研人员对微生物学认识的深入以及工程技术的快速发展，微生物检测的仪器化与自动化也不断得到优化，目前集成的微生物自动化检测系统具有高通量、精确性好、响应时间短等特点，正在逐渐替代复杂而烦琐的传统微生物检测、鉴定方法。下面介绍一些已经成功实现商业化的微生物自动化检测系统。

（二）VITEK 全自动微生物检测系统

VITEK 全自动微生物检测系统是法国 Biome Mérieux 公司开发的一套广泛用于微生物鉴定和药物敏感性测试的自动化检测系统，具有高效、精准、自动化的特点，目前已被许多国家获准进入市场，并获 FDA 认可。

VITEK 系统的产品主要分为 VITEK 2 和 VITEK MS 两个系列（图 9-5）。其中，VITEK 2 系统是以细菌的微量生化反应为基础，结合光学测试来完成的：首先将分离的待检菌落制成符合一定浊度要求的菌悬液，经充填机将菌悬液注入试卡内，封口后放入读数器/恒温培养箱，根据试卡各生化反应孔中的生长代谢情况，由读数器按光学扫描原理，定时测定各生化介质中指示剂的显色或浊度反应，通过与数据库中的文件进行比较，形成鉴定报告。VITEK 2 系统配备有自动取样和自动分析模块，可以自动处理多个样本，因而检测效率高、支持高通量样本处理。VITEK MS 则是采用质谱技术进行微生物的快速识别：该系统配备了高分辨率的飞行时间质谱仪，通过将微生物样本进行质谱分析，自动生成独特的蛋白质质谱图谱，然后与数据库进行比对，实现对微生物快速、精准的鉴定。

图 9-5 VITEK 全自动微生物检测系统 VITEK 2（左）、 VITEK MS（右）

（三）MicroStation 微生物鉴定系统

MicroStation 是美国 Biolog 公司开发的一系列用于微生物鉴定的产品（图9-6）。由于微生物利用不同碳源会产生不同的代谢产物，该系统针对每一类微生物筛选 95 种不同碳源，配合四唑类显色物质（如 TTC、TV）固定于 96 孔板上（其中 A_1 孔作为阴性对照），接种菌悬液后培养一定时间，通过检测微生物细胞利用不同碳源进行生理代谢过程中产生的代谢产物与显色物质发生反应而导致的颜色变化（吸光度）以及微生物生长的浊度差异（浊度），生成特征指纹图谱，然后与标准菌株图谱数据库进行比对，即可得出最终鉴定结果。

Biolog 公司的数据库包含了 2650 多种微生物，包括好氧细菌、厌氧细菌、酵母和丝状真菌等，几乎涵盖了所有常见的人类、动物、植物病原菌以及食品和环境微生物。其中，建立了食品领域常见的微生物数据库，包括沙门氏菌（15 种）、李斯特菌（7 种）、大肠埃希氏菌（8 种，含阪崎肠杆菌和 E. coli O157∶H7）、葡萄球菌（41 种好氧，2 种厌氧）、弯曲菌、假单胞菌（57 种）、弧菌（23 种）、梭菌（60 种）、志贺氏菌（4 种）、耶尔森氏菌（11 种）、链球菌（61 种，含猪链球菌）等；

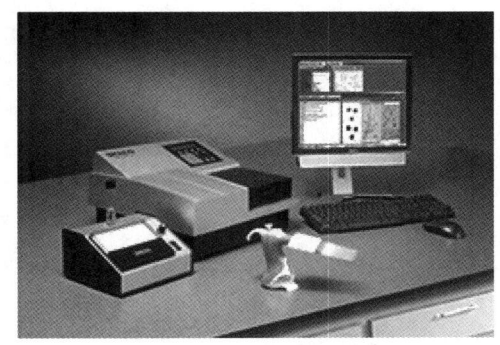

图 9-6　MicroStation 微生物鉴定系统

还包含了与发酵乳制品相关的 70 多种乳酸菌、30 多种双歧杆菌；与白酒行业相关的大量霉菌数据库及酵母数据库。

（四）MicroSEQ 微生物鉴定系统

MicroSEQ 微生物鉴定系统是由美国 Thermo Fisher Scientific 公司推出的一款基于 PCR 和 DNA 测序技术的自动化微生物检测系统。

该系统主要通过 16S rRNA 测序从而进行细菌的鉴定。16S rRNA 基因序列是细菌和古细菌特有的序列，具有足够的变异性，是细菌和古细菌"身份"的分子标记。MicroSEQ 微生物鉴定系统首先对 16S rRNA 进行 PCR 扩增，随后使用 Sanger 测序技术获取微生物的遗传信息，将获得的序列与数据库中已知的微生物序列进行比对，找到最佳匹配，从而完成微生物的鉴定。对于霉菌和酵母，该系统则通过分析核糖体大亚基中较大 rRNA 分子的扩展区域 D2（LSU-D2）和 ITS 区域，来实现分类和鉴定。目前，细菌序列数据库拥有 2000 多个条目，包括葡萄球菌、醋酸杆菌、大肠埃希氏菌、肉毒梭菌以及非发酵型革兰氏阴性菌等；真菌数据库涵盖了 1100 多个条目。随着微生物分类学和 DNA 测序技术的更新迭代，MicroSEQ 系统的用户需要定期检查和扩充数据库、更新相关软件，以保证鉴定的精准度。目前，MicroSEQ 系统在药物研发与生产中应用较多，在食品检测领域尚未大规模应用。

（五）BACTEC 微生物鉴定系统

BACTEC 系统是由美国 Becton, Dickinson and Company（BD）公司推出的一系列基于荧光

增强检测技术和液体培养系统的自动化微生物检测系统（图9-7）。

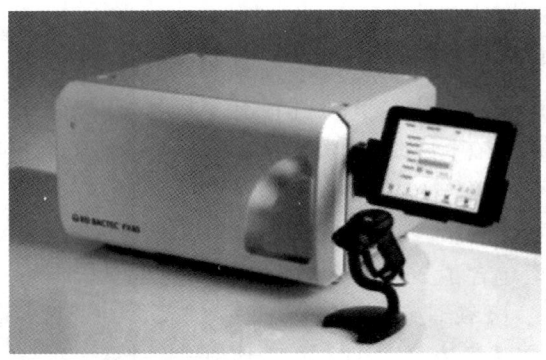

图9-7　BD BACTEC™ FX40

该系统以液体培养为基础培养微生物，自动化监测微生物生长过程中产生的CO_2所激发的特定波长荧光信号，经过运算比对，从而实现微生物的鉴定。该系统鉴定采用改良的荧光底物发色方法，检测快速、灵敏，无需添加试剂和补充试验，相比传统的比浊法鉴定极大程度地提高了微生物检测的效率和准确性。然而，目前该系统能检测的微生物种类相对较少，且尚未在食品检测领域得到大规模应用。

（六）Sherlock MIS 全自动微生物鉴定系统

Sherlock MIS 全自动微生物鉴定系统是由美国 MIDI 公司开发的一套基于微生物中特定短链脂肪酸（$C_9 \sim C_{20}$）的种类和含量进行微生物鉴定和分析的系统（图9-8）。该系统是目前唯一一款利用脂肪酸对微生物进行自动化鉴定的产品，已经获得美国疾病控制与预防中心（CDC）和美国食品与药物管理局（FDA）认证。

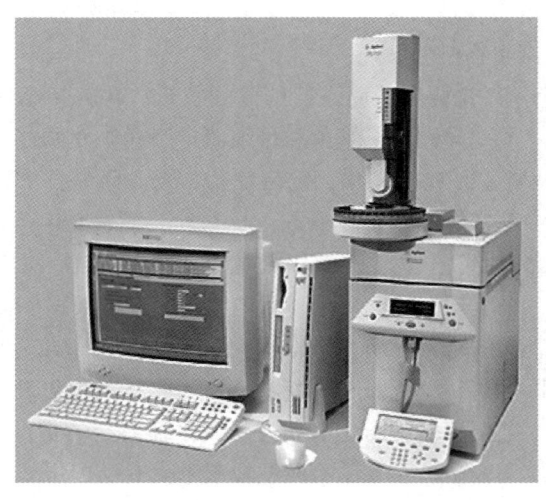

图9-8　Sherlock MIS 全自动微生物鉴定系统

该系统主要用来分析鉴定经过人工培养、纯化后的微生物，其基本原理是：将微生物在标准培养条件下产生的脂肪酸萃取后,通过气相色谱进行定性(定量)分析,再利用 Sherlock 软件在数据库中比对脂肪酸成分,从而实现微生物的鉴定。目前该系统建立了大量的微生物数据库,细分超过 10 万个株型,在食品质量控制、环境微生物生态研究、公共卫生、水质检测等领域得到了广泛应用。

现代食品微生物检测技术(上)

现代食品微生物检测技术(下)

思考题

1. 如何避免细菌分子生物学检测假阳性结果的产生?
2. 免疫学检测的基本原理是什么?相较于其他检测技术,免疫学方法有哪些优缺点?
3. 什么是拉曼光谱?表面增强拉曼光谱技术应用于食品微生物检测中有哪些优势?
4. 快速试纸片法的检测原理是什么?如何评价试纸片法的检测准确性?
5. 本章所列食品微生物检测新方法中,决定检测特异性的关键分子分别是什么?

附 录

附录一　染色液的配制

1. 结晶紫染色液（常用于革兰氏染色）

结晶紫 1.0g，95%乙醇 20mL，1%草酸铵水溶液 80.0mL。将结晶紫完全溶解于乙醇中，然后与草酸铵溶液混合，静置 48h 后使用。

2. 鲁氏碘液（Lugol 碘液）（常用于革兰氏染色）

碘 1.0g，碘化钾 2.0g，蒸馏水 300mL。将碘与碘化钾先进行混合，加入蒸馏水少许充分振摇，待完全溶解后，再加蒸馏水至 300mL。

3. 番红（沙黄）染液（常用于革兰氏染色等）

番红 0.25g，95%乙醇 10mL，蒸馏水 90mL。将番红溶解于乙醇中，然后用蒸馏水稀释。

4. 石炭酸复红染色液

A 液：碱性复红（basic fuchsin）0.4g，95%乙醇 10mL。B 液：石炭酸 5.0g，蒸馏水 100mL。将碱性复红在研钵中研磨后，逐渐加入 95%乙醇，继续研磨使其溶解，配成 A 液，可储存于密闭的棕色瓶中。将石炭酸溶解于蒸馏水中，配成 B 液。混合 A 液 10mL 及 B 液 90mL 即成，通常可将此混合液稀释 5~10 倍使用，稀释液易变质失效，一次不宜多配。

5. 芽孢染色液

5%孔雀绿（malachite green）溶液：孔雀绿 0.5g；蒸馏水 10mL。

0.5%番红溶液：番红 0.5g；蒸馏水 100mL。

6. 黑色素水溶液（用于荚膜的背景染色）

水溶性黑色素 5.0g（或 10.0g），蒸馏水 100mL，40%甲醛 0.5mL。将 5.0g 水溶性黑色素在 100mL 蒸馏水中煮沸 5min，然后加入 0.5mL 40%甲醛作为防腐剂，用玻璃棉过滤。

7. 墨汁染色液（用于荚膜的背景染色）

国产绘图墨汁 40.0mL，甘油 2.0mL，液体石炭酸 2.0mL。先将墨汁用多层纱布过滤，取 40mL 加 2mL 甘油混匀后，水浴加热，再加 2mL 石炭酸搅匀，冷却后备用。

8. 硝酸银鞭毛染色液

A 液：单宁酸 5.0g，$FeCl_3$ 1.5g，福尔马林（15%）2.0mL，NaOH（1%）1.0mL，蒸馏水 100mL。在冰箱内可保存 3~7d，延长保存期会产生沉淀，但用滤纸除去沉淀后，仍能使用。

B 液：$AgNO_3$ 2.0g，蒸馏水 100mL。将 2.0g $AgNO_3$ 溶解于 100mL 蒸馏水中，取出 10mL

备用。向其余的 90mL $AgNO_3$ 溶液中滴入浓氨水，使之成为浓厚的悬浮液，再继续滴加浓氨水，直到新形成的沉淀又重新刚刚溶解为止。再将备用的 10mL $AgNO_3$ 溶液慢慢滴入，则出现薄雾，但轻轻摇动后，薄雾状沉淀又消失，再滴入 $AgNO_3$ 溶液，直到摇动后仍呈现轻微而稳定的薄雾状沉淀为止。如薄雾重，说明银盐沉淀析出，不宜使用。通常在配制当天使用，次日效果欠佳，第 3 天则不能使用。

9. 0.1%亚甲蓝染色液

亚甲蓝 0.1g，溶解于 100mL 的 0.85%生理盐水中。

10. 乳酸石炭酸棉蓝染色液

石炭酸 10g，乳酸（相对密度 1.21）10mL，甘油 20mL，蒸馏水 10mL，棉蓝 0.02g。将石炭酸在蒸馏水中加热溶解，然后加入乳酸和甘油，最后加入棉蓝，使其溶解。

附录二　常见培养基和试剂配制方法

1. 营养琼脂（常用于培养细菌）

蛋白胨 10.0g，牛肉膏 3.0g，氯化钠 5.0g，琼脂 15.0~20.0g，蒸馏水 1000mL。将除琼脂以外的各成分溶解于蒸馏水内，加入 15%氢氧化钠溶液约 2mL，校正 pH 至 7.2~7.4。加入琼脂，加热煮沸，使琼脂溶化。分装烧瓶或 13mm×130mm 试管，121℃高压灭菌 15min。

2. 营养肉汤（常用于培养细菌）

蛋白胨 15.0g，牛肉膏 3.0g，氯化钠 5.0g，蒸馏水 1000mL，pH 7.2±0.2。将上述成分混合，溶解后校正 pH，121℃高压灭菌 15min。

3. 平板计数琼脂（plate count agar，PCA）（常用于细菌的培养和计数）

胰蛋白胨 5.0g，酵母浸膏 2.5g，葡萄糖 1.0g，琼脂 15.0g，蒸馏水 1000mL，pH 7.0±0.2。将上述成分加于蒸馏水中，煮沸溶解，调节 pH。分装试管或锥形瓶，121℃高压灭菌 15min。

4. 马铃薯葡萄糖琼脂（potato dextrose agar，PDA）（常用于培养酵母和霉菌）

马铃薯（去皮切块）300g，葡萄糖 20.0g，琼脂 20.0g，氯霉素 0.1g，蒸馏水 1000mL。将马铃薯去皮切块，加 1000mL 蒸馏水，煮沸 10~20min。用纱布过滤，补加蒸馏水至 1000mL。加入葡萄糖和琼脂，加热溶化，分装后，121℃灭菌 20min。倾注平板前，用少量乙醇溶解氯霉素加入培养基中。可用于食品中霉菌和酵母计数、分离。

5. 孟加拉红培养基（常用于霉菌和酵母的计数、分离和培养）

蛋白胨 5.0g，葡萄糖 10.0g，磷酸二氢钾 1.0g，无水硫酸镁 0.5g，琼脂 20.0g，孟加拉红 0.033g，氯霉素 0.1g，蒸馏水 1000mL。上述各成分加入蒸馏水中，加热溶化，补足蒸馏水至 1000mL，分装后，121℃灭菌 20min。倾注平板前，用少量乙醇溶解氯霉素加入培养基中。

6. 高氏 1 号琼脂培养基（又称淀粉琼脂培养基，常用于放线菌培养）

可溶性淀粉 20.0g，磷酸氢二钾 0.5g，七水硫酸镁 0.5g，硝酸钾 1.0g，氯化钠 0.5g，硫酸亚铁 0.01g，琼脂 20.0g，蒸馏水 1000mL，pH 7.6~7.8。配制时，先用少量蒸馏水将可溶性淀粉调成糊状，在沸水浴中煮溶，再加入其他成分，补足水量。灭菌后加入 250mg/L 重铬酸钾。

7. 察氏培养基（常用于霉菌培养）

硝酸钠 3.0g，磷酸氢二钾 1.0g，氯化钾 0.5g，硫酸镁 0.5g，硫酸亚铁 0.01g，蔗糖 20.0g，琼脂 15~20g，蒸馏水 1000mL。将上述成分加热溶解，分装后，121℃灭菌 15~20min。

8. 马丁氏（Martin）琼脂培养基（常用于分离真菌）

葡萄糖 10g，蛋白胨 5g，KH_2PO_4 1g，$MgSO_4 \cdot 7H_2O$ 0.5g，1/3000 孟加拉红（rose bengal，玫瑰红水溶液）100mL，琼脂 15~20g，蒸馏水 800mL。115℃灭菌 30min。临用前加入 0.03% 链霉素稀释液 100mL，使每毫升培养基中含链霉素 30μg。

9. 麦氏琼脂培养基（常用于真菌培养）

葡萄糖 1.0g，氯化钾 1.8g，酵母浸膏 2.5g，乙酸钠 8.2g，琼脂 15~20g，蒸馏水 1000mL。115℃灭菌 30min。

10. LB 培养基（常用于细菌的培养，多用于生化分子实验中）

胰蛋白胨 10.0g，酵母提取物 5.0g，氯化钠 10.0g，琼脂 15%~20%，水 1000mL，pH 7.0。121℃ 灭菌 20min。

11. 豆芽汁葡萄糖培养基（常用于酵母和霉菌培养）

黄豆芽 100g，琼脂 15g，葡萄糖 20g，水 1000mL。洗净黄豆芽，加水煮沸 30min。用纱布过滤，滤液中加入琼脂，加热溶解后放入糖，搅拌使之溶解，补足水到 1000mL，分装，灭菌，备用。

12. 葡萄糖-乙酸盐培养基（常用于真菌培养，特别可用于酿酒酵母子囊孢子形成）

葡萄糖 1g，酵母浸膏 2.5g，乙酸钠 8.2g，琼脂 15g，蒸馏水 1000mL，pH 4.8。115℃灭菌 20min。

13. 麦芽汁琼脂培养基（常用于酵母和霉菌培养）

①取大麦或小麦若干，用水洗净，浸水 6~12h，置 15℃阴暗处发芽，上盖纱布 1 块，每日早、中、晚淋水 1 次，麦根伸长至麦粒的 2 倍时，即停止发芽，摊开晒干或烘干，储存备用。

②将干麦芽磨碎，1 份麦芽加 4 份水，在 65℃ 水浴锅中糖化 3~4h，糖化程度可用碘滴定。

③将糖化液用 4~6 层纱布过滤，滤液如浑浊不清，可用鸡蛋清澄清，方法是将 1 个鸡蛋清加水约 20mL，调匀至生泡沫时为止，然后倒在糖化液中搅拌煮沸后再过滤。

④将滤液稀释到 5~6°Bé，pH 约 6.4，加入 2%琼脂即成。121℃灭菌 20min。

14. 月桂基硫酸盐胰蛋白胨（lauryl sulfate tryptose，LST）肉汤

胰蛋白胨或胰酪胨 20.0g，氯化钠 5.0g，乳糖 5.0g，磷酸氢二钾（K_2HPO_4）2.75g，磷酸二氢钾（KH_2PO_4）2.75g，月桂基硫酸钠 0.1g，蒸馏水 1000mL。将上述成分溶解于蒸馏水中，调节 pH 至 6.8±0.2。分装到有玻璃小倒管的试管中，每管 10mL，121℃高压灭菌 15min。

15. 煌绿乳糖胆盐（brilliant green lactose bile，BGLB）肉汤

蛋白胨 10.0g，乳糖 10.0g，牛胆粉（oxgall 或 oxbile）溶液 200mL，0.1%煌绿水溶液 13.3mL，蒸馏水 800mL。将蛋白胨、乳糖溶于约 500mL 蒸馏水中，加入牛胆粉溶液 200mL（将 20.0g 脱水牛胆粉溶于 200mL 蒸馏水中，调节 pH 至 7.0~7.5），用蒸馏水稀释到 975mL，调节 pH 至 7.2±0.1，再加入 0.1%煌绿水溶液 13.3mL，用蒸馏水补足到 1000mL，用棉花过滤后，分装到有玻璃小倒管的试管中，每管 10mL，121℃高压灭菌 15min。

16. 结晶紫中性红胆盐琼脂（violet red bile agar, VRBA）

蛋白胨 7.0g，酵母膏 3.0g，乳糖 10.0g，氯化钠 5.0g，胆盐或 3 号胆盐 1.5g，中性红 0.03g，结晶紫 0.002g，琼脂 15~18g，蒸馏水 1000mL。将上述成分溶解于蒸馏水中，静置几分钟，充分搅拌，调节 pH 至 7.4±0.1。煮沸 2min，将培养基融化并恒温至 45~50℃ 倾注平板。使用前临时制备，不得超过 3h。

17. 无菌磷酸盐缓冲液

磷酸二氢钾（KH_2PO_4）34.0g，蒸馏水 500mL。

①贮存液：称取 34.0g 的磷酸二氢钾溶于 500mL 蒸馏水中，用大约 175mL 的 1mol/L 氢氧化钠溶液调节 pH 至 7.2，用蒸馏水稀释至 1000mL 后贮存于冰箱。

②稀释液：取贮存液 1.25mL，用蒸馏水稀释至 1000mL，分装于适宜容器中，121℃ 高压灭菌 15min。

18. 无菌生理盐水

氯化钠（NaCl）8.5g，蒸馏水 1000mL。制法：称取 8.5g 氯化钠溶于 1000mL 蒸馏水中，121℃ 高压灭菌 15min。

19. 1mol/L 氢氧化钠（NaOH）

氢氧化钠 40.0g，蒸馏水 1000mL。称取 40g 氢氧化钠溶于 1000mL 无菌蒸馏水中。

20. 1mol/L 盐酸（HCl）

浓盐酸 90mL，蒸馏水 1000mL。移取浓盐酸 90mL，用无菌蒸馏水稀释至 1000mL。

附录三　食品中常见致病菌检验的培养基和试剂配制方法

一、食品中沙门氏菌的检验

培养基

1. 缓冲蛋白胨水（BPW）

蛋白胨 10.0g，氯化钠 5.0g，十二水磷酸氢二钠 9.0g，磷酸二氢钾 1.5g，蒸馏水 1000mL。将上述固体成分加入蒸馏水中搅拌均匀，静置约 10min 后煮沸溶解，最终调节 pH 至 7.2±0.2，121℃ 高压灭菌 15min。

2. 四硫磺酸钠煌绿（TTB）增菌液

①基础液：蛋白胨 10.0g，牛肉膏 5.0g，氯化钠 3.0g，碳酸钙 45.0g，蒸馏水 1000mL。除碳酸钙外其余成分加入蒸馏水中煮沸溶解，随后加入碳酸钙，并调节 pH 至 7.2±0.2，121℃ 高压灭菌 15min。

②硫代硫酸钠溶液：五水硫代硫酸钠 50.0g，蒸馏水 100mL。121℃ 高压灭菌 15min。

③碘溶液：碘片 20.0g，碘化钾 25.0g，蒸馏水 100mL。将碘化钾充分溶解后加入碘片，充分摇匀至碘片全部溶解，定容至 100mL 后贮存于棕色瓶内。

④0.5%煌绿水溶液：煌绿 5.0g，蒸馏水 100mL。煌绿溶解后存放于暗处 1d 以上，使其

自然灭菌。

⑤牛胆盐溶液：牛胆盐 10.0g，蒸馏水 100mL。牛胆盐加入蒸馏水中，加热煮沸至完全溶解，随后在 121℃ 下高压灭菌 15min。

⑥TTB 混合溶液：基础液 900mL，硫代硫酸钠 100mL，碘溶液 20mL，煌绿水溶液 2mL，牛胆盐溶液 50mL。按照顺序依次往基础液中加入硫代硫酸钠溶液、碘溶液、煌绿水溶液、牛胆盐溶液。或使用四硫磺酸钠煌绿合成培养基。

3. 氯化镁孔雀绿大豆胨（RVS）增菌液

大豆蛋白胨 4.5g，氯化钠 7.2g，磷酸二氢钾 1.26g，磷酸氢二钾 0.18g，氯化镁（含 6 个结晶水）28.6g，孔雀绿 0.036g，蒸馏水 1000mL。将各成分加入蒸馏水中，搅匀后加热溶解，必要时调节 pH，定量分装于试管中，115℃ 高压灭菌 15min。灭菌后的培养基在 25℃ 的 pH 为 5.2±0.2。

4. 亚硫酸铋（BS）琼脂

①基础液 A：蛋白胨 10.0g，牛肉膏 5.0g，葡萄糖 5.0g，蒸馏水 300mL。将上述固体成分溶解于蒸馏水中。

②溶液 B、C：硫酸亚铁 0.3g，磷酸氢二钠 4.0g。将硫酸亚铁和磷酸氢二钠分别加入 20mL 和 30mL 的蒸馏水中制成 B 液和 C 液。

③溶液 D、E：柠檬酸铋铵 2.0g，亚硫酸钠 6.0g。将柠檬酸铋铵和亚硫酸钠分别加入 20mL 和 30mL 的蒸馏水中制成 D 液和 E 液。

④琼脂液：琼脂 1.8~2.0g，蒸馏水 600mL。

⑤BS 琼脂：基础液 A 300mL，溶液 B~E 共 100mL，琼脂液 600mL。将 B、C 液混合后倒入基础液 A 中混匀，再将 D、E 液混合后倒入混合液中，调节 pH 至 7.5±0.2，将上述混合液倾入琼脂液中，冷却至 50~55℃ 后加入煌绿溶液，随后立即摇匀倾注平皿。或使用亚硫酸铋琼脂合成培养基。

5. HE 琼脂

①基础液：蛋白胨 12.0g，牛肉膏 3.0g，乳糖 12.0g，蔗糖 12.0g，水杨素 2.0g，胆盐 20.0g，氯化钠 5.0g，蒸馏水 400mL。

②甲液：硫代硫酸钠 34.0g，柠檬酸铁铵 4.0g，蒸馏水 100mL。

③乙液：去氧胆酸钠 10.0g，蒸馏水 100mL。将去氧胆酸钠溶解于蒸馏水中。

④Andrade 指示剂：酸性复红 0.5g，1mol/L 氢氧化钠溶液 16.0mL，蒸馏水 100mL。将前两种成分溶解于蒸馏水中。

⑤琼脂液：琼脂 1.8~2.0g，蒸馏水 600mL。

⑥HE 琼脂：基础液 400mL，甲液 100mL，乙液 100mL，Andrade 指示液 100mL，琼脂液 600mL。将甲液和乙液加入基础液中，调节 pH 至 7.5±0.2，再加入指示剂，并与煮沸溶解后的琼脂液合并，冷却至 50~55℃ 后倾注平皿。或使用 HE 琼脂合成培养基。

6. 木糖赖氨酸脱氧胆盐（XLD）琼脂

酵母膏 3.0g，L-赖氨酸 5.0g，木糖 3.75g，乳糖 7.5g，蔗糖 7.5g，去氧胆酸钠 2.5g，柠檬酸铁铵 0.8g，硫代硫酸钠 6.8g，氯化钠 5.0g，琼脂 15.0g，酚红 0.08g，蒸馏水 1000mL。将除了酚红与琼脂以外的上述成分加入 400mL 蒸馏水中煮沸溶解，调节溶液 pH 至 7.4±0.2。将混合液与煮沸溶解后的琼脂液合并，加入酚红指示剂且冷却至 50~55℃ 后倾注平皿。或使用木糖赖氨酸脱氧胆盐合成培养基。

7. 三糖铁（TSI）琼脂

蛋白胨 20.0g，牛肉膏 5.0g，乳糖 10.0g，蔗糖 10.0g，葡萄糖 1.0g，六水硫酸亚铁铵 0.2g，酚红 0.025g，氯化钠 5.0g，硫代硫酸钠 0.2g，琼脂 12.0g，蒸馏水 1000mL。将除了酚红与琼脂以外的上述成分加入 400mL 蒸馏水中煮沸溶解，调节溶液 pH 至 7.4±0.2。将混合液与琼脂液合并，加入酚红指示剂后分装至试管中，每管 2~4mL，121℃高压灭菌 15min，随后制成高层斜面培养基。或使用三糖铁琼脂培养基。

8. 蛋白胨水

蛋白胨（或胰蛋白胨）20.0g，氯化钠 5.0g，蒸馏水 1000mL。将上述成分溶解于蒸馏水中，调节溶液 pH 至 7.4±0.2，分装小管后在 121℃下高压灭菌 15min。

9. 靛基质试剂

柯凡克试剂：将 5.0g 对二甲氨基苯甲醛溶解于 75mL 戊醇中，然后缓慢加入浓盐酸 25mL。

欧-波试剂：将 1.0g 对二甲氨基苯甲醛溶解于 95mL 95%乙醇中，然后缓慢加入浓盐酸 20mL。

10. 尿素琼脂（pH 7.2）

蛋白胨 1.0g，氯化钠 5.0g，葡萄糖 1.0g，磷酸二氢钾 2.0g，0.4%酚红 3mL，琼脂 20.0g，蒸馏水 1000mL，20%尿素溶液 100mL。将除酚红与琼脂以外的上述成分加入 400mL 蒸馏水中煮沸溶解，调节溶液 pH 至 7.4±0.2。将混合液与煮沸溶解后的琼脂液合并，加入酚红指示剂后在 121℃下高压灭菌 15min，随后冷却至 50~55℃后加入除菌过滤的尿素溶液，使尿素终浓度为 2%。分装至无菌试管中，随后制成高层斜面培养基。

11. 氰化钾（KCN）培养基

蛋白胨 10.0g，氯化钠 5.0g，磷酸二氢钾 0.225g，磷酸氢二钠 5.64g，蒸馏水 1000mL，0.5%氰化钾 20mL。将除了氰化钾以外的上述成分加入 1000mL 蒸馏水中煮沸溶解，在 121℃下高压灭菌 15min 并冷却后，每 100mL 培养基加入 0.5%氰化钾溶液 2mL（终浓度为 1：10000），并分装于无菌试管内。同时，将不加氰化钾的培养基作为对照培养基。

12. 赖氨酸脱羧酶试验培养基

蛋白胨 5.0g，酵母浸膏 3.0g，葡萄糖 1.0g，蒸馏水 1000mL，1.6%溴甲酚紫-乙醇溶液，L-赖氨酸或 DL-赖氨酸 0.5g/100mL 或 1.0g/100mL。将除了赖氨酸以外的上述成分加入 1000mL 蒸馏水中煮沸溶解后，分装每瓶 100mL 并加入赖氨酸，并调节溶液 pH 至 6.8±0.2。在小试管上面滴加一层液体石蜡，随后在 121℃下高压灭菌 15min。

13. 糖发酵培养基

牛肉膏 5.0g，蛋白胨 10.0g，氯化钠 3.0g，十二水磷酸氢二钠 2.0g，溴麝香草酚蓝溶液 0.025g，蒸馏水 1000mL。

（1）葡萄糖发酵管制备　按照上述成分加入 1000mL 蒸馏水煮沸溶解，调节溶液 pH 至 7.4±0.2，并按照 0.5%比例加入葡萄糖，分装于具有倒置小管的试管中并高压灭菌 121℃，15min；

（2）其他糖发酵管制备　按照上述成分加入 1000mL 蒸馏水煮沸溶解，调节溶液 pH 至 7.4±0.2，并按照 10%比例加入各种糖类，分装于具有倒置小管的试管中并高压灭菌 121℃，15min。

14. 邻硝基酚-β-半乳糖苷（ONPG）培养基

邻硝基酚-β-半乳糖苷（ONPG）60.0mg，0.01mol/L磷酸钠缓冲液（pH 7.5）10mL，1%蛋白胨水（pH 7.5）30mL。将ONPG溶于缓冲液内，加入蛋白胨水并采用过滤法除菌，随后分装于无菌试管中。

15. 半固体琼脂

牛肉膏0.3g，蛋白胨1.0g，氯化钠0.5g，琼脂0.35~0.4g，蒸馏水100mL。将上述成分加入100mL蒸馏水中煮沸溶解后，调节溶液pH至7.4±0.2并分装至无菌试管，随后在121℃下高压灭菌15min。

16. 丙二酸钠培养基

酵母浸膏1.0g，硫酸铵2.0g，磷酸氢二钾0.6g，磷酸二氢钾0.4g，氯化钠2.0g，丙二酸钠3.0g，溴麝香草酚蓝0.025g，蒸馏水1000mL。将各成分加入蒸馏水中，搅匀后加热溶解，必要时调节pH，分装后121℃高压灭菌15min。灭菌后的培养基在25℃的pH为6.8±0.2。

二、食品中志贺氏菌的检验

（一）培养基

1. 志贺氏菌增菌肉汤-新生霉素（*Shigella* broth）

（1）志贺氏菌增菌肉汤

成分：胰蛋白胨20.0g，葡萄糖1.0g，磷酸氢二钾2.0g，磷酸二氢钾2.0，氯化钠5.0g，吐温80（Tween 80）1.5mL，蒸馏水1000mL。

制法：将以上成分混合加热溶解，冷却至25℃左右，校正pH至7.0±0.2，分装适当的容器，121℃灭菌15min。取出后冷却至50~55℃，加入除菌过滤的新生霉素溶液（0.5μg/mL），分装225mL备用。

注：如不立即使用，在2~8℃条件下可储存一个月。

（2）新生霉素溶液

成分：新生霉素25.0mg，蒸馏水1000mL。

制法：将新生霉素溶解于蒸馏水中，用0.22μm过滤膜除菌，如不立即使用，在2~8℃条件下可储存一个月。

注：临用时每225mL志贺氏菌增菌肉汤加入5mL新生霉素溶液，混匀。

2. 麦康凯（MAC）琼脂

成分：蛋白胨20.0g，乳糖10.0g，3号胆盐1.5g，氯化钠5.0g，中性红0.03g，结晶紫0.001g，琼脂15.0g，蒸馏水1000mL。

制法：将以上成分混合加热溶解，冷却至25℃左右，校正pH至7.2±0.2，分装，121℃高压灭菌15min。冷却至45~50℃，倾注平板。

注：如不立即使用，在2~8℃条件下可储存两周。

3. 木糖赖氨酸脱氧胆盐（XLD）琼脂

成分：酵母膏3.0g，L-赖氨酸5.0g，木糖3.75g，乳糖7.5g，蔗糖7.5g，脱氧胆酸钠1.0g，氯化钠5.0g，硫代硫酸钠6.8g，柠檬酸铁铵0.8g，酚红0.08g，琼脂15.0g，蒸馏水1000mL。

制法：除酚红和琼脂外，将其他成分加入400mL蒸馏水中，煮沸溶解，校正pH至7.4±0.2。另将琼脂加入600mL蒸馏水中，煮沸溶解。

将上述两溶液混合均匀后，再加入指示剂，待冷至50~55℃倾注平皿。

注：本培养基不需要高压灭菌，在制备过程中不宜过分加热，避免降低其选择性，储存于室温暗处。本培养基宜于当天制备，第二天使用。使用前必须去除平板表面上的水珠，在37~55℃条件下，琼脂面向下、平板盖也向下烘干。另外，如配制好的培养基不立即使用，在2~8℃条件下可储存两周。

4. 三糖铁（TSI）琼脂

成分：蛋白胨20.0g，牛肉浸膏5.0g，乳糖10.0g，蔗糖10.0g，葡萄糖1.0g，硫酸亚铁铵0.2g，氯化钠5.0g，硫代硫酸钠0.2g，酚红0.025g，琼脂12.0g，蒸馏水1000mL。

制法：除酚红和琼脂外，将其他成分加于400mL蒸馏水中，搅拌均匀，静置约10min，加热使完全溶化，冷却至25℃左右，校正pH至7.4±0.2。另将琼脂加于600mL蒸馏水中，静置约10min，加热使完全溶化。将两溶液混合均匀，加入5%酚红水溶液5mL，混匀，分装小号试管，每管约3mL。于121℃灭菌15min，制成高层斜面。冷却后呈橘红色。如不立即使用，在2~8℃条件下可储存一个月。

5. 营养琼脂斜面

成分：蛋白胨10.0g，牛肉膏3.0g，氯化钠5.0g，琼脂15.0g，蒸馏水1000mL。

制法：将除琼脂以外的各成分溶解于蒸馏水内，加入15%氢氧化钠溶液约2mL，冷却至25℃左右，校正pH至7.0±0.2。加入琼脂，加热煮沸，使琼脂溶化。分装小号试管，每管约3mL。于121℃灭菌15min，制成斜面。

注：如不立即使用，在2~8℃条件下可储存两周。

6. 半固体琼脂

成分：蛋白胨1.0g，牛肉膏0.3g，氯化钠0.5g，琼脂0.3~0.7g，蒸馏水100mL。

制法：按以上成分配好，加热溶解，并校正pH至7.4±0.2，分装小试管，121℃灭菌15min，直立凝固备用。

7. 葡萄糖铵培养基

成分：氯化钠5.0g，硫酸镁（$MgSO_4 \cdot 7H_2O$）0.2g，磷酸二氢铵1.0g，磷酸氢二钾1.0g，葡萄糖2.0g，琼脂20.0g，0.2%溴麝香草酚蓝水溶液40mL，蒸馏水1000mL。

制法：先将盐类和糖溶解于水内，校正pH至6.8±0.2，再加琼脂加热溶解，然后加入指示剂。混合均匀后分装试管，121℃高压灭菌15min。制成斜面备用。

试验方法：用接种针轻轻触及培养物的表面，在盐水管内做成极稀的悬液，肉眼观察不到混浊，以每一接种环内含菌数在20~100CFU为宜。将接种环灭菌后挑取菌液接种，同时再以同法接种普通斜面一支作为对照。于（36±1）℃培养24h，阳性者葡萄糖铵斜面上有正常大小的菌落生长，阴性不生长，但在对照培养基上生长良好。如在葡萄糖铵斜面生长极微小的菌落可视为阴性结果。

注：容器使用前应用清洁液浸泡。再用清水、蒸馏水冲洗干净，并用新棉花做成棉塞，干热灭菌后使用。如果操作时不注意，有杂质污染时，易造成假阳性的结果。

8. 尿素琼脂

成分：蛋白胨1.0g，氯化钠5.0g，葡萄糖1.0g，磷酸二氢钾2.0g，0.4%酚红溶液3mL，琼脂20.0g，20%尿素溶液100mL，蒸馏水900mL。

制法：除酚红和尿素外的其他成分加热溶解，冷却至25℃左右，校正pH至7.2±0.2，加入酚红指示剂，混匀，于121℃灭菌15min。冷至约55℃，加入用0.22μm过滤膜除菌后的20%尿素水溶液100mL，混匀，以无菌操作分装灭菌试管，每管3~4mL，制成斜面后放冰箱备用。

试验方法：挑取琼脂培养物接种，在（36±1）℃培养24h，观察结果。尿素酶阳性者由于产碱而使培养基变为红色。

9. β-半乳糖苷酶培养基

（1）液体法

成分：邻硝基酚-β-半乳糖苷（ONPG）60.0mg，0.01mol/L 磷酸钠缓冲液（pH 7.5±0.2）10.0mL，1%蛋白胨水（pH 7.5±0.2）30mL。

制法：将ONPG溶于缓冲液内，加入蛋白胨水，以过滤法除菌，分装于10mm×75mm试管内，每管0.5mL，用橡皮塞塞紧。

试验方法：自琼脂斜面挑取培养物一满环接种，于（36±1）℃培养1~3h和24h观察结果。如果β-D-半乳糖苷酶产生，则于1~3h变黄色，如无此酶则24h不变色。

（2）平板法（X-Gal法）

成分：蛋白胨 20.0g，氯化钠 3.0g，5-溴-4-氯-3-吲哚-β-D-半乳糖苷（X-Gal）200.0mg，琼脂15.0g，蒸馏水1000mL。

制法：将各成分加热煮沸于1L水中，冷却至25℃左右，校正pH至7.2±0.2，在115℃下高压灭菌10min。倾注平板避光冷藏备用。

试验方法：挑取琼脂斜面培养物接种于平板，划线和点种均可，于（36±1）℃培养18~24h观察结果。如果β-D-半乳糖苷酶产生，则平板上培养物颜色变蓝色，如无此酶则培养物为无色或不透明色，培养48~72h后有部分转为淡粉红色。

10. 氨基酸脱羧酶试验培养基

成分：蛋白胨 5.0g，酵母浸膏 3.0g，葡萄糖 1.0g，1.6%溴甲酚紫-乙醇溶液 1mL，L型或DL型赖氨酸和鸟氨酸 0.5g/100mL 或 1.0g/100mL，蒸馏水 1000mL。

制法：除氨基酸以外的成分加热溶解后，分装每瓶100mL，分别加入赖氨酸和鸟氨酸。L-氨基酸按0.5%加入，DL-氨基酸按1%加入，再校正pH至6.8±0.2。对照培养基不加氨基酸。分装于灭菌的小试管内，每管0.5mL，上面滴加一层石蜡油，在115℃下高压灭菌10min。

试验方法：从琼脂斜面上挑取培养物接种，于（36±1）℃培养18~24h，观察结果。氨基酸脱羧酶阳性者由于产碱，培养基应呈紫色。阴性者无碱性产物，但因葡萄糖产酸而使培养基变为黄色。阴性对照管应为黄色，空白对照管为紫色。

11. 糖发酵管

成分：牛肉膏 5.0g，蛋白胨 10.0g，氯化钠 3.0g，磷酸氢二钠（$Na_2HPO_4 \cdot 12H_2O$）2.0g，0.2%溴麝香草酚蓝溶液 12mL，蒸馏水 1000mL。

制法：葡萄糖发酵管按上述成分配好后，按0.5%加入葡萄糖，25℃左右校正pH至7.4±0.2，分装于有一个倒置小管的小试管内，在121℃下高压灭菌15min。其他各种糖发酵管可按上述成分配好后，分装每瓶100mL，在121℃下高压灭菌15min。另将各种糖类分别配好10%溶液，同时高压灭菌。将5mL糖溶液加入100mL培养基内，以无菌操作分装小试管。

注：蔗糖不纯，加热后会自行水解者，应采用过滤法除菌。

试验方法：从琼脂斜面上挑取小量培养物接种，于（36±1）℃培养，一般观察2~3d。迟缓反应需观察14~30d。

12. 西蒙氏柠檬酸盐培养基

成分：氯化钠5.0g，硫酸镁（$MgSO_4 \cdot 7H_2O$）0.2g，磷酸二氢铵1.0g，磷酸氢二钾1.0g，柠檬酸钠5.0g，琼脂20g，0.2%溴麝香草酚蓝溶液40mL，蒸馏水1000mL。

制法：先将盐类溶解于水内，调至pH 6.8±0.2，加入琼脂，加热溶化。然后加入指示剂，混合均匀后分装试管，121℃灭菌15min。制成斜面备用。

试验方法：挑取少量琼脂培养物接种，于（36±1）℃培养4d，每天观察结果。阳性者斜面上有菌落生长，培养基从绿色转为蓝色。

13. 黏液酸盐培养基

（1）测试肉汤

成分：酪蛋白胨10.0g，溴麝香草酚蓝溶液0.024g，蒸馏水1000mL，黏液酸10.0g。

制法：慢慢加入5mol/L氢氧化钠以溶解黏液酸，混匀。其余成分加热溶解，加入上述黏液酸，冷却至25℃左右，校正pH至7.4±0.2，分装试管，每管约5mL，于121℃高压灭菌10min。

（2）质控肉汤

成分：酪蛋白胨10.0g，溴麝香草酚蓝溶液0.024g，蒸馏水1000mL。

制法：所有成分加热溶解，冷却至25℃左右，校正pH至7.4±0.2，分装试管，每管约5mL，于121℃高压灭菌10min。

试验方法：将待测新鲜培养物接种测试肉汤和质控肉汤，于（36±1）℃培养48h观察结果，肉汤颜色蓝色不变则为阴性结果，黄色或稻草黄色为阳性结果。

（二）试剂

蛋白胨水、靛基质试剂

（1）蛋白胨水

成分：蛋白胨（或胰蛋白胨）20.0g，氯化钠5.0g，蒸馏水1000mL，pH 7.4。

制法：按上述成分配制，分装小试管，121℃高压灭菌15min。

注：此试剂在2~8℃条件下可储存一个月。

（2）靛基质试剂

柯凡克试剂：将5g对二甲氨基苯甲醛溶解于75mL戊醇中。然后缓慢加入浓盐酸25mL。

欧-波试剂：将1g对二甲氨基苯甲醛溶解于95mL 95%乙醇内。然后缓慢加入浓盐酸20mL。

试验方法：挑取少量培养物接种，在（36±1）℃培养1~2d，必要时可培养4~5d。加入柯凡克试剂约0.5mL，轻摇试管，阳性者于试剂层呈深红色，或加入欧-波试剂约0.5mL，沿管壁流下，覆盖于培养液表面，阳性者于液面接触处呈玫瑰红色。

注：蛋白胨中应含有丰富的色氨酸。每批蛋白胨买来后，应先用已知菌种鉴定后方可使用，此试剂在2~8℃条件下可储存一个月。

三、食品中副溶血性弧菌的检验

（一）培养基

1. 硫代硫酸盐-柠檬酸盐-胆盐-蔗糖（TCBS）琼脂

成分：蛋白胨 10.0g，酵母浸膏 5.0g，柠檬酸钠（$C_6H_5O_7Na_3 \cdot 2H_2O$）10.0g，硫代硫酸钠（$Na_2S_2O_3 \cdot 5H_2O$）10.0g，氯化钠 10.0g，牛胆汁粉 5.0g，柠檬酸铁 1.0g，胆酸钠 3.0g，蔗糖 20.0g，溴麝香草酚蓝 0.04g，麝香草酚蓝 0.04g，琼脂 15.0g，蒸馏水 1000mL。

制法：将以上成分溶于蒸馏水中，校正 pH 至 8.6±0.2，加热煮沸至完全溶解，冷至 50℃左右倾注平板备用。或使用 TCBS 琼脂合成培养基。

2. 3%氯化钠胰蛋白胨大豆琼脂

成分：胰蛋白胨 15.0g，大豆蛋白胨 5.0g，氯化钠 30.0g，琼脂 15.0g，蒸馏水 1000mL。

制法：将以上成分溶于蒸馏水中，校正 pH 至 7.3±0.2，121℃高压灭菌 15min。或使用 3%氯化钠胰蛋白胨大豆琼脂合成培养基。

3. 3%氯化钠三糖铁琼脂

成分：蛋白胨 15.0g，胨蛋白胨 5.0g，牛肉膏 3.0g，酵母浸膏 3.0g，氯化钠 30.0g，乳糖 10.0g，蔗糖 10.0g，葡萄糖 1.0g，硫酸亚铁（$FeSO_4$）0.2g，苯酚红 0.024g，硫代硫酸钠（$Na_2S_2O_3$）0.3g，琼脂 12.0g，蒸馏水 1000mL。

制法：将以上成分溶于蒸馏水中，校正 pH 至 7.4±0.2。分装到适当容量的试管中。121℃高压灭菌 15min。制成高层斜面，斜面长 4~5cm，高层深度 2~3cm。或使用 3%氯化钠三糖铁琼脂合成培养基。

4. 嗜盐性试验培养基

成分：胰蛋白胨 10.0g，氯化钠按不同量加入，蒸馏水 1000mL。

制法：将以上成分溶于蒸馏水中，校正 pH 至 7.2±0.2，共配制 5 瓶，每瓶 100mL。每瓶分别加入不同量的氯化钠：①不加；②3g；③6g；④8g；⑤10g。分装试管，121℃高压灭菌 15min。

5. 3%氯化钠甘露醇试验培养基

成分：牛肉膏 5.0g，蛋白胨 10.0g，氯化钠 30.0g，磷酸氢二钠（$Na_2HPO_4 \cdot 12H_2O$）2.0g，甘露醇 5.0g，溴麝香草酚蓝 0.024g，蒸馏水 1000mL。

制法：将以上成分溶于蒸馏水中，校正 pH 至 7.4±0.2，分装小试管，121℃高压灭菌 10min。或使用 3%氯化钠甘露醇生化鉴定管。

试验方法：从琼脂斜面上挑取培养物接种，于（36±1）℃培养不少于 24h，观察结果。甘露醇阳性者培养物呈黄色，阴性者为绿色或蓝色。

6. 3%氯化钠 MR-VP 培养基

成分：多胨 7.0g，葡萄糖 5.0g，磷酸氢二钾（K_2HPO_4）5.0g，氯化钠 30.0g，蒸馏水 1000mL。

制法：将以上成分溶于蒸馏水中，校正 pH 至 6.9±0.2，分装试管，121℃高压灭菌 15min。或使用 3%氯化钠 MR-VP 培养基生化鉴定管。

7. 我妻氏血琼脂

成分：酵母浸膏 3.0g，蛋白胨 10.0g，氯化钠 70.0g，磷酸氢二钾（K_2HPO_4）5.0g，甘露醇 10.0g，结晶紫 0.001g，琼脂 15.0g，蒸馏水 1000mL。

制法：将以上成分溶于蒸馏水中，校正 pH 至 8.0±0.2，加热至 100℃，保持 30min，冷却至 45~50℃，与 50mL 预先洗涤的新鲜人或兔红细胞（含抗凝血剂）混合，倾注平板。干燥平板，尽快使用。或使用我妻氏血琼脂合成培养基。

（二）试剂

1. 3%氯化钠碱性蛋白胨水

成分：蛋白胨 10.0g，氯化钠 30.0g，蒸馏水 1000mL。

制法：将以上成分溶于蒸馏水中，校正 pH 至 8.5±0.2，121℃高压灭菌 10min。

2. 3%氯化钠溶液

成分：氯化钠 30.0g，蒸馏水 1000mL。

制法：将氯化钠溶于蒸馏水中，校正 pH 至 7.2±0.2，121℃高压灭菌 15min。

3. 氧化酶试剂

成分：N,N,N',N'-四甲基对苯二胺盐酸盐 1.0g，蒸馏水 100mL。

制法：将 N,N,N',N'-四甲基对苯二胺盐酸盐溶于蒸馏水中，2~5℃冰箱内避光保存，在 7d 之内使用。或使用氧化酶试纸。

试验方法：用细玻璃棒或一次性接种针挑取新鲜（24h）菌落，涂布在氧化酶试剂湿润的滤纸上。如果滤纸在 10s 之内呈现粉红或紫红色，即为氧化酶试验阳性。不变色为氧化酶试验阴性。

4. 革兰氏染色液

（1）结晶紫染色液

成分：结晶紫 1.0g，95%乙醇 20mL，1%草酸铵水溶液 80mL。

制法：将结晶紫完全溶解于乙醇中，然后与草酸铵溶液混合。

（2）鲁氏碘液

成分：碘 1.0g，碘化钾 2.0g，蒸馏水 300mL。

制法：将碘与碘化钾先进行混合，加入蒸馏水少许充分振摇，待完全溶解后，再加蒸馏水至 300mL。

（3）沙黄复染液

成分：沙黄 0.25g，95%乙醇 10mL，蒸馏水 90mL。

制法：将沙黄溶解于乙醇中，然后用蒸馏水稀释。

试验方法：将涂片在酒精灯火焰上固定，滴加结晶紫染色液，染 1min，水洗；滴加鲁氏碘液，作用 1min，水洗；滴加 95%乙醇脱色，15~30s，直至染色液被洗掉，不要过分脱色，水洗；滴加复染液，复染 1min。水洗、待干、镜检。

5. ONPG 试剂

（1）缓冲液

成分：磷酸二氢钠（$NaH_2PO_4 \cdot H_2O$）6.9g，蒸馏水加至 50mL。

制法：将磷酸二氢钠溶于蒸馏水中，校正 pH 至 7.0。缓冲液置 2~5℃冰箱保存。

(2) ONPG 溶液

成分：邻硝基酚-β-半乳糖苷（ONPG）0.08g，蒸馏水 15mL，缓冲液 5mL。

制法：将 ONPG 在 37℃的蒸馏水中溶解，加入缓冲液。ONPG 溶液置 2～5℃冰箱保存。试验前，将所需用量的 ONPG 溶液加热至 37℃。或使用 ONPG 试剂盒。

试验方法：将待检培养物接种 3%氯化钠三糖铁琼脂，(36±1)℃培养 18h。挑取 1 环新鲜培养物接种于 0.25mL 3%氯化钠溶液，在通风橱中，滴加 1 滴甲苯，摇匀后置 37℃水浴 5min。加 0.25mL ONPG 溶液，(36±1)℃培养观察 24h。阳性结果呈黄色。阴性结果则 24h 不变色。

6. Voges-Proskauer（V-P）试剂

成分：甲液，α-萘酚 5.0g，无水乙醇 100mL；乙液，氢氧化钾 40.0g，用蒸馏水加至 100mL。

试验方法：将 3%氯化钠胰蛋白胨大豆琼脂生长物接种 3%氯化钠 MR-VP 培养基，(36±1)℃培养 48h。取 1mL 培养物，转放到一个试管内，加 0.6mL 甲液，摇动。加 0.2mL 乙液，摇动。加入 3mg 肌酸结晶，4h 后观察结果。阳性结果呈现伊红的粉红色。

四、食品中金黄色葡萄球菌的检验

（一）培养基

1. 7.5%氯化钠肉汤

成分：蛋白胨 10.0g，牛肉膏 5.0g，氯化钠 75.0g，蒸馏水 1000mL。

制法：将上述成分加热溶解，调节 pH 至 7.4±0.2，分装，每瓶 225mL，121℃高压灭菌 15min。

2. 血琼脂平板

成分：豆粉琼脂（pH 7.5±0.2）100mL，脱纤维羊血（或兔血），5～10mL。

制法：加热溶化琼脂，冷却至 50℃，以无菌操作加入脱纤维羊血（或兔血），摇匀，倾注平板。

3. Baird-Parker 琼脂平板

成分：胰蛋白胨 10.0g，牛肉膏 5.0g，酵母膏 1.0g，丙酮酸钠 10.0g，甘氨酸 12.0g，氯化锂（$LiCl \cdot 6H_2O$）5.0g，琼脂 20.0g，蒸馏水 950mL。

增菌剂：30%卵黄盐水 50mL 与通过 0.22μm 孔径滤膜进行过滤除菌的 1%亚碲酸钾溶液 10mL 混合，保存于冰箱内。

制法：将各成分加到蒸馏水中，加热煮沸至完全溶解，调节 pH 至 7.0±0.2。分装每瓶 95mL，121℃高压灭菌 15min。临用时加热溶化琼脂，冷至 50℃，每 95mL 加入预热至 50℃的卵黄亚碲酸钾增菌剂 5mL 摇匀后倾注平板。

注：培养基应是致密不透明的，使用前在冰箱储存不得超过 48h。

4. 脑心浸出液肉汤（BHI）

成分：胰蛋白质胨 10.0g，氯化钠 5.0g，磷酸氢二钠（$12H_2O$）2.5g，葡萄糖 10.0g，牛心浸出液 500mL。

制法：加热溶解，调节 pH 至 7.4±0.2，分装 16mm×160mm 试管，每管 5mL，121℃灭

菌15min。

5. 营养琼脂小斜面

成分：蛋白胨10.0g，牛肉膏3.0g，氯化钠5.0g，琼脂15.0~20.0g，蒸馏水1000mL。

制法：将除琼脂以外的各成分溶解于蒸馏水内，加入15%氢氧化钠溶液约2mL，调节pH至7.3±0.2。加入琼脂加热煮沸，溶化后分装13mm×130mm试管，121℃高压灭菌15min。

6. 肠毒素产毒培养基

成分：蛋白胨20.0g，胰消化酪蛋白200mg（氨基酸），氯化钠5.0g，磷酸氢二钾1.0g，磷酸二氢钾1.0g，氯化钙0.1g，硫酸镁0.2g，烟酸0.01g，蒸馏水1000mL。

制法：将所有成分混合于水中，溶解后调节pH，121℃高压灭菌30min。

7. 营养琼脂

成分：蛋白胨10.0g，牛肉膏3.0g，氯化钠5.0g，琼脂15.0~20.0g，蒸馏水1000mL。

制法：将所有成分混合于水中，溶解后调节pH，121℃高压灭菌30min。将除琼脂以外的各成分溶解于蒸馏水内，加入15%氢氧化钠溶液约2mL，校正pH至7.3±0.2。加入琼脂，加热煮沸，使琼脂溶化。分装烧瓶，121℃高压灭菌15min。

（二）试剂

1. 兔血浆

取柠檬酸钠3.8g，加蒸馏水100mL，溶解后过滤装瓶，121℃高压灭菌15min。

制法：取3.8%柠檬酸钠溶液一份，加兔全血4份，混好静置（或以3000r/min离心30min），使血液细胞下降，即可得血浆。

2. 磷酸盐缓冲液

成分：磷酸二氢钾（KH_2PO_4）34.0g，蒸馏水500mL。

制法：

（1）贮存液　称取34.0g的磷酸二氢钾溶于500mL蒸馏水中，用大约175mL的1mol/L氢氧化钠溶液调节pH至7.2，用蒸馏水稀释至1000mL后贮存于冰箱。

（2）稀释液　取贮存液1.25mL，用蒸馏水稀释至1000mL，分装于适宜容器中，121℃高压灭菌15min。

3. 无菌生理盐水

成分：氯化钠8.5g，蒸馏水1000mL。

制法：称取8.5g氯化钠溶于1000mL蒸馏水中，121℃高压灭菌15min。

五、食品中溶血性链球菌的检验

（一）培养基

1. 基础培养基（胰蛋白胨大豆肉汤TSB）

成分：胰蛋白胨17.0g，大豆蛋白胨3.0g，氯化钠5.0g，磷酸二氢钾（无水）2.5g，葡萄糖2.5g，蒸馏水1000mL。

制法：将上述各成分溶于蒸馏水中，加热溶解，校正pH至7.3±0.2，121℃灭菌15min，备用。或使用胰蛋白胨大豆肉汤TSB合成培养基。

2. 改良胰蛋白胨大豆肉汤培养基（modified tryptone soybean broth, mTSB）

成分：胰蛋白胨大豆肉汤（TSB）1000mL，多黏菌素溶液10mL，萘啶酮酸钠溶液10mL。

制法：无菌条件下，将上述各成分进行混合，充分混匀，分装备用。或使用改良胰蛋白胨大豆肉汤合成培养基。

3. 哥伦比亚CNA血琼脂（columbia CNA blood agar）

成分：胰酪蛋白胨12.0g，动物组织蛋白消化液5.0g，酵母提取物3.0g，牛肉提取物3.0g，玉米淀粉1.0g，氯化钠5.0g，琼脂13.5g，多黏菌素0.01g，萘啶酸0.01g，蒸馏水1000mL。

制法：将上述各成分溶于蒸馏水中，加热溶解，校正pH至7.3±0.2，121℃灭菌12min，待冷却至50℃左右时加50mL无菌脱纤维绵羊血，摇匀后倒平板。或使用哥伦比亚CNA血琼脂合成培养基。

4. 哥伦比亚血琼脂基础培养基（columbia blood agar）

成分：动物组织酶解物23.0g，淀粉1.0g，氯化钠5.0g，琼脂8.0~18.0g，蒸馏水1000mL。

制法：将基础培养基成分溶解于蒸馏水中，加热促其溶解。121℃高压灭菌15min。或使用哥伦比亚血琼脂基础合成培养基。

5. 无菌脱纤维绵羊血

制法：无菌操作条件下，将绵羊血加入盛有灭菌玻璃珠的容器中，振摇约10min，静置后除去附有血纤维的玻璃珠即可。

6. 哥伦比亚血琼脂（columbia blood agar）

成分：基础培养基1000mL，无菌脱纤维绵羊血50mL。

制法：当基础培养基的温度为45℃左右时，无菌加入绵羊血，混匀。校正pH至7.2±0.2。倾注15mL于无菌平皿中，静置至培养基凝固。使用前需预先干燥平板。预先制备的平板未干燥时在室温放置不得超过4h，或在4℃冷藏不得超过7d。

7. 结晶紫染色液基础培养基

成分：结晶紫1.0g，95%乙醇20mL，1%草酸铵水溶液80mL。

制法：将结晶紫完全溶解于乙醇中，然后与草酸铵溶液混合。

（二）试剂

1. 多黏菌素溶液

制法：称取10mg多黏菌素B于10mL灭菌蒸馏水中，振摇混匀，充分溶解后过滤除菌。

2. 萘啶酮酸钠溶液

制法：称取10mg萘啶酮酸于10mL 0.05mol/L氢氧化钠溶液中，振摇混匀，充分溶解后过滤除菌。

3. 草酸钾血浆

制法：草酸钾0.01g放入灭菌小试管中，再加入5mL人血，混匀，经离心沉淀，吸取上清液即为草酸钾血浆。

4. 0.25%氯化钙（$CaCl_2$）

制法：称取25g氯化钙（无水）溶于975mL蒸馏水中，分装备用。

5. 3%过氧化氢（H_2O_2）溶液

制法：吸取 100mL 30%过氧化氢（H_2O_2）溶液，溶于 900mL 蒸馏水中，混匀，分装备用。

六、食品中致泻大肠埃希氏菌的检验

（一）培养基

1. 营养肉汤

成分：蛋白胨 10.0g，牛肉膏 3.0g，氯化钠 5.0g，蒸馏水 1000mL。

制法：将以上成分混合加热溶解，冷却至 25℃ 左右，校正 pH 至 7.4±0.2，分装适当的容器。121℃ 灭菌 15min。

2. 肠道菌增菌肉汤

成分：蛋白胨 10.0g，葡萄糖 5.0g，牛胆盐 20.0g，磷酸氢二钠 8.0g，磷酸二氢钾 2.0g，煌绿 0.015g，蒸馏水 1000mL。

制法：将以上成分混合加热溶解，冷却至 25℃ 左右，校正 pH 至 7.2±0.2，分装适当的容器。115℃ 灭菌 20min。

3. 麦康凯琼脂（MAC）

成分：蛋白胨 20.0g，乳糖 10.0g，3号胆盐 1.5g，氯化钠 5.0g，中性红 0.03g，结晶紫 0.001g，蒸馏水 1000mL。

制法：将以上成分混合加热溶解，校正 pH 至 7.2±0.2。121℃ 灭菌 15min。冷却至 45~50℃，倾注平板。

注：如不立即使用，在 2~8℃ 条件下可储存两周。

4. 伊红亚甲蓝（EMB）琼脂

成分：蛋白胨 10.0g，乳糖 10.0g，磷酸氢二钾（K_2HPO_4）2.0g，琼脂 15.0g，2%伊红 Y 水溶液 20.0mL，0.5%亚甲蓝水溶液 13.0mL，蒸馏水 1000mL。

制法：在 1000mL 蒸馏水中煮沸溶解蛋白胨、磷酸盐和乳糖，加水补足，冷却至 25℃ 左右，校正 pH 至 7.1±0.2。再加入琼脂，121℃ 高压灭菌 15min。冷至 45~50℃，加入 2%伊红 Y 水溶液和 0.5%亚甲蓝水溶液，摇匀，倾注平皿。

5. 三糖铁琼脂（TSI）

成分：蛋白胨 20.0g，牛肉浸膏 5.0g，乳糖 10.0g，蔗糖 10.0g，葡萄糖 1.0g，硫酸亚铁铵 [$(NH_4)_2Fe(SO_4)_2 \cdot 6H_2O$] 0.2g，氯化钠 5.0g，硫代硫酸钠 0.2g，酚红 0.025g，琼脂 12.0g，蒸馏水 1000mL。

制法：除酚红和琼脂外，将其他成分加于 400mL 水中，搅拌均匀，静置约 10min，加热使完全溶化，冷却至 25℃ 左右，校正 pH 至 7.4±0.2。另将琼脂加于 600mL 水中，静置约 10min，加热使完全溶化。将两溶液混合均匀，加入 5%酚红水溶液 5mL，混匀，分装小号试管，每管约 3mL。于 121℃ 灭菌 15min，制成高层斜面。冷却后呈橘红色。如不立即使用，在 2~8℃ 条件下可储存一个月。

6. 蛋白胨水

成分：胰蛋白胨 20.0g，氯化钠 5.0g，蒸馏水 1000mL。

制法：将以上成分混合加热溶解，冷却至25℃左右，校正pH至7.4±0.2，分装小试管，121℃高压灭菌15min。

注：此试剂在2~8℃条件下可储存一个月。

7. 靛基质试剂

柯凡克试剂：将5g对二甲氨基苯甲醛溶解于75mL戊醇中。然后缓慢加入浓盐酸25mL。

欧-波试剂：将1g对二甲氨基苯甲醛溶解于95mL 95%乙醇内。然后缓慢加入浓盐酸20mL。

试验方法：挑取少量培养物接种，在（36±1）℃培养1~2d，必要时可培养4~5d。加入柯凡克试剂约0.5mL，轻摇试管，阳性者于试剂层呈深红色，或加入欧-波试剂约0.5mL，沿管壁流下，覆盖于培养液表面，阳性者于液面接触处呈玫瑰红色。

8. 半固体琼脂

成分：蛋白胨1.0g，牛肉膏0.3g，氯化钠0.5g，琼脂0.3~0.5g，蒸馏水100.0mL。

制法：按以上成分配好，加热溶解，冷却至25℃左右，校正pH至7.4±0.2，分装小试管。121℃灭菌15min，直立凝固备用。

9. 尿素琼脂（pH 7.2）

成分：蛋白胨1.0g，氯化钠5.0g，葡萄糖1.0g，磷酸二氢钾2.0g，0.4%酚红3.0mL，琼脂20.0g，20%尿素溶液100.0mL，蒸馏水1000mL。

制法：除酚红、尿素和琼脂外的其他成分加热溶解，冷却至25℃左右，校正pH至7.2±0.2，加入酚红指示剂，混匀，于121℃灭菌15min。冷至约55℃，加入用0.22μm过滤膜除菌后的20%尿素水溶液100mL，混匀，以无菌操作分装灭菌试管，每管3~4mL，制成斜面后放冰箱备用。

试验方法：挑取琼脂培养物接种，在（36±1）℃培养24h，观察结果。尿素酶阳性者由于产碱而使培养基变为红色。

10. 氰化钾（KCN）培养基

成分：蛋白胨10.0g，氯化钠5.0g，磷酸二氢钾0.225g，磷酸氢二钠5.64g，0.5%氰化钾20.0mL，蒸馏水1000mL。

制法：将除氰化钾以外的成分加入蒸馏水中，煮沸溶解，分装后121℃高压灭菌15min。放在冰箱内使其充分冷却。每100mL培养基加入0.5%氰化钾溶液2.0mL（最后浓度为1：10000），分装于无菌试管内，每管约4mL，立刻用无菌橡皮塞塞紧，放在4℃冰箱内，至少可保存两个月。同时，将不加氰化钾的培养基作为对照培养基，分装试管备用。

试验方法：将琼脂培养物接种于蛋白胨水内成为稀释菌液，挑取1环接种于氰化钾（KCN）培养基。并另挑取1环接种于对照培养基。在（36±1）℃培养1~2d，观察结果。如有细菌生长即为阳性（不抑制），经2d细菌不生长为阴性（抑制）。

注：氰化钾是剧毒药，使用时应小心，切勿沾染，以免中毒。夏天分装培养基应在冰箱内进行。试验失败的主要原因是封口不严，氰化钾逐渐分解，产生氢氰酸气体逸出，以致药物浓度降低，细菌生长，因而造成假阳性反应。试验时对每一环节都要特别注意。

（二）试剂

1. 氧化酶试剂

成分：N,N'-二甲基对苯二胺盐酸盐或N,N,N'-四甲基对苯二胺盐酸盐1.0g，蒸馏水 100mL。

制法：少量新鲜配制，于 2~8℃ 冰箱内避光保存，在 7d 内使用。

试验方法：用无菌棉拭子取单个菌落，滴加氧化酶试剂，10s 内呈现粉红或紫红色即为氧化酶试验阳性，不变色者为氧化酶试验阴性。

2. BHI 肉汤

成分：小牛脑浸液 200g，牛心浸液 250g，蛋白胨 10.0g，NaCl 5.0g，葡萄糖 2.0g，磷酸氢二钠（Na_2HPO_4）2.5g，蒸馏水 1000mL。

制法：按以上成分配好，加热溶解，冷却至 25℃ 左右，校正 pH 至 7.4±0.2，分装小试管。121℃ 灭菌 15min。

3. TE（pH 8.0）

成分：1mol/L Tris-HCl（pH 8.0）10.0mL，0.5mol/L EDTA（pH 8.0）2.0mL，灭菌去离子水 988mL。

制法：将 1mol/L Tris-HCl 缓冲液（pH 8.0）、0.5mol/L EDTA 溶液（pH 8.0）加入约 800mL 灭菌去离子水混匀，再定容至 1000mL，121℃ 高压灭菌 15min，4℃ 保存。

4. 10×PCR 反应缓冲液

成分：1mol/L Tris-HCl（pH 8.5）840mL，氯化钾（KCl）37.25g，灭菌去离子水 160mL。

制法：将氯化钾溶于 1mol/L Tris-HCl（pH 8.5），定容至 1000mL，121℃ 高压灭菌 15min，分装后 -20℃ 保存。

5. 50×TAE 电泳缓冲液

成分：Tris 242.0g，EDTA-2Na（$Na_2EDTA \cdot 2H_2O$）37.2g，冰乙酸（CH_3COOH）57.1mL，灭菌去离子水 942.9mL。

制法：Tris 和 EDTA-2Na 溶于 800mL 灭菌去离子水，充分搅拌均匀；加入冰乙酸，充分溶解；用 1mol/L NaOH 调 pH 至 8.3，定容至 1L 后，室温保存。使用时稀释 50 倍即为 50×TAE 电泳缓冲液。

6. 6×上样缓冲液

成分：溴酚蓝 0.5g，二甲苯氰 FF 0.5g，0.5mol/L EDTA（pH8.0）0.06mL，甘油 360mL，灭菌去离子水 640mL。

制法：0.5mol/L EDTA（pH 8.0）溶于 500mL 灭菌去离子水中，加入溴酚蓝和二甲苯氰 FF 溶解，与甘油混合，定容至 1000mL，分装后 4℃ 保存。

七、食品中单核细胞增生李斯特菌的检验

培养基和试剂

1. 含 0.6% 酵母浸膏的胰酪胨大豆肉汤（TSB-YE）

成分：胰胨 17.0g，多价胨 3.0g，酵母膏 6.0g，氯化钠 5.0g，磷酸氢二钾 2.5g，葡萄糖 2.5g，蒸馏水 1000mL。

制法：将上述各成分加热搅拌溶解，调节 pH 至 7.2±0.2，分装，121℃ 高压灭菌 15min，备用。

2. 含0.6%酵母膏的胰酪胨大豆琼脂（TSA-YE）

成分：胰胨17.0g，多价胨3.0g，酵母膏6.0g，氯化钠5.0g，磷酸氢二钾2.5g，葡萄糖2.5g，琼脂15.0g，蒸馏水1000mL。

制法：将上述各成分加热搅拌溶解，调节pH至7.2±0.2，分装，121℃高压灭菌15min，备用。

3. 李氏增菌肉汤（LB_1，LB_2）

基础液成分：胰胨5.0g，多价胨5.0g，酵母膏5.0g，氯化钠20.0g，磷酸二氢钾1.4g，磷酸氢二钠12.0g，七叶苷1.0g，蒸馏水1000mL。

基础液制法：将上述成分加热溶解，调节pH至7.2±0.2，分装，121℃高压灭菌15min，备用。

李氏Ⅰ液（LB_1）：每225mL基础液中加入1%萘啶酮酸（用0.05mol/L氢氧化钠溶液配制）0.5mL，1%吖啶黄（用无菌蒸馏水配制）0.3mL。

李氏Ⅱ液（LB_2）：每200mL基础液中加入1%萘啶酮酸0.4mL，1%吖啶黄0.5mL。

4. PALCAM琼脂

成分：酵母膏8.0g，葡萄糖0.5g，七叶苷0.8g，柠檬酸铁铵0.5g，甘露醇10.0g，酚红0.1g，氯化锂15.0g，酪蛋白胰酶消化物10.0g，心胰酶消化物3.0g，玉米淀粉1.0g，肉胃酶消化物5.0g，氯化钠5.0g，琼脂15.0g，蒸馏水1000mL。

制法：将上述成分加热溶解，调节pH至7.2±0.2，分装，121℃高压灭菌15min，备用。

选择性添加剂成分：多黏菌素B 5.0mg，盐酸吖啶黄2.5mg，头孢他啶10.0mg，无菌蒸馏水500mL。

选择性添加剂制法：将PALCAM基础培养基溶化后冷却到50℃，加入2mL PALCAM选择性添加剂，混匀后倾倒在无菌的平皿中，备用。

5. SIM动力培养基

成分：胰胨20.0g，多价胨6.0g，硫酸铁铵0.2g，硫代硫酸钠0.2g，琼脂3.5g，蒸馏水1000mL。

制法：将上述各成分加热混匀，调节pH至7.2±0.2，分装小试管，121℃高压灭菌15min，备用。

试验方法：挑取纯培养的单个可疑菌落穿刺接种到SIM培养基中，于25~30℃培养48h，观察结果。

6. 缓冲葡萄糖蛋白胨水（MR和V-P试验用）

成分：多价胨7.0g，葡萄糖5.0g，磷酸氢二钾5.0g，蒸馏水1000mL。

制法：溶化后调节pH至7.0±0.2，分装试管，每管1mL，121℃高压灭菌15min，备用。

（1）甲基红（MR）试验

甲基红试剂成分：甲基红10mg，95%乙醇30mL，蒸馏水20mL。

甲基红试剂制法：10mg甲基红溶于30mL 95%乙醇中，然后加入20mL蒸馏水。

试验方法：取适量琼脂培养物接种于缓冲葡萄糖蛋白胨水中，（36±1）℃培养2~5d。滴加甲基红试剂一滴，立即观察结果。鲜红色为阳性，黄色为阴性。

（2）V-P试验

6% α-萘酚-乙醇溶液成分及制法：取α-萘酚6.0g，加无水乙醇溶解，定容至100mL。

40%氢氧化钾溶液成分及制法：取氢氧化钾40g，加蒸馏水溶解，定容至100mL。

试验方法：取适量琼脂培养物接种于缓冲葡萄糖蛋白胨水中，（36±1）℃培养2~4d。加入6% α-萘酚-乙醇溶液0.5mL和40%氢氧化钾溶液0.2mL，充分振摇试管，观察结果。阳性反应立刻或于数分钟内出现红色，如为阴性，应放在（36±1）℃继续培养1h再进行观察。

7. 血琼脂

成分：蛋白胨1.0g，牛肉膏0.3g，氯化钠0.5g，琼脂1.5g，蒸馏水100mL，脱纤维羊血5~8mL。

制法：除新鲜脱纤维羊血外，加热溶化上述各成分，121℃高压灭菌15min，冷却到50℃，以无菌操作加入新鲜脱纤维羊血，摇匀，倾注平板。

8. 糖发酵管

成分：牛肉膏5.0g，蛋白胨10.0g，氯化钠3.0g，磷酸氢二钠（$Na_2HPO_4 \cdot 12H_2O$）2.0g，0.2%溴麝香草酚蓝溶液12.0mL，蒸馏水1000mL。

制法：①葡萄糖发酵管按上述成分配好后，按0.5%比例加入葡萄糖，分装于有一个倒置小管的小试管内，调节pH至7.4，115℃高压灭菌15min，备用。②其他各种糖发酵管可按上述成分配好后，分装每瓶100mL，115℃高压灭菌15min。另将各种糖类分别配好10%溶液，同时高压灭菌。将5mL糖溶液加入100mL培养基内，以无菌操作分装于含倒置小管的小试管中。或按照①中葡萄糖发酵管的配制方法制备其他糖类发酵管。

试验方法：取适量纯培养物接种于糖发酵管，（36±1）℃培养24~48h，观察结果，蓝色为阴性，黄色为阳性。

9. 过氧化氢酶试剂

试剂：3%过氧化氢溶液（临用时配制）。

试验方法：用细玻璃棒或一次性接种针挑取单个菌落，置于洁净玻璃平皿内，滴加3%过氧化氢溶液2滴，观察结果。

结果：于0.5min内发生气泡者为阳性，不发生气泡者为阴性。

10. 缓冲蛋白胨水（BPW）

成分：蛋白胨10.0g，氯化钠5.0g，磷酸氢二钠（$Na_2HPO_4 \cdot 12H_2O$）9.0g，磷酸二氢钾1.5g，蒸馏水1000mL。

制法：加热搅拌至溶解，调节pH至7.2±0.2，121℃高压灭菌15min。

八、食品中肉毒梭菌及肉毒毒素的检验

（一）培养基

1. 庖肉培养基

成分：新鲜牛肉500.0g，蛋白胨30.0g，酵母浸膏5.0g，磷酸二氢钠5.0g，葡萄糖3.0g，可溶性淀粉2.0g，蒸馏水1000.0mL。

制法：称取新鲜除去脂肪与筋膜的牛肉500.0g，切碎，加入蒸馏水1000mL和1mol/L氢氧化钠溶液25mL，搅拌煮沸15min，充分冷却，除去表层脂肪，纱布过滤并挤出肉渣余液，分别收集肉汤和碎肉渣。在肉汤中加入成分表中其他物质，并用蒸馏水补足至1000mL，调节pH至7.4±0.1，肉渣凉至半干。在20mm×150mm试管中先加入碎肉渣1~2cm高，每管加入还原铁粉0.1~0.2g或少许铁屑，再加入配制肉汤15mL，最后加入液体石蜡覆盖培养基0.3~0.4cm，121℃高压蒸汽灭菌20min。

2. 胰蛋白酶胰蛋白胨葡萄糖酵母膏肉汤（TPGYT）

基础成分（TPGY肉汤）：胰酪胨50.0g，蛋白胨5.0g，酵母浸膏20.0g，葡萄糖4.0g，硫乙醇酸钠1.0g，蒸馏水1000.0mL。

胰酶液：称取胰酶（1∶250）1.5g，加入100mL蒸馏水中溶解，膜过滤除菌，4℃保存备用。

制法：将基础成分（TPGY肉汤）中固体成分溶于蒸馏水中，调节pH至7.2±0.1，分装20mm×150mm试管，每管15mL，加入液体石蜡覆盖培养基0.3~0.4cm，121℃高压蒸汽灭菌10min。冰箱冷藏，两周内使用。临用接种样品时，每管加入胰酶液1.0mL。

3. 卵黄琼脂培养基

基础培养基成分：酵母浸膏5.0g，胰胨5.0g，胨20.0g，氯化钠5.0g，琼脂20.0g，蒸馏水1000.0mL。

卵黄乳液：用硬刷清洗鸡蛋2~3个，沥干，杀菌消毒表面，无菌打开，取出内容物，弃去蛋清，用无菌注射器吸取蛋黄，放入无菌容器中，加等量无菌生理盐水，充分混合调匀，4℃保存备用。

制法：将基础培养基中固体成分溶于蒸馏水中，调节pH至7.0±0.2，分装锥形瓶，121℃高压蒸汽灭菌15min，冷却至50℃左右，按每100mL基础培养基加入15mL卵黄乳液，充分混匀，倾注平板，35℃培养24h进行无菌检查后，冷藏备用。

（二）试剂

1. 明胶磷酸盐缓冲液

成分：明胶2.0g，磷酸氢二钠（Na_2HPO_4）4.0g，蒸馏水1000.0mL。

制法：将上述固体成分溶于蒸馏水中，调节pH至6.2，121℃高压蒸汽灭菌15min。

2. 胰蛋白酶溶液

成分：胰蛋白酶（1∶250）10.0g，蒸馏水100.0mL。

制法：将胰蛋白酶溶于蒸馏水中，膜过滤除菌，4℃保存备用。

3. 磷酸盐缓冲液（PBS）

成分：氯化钠7.650g，磷酸氢二钠0.724g，磷酸二氢钾0.210g，超纯水1000.0mL。

制法：准确称取上述化学试剂，溶于超纯水中，测试pH 7.4。

九、食品中蜡样芽孢杆菌的检验

培养基和试剂

1. 甘露醇卵黄多黏菌素（MYP）琼脂

成分：蛋白胨10.0g，牛肉粉1.0g，D-甘露醇10.0g，氯化钠10.0g，琼脂粉12.0~15.0g，0.2%酚红溶液13.0mL，50%卵黄液50.0mL，多黏菌素B 100000IU，蒸馏水950.0mL。

制法：将上述前五种成分加入950mL蒸馏水中，加热溶解，校正pH至7.3±0.1，加入酚红溶液。分装，每瓶 95mL，121℃高压灭菌 15min。临用时加热溶化琼脂，冷却至 50℃，每瓶加入 50%卵黄液 5mL 和浓度为 100000IU 的多黏菌素 B 溶液 1mL，混匀后倾注平板。

(1) 50%卵黄液　取鲜鸡蛋，用硬刷将蛋壳彻底洗净，沥干，于 70%乙醇溶液中浸泡 30min。用无菌操作取出卵黄，加入等量灭菌生理盐水，混匀后备用。

(2) 多黏菌素 B 溶液　在 50mL 灭菌蒸馏水中溶解 500000IU 的无菌硫酸盐多黏菌素 B。

2. 胰酪胨大豆多黏菌素肉汤

成分：胰酪胨（或酪蛋白胨）17.0g，植物蛋白胨（或大豆蛋白胨）3.0g，氯化钠 5.0g，无水磷酸氢二钾 2.5g，葡萄糖 2.5g，多黏菌素 B 100IU/mL，蒸馏水 1000.0mL。

制法：将上述前五种成分加入蒸馏水中，加热溶解，校正 pH 至 7.3±0.2，121℃高压灭菌 15min。临用时加入多黏菌素 B 溶液混匀即可。多黏菌素 B 溶液制法与上述 MYP 琼脂中的制法相同。

3. 营养琼脂

成分：蛋白胨 10.0g，牛肉膏 5.0g，氯化钠 5.0g，琼脂粉 12.0~15.0g，蒸馏水 1000.0mL。

制法：将上述成分溶解于蒸馏水内，校正 pH 至 7.2±0.2，加热使琼脂溶化。121℃高压灭菌 15min，备用。

4. 动力培养基

成分：胰酪胨（或酪蛋白胨）10.0g，酵母粉 2.5g，葡萄糖 5.0g，无水磷酸氢二钠 2.5g，琼脂粉 3.0~5.0g，蒸馏水 1000.0mL。

制法：将上述成分溶于蒸馏水，校正 pH 至 7.2±0.2，加热溶解。分装每管 2~3mL。115℃高压灭菌 20min，备用。

试验方法：用接种针挑取培养物穿刺接种于动力培养基中，(30±1)℃培养(48±2)h。蜡样芽孢杆菌应沿穿刺线呈扩散生长，而蕈状芽孢杆菌常呈绒毛状生长，形成蜂巢状扩散。动力试验也可用悬滴法检查。蜡样芽孢杆菌和苏云金芽孢杆菌通常运动极为活泼，而炭疽杆菌则不运动。

5. 硝酸盐肉汤

成分：蛋白胨 5.0g，硝酸钾 0.2g，蒸馏水 1000.0mL。

制法：将上述成分溶解于蒸馏水。校正 pH 至 7.4，分装每管 5mL，121℃高压灭菌 15min。

硝酸盐还原试剂：甲液，将对氨基苯磺酸 0.8g 溶解于 2.5mol/L 乙酸溶液 100mL 中。乙液，将甲萘胺 0.5g 溶解于 2.5mol/L 乙酸溶液 100mL 中。

试验方法：接种后在(36±1)℃培养 24~72h。加甲液和乙液各 1 滴，观察结果，阳性反应立即或数分钟内显红色。如为阴性，可再加入锌粉少许，如出现红色，表示硝酸盐未被还原，为阴性。反之，则表示硝酸盐已被还原，为阳性。

6. 酪蛋白琼脂

成分：酪蛋白 10.0g，牛肉粉 3.0g，无水磷酸氢二钠 2.0g，氯化钠 5.0g，琼脂粉 12.0~15.0g，蒸馏水 1000.0mL，0.4%溴麝香草酚蓝溶液 12.5mL。

制法：除溴麝香草酚蓝溶液外，将上述各成分溶于蒸馏水中加热溶解（酪蛋白不会溶解）。校正 pH 至 7.4±0.2，加入溴麝香草酚蓝溶液，121℃高压灭菌 15min 后倾注平板。

试验方法：用接种环挑取可疑菌落，点种于酪蛋白琼脂培养基上，(36±1)℃培养(48±2)h，阳性反应菌落周围培养基应出现澄清透明区（表示产生酪蛋白酶）。阴性反应时应继续培养72h再观察。

7. 硫酸锰营养琼脂培养基

成分：胰蛋白胨 5.0g，葡萄糖 5.0g，酵母浸膏 5.0g，磷酸氢二钾 4.0g，3.08%硫酸锰（$MnSO_4 \cdot H_2O$） 1.0mL，琼脂粉 12.0~15.0g，蒸馏水 1000.0mL。

制法：将上述成分溶解于蒸馏水。校正pH至7.2±0.2。121℃高压灭菌15min，备用。

8. 动力培养基

成分：蛋白胨 10.0g，牛肉浸粉 3.0g，琼脂 4.0g，氯化钠 5.0g，蒸馏水 1000.0mL。

制法：将上述成分溶解于蒸馏水。校正pH至7.2±0.2，分装小试管，121℃高压灭菌15min，备用。

9. 糖发酵管

成分：牛肉粉 5.0g，蛋白胨 10.0g，氯化钠 3.0g，磷酸氢二钠（$Na_2HPO_4 \cdot 12H_2O$） 2.0g，0.2%溴麝香草酚蓝溶液 12.0mL，蒸馏水 1000.0mL。

制法：①糖发酵管按所述成分配好后，校正pH至7.2±0.2，按0.5%加入葡萄糖，分装于一个有倒置小管的小试管内，115℃高压灭菌15min。②其他各种糖发酵管可按所述成分配好后，分装每瓶100mL，115℃高压灭菌15min。另将各种糖类分别配好10%溶液，同时115℃高压灭菌15min。将5mL糖溶液加入100mL培养基内，以无菌操作分装小试管。

注：蔗糖不纯，加热后会自行水解者，应采用过滤法除菌。

试验方法：挑取可疑菌落接种于葡萄糖发酵管中，厌氧条件下(36±1)℃培养(24±2)h。培养基由红色变为黄色者表明该菌在厌氧条件下能发酵葡萄糖。

10. V-P培养基

成分：磷酸氢二钾 5.0g，蛋白胨 7.0g，葡萄糖 5.0g，氯化钠 5.0g，蒸馏水 1000.0mL。

制法：将上述成分溶解于蒸馏水。校正pH至7.0±0.2，分装每管1mL。115℃高压灭菌20min，备用。

试验方法：用营养琼脂培养物接种于本培养基中，(36±1)℃培养48~72h。加入6% α-萘酚-乙醇溶液0.5mL和40%氢氧化钾溶液0.2mL，充分振摇试管，观察结果，阳性反应立即或于数分钟内出现红色。如为阴性，应放在(36±1)℃培养4h再观察。

11. 胰酪胨大豆羊血（TSSB）琼脂

成分：胰酪胨（或酪蛋白胨） 15.0g，植物蛋白胨（或大豆蛋白胨） 5.0g，氯化钠 5.0g，无水磷酸氢二钾 2.5g，葡萄糖 2.5g，琼脂粉 12.0~15.0g，蒸馏水 1000.0mL。

制法：将上述各成分于蒸馏水中加热溶解。校正pH至7.2±0.2，分装每瓶100mL。121℃高压灭菌15min。水浴中冷却至45~50℃，每100mL加入5~10mL无菌脱纤维羊血，混匀后倾注平板。

12. 溶菌酶营养肉汤

成分：牛肉粉 3.0g，蛋白胨 5.0g，蒸馏水 990.0mL，0.1%溶菌酶溶液 10.0mL。

制法：除溶菌酶溶液外，将上述成分溶解于蒸馏水。校正pH至6.8±0.1，分装每瓶99mL。121℃高压灭菌15min。每瓶加入0.1%溶菌酶溶液1mL，混匀后分装灭菌试管，每管2.5mL。0.1%溶菌酶溶液配制：在65mL灭菌的0.1mol/L盐酸中加入0.1g溶菌酶，隔水煮沸

20min 溶解后，再用灭菌的 0.1mol/L 盐酸稀释至 100mL。或者称取 0.1g 溶菌酶溶于 100mL 的无菌蒸馏水后，用孔径为 0.45μm 硝酸纤维膜过滤。使用前测试是否无菌。

试验方法：用接种环取纯菌悬液一环，接种于溶菌酶肉汤中，（36±1）℃培养 24h。蜡样芽孢杆菌在本培养基（含 0.001%溶菌酶）中能生长。如出现阴性反应，应继续培养 24h。

13. 西蒙氏柠檬酸盐培养基

成分：氯化钠 5.0g，硫酸镁（$MgSO_4 \cdot 7H_2O$）0.2g，磷酸二氢氨 1.0g，磷酸氢二钾 1.0g，柠檬酸钠 1.0g，琼脂粉 12.0~15.0g，蒸馏水 1000.0mL，0.2%溴麝香草酚蓝溶液 40.0mL。

制法：除溴麝香草酚蓝溶液和琼脂外，将上述各成分溶解于 1000.0mL 蒸馏水内，校正 pH 至 6.8，再加琼脂，加热溶化。然后加入溴麝香草酚蓝溶液，混合均匀后分装试管，121℃ 高压灭菌 15min。制成斜面。

试验方法：挑取少量琼脂培养物接种于西蒙氏柠檬酸培养基，（36±1）℃培养 4d。每天观察结果，阳性者斜面上有菌落生长，培养基从绿色转为蓝色。

14. 明胶培养基

成分：蛋白胨 5.0g，牛肉粉 3.0g，明胶 120.0g，蒸馏水 1000.0mL。

制法：将上述成分混合，置流动蒸汽灭菌器内，加热溶解，校正 pH 至 7.4~7.6，过滤。分装试管，121℃高压灭菌 10min，备用。

试验方法：挑取可疑菌落接种于明胶培养基，（36±1）℃培养（24±2）h，取出，2~8℃ 放置 30min，取出，观察明胶液化情况。

15. 磷酸盐缓冲液（PBS）

成分：磷酸二氢钾 34.0g，蒸馏水 500.0mL。

制法：贮存液，称取 34.0g 的磷酸二氢钾溶于 500mL 蒸馏水中，用大约 175mL 的 1mol/L 氢氧化钠溶液调节 pH 至 7.2，用蒸馏水稀释至 1000mL 后贮存于冰箱。稀释液，取贮存液 1.25mL，用蒸馏水稀释至 1000mL，分装于适宜容器中，121℃高压灭菌 15min。

16. 过氧化氢溶液

试剂：3%过氧化氢溶液，临用时配制，用 H_2O_2 配制。

试验方法：用细玻璃棒或一次性接种针挑取单个菌落，置于洁净试管内，滴加 3%过氧化氢溶液 2mL，观察结果。

结果：于 30s 内发生气泡者为阳性，不发生气泡者为阴性。

17. 0.5%碱性复红

成分：碱性复红 0.5g，乙醇 20.0mL，蒸馏水 80.0mL。

制法：取碱性复红 0.5g 溶解于 20mL 乙醇中，再用蒸馏水稀释至 100mL，滤纸过滤后储存备用。

十、食品中唐菖蒲伯克霍尔德氏菌的检验

（一）GVC 增菌液

1. 马铃薯葡萄糖水（PD 水）

（1）成分　马铃薯（去皮）300g，葡萄糖 20g，蒸馏水 1000mL；pH 7.0±0.2。

（2）制法 称取300g去皮马铃薯，切碎块，加1000mL蒸馏水，煮沸10~20min。用纱布过滤，补加蒸馏水至1000mL。加入葡萄糖，加热溶化，分装，121℃高压20min。

2. 龙胆紫水溶液

（1）成分 龙胆紫0.1g，蒸馏水100mL。

（2）制法 取0.1g龙胆紫，用少量蒸馏水溶解后，加蒸馏水，稀释到100mL，保存在棕色瓶内。使用前过滤除菌。

3. 氯霉素溶液

（1）成分 氯霉素20.0mg，蒸馏水10mL。

（2）制法 20.0mg氯霉素溶解于10.0mL蒸馏水，过滤除菌。

4. GVC增菌液

每100mL PD水中加入龙胆紫水溶液1.0mL、氯霉素溶液1.0mL，混匀，分装后置于4℃备用。混合液中龙胆紫和氯霉素的终浓度分别为10μg/mL和20μg/mL。

（二）改良马铃薯葡萄糖琼脂（modified potato dextrose agar，mPDA）

1. 马铃薯葡萄糖琼脂（PDA）

（1）成分 马铃薯（去皮）300g，葡萄糖20g，琼脂15g，蒸馏水1000mL；pH 7.0。

（2）制法 称取300g去皮马铃薯，切碎块，加1000mL蒸馏水，煮沸10~20min。用纱布过滤，补加蒸馏水至1000mL。加入葡萄糖和琼脂，加热溶化，分装，121℃高压20min。

2. 龙胆紫水溶液

（1）成分 龙胆紫0.1g，蒸馏水100mL。

（2）制法 取0.1g龙胆紫，用少量蒸馏水溶解后，加蒸馏水，稀释到100mL，保存在棕色瓶内。使用前过滤除菌。

3. 氯霉素溶液

（1）成分 氯霉素20.0mg，蒸馏水10mL。

（2）制法 20.0mg氯霉素溶解于10.0mL蒸馏水，过滤除菌。

4. 改良马铃薯葡萄糖琼脂（mPDA）

临用时加热溶解PDA琼脂，冷却至50℃，每100mL PDA中加入龙胆紫水溶液1.0mL，氯霉素溶液1.0mL，混匀后倾注平板。龙胆紫和氯霉素的终浓度分别为10μg/mL和20μg/mL。

（三）PCFA培养基

1. 成分

NH_4Cl 1g，KH_2PO_4 1.14g，Na_2HPO_4 0.7g，NaCl 4g，$CaCl_2$ 0.005g，$MgSO_4 \cdot 7H_2O$ 0.2g，$FeSO_4 \cdot 7H_2O$ 0.0005g，胱氨酸0.01g，葡萄糖0.05g，卫矛醇15g，琼脂粉12g，蒸馏水1000mL；pH 7.0±0.2。

2. 制法

将上述成分加热溶解后，调节pH，115℃高压灭菌15min。将PCFA基础培养基加热溶化冷却至50℃后，加入选择性添加剂（硫酸多黏菌素B：50000U，林肯霉素：30000U），混匀后倾注无菌平皿中，备用。

（四）马铃薯葡萄糖半固体琼脂

1. 成分

马铃薯（去皮）300g，葡萄糖 20g，琼脂 5g，蒸馏水 1000mL；pH 7.0±0.2。

2. 制法

称取 300g 去皮马铃薯，切碎块，加 1000mL 蒸馏水，煮沸 10~20min。用纱布过滤，补加蒸馏水至 1000mL。加入葡萄糖和琼脂，加热溶化，分装，121℃高压 20min。

（五）卵黄琼脂

1. 基础培养基成分

肉浸液 1000mL，蛋白胨 15g，氯化钠 5g，琼脂 25~30g；pH 7.0±0.2。

2. 50% 卵黄盐水悬液

3. 卵黄琼脂的制备

制备基础培养基，分装每瓶 100mL。121℃高压灭菌 15min。临用时加热溶化琼脂，冷至 50℃，每瓶内加入 50% 葡萄糖水溶液 2mL 和 50% 卵黄盐水悬液 10~15mL，摇匀，倾注平板。

（六）氧化酶试剂

1. 成分

N, N, N', N'-四甲基对苯二胺盐酸盐 1.0g，蒸馏水 100.0mL。

2. 制法

少量新鲜配制，于冰箱内避光保存，在 7d 之内使用。

3. 试验方法

取单个特征性菌落，涂布在氧化酶试剂湿润的滤纸上。如果滤纸在 10s 之内未变为紫红色、紫色或深蓝色，则为氧化酶试验阴性，否则即为氧化酶试验阳性。

注：实验中切勿使用镍/铬材料。

（七）Hugh-Leifson 培养基（O/F 试验用）

1. 成分

蛋白胨 2g，氯化钠 5g，磷酸氢二钾 0.3g，琼脂 4g，葡萄糖 10g，0.2% 溴麝香草酚蓝溶液 12mL，蒸馏水 1000mL；pH 7.0±0.2。

2. 制法

将蛋白胨和盐类加水溶解后，校正 pH 至 7.0±0.2。加入葡萄糖、琼脂煮沸，溶化琼脂，然后加入指示剂。混匀后，分装试管，121℃高压 15min，直立凝固备用。

3. 试验方法

从斜面上挑取小量培养物作穿刺接种，同时接种两管培养基，其中一管于接种后滴加溶化的 1% 液体石蜡于表面（高度约 1cm），(36±1)℃培养。

4. 结果

见附表 3-1。

附表 3-1　　　　　　　　　　　　　　　O/F 试验结果

反应类型	封口的培养基	开口的培养基
发酵型（F）	产酸	产酸
氧化性（O）	不变	产酸
产碱型（A）	不变	不变

（八）蛋白胨水（靛基质试验用）

1. 成分

蛋白胨（或胰蛋白胨）20g，氯化钠 5g，蒸馏水 1000mL；pH 7.4±0.2。

2. 制法

按上述成分配制，分装小试管，121℃高压 15min。

3. 靛基质试剂

柯凡克试剂：将 5g 对二甲氨基苯甲醛溶解于 75mL 戊醇中，然后缓慢加入浓盐酸 25mL。

欧-波试剂：将 1g 对二甲氨基苯甲醛溶解于 95mL 95%乙醇内，然后缓慢加入浓盐酸 20mL。

4. 试验方法

挑取少量培养物接种，在（36±1）℃培养 1~2d，必要时可培养 4~5d，加入柯凡克试剂约 0.5mL，轻摇试管，阳性者于试剂层呈深红色；或加入欧-波试剂约 0.5mL，沿管壁流下，覆盖于培养液表面，阳性者于液面接触处呈玫瑰红色。

注：蛋白胨中应含有丰富的色氨酸。每批蛋白胨买来后，应先用已知菌种鉴定后方可使用。

（九）缓冲葡萄糖蛋白胨水（MR 和 V-P 试验用）

1. 成分

磷酸氢二钾 5g，多价胨 7g，葡萄糖 5g，蒸馏水 1000mL；pH 7.0±0.2。

2. 制法

溶化后校正 pH，分装试管，每管 1mL，121℃高压 15min。

（十）甲基红试剂（MR 试验用）

1. 成分

甲基红 10mg，95%乙醇 30mL，蒸馏水 20mL。

2. 制法

10mg 甲基红溶于 30mL 95%乙醇中，然后加入 20mL 蒸馏水。

3. 试验方法

取适量琼脂培养物接种于本培养基，（36±1）℃培养 2~5d。滴加甲基红试剂一滴，立即观察结果。鲜红色为阳性，黄色为阴性。

（十一） V-P 试验

1. 6% α-萘酚-乙醇溶液

成分及制法：取 α-萘酚 6.0g，加无水乙醇溶解，定容至 100mL。

2. 40%氢氧化钾溶液

成分及制法：取氢氧化钾 40g，加蒸馏水溶解，定容至 100mL。

3. 试验方法

取适量琼脂培养物接种于本培养基，（36±1）℃培养 2~4d。加入 6% α-萘酚-乙醇溶液 0.5mL 和 40%氢氧化钾溶液 0.2mL，充分振摇试管，观察结果。阳性反应立刻或于数分钟内出现红色，如为阴性，应放在（36±1）℃继续培养 4h 再进行观察。

（十二）西蒙氏柠檬酸盐培养基

1. 成分

氯化钠 5g，硫酸镁（$MgSO_4 \cdot 7H_2O$）0.2g，磷酸二氢铵 1g，磷酸氢二钾 1g，柠檬酸钠 5g，琼脂 20g，蒸馏水 1000mL，0.2%溴麝香草酚蓝溶液 40mL，pH 7.0±0.2。

2. 制法

先将盐类溶解于水内，校正 pH，再加琼脂，加热溶化。然后加入指示剂，混合均匀后分装试管，121℃高压 15min，制成斜面。

3. 试验方法

挑取少量琼脂培养物接种，（36±1）℃培养 4d，每天观察结果。阳性者斜面上有菌落生长，培养基由绿色转为蓝色。

（十三）苯丙氨酸培养基

1. 成分

酵母浸膏 3g，DL-苯丙氨酸 2g（或 L-苯丙氨酸 1g），磷酸氢二钠 1g，氯化钠 5g，琼脂 12g，蒸馏水 1000mL；pH 7.0±0.2。

2. 制法

加热溶解后分装试管，121℃高压 15min，制成斜面。

3. 试验方法

自琼脂斜面上挑取大量培养物，移种于苯丙氨酸琼脂，（36±1）℃培养 4h 或 18~24h，滴加 10%三氯化铁溶液 2~3 滴，自斜面培养物上流下，苯丙氨酸脱氨酶阳性者呈深绿色。

（十四）糖发酵管

1. 成分

牛肉膏 5g，蛋白胨 10g，氯化钠 3g，磷酸氢二钠（$Na_2HPO_4 \cdot 12H_2O$）2g，0.2%溴麝香草酚蓝溶液 12mL，蒸馏水 1000mL；pH 7.4±0.2。

2. 制法

葡萄糖发酵管按上述成分配好后，按 0.5%加入葡萄糖，分装于有一个倒置小管的小试管内，115℃高压灭菌 15min。

其他各种糖发酵管可按上述成分配好后，分装，每瓶 100mL，115℃ 高压灭菌 15min。另将各种糖类分别配好 10% 溶液，同时高压灭菌。将 5mL 糖溶液加入 100mL 培养基内，以无菌操作分装小试管。

3. 试验方法

从琼脂斜面上挑取少量培养物接种，（36±1）℃ 培养，一般观察 2~3d。迟缓反应需观察 14~30d。

（十五）半固体琼脂

1. 成分

蛋白胨 1g，牛肉膏 0.3g，氯化钠 0.5g，琼脂 0.35~0.4g，蒸馏水 100mL；pH 7.4±0.2。

2. 制法

按以上成分配好，煮沸使溶解，校正 pH。分装小试管 121℃ 高压 15min。直立凝固备用。

注：供动力观察、菌种保存试验用。

（十六）硫酸亚铁琼脂（硫化氢试验用）

1. 成分

牛肉膏 3g，酵母浸膏 3g，蛋白胨 10g，硫酸亚铁 0.2g，硫代硫酸钠 0.3g，氯化钠 5g，琼脂 12g，蒸馏水 1000mL；pH 7.4±0.2。

2. 制法

加热溶解，校正 pH，分装试管，115℃ 高压灭菌 15min，直立凝固备用。

3. 试验方法

挑取琼脂培养物，沿管壁穿刺，（36±1）℃ 培养 1~2d，观察结果。产硫化氢者培养基变为黑色。

（十七）营养明胶

1. 成分

蛋白胨 5g，牛肉膏 3g，明胶 120g，蒸馏水 1000mL；pH 6.8~7.0。

2. 制法

加热溶解，校正 pH 至 7.4~7.6，分装小管，121℃ 高压灭菌 15min，取出后迅速冷却，使其凝固。复查最终 pH 应为 6.8~7.0。

3. 试验方法

挑取琼脂培养物穿刺接种，22~25℃ 培养，每天观察结果，记录液化时间。或放在（36±1）℃ 培养，每天取出，放冰箱（4℃）内 30min 后再观察结果。

（十八）尿素琼脂

1. 基础培养基

（1）成分　蛋白胨 1g，氯化钠 5g，葡萄糖 1g，磷酸二氢钾 2g，0.4% 酚红溶液 3mL，琼脂 20g，蒸馏水 1000mL。

（2）制法　将除琼脂以外的成分配好，加入琼脂，加热溶化后，121℃ 高压灭菌 15min。

2. 尿素溶液

（1）成分　尿素 2g，蒸馏水 8mL。

（2）制法　2g 尿素溶解于 8mL 蒸馏水，过滤除菌。

3. 尿素琼脂

将 99mL 高压灭菌后的基础培养基冷却至 50~55℃，加入 1mL 过滤除菌的尿素溶液（终浓度为 2%），最终 pH 应为 7.2±0.2。分装于灭菌试管内，制成斜面备用。

4. 试验方法

挑取琼脂培养物接种，（36±1）℃培养 24h，观察结果。尿素酶阳性者由于产碱而使培养基变为红色。

（十九）精氨酸试验

1. 成分

蛋白胨 5g，酵母浸膏 3g，葡萄糖 1g，蒸馏水 1000mL，1.6%溴甲酚紫-乙醇溶液 1mL，L-精氨酸 5g；pH 6.8±0.2。

2. 制法

除 L-精氨酸以外的成分加热溶解后，每瓶分装 100mL，加入 L-精氨酸 0.5g（0.5%），校正 pH 至 6.8±0.2。对照培养基不加 L-精氨酸。每管分装 0.5mL，上面滴加一层液体石蜡，115℃高压灭菌 15min。

3. 试验方法

挑取琼脂培养物接种，（36±1）℃培养 18~24h。精氨酸脱羧酶阳性者因产碱，培养基呈紫色。阴性者无碱性产物，但因葡萄糖产酸而使培养基变为黄色。对照管呈黄色。

（二十）硝酸盐培养基

1. 硝酸盐培养基成分及制法

硝酸钾 0.2g，蛋白胨 5g，蒸馏水 1000mL；pH 7.4±0.2。溶解后，校正 pH，分装，每管 5mL，121℃高压灭菌 15min。

2. 硝酸盐还原试剂

甲液：将对氨基苯磺酸 0.8g，溶解于 2.5mol/L 乙酸溶液 100mL 中。

乙液：将甲萘胺 0.5g 溶解于 2.5mol/L 乙酸溶液 100mL 中。

试验方法：接种后于（36±1）℃，培养 1d，加入甲液和乙液各一滴，观察结果。硝酸盐还原为亚硝酸盐时立刻或数分钟内显红色。

注：本试验阴性的原因如下。①细菌不能还原硝酸盐；②亚硝酸盐继续分解，生成氨和氮；③培养基不适于细菌的生长。如欲检查培养基中硝酸盐是否未被分解，可再加入锌粉少许，可使硝酸盐还原为亚硝酸盐而呈现红色。

（二十一）石蕊牛奶试验

1. 成分

新鲜脱脂牛奶 100mL，2%石蕊水溶液 100mL。

2. 制法

将新鲜牛奶隔水煮沸 30min，置于冰箱内一夜。3000r/min，离心 40min。拨开乳脂，用吸管吸出下层乳汁于另一烧瓶内,加入石蕊溶液,分装于试管内,112.6℃高压灭菌15min。

3. 试验方法

挑取培养物接种,37℃培养18~24h。

4. 结果

牛奶中含有丰富的糖类及蛋白质,其中主要是乳糖和酪蛋白,一般细菌均能在其中生长。由于各种细菌对这些物质的分解能力不同,故可观察数种不同的反应。

①产酸:因发酵乳糖而产酸,使指示剂变为粉红色。

②凝固:因产酸过多而使牛奶中的酪蛋白凝固。

③胨化:经凝固的酪蛋白继续水解为蛋白胨,此时牛奶培养基的上层液体变清,底部可留有未被完全胨化的酪蛋白。

④产碱:未能使乳糖发酵,因分解含氮物质,生成胺及氨,培养基变为碱性,指示剂变为蓝紫色。

附录四 常见沙门氏菌抗原表及副溶血性弧菌、金黄色葡萄球菌等最可能数(MPN)检索表

1. 常见沙门氏菌抗原表(附表4-1)

附表4-1 常见沙门氏菌抗原表

菌株名称	菌株拉丁名	O抗原	H抗原	
			第1相	第2相
A群				
甲型副伤寒沙门氏菌	S. Paratyphi A	1, 2, 12	a	[1, 5]
B群				
基桑加尼沙门氏菌	S. Kisangani	1, 4, [5], 12	a	1, 2
阿雷查瓦莱塔沙门氏菌	S. Arechavaleta	4, [5], 12	a	1, 7
马流产沙门氏菌	S. Abortusequi	4, 12	—	e, n, x
乙型副伤寒沙门氏菌	S. Paratyphi B	1, 4, [5], 12	b	1, 2
利密特沙门氏菌	S. Limete	1, 4, 12, [27]	b	1, 5
阿邦尼沙门氏菌	S. Abony	1, 4, [5], 12, 27	b	e, n, x
维也纳沙门氏菌	S. Wien	1, 4, 12, [27]	b	l, w
伯里沙门氏菌	S. Bury	4, 12, [27]	c	z6
斯坦利沙门氏菌	S. Stanley	1, 4, [5], 12, [27]	d	1, 2
圣保罗沙门氏菌	S. Saintpaul	1, 4, [5], 12	e, h	1, 2

续表

菌株名称	菌株拉丁名	O 抗原	H 抗原	
			第 1 相	第 2 相
里定沙门氏菌	S. Reading	$\underline{1}$, 4, [5], 12	e, h	1, 5
彻斯特沙门氏菌	S. Chester	$\underline{1}$, 4, [5], 12	e, h	e, n, x
德尔卑沙门氏菌	S. Derby	$\underline{1}$, 4, [5], 12	f, g	[1, 2]
阿贡纳沙门氏菌	S. Agona	$\underline{1}$, 4, [5], 12	f, g, s	[1, 2]
埃森沙门氏菌	S. Essen	4, 12	g, m	—
加利福尼亚沙门氏菌	S. California	4, 12	g, m, t	[z_{67}]
金斯敦沙门氏菌	S. Kingston	$\underline{1}$, 4, [5], 12, [27]	g, s, t	[1, 2]
布达佩斯沙门氏菌	S. Budapest	$\underline{1}$, 4, 12, [27]	g, t	—
鼠伤寒沙门氏菌	S. Typhimurium	$\underline{1}$, 4, [5], 12	i	1, 2
拉古什沙门氏菌	S. Lagos	$\underline{1}$, 4, [5], 12	i	1, 5
布雷登尼沙门氏菌	S. Bredeney	$\underline{1}$, 4, 12, [27]	l, v	1, 7
基尔瓦沙门氏菌 II	S. Kilwa II	4, 12	l, w	e, n, x
海德尔堡沙门氏菌	S. Heidelberg	$\underline{1}$, 4, [15], 12	r	1, 2
印第安纳沙门氏菌	S. Indiana	$\underline{1}$, 4, 12	z	1, 7
斯坦利维尔沙门氏菌	S. Stanleyville	$\underline{1}$, 4, [5], 12, [27]	z_4, z_{23}	[1, 2]
伊图里沙门氏菌	S. Ituri	$\underline{1}$, 4, 12	z_{10}	1, 5
		C1 群		
奥斯陆沙门氏菌	S. Oslo	6, 7, $\underline{14}$	a	e, n, x
爱丁堡沙门氏菌	S. Edinburg	6, 7, $\underline{14}$	b	1, 5
布隆方丹沙门氏菌 II	S. Bloemfontein II	6, 7	b	[e, n, x]: z_{42}
丙型副伤寒沙门氏菌	S. Paratyphi C	6, 7, [Vi]	c	1, 5
猪霍乱沙门氏菌	S. Choleraesuis	6, 7	c	1, 5
猪伤寒沙门氏菌	S. Typhisuis	6, 7	c	1, 5
罗米他沙门氏菌	S. Lomita	6, 7	e, h	1, 5
布伦登卢普沙门氏菌	S. Braenderup	6, 7, $\underline{14}$	e, h	e, n, z_{15}
里森沙门氏菌	S. Rissen	6, 7, $\underline{14}$	f, g	—
蒙得维的亚沙门氏菌	S. Montevideo	6, 7, $\underline{14}$	g, m, [p], s	[1, 2, 7]
里吉尔沙门氏菌	S. Riggil	6, 7	g, [t]	—

续表

菌株名称	菌株拉丁名	O 抗原	H 抗原	
			第 1 相	第 2 相
奥雷宁堡沙门氏菌	S. Oranienburg	6, 7, 14	m, t	[2, 5, 7]
奥里塔蔓林沙门氏菌	S. Oritamerin	6, 7	i	1, 5
汤卜逊沙门氏菌	S. Thompson	6, 7, 14	k	1, 5
康科德沙门氏菌	S. Concord	6, 7	l, v	1, 2
伊鲁木沙门氏菌	S. Irumu	6, 7	l, v	1, 5
姆卡巴沙门氏菌	S. Mkamba	6, 7	l, v	1, 6
波恩沙门氏菌	S. Bonn	6, 7	l, v	e, n, x
波茨坦沙门氏菌	S. Potsdam	6, 7, 14	l, v	e, n, z_{15}
格但斯克沙门氏菌	S. Gdansk	6, 7, 14	l, v	z_6
维尔肖沙门氏菌	S. Virchow	6, 7, 14	r	1, 2
婴儿沙门氏菌	S. Infantis	6, 7, 14	r	1, 5
巴布亚沙门氏菌	S. Papuana	6, 7	r	e, n, z_{15}
巴累利沙门氏菌	S. Bareilly	6, 7, 14	y	1, 5
哈特福德沙门氏菌	S. Hartford	6, 7	y	e, n, x
三河岛沙门氏菌	S. Mikawasima	6, 7, 14	y	e, n, z_{15}
姆班达卡沙门氏菌	S. Mbandaka	6, 7, 14	z_{10}	e, n, z_{15}
田纳西沙门氏菌	S. Tennessee	6, 7, 14	z_{29}	[1, 2, 7]
布伦登卢普沙门氏菌	S. Braenderup	6, 7, 14	e, h	e, n, z_{15}
耶路撒冷沙门氏菌	S. Jerusalem	6, 7, 14	z_{10}	l, w
C2 群				
习志野沙门氏菌	S. Narashino	6, 8	a	e, n, x
名古屋沙门氏菌	S. Nagoya	6, 8	b	1, 5
加瓦尼沙门氏菌	S. Gatuni	6, 8	b	e, n, x
慕尼黑沙门氏菌	S. Muenchen	6, 8	d	1, 2
曼哈顿沙门氏菌	S. Manhattan	6, 8	d	1, 5
纽波特沙门氏菌	S. Newport	6, 8, 20	e, h	1, 2
科特布斯沙门氏菌	S. Kottbus	6, 8	e, h	1, 5
茨昂威沙门氏菌	S. Tshiongwe	6, 8	e, h	e, n, z_{15}

续表

菌株名称	菌株拉丁名	O 抗原	H 抗原 第1相	H 抗原 第2相
林登堡沙门氏菌	S. Lindenburg	6, 8	i	1, 2
塔科拉迪沙门氏菌	S. Takoradi	6, 8	i	1, 5
波那雷恩沙门氏菌	S. Bonariensis	6, 8	i	e, n, x
利齐菲尔德沙门氏菌	S. Litchfield	6, 8	l, v	1, 2
病牛沙门氏菌	S. Bovismorbificans	6, 8, $\underline{20}$	r, [i]	1, 5
查理沙门氏菌	S. Chailey	6, 8	z_4, z_{23}	e, n, z_{15}
C3 群				
巴尔多沙门氏菌	S. Bardo	8	e, h	1, 2
依麦克沙门氏菌	S. Emek	8, $\underline{20}$	g, m, s	—
肯塔基沙门氏菌	S. Kentucky	8, $\underline{20}$	i	z_6
D 群				
仙台沙门氏菌	S. Sendai	1, 9, 12	a	1, 5
伤寒沙门氏菌	S. Typhi	9, 12, [Vi]	d	—
塔西沙门氏菌	S. Tarshyne	9, 12	d	1, 6
伊斯特本沙门氏菌	S. Eastbourne	$\underline{1}$, 9, 12	e, h	1, 5
以色列沙门氏菌	S. Israel	9, 12	e, h	e, n, z15
肠炎沙门氏菌	S. Enteritidis	1, 9, 12	g, m	[1, 7]
布利丹沙门氏菌	S. Blegdam	9, 12	g, m, q	—
沙门氏菌 II	Salmonella II	$\underline{1}$, 9, 12	g, m, [s], t	[1, 5, 7]
都柏林沙门氏菌	S. Dublin	$\underline{1}$, 9, 12, [Vi]	g, p	—
芙蓉沙门氏菌	S. Seremban	9, 12	i	1, 5
巴拿马沙门氏菌	S. Panama	$\underline{1}$, 9, 12	l, v	1, 5
戈丁根沙门氏菌	S. Goettingen	9, 12	l, v	e, n, z_{15}
爪哇安纳沙门氏菌	S. Javiana	$\underline{1}$, 9, 12	L, z_{28}	1, 5
鸡-雏沙门氏菌	S. Gallinarum-Pullorum	$\underline{1}$, 9, 12	—	—
E1 群				
奥凯福科沙门氏菌	S. Okefoko	3, 10	c	z_6
瓦伊勒沙门氏菌	S. Vejle	3, {10}, {15}	e, h	1, 2

续表

菌株名称	菌株拉丁名	O 抗原	H 抗原	
			第 1 相	第 2 相
明斯特沙门氏菌	S. Muenster	3, {10} {15} {15, 34}	e, h	1, 5
鸭沙门氏菌	S. Anatum	3, {10} {15} {15, 34}	e, h	1, 6
纽兰沙门氏菌	S. Newlands	3, {10}, {15, 34}	e, h	e, n, x
火鸡沙门氏菌	S. Meleagridis	3, {10} {15} {15, 34}	e, h	l, w
雷根特沙门氏菌	S. Regent	3, 10	f, g, [s]	[1, 6]
西翰普顿沙门氏菌	S. Westhampton	3, {10} {15} {15, 34}	g, s, t	—
阿姆德尔尼斯沙门氏菌	S. Amounderness	3, 10	i	1, 5
新罗歇尔沙门氏菌	S. New-Rochelle	3, 10	k	l, w
恩昌加沙门氏菌	S. Nchanga	3, {10} {15}	l, v	1, 2
新斯托夫沙门氏菌	S. Sinstorf	3, 10	l, v	1, 5
伦敦沙门氏菌	S. London	3, {10} {15}	l, v	1, 6
吉韦沙门氏菌	S. Give	3, {10} {15} {15, 34}	l, v	1, 7
鲁齐齐沙门氏菌	S. Ruzizi	3, 10	l, v	e, n, z15
乌干达沙门氏菌	S. Uganda	3, {10} {15}	l, z	1, 5
乌盖利沙门氏菌	S. Ughelli	3, 10	r	1, 5
韦太夫雷登沙门氏菌	S. Weltevreden	3, {10} {15}	r	z6
克勒肯威尔沙门氏菌	S. Clerkenwell	3, 10	z	l, w
列克星敦沙门氏菌	S. Lexington	3, {10} {15} {15, 34}	z_{10}	1, 5
E4 群				
萨奥沙门氏菌	S. Sao	1, 3, 19	e, h	e, n, z_{15}
卡拉巴尔沙门氏菌	S. Calabar	1, 3, 19	e, h	l, w
山夫登堡沙门氏菌	S. Senftenberg	1, 3, 19	g, [s], t	—
斯特拉特福沙门氏菌	S. Stratford	1, 3, 19	i	1, 2
塔克松尼沙门氏菌	S. Taksony	1, 3, 19	i	z_6
索恩保沙门氏菌	S. Schoeneberg	1, 3, 19	z	e, n, z_{15}
F 群				
昌丹斯沙门氏菌	S. Chandans	11	d	[e, n, x]
阿柏丁沙门氏菌	S. Aberdeen	11	i	1, 2

续表

菌株名称	菌株拉丁名	O 抗原	H 抗原 第 1 相	H 抗原 第 2 相
布里赫姆沙门氏菌	S. Brijbhumi	11	i	1, 5
威尼斯沙门氏菌	S. Veneziana	11	i	e, n, x
阿巴特图巴沙门氏菌	S. Abaetetuba	11	k	1, 5
鲁比斯劳沙门氏菌	S. Rubislaw	11	r	e, n, x
其他群				
浦那沙门氏菌	S. Poona	<u>1</u>, 13, 22	z	1, 6
里特沙门氏菌	S. Ried	<u>1</u>, 13, 22	z_4, z_{23}	[e, n, z_{15}]
密西西比沙门氏菌	S. Mississippi	<u>1</u>, 13, 23	b	1, 5
古巴沙门氏菌	S. Cubana	<u>1</u>, 13, 23	z_{29}	—
苏拉特沙门氏菌	S. Surat	[1], 6, 14, [25]	r, [i]	e, n, z_{15}
松兹瓦尔沙门氏菌	S. Sundsvall	[1], 6, 14, [25]	z	e, n, x
非丁伏斯沙门氏菌	S. Hvittingfoss	16	b	e, n, x
威斯敦沙门氏菌	S. Weston	16	e, h	z_6
上海沙门氏菌	S. Shanghai	16	l, v	1, 6
自贡沙门氏菌	S. Zigong	16	l, w	1, 5
巴圭达沙门氏菌	S. Baguida	21	z_4, z_{23}	—
迪尤波尔沙门氏菌	S. Dieuoppeul	28	i	1, 7
卢肯瓦尔德沙门氏菌	S. Luckenwalde	28	z_{10}	e, n, z_{15}
拉马特根沙门氏菌	S. Ramatgan	30	k	1, 5
阿德莱沙门氏菌	S. Adelaide	35	f, g	—
旺兹沃思沙门氏菌	S. Wandsworth	39	b	1, 2
雷俄格伦德沙门氏菌	S. Riogrande	40	b	1, 5
莱瑟沙门氏菌 Ⅱ	S. Lethe Ⅱ	41	g, t	—
达莱姆沙门氏菌	S. Dahlem	48	k	e, n, z_{15}
沙门氏菌 Ⅲb	Salmonella Ⅲb	61	l, v	1, 5, 7

注:"{ }"表示 O 因子具有排他性。在血清型中 { } 的因子不能与其他 { } 内的因子同时存在。

"[ ]"表示 O 因子或 H 因子的存在或不存在与噬菌体转化无关。

"_"表示该 O 因子是由噬菌体溶原化产生的。

2. 每 g（mL）检样中副溶血性弧菌、金黄色葡萄球菌、单核细胞增生李斯特菌、蜡样芽孢杆菌最可能数（MPN）检索表（附表 4-2）

附表 4-2　　副溶血性弧菌、金黄色葡萄球菌、单核细胞增生李斯特菌、蜡样芽孢杆菌最可能数（MPN）检索表

阳性管数			MPN	95%置信区间		阳性管数			MPN	95%置信区间	
0.1	0.01	0.001		下限	上限	0.1	0.01	0.001		下限	上限
0	0	0	<3.0	—	9.5	2	2	0	21	4.5	42
0	0	1	3.0	0.15	9.6	2	2	1	28	8.7	94
0	1	0	3.0	0.15	11	2	2	2	35	8.7	94
0	1	1	6.1	1.2	18	2	3	0	29	8.7	94
0	2	0	6.2	1.2	18	2	3	1	36	8.7	94
0	3	0	9.4	3.6	38	3	0	0	23	4.6	94
1	0	0	3.6	0.17	18	3	0	1	38	8.7	110
1	0	1	7.2	1.3	18	3	0	2	64	17	180
1	0	2	11	3.6	38	3	1	0	43	9	180
1	1	0	7.4	1.3	20	3	1	1	75	17	200
1	1	1	11	3.6	38	3	1	2	120	37	420
1	2	0	11	3.6	42	3	1	3	160	40	420
1	2	1	15	4.5	42	3	2	0	93	18	420
1	3	0	16	4.5	42	3	2	1	150	37	420
2	0	0	9.2	1.4	38	3	2	2	210	40	430
2	0	1	14	3.6	42	3	2	3	290	90	1000
2	0	2	20	4.5	42	3	3	0	240	42	1000
2	1	0	15	3.7	42	3	3	1	460	90	2000
2	1	1	20	4.5	42	3	3	2	1100	180	4100
2	1	2	27	8.7	94	3	3	3	>1100	420	—

注：1. 本表采用 3 个稀释度 [0.1g（mL）、0.01g（mL）和 0.001g（mL）]，每个稀释度接种 3 管。

2. 表内所列检样量如改用 1g（mL）、0.1g（mL）和 0.01g（mL）时，表内数字相应降为 1/10；如改用 0.01g（mL）、0.001g（mL）和 0.0001g（mL）时，表内的数字相应增加 10 倍，其余类推。

附录五　常见霉菌毒素测定的培养基和试剂配制方法

（一）黄曲霉毒素的测定

（1）乙腈：水溶液（84∶16）　取840mL乙腈加入160mL水。

（2）甲醇：水溶液（70∶30）　取700mL甲醇加入300mL水。

（3）乙腈：水溶液（50∶50）　取500mL乙腈加入500mL水。

（4）乙腈：甲醇溶液（50∶50）　取500mL乙腈加入500mL甲醇。

（5）标准储备溶液（10μg/mL）　分别称取黄曲霉毒素B_1、黄曲霉毒素B_2、黄曲霉毒素G_1和黄曲霉毒素G_2 1mg，用乙腈溶解并定容至100mL。此溶液浓度约为10μg/mL。

（6）混合标准工作液（黄曲霉毒素B_1和黄曲霉毒素G_1：100ng/mL，黄曲霉毒素B_2和黄曲霉毒素G_2：30ng/mL）　准确移取黄曲霉毒素B_1和黄曲霉毒素G_1标准储备溶液各1mL，黄曲霉毒素B_2和黄曲霉毒素G_2标准储备溶液各300μL至100mL容量瓶中，乙腈定容。溶液转移至试剂瓶中，密封后在-20℃下避光保存，备用。

（二）展青霉素的测定

（1）乙酸溶液　取10mL乙酸加入250mL水，混匀。

（2）标准储备溶液（100μg/mL）　用2mL乙腈溶解展青霉素标准品1.0mg后，移入10mL的容量瓶，乙腈定容至刻度，溶液转移至试剂瓶中后，在-20℃下冷冻保存，备用。

（3）标准工作液（1μg/mL）　移取100μL经标定过的展青霉素标准储备溶液，用乙酸溶液溶解并转移至10mL容量瓶中，定容至刻度，溶液转移至试剂瓶中后，在4℃下避光保存。

（三）赭曲霉素的测定

（1）提取液Ⅰ　甲醇：水（80∶20）；取800mL乙腈加入200mL水。

（2）提取液Ⅱ　称取150.0g氯化钠、20.0g碳酸氢钠溶于约950mL水中，加水定容至1L。

（3）提取液Ⅲ　乙腈：水（60∶40）。

（4）冲洗液　称取25.0g氯化钠、5.0g碳酸氢钠溶于约950mL水中，加水定容至1L。

（5）真菌毒素清洗缓冲液　称取25.0g氯化钠、5.0g碳酸氢钠溶于水中，加入0.1mL吐温20，用水稀释至1L。

（6）磷酸盐缓冲液　称取8.0g氯化钠、1.2g磷酸氢钠、0.2g磷酸二氢钾、0.2g氯化钾溶解于约990mL水中，用浓盐酸调节pH至7.0，用水稀释至1L。

（7）碳酸氢钠溶液（10g/L）　称取1.0g碳酸氢钠，用水溶解并稀释到100mL。

（8）淋洗缓冲液　在1000mL磷酸盐缓冲液中加入1.0mL吐温20。

（9）赭曲霉毒素A标准储备液　准确称取一定量的赭曲霉毒素A标准品，用甲醇-乙腈（50∶50）溶解，配成0.1mg/mL的标准储备液，在-20℃保存，可使用3个月。

（10）赭曲霉毒素A标准工作液　根据使用需要，准确移取一定量的赭曲霉毒素A标准储备液，用流动相稀释，分别配成相当于 1ng/mL、5ng/mL、10ng/mL、20ng/mL、50ng/mL 的标准工作液，4℃保存。

（四）培养基

1. 马铃薯葡萄糖琼脂

成分：马铃薯 300g，葡萄糖 20.0g，琼脂 20.0g，氯霉素 0.1g，蒸馏水 1000mL。

制法：将马铃薯去皮切块加入 1000mL 蒸馏水中。煮沸 10~20min，用纱布过滤，补加蒸馏水至 1000mL，加入葡萄糖和琼脂，加热溶解，分装后，121℃高压灭菌 15min，备用。

2. 孟加拉红琼脂

成分：蛋白胨 5.0g，葡萄糖 10.0g，磷酸二氢钾 1.0g，硫酸镁（无水）0.5g，琼脂 20.0g，孟加拉红 0.033g，氯霉素 0.1g，蒸馏水 1000mL。

制法：上述各成分混合，加热溶解，分装后，121℃灭菌 15min，避光保存备用。

3. 玉米粉琼脂培养基

成分：玉米粉 30g，琼脂 20g，蒸馏水 1000mL。

制法：上述各成分混合，加热溶解，分装后，121℃灭菌 15min，保存备用。

4. 察氏培养基（蔗糖硝酸钠培养基）

成分：硝酸钠 3g，磷酸氢二钾 1g，硫酸镁（$MgSO_4 \cdot 7H_2O$）0.5g，氯化钾 0.5g，硫酸亚铁 0.01g，蔗糖 30g，琼脂 15~20g，蒸馏水 1000mL

制法：上述各成分混合，加热溶解，分装后，121℃灭菌 15min，保存备用。

附录六　乳酸菌及双歧杆菌培养基和试剂配制方法

一、乳酸菌的培养基及试剂的配制

（一）稀释液

1. 成分

氯化钠 8.5g，胰蛋白胨 15g。

2. 制法

将上述成分溶于 1000mL 蒸馏水中，分装后 121℃高压灭菌 15min。

（二）MRS 琼脂培养基

1. 成分

蛋白胨 10.0g，牛肉浸粉 5.0g，酵母浸粉 4.0g，葡萄糖 20.0g，吐温 80 1.0mL，$K_2HPO_4 \cdot 7H_2O$ 2.0g，$CH_3COONa \cdot 3H_2O$ 5.0g，柠檬酸三铵 2.0g，$MgSO_4 \cdot 7H_2O$ 0.1g，$MnSO_4 \cdot 4H_2O$ 0.05g，琼脂粉 15.0g。

2. 制法

将上述成分加入 1000mL 蒸馏水中，加热溶解，调节 pH 至 6.2±0.2，分装后 121℃高压灭菌15min。

(三) 莫匹罗星锂盐和半胱氨酸盐酸盐改良 MRS 琼脂培养基

1. 莫匹罗星锂盐储备液制备

称取50mg莫匹罗星锂盐加入5mL蒸馏水中，用0.22μm微孔滤膜过滤除菌，临用现配。

2. 半胱氨酸盐酸盐储备液制备

称取500mg半胱氨酸盐酸盐加入10mL蒸馏水中，用0.22μm微孔滤膜过滤除菌，临用现配。

3. 制法

将MRS培养基的成分加入950mL蒸馏水中，加热溶解，调节pH至6.2±0.2，分装后121℃高压灭菌15min。临用时加热溶化琼脂，在水浴中冷至48℃，用无菌注射器将莫匹罗星锂盐储备液及半胱氨酸盐酸盐储备液制备加入溶化琼脂中，使培养基中莫匹罗星锂盐的浓度为50μg/mL，半胱氨酸盐酸盐的浓度为500μg/mL。

(四) MC 培养基

1. 成分

大豆蛋白胨5.0g，牛肉浸粉3.0g，酵母浸粉3.0g，葡萄糖20.0g，乳糖20.0g，碳酸钙10.0g，琼脂15.0g，蒸馏1000mL，1%中性红溶液5.0mL。

2. 制法

将前面7种成分加入蒸馏水中，加热溶解，调节pH至6.0±0.2；加入中性红溶液。分装后121℃高压灭菌15~20min。

(五) 乳酸杆菌糖发酵管

1. 成分

牛肉浸粉5.0g，蛋白胨5.0g，酵母浸粉5.0g，吐温80 0.5mL，琼脂1.5g，1.6%溴甲酚紫酒精溶液1.4mL，蒸馏水1000mL。

2. 制法

按0.5%加入所需糖类，并分装小试管，121℃高压灭菌15min。

(六) 七叶苷培养基

1. 成分

蛋白胨5.0g，磷酸氢二钾1.0g，七叶苷3.0g，柠檬酸铁0.5g，1.6%溴甲酚紫酒精溶液1.4mL，蒸馏水100mL。

2. 制法

将上述成分加入蒸馏水中，加热溶解，121℃高压灭菌15~20min。

(七) DNA 提取液

1. 成分

chelex 100 粉末 0.1g。

2. 制法

将上述成分加入 100mL 蒸馏水中混匀。

（八）10×PCR 缓冲液

1. 成分

KCl 1.49g，MgCl$_2$ 0.14g，Tris-HCl（pH 8.8）20mL。

2. 制法

将上述成分加入 80mL 蒸馏水中混匀，分装后 121℃ 高压灭菌 15min。

二、双歧杆菌的培养基及试剂的配制

（一）双歧杆菌琼脂培养基

1. 成分

蛋白胨 15.0g，酵母浸膏 2.0g，葡萄糖 20.0g，可溶性淀粉 0.5g，氯化钠 5.0g，番茄浸出液 400.0mL，吐温 80 1.0mL，肝粉 0.3g，琼脂粉 20.0g；加蒸馏水至 1000.0mL。

2. 制法

（1）半胱氨酸盐溶液的配制 称取半胱氨酸 0.5g，加入 1.0mL 盐酸，使半胱氨酸全部溶解，配制成半胱氨酸盐溶液。番茄浸出液的制备：将新鲜的番茄洗净后称重切碎，加等量的蒸馏水在 100℃ 水浴中加热，搅拌 90min，然后用纱布过滤，校正 pH 至 7.0±0.1，将浸出液分装后，121℃ 高压灭菌 15~20min。

（2）将上述所有成分加入蒸馏水中，加热溶解，然后加入半胱氨酸盐溶液，校正 pH 至 6.8±0.1。分装后 121℃ 高压灭菌 15~20min。

（二）PYG 液体培养基

1. 成分

蛋白胨 10.0g，葡萄糖 2.5g，酵母粉 5.0g，半胱氨酸-HCl 0.25g，盐溶液 20.0mL，维生素 K_1 溶液 0.5mL，氯化血红素溶液（5mg/mL）2.5mL；加蒸馏水至 500.0mL。

2. 制法

（1）盐溶液的配制 称取无水氯化钙 0.2g，硫酸镁 0.2g，磷酸氢二钾 1.0g，磷酸二氢钾 1.0g，碳酸氢钠 10.0g，氯化钠 2.0g，加蒸馏水至 1000mL。氯化血红素溶液（5mg/mL）的配制：称取氯化血红素 0.5g 溶于 1mol/L 氢氧化钠 1.0mL 中，加蒸馏水至 100mL，121℃ 高压灭菌 15~20min。维生素 K_1 溶液的配制：称取维生素 K_1 1.0g，加无水乙醇 99.0mL，过滤除菌，避光冷藏保存。

（2）除氯化血红素溶液和维生素 K_1 溶液外，其余成分加入蒸馏水中，加热溶解，校正 pH 至 6.0±0.1，加入中性红溶液。分装后 121℃ 高压灭菌 15~20min。临用时加热溶化琼脂，加入氯化血红素溶液和维生素 K_1 溶液，冷至 50℃ 使用。

参考文献

[1] 周建新，焦凌霞．食品微生物学检验［M］．北京：化学工业出版社，2022．

[2] 宁喜斌．食品微生物检验学［M］．北京：中国轻工业出版社，2019．

[3] 岳晓禹，杨玉红．食品微生物检验［M］．北京：中国农业科学技术出版社，2017．

[4] 李凤梅．食品微生物检验［M］．北京：化学工业出版社，2015．

[5] 汪廷彩，雷毅，周露，等．唐菖蒲伯克霍尔德氏菌（椰毒假单胞菌酵米面亚种）的研究进展［J］．食品与机械，2021，37（5）：194-202．

[6] 魏明奎，王永霞，岳晓禹．食品微生物检验［M］．北京：中国农业大学出版社，2021．

[7] 王岩，包秋华，潘艳．食品微生物检验［M］．北京：中国纺织出版社，2022．

[8] 周建新，焦凌霞．食品微生物学检验［M］．北京：化学工业出版社，2020．

[9] 国际食品微生物标准委员会（ICMSF）．食品加工过程的微生物控制：原理与实践［M］．刘秀梅，曹敏，毛雪丹，译．北京：中国轻工业出版社，2017．

[10] 美国食品与药物管理局（FDA）．美国FDA食品微生物检验指南［M］．蒋原，祝长青，徐幸莲，译．北京：中国轻工业出版社，2020．

[11] 王廷璞，王静．食品微生物检验技术［M］．北京：化学工业出版社，2014．

[12] 雅梅．食品微生物检验技术［M］．北京：化学工业出版社，2022．

[13] 刘素纯，吕嘉枥，蒋立文．食品微生物学实验［M］．北京：化学工业出版社，2013．

[14] 丁晓雯，柳春红．食品安全学［M］．北京：中国农业大学出版社，2016．

[15] 曲径．食品卫生与安全控制学［M］．北京：化学工业出版社，2007．

[16] 李凤林，王英臣．食品营养与卫生学［M］．北京：化学工业出版社，2014．

[17] 杜欣军．食品微生物检测技术［M］．北京：中国轻工业出版社，2023．

[18] 金笛．浅析食品微生物检测实验室的质量控制［J］．现代食品，2023，29（8）：83-85．

[19] 赵国婧．乳制品中沙门菌和金黄色葡萄球菌活菌快速检测方法的研究及食品微生物实验室的设计［D］．南昌：南昌大学，2020：30-36．

[20] 王锋杰．新形势下食品检测实验室管理创新［J］．现代食品，2022，28（22）：68-70．

[21] 宋洋．微生物检测实验室安全管理策略［J］．食品安全导刊，2022（35）：1-4．

[22] 荆甫宽．浅谈食品微生物实验室检测的质量控制［J］．食品安全导刊，2018（3）：100．

[23] 中国食品安全报社．中国食品安全发展报告（2021）［J］．北京：社会科学文献出版社，2023．

[24] 曹龙辉，刘玲英．食品微生物检测中快速测试片的运用解析［J］．食品安全导刊，2021（33）：162-164．

[25] 梁大伟，吕亚琪．快速测试片在食品微生物检测中的应用探究［J］．中国食品工业，2021（14）：21-22．

[26] 秦雯娜．快速检测方法在食品微生物检测中的应用［J］．中国食品工业，2023（15）：79-81．

[27] Aladhadh M. A review of modern methods for the detection of foodborne pathogens［J］．Microorganisms，2023，11（5）：1111．

[28] Postollec F., Falentin H., Pavan S., et al. Recent advances in quantitative PCR（qPCR）applications in food microbiology［J］．Food Microbiology，2011，28（5）：848-861．

[29] Lobato I. M., C. K. O'Sullivan. Recombinase polymerase amplification: basics, applications and recent advances［J］．Trends in Analytical Chemistry: TRAC，2018，98：19-35．

[30] Neng J., Wang J., Wang Y., et al. Trace analysis of food by surface–enhanced Raman spectroscopy combined with molecular imprinting technology: principle, application, challenges, and prospects［J］．Food Chemistry，2023，429，136883．

[31] Rohde A., Hammerl J. A., Boone I., et al. Overview of validated alternative methods for the detection of foodborne

bacterial pathogens [J]. Trends in Food Science and Technology, 2017, 62: 113-118.

[32] Carlson K., Misra M., Mohanty S. Developments in Micro- and Nanotechnology for foodborne pathogen detection [J]. Foodborne Pathogens and Disease, 2017, 15: 16-25.

[33] Wang C., Liu S., Wang Z., et al. Rapid and accurate quantification of viable *Lactobacillus* cells in infant formula by flow cytometry combined with *Propidium monoazide* and signal-enhanced fluorescence in situ hybridization [J]. Analytical Chemistry, 2024, 96 (3), 1093-1101.

[34] Paolo B., Alessandra F., Lorenzo M. Application of flow cytometry for rapid bacterial enumeration and cells physiological state detection to predict acidification capacity of natural whey starters [J]. Heliyon, 2023, 9 (8): e19146.

[35] Chhabra P., De Graaf M., Parra G. I., et al. Updated classification of norovirus genogroups and genotypes [J]. The Journal of General Virology, 2019, 100 (10): 1393-1406.